工业和信息化部“十四五”规

智能机器人视觉技术与应用

朱齐丹　吕晓龙　编著

科学出版社
北京

内 容 简 介

本书以典型机器人为研究对象，详细阐述机器人智能化中用到的机器视觉技术。全书共6章，从机器人智能化技术和机器视觉技术的发展来展开论述，分别介绍多关节串联机械臂和移动机器人的相关技术，以及最前沿的机器视觉技术，重点讲述机器视觉技术在多关节串联机械臂和移动机器人智能化设计中的应用。

本书可作为高等学校机器人相关专业的研究生教材，适当删减内容，也可以作为本科生教材，还可作为从事智能机器人研发的科技人员的参考书。

图书在版编目（CIP）数据

智能机器人视觉技术与应用/朱齐丹，吕晓龙编著. —北京：科学出版社，2024.1

工业和信息化部“十四五”规划专著

ISBN 978-7-03-077644-0

Ⅰ. ①智… Ⅱ. ①朱… ②吕… Ⅲ. ①智能机器人 Ⅳ. ①TP242.6

中国国家版本馆 CIP 数据核字（2024）第 004391 号

责任编辑：余 江 张丽花 / 责任校对：王 瑞

责任印制：赵 博 / 封面设计：马晓敏

科学出版社 出版

北京东黄城根北街 16 号

邮政编码: 100717

http://www.sciencep.com

三河市骏杰印刷有限公司印刷

科学出版社发行 各地新华书店经销

*

2024 年 1 月第 一 版 开本：787×1092 1/16

2024 年11月第二次印刷 印张：18

字数：427 000

定价：158.00 元

（如有印装质量问题，我社负责调换）

前　言

机器人与人工智能技术几十年来携手发展，共同的任务是执行人类的某些智能行为，如判断、推理、理解、识别、规划、学习等行为。研究机器人智能必须依靠人工智能的理论与方法，将其应用于机器人领域，形成智能机器人；同时机器人的发展也为人工智能带来了新的生机，每次在人工智能发展处于低潮的阶段，机器人学作为一个很好的实验和应用平台，为人工智能提供了新的推动力。

21 世纪初以来，基于视觉图像的人工智能技术突飞猛进，如强鲁棒性的图像特征提取技术、基于大规模神经网络的深度学习和强化学习技术等，掀起了又一轮智能化的狂潮，也大大加快了机器人智能化的前进步伐，使智能机器人的应用能力与水平不断提升，应用领域不断扩展(如医疗、家政服务机器人等)，智能机器人成为世界瞩目的焦点。

本书以多关节串联机械臂和移动机器人为研究对象，介绍机器视觉技术在两类机器人智能化中的应用。全书共 6 章。第 1 章概述机器人、机器人智能化技术及机器视觉技术的发展，使读者对机器视觉在机器人智能化领域的应用有一个较全面的了解；第 2 章介绍多关节串联机械臂的相关技术，包括运动学模型、动力学模型及运动控制等内容；第 3 章介绍移动机器人的相关技术，包括运动学分析、环境感知、自主定位、规划与导航及体系结构等内容；第 4 章介绍图像处理的相关技术，包括相机模型与参数标定、图像处理常用算法、单目和双目视觉测量的算法等内容；第 5 章介绍图像处理技术在机械臂中的应用，包括手眼系统标定技术、基于视觉的机械臂运动学标定、手眼系统目标识别与位姿估计、视觉伺服控制等内容；第 6 章介绍图像处理技术在移动机器人中的应用，包括视觉里程仪技术、视觉 SLAM 技术和自主归航技术等内容。书中部分图片加了二维码链接，读者可以扫描相关的二维码，查看彩色图片。

本书是作者结合多年从事机器人领域的相关教学和科研工作总结而成，通过出版发行与业内同仁交流，共同学习。值此智能机器人迅猛发展的大好时机，希望本书能为我国智能机器人的发展和相关人才的培养贡献出绵薄之力。

在本书撰写过程中得到了许多同事和朋友的帮助,檀智方对插图和校对做了大量工作，参考了许多作者的书籍和资料，在此一并致以衷心的感谢。

由于作者知识与见解有限，书中可能存在疏漏之处，恳请读者批评指正。

作　者

2023 年 4 月

目 录

第1章 绪　　论

机器人产业是衡量一个国家制造业水平和科技水平的重要标志，尤其目前所处的智能机器人时代，世界各国都非常重视智能机器人的发展，将它当成未来竞争的制高点。

1.1 机器人发展概述

1.1.1 机器人的起源与发展

机器人(robot)一词诞生于科幻小说，1920 年捷克作家卡雷尔·恰佩克发表科幻剧本《罗素姆万能机器人》，剧本中机器人起初按照主人的命令以呆板的方式从事繁重的劳动，后来罗素姆公司使机器人具有了感情。robot 一词源于捷克语的“robota”，意思是“苦力”，之后该词被欧洲各国语言吸收而成为世界性的名词。

之后的二三十年间，机器人被人们想象成像人一样的机器，这确实是机器人的最初含义，研究者开发了几种具有简单功能的机器人，并对机器人的幻想日益强烈，体现在阿西莫夫的系列科幻小说中，同时出于对机器人能力的恐惧，提出了机器人的三原则：

(1) 机器人必须不危害人类，也不允许它眼看人类受害而袖手旁观；

(2) 机器人必须绝对服从于人类，除非这种服从违背上一原则；

(3) 机器人必须保护自身不受伤害，只要不违背前两个原则。

机器人的三原则赋予了机器人伦理性，使人们接受了机器人，并掀起了机器人开发的热潮。1959 年美国发明家恩格尔伯格(J. F. Engelberger)和德沃尔(G. C. Devol)联手制造了世界上第一台现代意义上的工业机器人 Unimate，并创建了 Unimation 公司，Unimation 由 Universal 和 Automation 两个词组成，揭示了现代机器人的内涵，并于 1978 年研制出世界上第一台通用性的工业机器人 PUMA(programmable universal machine for assembly，可编程通用装配机器)，因此恩格尔伯格被誉为“工业机器人之父”，将现代工业革命推上一个新的高潮。

通常认为，20 世纪 70 年代工业机器人实现了“量产化”，80 年代则是普及时期，并因此诞生了柔性制造系统(flexible manufacturing system，FMS)、工厂自动化(factory automation，FA)等新型生产系统。由此，传统的大规模生产开始向中批量中种类、小批量多种类生产的转变。机器人相对于传统自动机更具广泛性，在新一代生产系统中发挥着核心作用，因此机器人产业得以快速发展。

机器人产业得以快速发展的主要原因有三个方面：第一方面是机器人的控制精度、快速性和适应性日益提高，使机器人能够胜任越来越多的人类工作；第二方面是人工成本不断提高而机器人的成本不断下降，这一经济成本上的剪刀差促使人类的许多工作被机器人所取代；第三方面来自于对人类来说的危险环境和人类无法完成任务的工作领域的需求和探索。

2019 年的一篇文章“From Industry 4.0 to Robotics 4.0—A Conceptual Framework for Collaborative and Intelligent Robotic Systems”将机器人的发展划分为四个阶段。

(1) 机器人 1.0 阶段：从 20 世纪 60 年代到 80 年代，是机器人发展的早期阶段，这一阶段的关键技术是伺服电机、控制器和驱动器，并开启了数字控制时代。

(2) 机器人 2.0 阶段：从 20 世纪 90 年代到 21 世纪初的十年，是机器人发展的扩展阶段，该阶段的关键技术包括力/力矩传感器、视觉系统、以太网、嵌入式实时系统、数据采集和信号处理等，使得工业机器人在生产领域的应用快速扩张。

(3) 机器人 3.0 阶段：2010 年后，是机器人的爆发式发展阶段，该阶段的关键技术包括大规模实时图像识别、场景理解、语音通信、深度学习、人-机自然交互、射频识别、系统互通性、机器人操作系统等，客户定制和云制造被广泛接受并蓬勃发展。

(4) 机器人 4.0 阶段：是对机器人的未来繁荣阶段的展望，一些颠覆性的技术及其无缝集成将更加满足工业和社会的需要，如机器人互联网(internet of robots)、云端大脑(Brain-on-Cloud，BoC)、人工智能物联网(Artificial Intelligence of Things，AIoT)、家庭服务机器人(home robot assistant)、5G 技术，以及深度学习和机器人认知机能整合(integrations of robot cognitive skills)等。

随着智能机器人的不断发展，越来越多的岗位都可以被机器人所取代，所以机器人可能会引发社会问题，包括法律问题、伦理问题、就业问题、安全问题。

1.1.2　机器人的种类与应用

最初人们想象机器人能够像人一样，这也是机器人研究的主流分支，如拟人步行机器人、机械臂、灵巧手等，但到目前为止，机器人的概念不断扩展，机器人的种类也日益增多，如鱼形、蛇形等各种仿生机器人，又如 UAV(unmanned aerial vehicle)、UGV(unmanned ground vehicle)、UUV(unmanned underwater vehicle)、USV(unmanned surface vessel)等无人智能系统也进入机器人的家族，另外，一些农业采摘工具、家庭助手、残障人服务工具等各类社会服务型智能设备也都被认为是机器人。

国内外的机器人专家从应用环境出发，将机器人大体分为两大类。

(1) 制造环境下的工业机器人：面向工业领域的机器人，或称产业机器人，主要进行焊接、喷漆、装配、搬运、检验、农产品加工等作业。

(2) 非制造环境下的服务与仿人型特种机器人：除工业机器人之外的、用于非制造业并服务于人类的各种先进机器人，包括探索机器人、服务机器人、军用机器人等。各种类型的机器人如图 1-1 所示。

上述机器人种类中，有些分支发展很快，有独立成体系的趋势，如服务机器人、水下机器人、军用机器人、微操作机器人等。

从技术机理角度，机器人可大体分为多关节串联机器人、多关节并联机器人和移动机器人，各类机器人的机械结构、技术体系、实现方案具有各自的特点与难点，几种机器人模式可以组合形成各类特种机器人。

(a)焊接机器人(产业)

(b)水下探索机器人

(c)仿人服务机器人

(d)军用机器人(移动机器人)

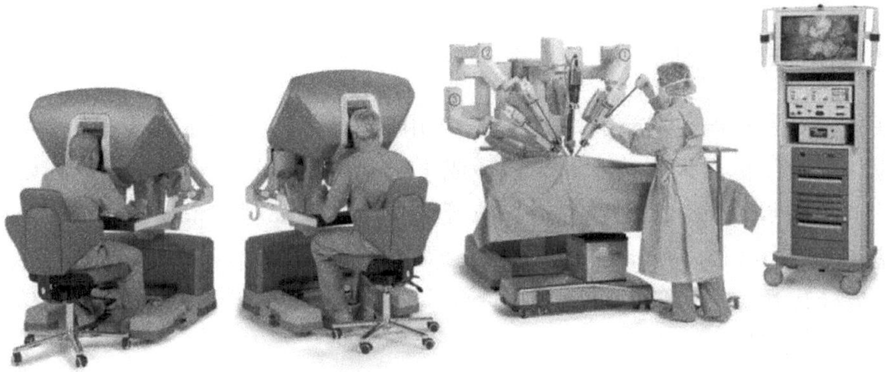

(e)手术机器人(微操作机器人、适应控制型)

图 1-1 各种类型的机器人

从机器人的智能化程度看，也可以将机器人分为示教再现型、感觉控制型、适应控制型、学习控制型等各类不同层次。

由此可见，给机器人下一个明确的定义也是一件困难的事情。对于工业应用机器人，国际标准化组织(International Organization for Standardization，ISO)1987 年将工业机器人定义为：“工业机器人是一种具有自动控制的操作和移动功能，能完成各种作业的可编程操作机。”这一定义是具有代表性的，强调的是可编程性和多功能性，而且符合现代工业生产的需求。对于智能型机器人，我国科学家给出的定义也具有代表性：“机器人是一种自动化的机器，所不同的是这种机器具备一些与人或生物相似的智能能力，如感知能力、规划能力、动作能力和协同能力，是一种具有高度灵活性的自动化机器。”这一定义强调了智能化的内涵。总之，随着机器人的不断发展，新的机型、新的功能不断涌现，机器人的定义仍然是仁者见仁，智者见智，追随着机器人发展的步伐。

早期的工业机器人主要应用于工业自动化领域，包括加工、装配、焊接、喷涂等生产领域，自 1961 年第一台工业机器人应用于工业现场到 1973 年的 12 年间，据统计，全世界在运行的工业机器人数量约达 3000 台。到 1983 年，全世界在运行的工业机器人数量约达 6.6 万台，2003 年达到 80 万台，2012 年达到 123 万台，可见其发展速度之快超乎人们的想象。

为了加速发展工业机器人制造业，推动工业自动化和安全生产，在 20 世纪 70 年代世界机器人发达国家相继成立了机器人协会，如 1972 年成立的日本工业机器人协会(Japan Industrial Robot Association，JIRA)、1974 年成立的美国机器人协会(Robotics Institute of America，RIA)、1975 年成立的意大利机器人与自动化协会(Italian Robotics and Automation Association，SIRI)等。1987 年，国际机器人联合会(International Federation of Robotics，IFR)成立，由 15 个国家的国家机器人机构组成，目的是推动机器人领域的研究、开发、应用和国际合作，促进机器人技术的应用与传播。

随着计算机水平和人工智能技术的发展，智能机器人成为当下的研究与应用热点，在四个 D 领域(dirty、dull、dangerous、difficult，肮脏的、无趣的、困难的、危险的)的应用是无法替代的，如水下和太空探险、地震救灾、核设施维护等，尤其在家庭医疗服务等领域的应用受到全世界的瞩目。据估计，未来十年智能机器人将协助人类完成 1/2 以上的工作。

1.1.3　机器人技术问题

串联机械臂是机器人家族最早的成员，如图 1-2、图 1-3 所示，通过几十年的发展，研究者设计和应用机器人的技术和知识形成了机器人学(robotics)，其技术问题主要包括结构设计、运动学分析、动力学分析、轨迹规划与运动控制、柔顺控制等内容。图 1-3 中的 UR 六轴关节型机器人的关节具有力感知和自适应能力，能够跟踪手臂末端所受的外力，可以在操作者施加的外力作用下改变末端位姿，实现人对机械臂的拖动示教和人与机械臂的人机协作。

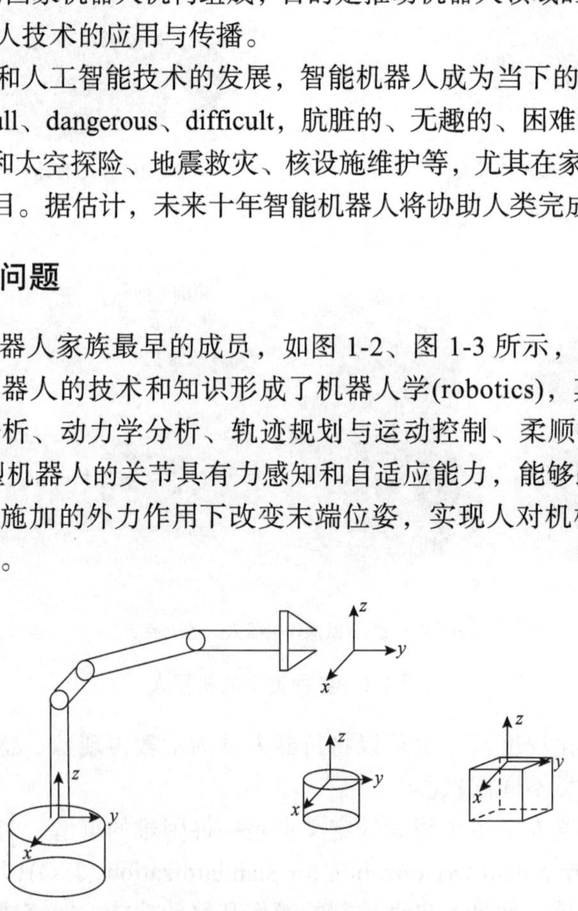

图 1-2　在坐标系中的操作臂和工作空间中的其他物体

图 1-3 广泛应用的 UR 机械臂

当一种工业、技术和经济发生重大变化时，总是要求科学和教育系统发生与之相适应的调整和发展，这为机器人学的建立奠定了基础。但机器人学并不是一门新的科学，而是对传统学科理论的一种综合，如机械工程理论为机器人结构设计提供了方法论，数学用于运动学、动力学的分析，控制理论提供了控制器设计方法，电气工程用于设计传感器和驱动器，计算机技术提供了计算平台。尽管不是一个新的学科，由于机器人技术在国民经济中的重要地位和发展前景，机器人学一直是各国发展战略中的主角之一。

移动机器人是机器人学中的一个重要分支，其研究始于 20 世纪 60 年代末期，美国和苏联为完成月球探测计划，研制并应用了移动机器人。70 年代末期，开始了步行机器人、水下机器人、空中机器人等移动机器人的研究工作。移动机器人的应用越来越广泛，几乎渗透到所有领域。

移动机器人的核心技术是导航问题，包括感知、定位、认知和运动控制等主要技术，其中感知技术是从传感器信息中提取有用的环境信息，定位技术是利用感知信息确定机器人在环境中所处的位置和姿态，认知技术是基于环境信息和定位信息为完成特定任务做出机器人的行动决策，运动控制的任务是控制机器人跟踪行动决策确定的预期轨迹。上述任务都涉及智能的内涵，因此，移动机器人是典型的智能机器人，与人工智能技术联系密切，一方面机器人智能化依赖于人工智能技术，另一方面移动机器人为人工智能的研究提供了一个理想的实验平台。同时，移动机器人与仿生学相互促进，一方面许多机器人智能化技术的灵感来自生物，另一方面一些仿生机器人成果显示了广泛的应用前景，如爬行、飞行、游动、蠕动等类型的仿生机器人，如图 1-4 所示。

图 1-4 德国宇航中心的 Justin 机器人

并联机构的提出和应用研究开始于20世纪60年代，1965 年德国人 Stewart 发明了六自由度并联机构，作为飞行模拟器训练飞行员，1978 年 Hunt 首次提出将六自由度并联机构作为机器人操作器，由此拉开了并联机器人研究与应用的序幕，但在随后的十年里，并联机器人的研究似乎停滞不前，直到 20 世纪 80 年代末 90 年代初，

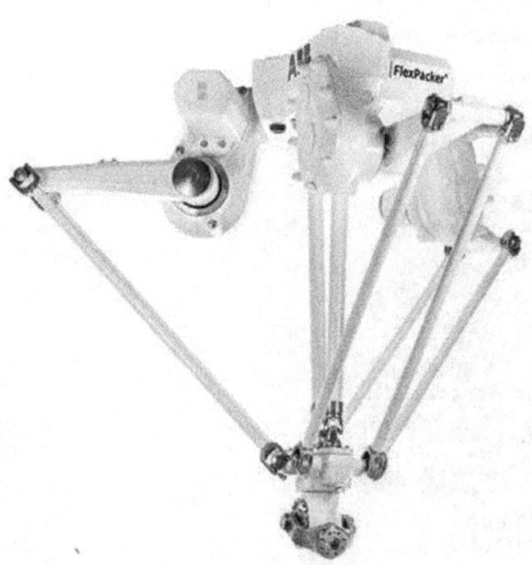

图 1-5 获得 2022 年红点设计大奖的 ABB FlexPacker 并联机器人

才出现了几种并联机器人，如 1992 年世界第一台 DELTA 并联机器人投入使用、1994 年并联机床问世，并联机器人才引起了广泛的注意，成为国际研究的热点。并联机器人如图 1-5 所示。

并联机器人具有串联机器人不具备的优点，如刚度大、承载能力强，因此广泛用于运动模拟器和并联机床，飞行模拟器已成为飞行员训练的必备工具，并联机床的六轴联动可实现复杂三维曲面的加工。另外，并联机器人不存在串联机器人的误差积累和放大效应，因此具有精度高的优势，可用于医疗手术机器人、空间对接机构等高精度的微动机构。由于并联机器人还有很多理论问题需要进一步研究和完善，如结构拓扑综合和零部件设计开发、运动学和动力学模型分析等关键技术，因此并联机器人的发展比较缓慢，适用于不同工作要求的新型并联机构有待于进一步开发。

1.2 机器人智能化技术发展概述

智能机器人是一种能够代替人类在非结构化环境下从事危险、复杂劳动的自动化机器，是在感知-思维-效应方面全面模拟人的机器系统，也是与工业机器人的根本区别所在。

智能的概念可定义为在未知环境中提高执行任务成功概率的一种能力，这一能力会受到某些因素的限制而体现出不同的层次，如计算能力、智能算法的复杂性、信息与知识的积累、任务的复杂性等。同样智能机器人的发展也体现出这种层次性，其发展主要分为三个阶段：遥控阶段、自主阶段和遥自主阶段。

1.2.1 遥控机器人

遥控机器人(tele-controlled robots)是指在具有少量不确定性的环境下通过操作者遥控完成各种远程作业的机器人，如太空和水下探险机器人、核电站检修机器人、自然灾害救助机器人等，一般假设遥控机器人的工作环境是确定的，或者环境感知任务由操作者完成。

遥控机器人一般采用示教再现(teaching/playback)的方式实现远程操控，是以数字控制技术为基础的，如主-从机械臂控制方式，操作者根据任务需求和当前工作状态来控制主机械臂的运动，利用传感器采集并记录各关节的运动轨迹，完成示教任务，然后将记录的机器人运动轨迹通过有线或无线通信传输到远程从机械臂的控制器并控制从机械臂再现主机械臂的运动轨迹。

遥控目前仍然是远程作业机器人的有效控制方式，仍有许多关键技术需要突破，伺服主-从操作构成了遥控机器人的主要发展方向。

1. 操作者的临场感

临场感(telepresence)是遥控机器人重要的关键技术，是指通过机器人将各种传感器信息实时地反馈到操作者处，如视觉、力觉、触觉等信息，生成远端环境的虚拟现实(virtual reality，VR)，使操作者产生身临其境的感觉，从而有效地感知环境，更加准确地完成作业任务。

2. 双向控制技术

双向控制技术是指主-从机器人间的运动和力觉信息的交互反馈控制，其核心技术是双向力反馈(bilateral force reflecting)技术，能够提供操作过程中的力感觉，对提高操作性能和操作速度非常有帮助，同时也能克服通信时延的影响。

3. 力/触觉再现技术

力/触觉再现技术主要包括力反馈装置和触觉显示器的研制，力反馈装置使操作者感受到远程目标对操作者的作用力，触觉显示器将远程目标的外形轮廓与触觉特征再现给操作者，使操作者实际接触目标的触觉感觉，如典型的外骨架装置和数据手套等。

4. 预测显示技术

预测显示(predictive display)技术是建立远端机器人的仿真环境，可对操作者的命令进行实时的反应，并以图形显示及其他交互设备提供给操作者远端环境的增强临场感，利用仿真技术能够获得不能从物理传感器采集的信息，也可以降低对传感器的要求。

1.2.2 自主机器人

由于遥控机器人完善远程现实和稳定控制受到机器人通信装置带宽的限制，因此希望机器人具有自主环境感知与任务决策能力，并对环境具有自适应的能力，即体现出人的智能。从 20 世纪 90 年代至今，自主机器人(autonomous robots)一直是机器人领域的研究热点。

自主机器人的核心目标是实现自主导航控制和目标识别与操作，是集环境感知、动态决策与规划、行为控制与执行等多种功能于一体的综合系统，图 1-6 是典型的自主机器人控制逻辑，其智能化程度的提高依赖于人工智能(artificial intelligence，AI)技术的发展，人工智能的研究主要有三个分支：符号主义学派、联结主义学派和行为主义学派。

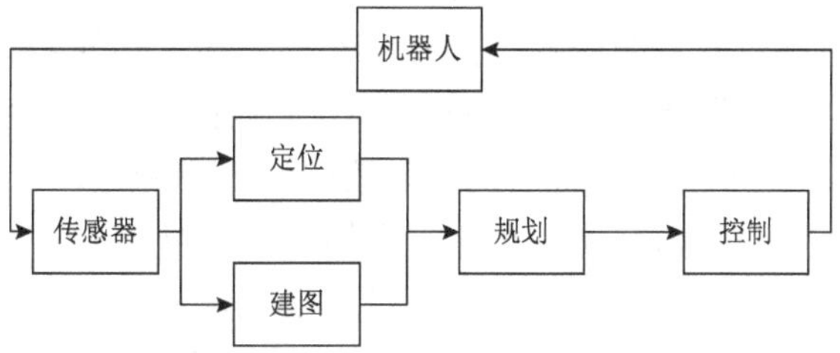

图 1-6 自主机器人控制逻辑

(1) 符号主义学派：认为人工智能源于数理逻辑，是基于知识的，以知识表达、知识推理为核心技术的人工智能理论体系，是人工智能的主要分支，如启发式算法、专家系统等。

(2) 联结主义学派：认为人工智能源于仿生学，从神经元开始研究神经网络模型和脑模型，以神经网络的连接机制和学习算法为核心技术，不同的结构会表现出不同的功能和行为。

(3) 行为主义学派：认为人工智能源于控制论，研究的重点是模拟人在控制过程中的智能行为，如对自寻优、自适应、自校正、自镇定、自组织、自学习等控制理论的研究，认为人工智能可以像人类智能一样逐步进化。

上述人工智能方法促进了智能机器人的快速发展，形成以下三种智能机器人的主要体系结构。

1) 基于功能分解的慎思式体系结构

基于功能分解的慎思式体系结构(deliberative architecture)按照“感知—规划—执行”的分级模式来实现移动机器人的自主控制，开创了智能机器人的慎思式方法，其优点是各子系统界限清晰，易于实现高级智能行为，缺点是每规划一个动作都需要经过“感知—规划—执行”的整个流程，所以对环境中不可预知的变化反应较慢。

2) 基于行为分解的反应式体系结构

基于行为分解的反应式体系结构(reactive architecture)按照“感知—执行”的行为模式来实现智能机器人的自主控制。典型的结构如包容式体系结构(subsumption architecture)，由 Rodney Brooks 于 1986 年提出，通过将完整行为分解为子行为来达到目的，再将这些子行为组织成层次结构，每层实现特定级别的行为能力，高级别的行为包含低级别的行为，以便创建可行的行为。包容式体系结构的主要优点是，可以稳定及时地对不可预知的障碍和环境变化做出反应，具有良好的实时特性；其主要缺点是，没有规划能力，对环境的反应缺乏全局的指导和协调。

3) 慎思/反应式混合体系结构

为了能克服功能分解式体系结构在不确定和未知环境中建模困难、实时性和适应性差等缺点，同时又能够实现对已有环境信息进行有效表示和利用，完成单一结构无法实现的复杂控制任务，许多学者在上述结构的基础上提出了将二者结合起来的慎思/反应式混合体系结构(hybrid architectures)，可以用“规划—感知—执行”的模式来描述。混合体系结构已成为智能机器人体系结构研究的重要发展趋势，其难点在于如何实现基于功能的慎思式智能与基于行为的反应式智能之间的合理协调。

智能机器人在规划层面的主要任务是完成任务规划和轨迹规划，即在环境感知的基础上，将预期任务进行分解，形成系列子任务，在此基础上，针对每个子任务完成机器人的运动轨迹规划。在“感知—执行”层面，机器人按照规划好的运动轨迹实现轨迹跟踪控制，同时对环境的不确定性及时做出反应，提高安全性和鲁棒性，具有很强的实时性要求。其中规划层面的任务也可以离线完成。随着计算机水平和规划算法效率的提升，已不同程度上满足实时性的要求。图 1-7 中的室内自主机器人定位流程是这种慎思/反应式混合体系结构的典型应用。

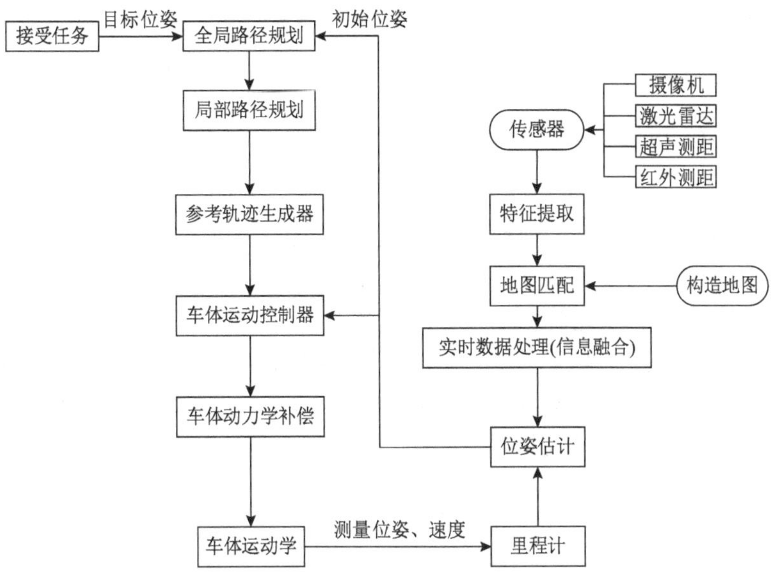

图 1-7 室内自主机器人定位流程图

1.2.3 遥自主机器人

虽然人们对自主机器人充满了期待，期望智能机器人能够承担更多人类的职责，但仅仅依靠智能机器人的自主决策能力完成复杂任务还不现实，一味地追求高度自主的智能机器人系统，越来越表现出它的局限性。因此，自然会提出人-机器人协同(human-robot interact，HRI)的半自主或称为遥自主机器人的概念，即在智能机器人自主决策能力的基础上，通过远程现实(remote reality)手段辅以人的远程支持，形成人-机器人协同智能系统，将人的经验和智慧与机器的智能充分结合，提高智能机器人在复杂环境下完成复杂任务的能力，这成为当前移动机器人应用领域中迫切需要研究和解决的重要课题。

在人-机器人协同系统中，监控人员可采用遥控(tele-control)、遥操作(tele-operation)和遥自主操作(tele-autonomous operation)等方式控制远程移动机器人进行作业。遥操作相对于遥控而言最大的不同就是在控制机器人的同时要得到机器人足够的“知觉”反馈，如常用的视觉和力觉临场感遥操作。遥自主操作则是联合了遥操作和机器人的自主性，使机器人具有自主完成给定任务的能力，必要的时候监控人员才发布指令协助机器人工作。遥自主跨越了自主控制，是因为它适当地混合了人的智能和行为；遥自主跨越了遥操作，是因为它尽可能或合理地与自主系统进行组合及协同工作。

遥自主机器人的技术难点在于以下几个方面。

1. 遥自主机器人体系结构研究

对于遥自主机器人的体系结构，有必要借鉴现有自主机器人各种体系结构的优点，构造一个更为合理的体系结构，因为它不仅决定着机器人各子系统的研究方向，也会对机器人的控制性能及系统设计的复杂性产生最为重要的影响。目前主要有以人为中心的和以智能机器人为中心的体系结构，其中以人为中心的体系结构强调以遥操作为主，而将部分技术成熟的决策控制行为由机器人的自主能力实现；以机器人为中心的体系结构强调机器人的完全自主行为，把人看作机器人自主行为闭环中的一个组成部分，传感器或决策系统提供环境感知和行为决策的辅助信息，将人的智能融入自主机器人的智能中。

2. 信息知识模式研究

在体系结构确立的基础上，还需要建立人和机器人共同理解的信息表达模式和推理机制，建立人-机交互的有效手段，解决如何在遥操作系统和机器人系统之间进行功能模块的灵活组合，使得功能与知识都具有良好的扩展性，解决如何建立灵活的人-机协同机制，使人的形象思维、直觉判断和经验，与基于精确推理和快速数据处理的机器智能无缝地结合起来，实现灵活快捷的最佳决策。其关键技术是人-机交互接口技术，人和机器人面临相同的环境，但感知手段、感知能力及基于感知的决策方式各不相同，如何将人的感知与决策模式机器化及机器人的感知与决策模式人性化是人-机交互接口设计的关键。人-机交互简化示意图如图 1-8 所示。

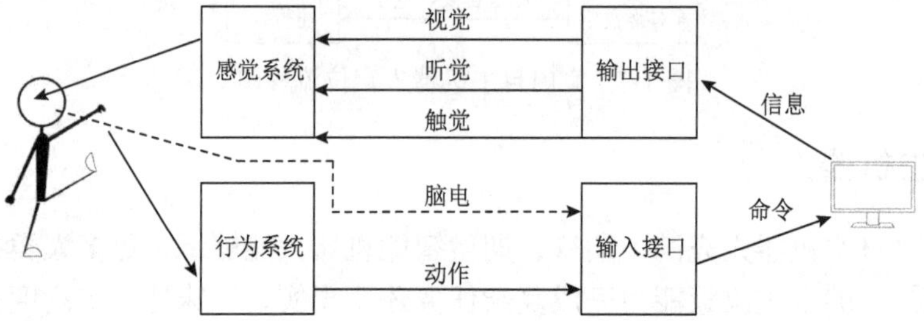

图 1-8　人-机交互简化示意图

3. 决策控制技术

决策控制技术面临的难点主要有两个方面：一是通信时延对系统的稳定性和可操作性的影响；二是解决远端机器人的自主能力与人的智能合理分工与结合。目前主要控制方式有以下四种。

(1) 监督控制(supervisory control)：是机器人局部自主和操作者监控相结合的控制方式，将操作者控制回路同远端执行回路分开，在局部获得较高的稳定性能和控制精度，从而解决了大时延和通信环节低带宽所带来的问题，成为遥操作系统的经典控制策略之一。但是监督控制是从一个比较高级的层次上进行控制的，对远端机器人的智能程度要求较高，受限于目前人工智能等技术的限制，全局自主能力不足，远程执行端对于环境的变化缺乏足够的感知和应变能力，因而灵活性差，在遇到差错和意外情况时很难依靠自身进行误差恢复。基于事件的智能控制方法是监督控制方式的一种衍生形式，就是为系统寻找一个与时间无关或不是时间显函数的参变量，也就是事件，控制系统的规划和设计都是基于这个新的事件变量来进行的。在新的参变量下，如果原系统在时间参变量下是稳定的，假定非时间变量是时间的非减函数，则该系统仍是稳定的，其关键在于为系统找到一个合适的非时间变量。

(2) 共享控制(shared control)：将遥操作直接控制模式和监督控制模式相结合，让操作者和远程执行端在操作过程中责任共享。基于共享控制的机器人具有一定的自主性，在一定程度上降低了通信时延造成的影响；同时，也允许操作者直接操作，发挥其判断决策能力，使机器人脱离死锁等情况。其特点在于充分利用人的感知、判断和决策能力增强系统的适应能力；其缺点在于需要向操作者提供关于操作环境的包括视觉、运动觉在内的大量即时信息，占用大量有限的带宽，实时性也得不到保证。遥编程控制方式是共享控制方式的一种衍生形式，主要思想是将操作者的运动生成为相应的符号命令程序传送到远端，远端执行机构将收到的命令程序分解成为可以执行的代码，自主地执行，同时向主控端传递任务执行的信息。共享控制流程如图 1-9 所示。

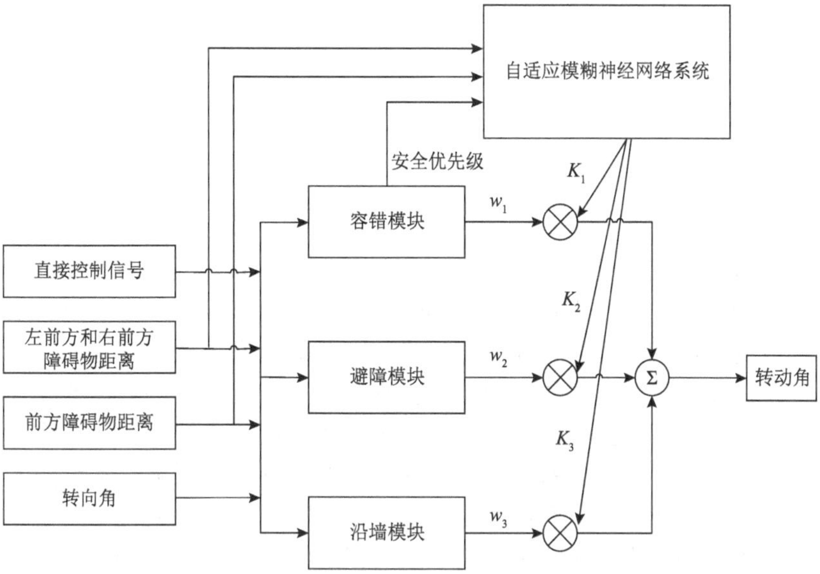

图 1-9 共享控制流程

(3) 预测显示控制(predictive display control)：通过图形仿真和图像处理技术，建立遥操作的系统模型和仿真平台，根据当前状态和控制输入，对系统状态进行预测，并以图形的方式显示给操作员。对于只有较小时延的遥操作系统，可以根据系统当前状态和时间导数，通过泰勒级数进行外推实现预测；对于大时延系统，必须建立系统运行的仿真模型，在模型中融合系统的当前状态、时间导数，并控制输入进行事先预演，其关键是建立遥操作对象及环境的精确数学模型。

(4) 学习与适应技术：是 HRI 的热点研究领域，包括决策控制技术能力的学习和适应社会能力的学习。决策控制技术能力的学习主要在于机器人自主能力、监控者遥操作能力及二者间相互协调、优化等方面，是解决远端机器人的自主能力与人的智能合理分工与结合的有效手段。目前 HRI 的学习手段主要是模仿与示教。

1.3 机器视觉技术发展概述

自然光中波长为 380～780nm 的称为可见光，即人眼可见的光，人类对环境感知约 70%的信息来自视觉，机器视觉(machine vision)就是利用计算机处理图像信息，也称为计算机视觉(computer vision)，目标是模拟人类的视觉，让机器具有视觉功能，是一门多学科交叉的技术。简单机器视觉逻辑如图 1-10 所示。

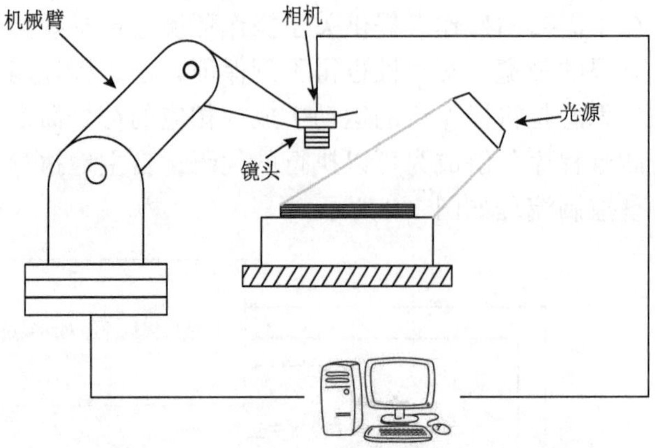

图 1-10　机器视觉逻辑

机器视觉的研究始于 20 世纪 50 年代，80 年代进入了快速发展时期，对机器视觉的全球性研究热潮开始兴起，不仅出现了基于感知特征群的物体识别理论框架、主动视觉理论框架、视觉集成理论框架等概念，而且产生了很多新的研究方法和理论，无论对一般二维信息的处理，还是针对三维图像的模型及算法研究都有了很大的进步。90 年代，机器视觉开始在工业领域得到应用，由于机器视觉是一种非接触的测量方式，在一些不适于人工作业的危险工作环境或者人工视觉难以满足要求的场合，常用机器视觉来替代人工视觉，同时，在大批量重复性工业生产过程中，用机器视觉检测方法可以大大提高生产的效率和自动化程度。到了 21 世纪，机器视觉技术已经大规模地应用于多个领域，如工业探伤、自动焊接、医学诊断、跟踪报警、移动机器人、指纹识别、模拟战场、智能交通、医疗、无人机与无人驾驶、智能家居等领域。

机器视觉是人工智能正在快速发展的一个分支，正处于不断突破、走向成熟的阶段，它的发展也大大推动了智能系统的发展。

1.3.1　图像处理技术发展

视觉是以图像为基础的，图像处理技术是机器视觉的核心技术，也可以称为图像工程，广义上是各种与图像有关的技术的总称，是不同层次图像技术的有机结合与应用，是将基础科学原理与其在图像应用中积累的技术经验相结合而发展起来的综合学科。

视觉图像中包含了环境的大量信息，图像处理技术可以理解为信息恢复的问题，恢复是指利用二维图像信息对环境中的目标物体进行精确的三维描述，并定量地恢复其属性，或至少是与给定任务相关的属性。

根据抽象程度和研究方法等不同，可将图像处理技术分为三个层次。

1. 图像处理

图像处理着重强调在图像之间进行的变换，是从图像到图像的变换过程，主要目标是要对图像进行各种加工以改善图像的视觉效果，或对图像进行压缩编码，减少存储空间或传输时间。如图像采集、存储、变换、滤波、增强、恢复、校正等图像重建技术以及图像数字水印、信息隐藏、压缩等图像编码技术。图像的变换如图 1-11 所示，图像的阈值分割如图 1-12 所示。

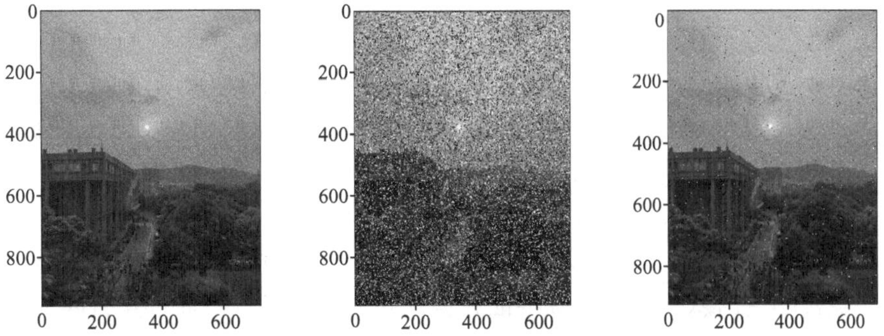

原图 噪声 中值滤波

图 1-11 图像的变换

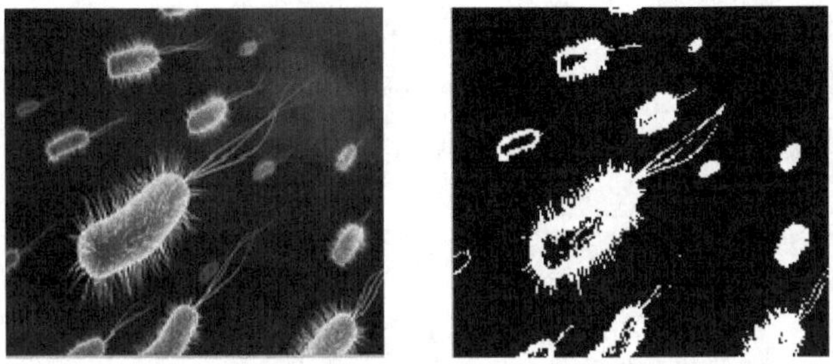

原图 阈值分割效果

图 1-12 阈值分割原图与效果

2. 图像分析

图像分析主要是对图像中感兴趣的目标进行检测和测量，获得它们的客观信息，从而建立对图像和目标的描述，是从图像到数据的过程。如图像边缘检测、分割、目标提取与分类等目标识别技术和目标颜色、形状、纹理、空间位姿、运动信息等目标测量技术。如图 1-13 所示，机器人在对任意堆放的相同零件进行分拣的过程中，通过全局相机对零件目标图像进行检测与提取处理。

图 1-13 机械零件图像检测预处理

3. 图像理解

图像理解重点是在图像分析的基础上，进一步研究图像中各目标的性质和它们之间的相互联系，并通过对图像内容含义的理解得出对原来客观场景的解释，是从数据到解释的过程，从而指导和规划行动。例如，图像配准、匹配、融合、镶嵌技术，3D 表示、建模、重构、场景恢复、测量技术，图像感知、解释、推理技术，基于内容的图像和视频检索技术，图像伺服控制技术等。如图 1-14 所示，采用 RGB-D 方法对采集到的物体点云进行三维重建得到包含颜色信息的物体三维特征数据，并在三维场景下通过点云匹配实现目标的识别与检测。

图 1-14　基于目标图像纹理特征的三维重建与识别

从底层的图像处理到高层的图像理解，信息从图像的像素演变为目标的符号，其数据量逐渐减少，图像特征的抽象程度越来越高。

1.3.2　图像处理技术在机器人中的应用

环境感知是智能机器人自主决策与控制的基础，机器视觉成为智能机器人环境感知的重要手段，将视觉图像作为智能机器人一种重要的外部信息感知传感器，构成机器人视觉系统，帮助机器人理解环境，实现自主避碰导航和目标的识别、分类和定位。机器人图像采集流程如图 1-15 所示。

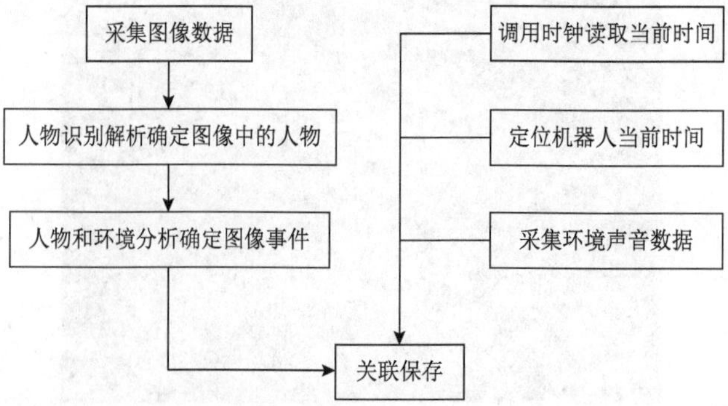

图 1-15　用于智能机器人的图像采集流程

机器人会通过两种策略利用传感器信息成功实现与环境的交互：一是将机器人的行为与传感器测量信息直接绑定，即机器人的动作是其传感器输入的函数，如机器人的避障、图像伺服控制等行为；二是利用传感器信息更新中间模型，机器人的动作将作为该模型的函数被触发，例如，机器人 SLAM(simultaneous localization and mapping，同步定位与地图构建)技术中自主定位和路径规划是基于地图的建立与更新实现的。

其中第二种策略是通过从传感器的原始信息中提取出关键特征实现的，属于更高级别的感知能力。传感器原始信息中包含了大量数据，其潜在优势是每一点信息都可被充分利用，保证了信息的完整性，目前利用稠密原始图像进行环境感知的理论研究仍然是重要的研究领域。但原始数据之间的区别性很低，且内存需求大、计算时间长，因此，对图像特征的提取和应用是目前主流的技术手段，如图像的边缘特征、点特征、轮廓特征、纹理特征等，将这些特征作为环境中元素的可识别结构对环境进行数学描述。图 1-16 为基于 SIFT 算法提取特征点进行目标识别。环境特征分为低层次特征和高层次特征，低层次特征可以是环境中的几何基元，如直线、圆或多边形，与原始图像相比，用稀疏的低层次特征描述环境可以大大减少数据量；高层次特征是对环境的进一步抽象，如环境中的门、桌子等目标对象信息，可以进一步减少数据量。好的特征总是可以从环境中提取出来的，但特征毕竟是从原始数据中抽象出来的，大大减少了数据量，同时也会丢失一些有效信息，即存在一定的风险，其稳定性和鲁棒性是关键。

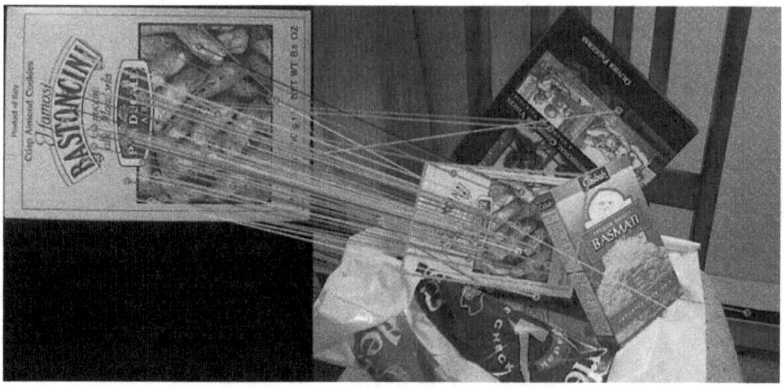

图 1-16 基于 SIFT 算法提取特征点进行目标识别

第 2 章　多关节串联机械臂技术与应用

本章主要介绍多关节机械臂的技术与应用，从运动学、动力学和控制器设计三个方面进行介绍。

2.1　运动学模型

运动学源自物理学概念，是关于物体位置、速度、加速度等位置的各阶导数的科学，在机器人领域，运动学主要研究机械臂末端在直角坐标空间的位置和姿态与机械臂各关节角度之间的关系，以及相应的速度和加速度等关系。

2.1.1　位姿描述与变换

1. 位姿描述

空间物体之间存在位置和姿态的差异，在三维空间指定某一参考坐标系，并在每一个物体上建立本体坐标系，则可用物体本体坐标系与参考坐标系之间的位置和姿态关系描述物体相对于参考坐标系的位置和姿态。如图 2-1 所示，将固定不变的坐标系$\{A\}$选为参考坐标系，坐标系$\{B\}$为与机械臂末端工具固联的本体坐标系，随末端位姿的变化而变化，则位姿描述的目的是得到坐标系$\{B\}$相对于坐标系$\{A\}$的相对位姿关系。

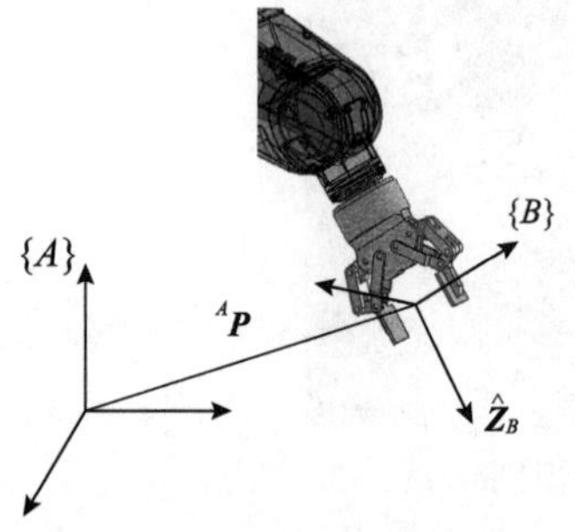

图 2-1　机械臂系统坐标系定义

1) 位置描述

与末端固联的坐标系$\{B\}$相对于基坐标系$\{A\}$的位置可用 1 个3×1的直角坐标向量描述：

$$^{A}\boldsymbol{P}_B=\begin{bmatrix}p_x\\p_y\\p_z\end{bmatrix}=\begin{bmatrix}p_x & p_y & p_z\end{bmatrix}^{\mathrm{T}} \tag{2-1}$$

式中，上、下标 A,B 表示机械臂末端工具坐标系$\{B\}$的位置相对于参考坐标系$\{A\}$的描述。

2) 姿态描述

与位置描述相比，姿态描述相对复杂，机械臂末端相对于基坐标系的姿态可用3×3的旋转矩阵描述：

$$
\begin{aligned}
{}_B^A\boldsymbol{R} = \left[{}^A\hat{\boldsymbol{X}}_B \ {}^A\hat{\boldsymbol{Y}}_B \ {}^A\hat{\boldsymbol{Z}}_B\right] &= \begin{bmatrix} \hat{\boldsymbol{X}}_B\cdot\hat{\boldsymbol{X}}_A & \hat{\boldsymbol{Y}}_B\cdot\hat{\boldsymbol{X}}_A & \hat{\boldsymbol{Z}}_B\cdot\hat{\boldsymbol{X}}_A \\ \hat{\boldsymbol{X}}_B\cdot\hat{\boldsymbol{Y}}_A & \hat{\boldsymbol{Y}}_B\cdot\hat{\boldsymbol{Y}}_A & \hat{\boldsymbol{Z}}_B\cdot\hat{\boldsymbol{Y}}_A \\ \hat{\boldsymbol{X}}_B\cdot\hat{\boldsymbol{Z}}_A & \hat{\boldsymbol{Y}}_B\cdot\hat{\boldsymbol{Z}}_A & \hat{\boldsymbol{Z}}_B\cdot\hat{\boldsymbol{Z}}_A \end{bmatrix} \\
&= \begin{bmatrix} \cos(\hat{\boldsymbol{X}}_B,\hat{\boldsymbol{X}}_A) & \cos(\hat{\boldsymbol{Y}}_B,\hat{\boldsymbol{X}}_A) & \cos(\hat{\boldsymbol{Z}}_B,\hat{\boldsymbol{X}}_A) \\ \cos(\hat{\boldsymbol{X}}_B,\hat{\boldsymbol{Y}}_A) & \cos(\hat{\boldsymbol{Y}}_B,\hat{\boldsymbol{Y}}_A) & \cos(\hat{\boldsymbol{Z}}_B,\hat{\boldsymbol{Y}}_A) \\ \cos(\hat{\boldsymbol{X}}_B,\hat{\boldsymbol{Z}}_A) & \cos(\hat{\boldsymbol{Y}}_B,\hat{\boldsymbol{Z}}_A) & \cos(\hat{\boldsymbol{Z}}_B,\hat{\boldsymbol{Z}}_A) \end{bmatrix}
\end{aligned} \tag{2-2}
$$

式中，$\hat{\boldsymbol{X}}_B,\hat{\boldsymbol{Y}}_B,\hat{\boldsymbol{Z}}_B$ 分别表示末端坐标系$\{B\}$三个轴的单位向量；$\hat{\boldsymbol{X}}_A,\hat{\boldsymbol{Y}}_A,\hat{\boldsymbol{Z}}_A$ 分别表示参考坐标系$\{A\}$三个轴的单位向量；${}^A\hat{\boldsymbol{X}}_B,{}^A\hat{\boldsymbol{Y}}_B,{}^A\hat{\boldsymbol{Z}}_B$ 分别表示末端坐标系$\{B\}$三个轴的单位向量向基坐标系$\{A\}$三个轴的投影向量。

从式(2-2)可见，其行向量分别为参考坐标系$\{A\}$三个轴的单位向量在末端坐标系$\{B\}$三个轴的投影向量，即${}_B^A\boldsymbol{R}^{\mathrm{T}}$表示参考坐标系$\{A\}$相对于末端坐标系$\{B\}$的姿态描述，即${}_B^A\boldsymbol{R}^{\mathrm{T}}={}_A^B\boldsymbol{R}$。

再有，旋转矩阵为单位正交矩阵，即矩阵的三个行向量和三个列向量两两相互垂直，且模长均为 1，有

$$
\begin{aligned}
&\left\|{}^A\hat{\boldsymbol{X}}_B\right\| = \left\|{}^A\hat{\boldsymbol{Y}}_B\right\| = \left\|{}^A\hat{\boldsymbol{Z}}_B\right\| = 1 \\
&{}^A\hat{\boldsymbol{X}}_B\cdot{}^A\hat{\boldsymbol{Y}}_B = {}^A\hat{\boldsymbol{X}}_B\cdot{}^A\hat{\boldsymbol{Z}}_B = {}^A\hat{\boldsymbol{Y}}_B\cdot{}^A\hat{\boldsymbol{Z}}_B = 0
\end{aligned} \tag{2-3}
$$

对于单位正交矩阵，有

$$
{}_B^A\boldsymbol{R}^{\mathrm{T}} = {}_B^A\boldsymbol{R}^{-1} = {}_A^B\boldsymbol{R} \tag{2-4}
$$

式(2-3)表示旋转矩阵的 9 个元素中存在六个约束条件，只有三个独立参数，因此，可以用以下三种只用三个参数表示的旋转矩阵。

(1) 绕固定坐标系三个轴的三次旋转可以描述任意姿态。

如图 2-2 所示，假设坐标系$\{B\}$与已知坐标系$\{A\}$初始是重合的，如果坐标系$\{B\}$首先绕坐标系$\{A\}$的 $\hat{\boldsymbol{X}}_A$ 轴旋转 γ 角度，然后绕坐标系$\{A\}$的 $\hat{\boldsymbol{Y}}_A$ 轴旋转 β 角度，最后绕坐标系$\{A\}$的 $\hat{\boldsymbol{Z}}_A$ 轴旋转 α 角度，则坐标系$\{B\}$相对于坐标系$\{A\}$的姿态为

$$
\begin{aligned}
{}_B^A\boldsymbol{R}_{XYZ}(\gamma,\beta,\alpha) = \boldsymbol{R}_Z(\alpha)\boldsymbol{R}_Y(\beta)\boldsymbol{R}_X(\gamma) &= \begin{bmatrix} c\alpha & -s\alpha & 0 \\ s\alpha & c\alpha & 0 \\ 0 & 0 & 1 \end{bmatrix}\begin{bmatrix} c\beta & 0 & s\beta \\ 0 & 1 & 0 \\ -s\beta & 0 & c\beta \end{bmatrix}\begin{bmatrix} 1 & 0 & 0 \\ 0 & c\gamma & -s\gamma \\ 0 & s\gamma & c\gamma \end{bmatrix} \\
&= \begin{bmatrix} c\alpha c\beta & c\alpha s\beta s\gamma - s\alpha c\gamma & c\alpha s\beta c\gamma + s\alpha s\gamma \\ s\alpha c\beta & s\alpha s\beta s\gamma + c\alpha c\gamma & s\alpha s\beta c\gamma - c\alpha s\gamma \\ -s\beta & c\beta s\gamma & c\beta c\gamma \end{bmatrix}
\end{aligned} \tag{2-5}
$$

式中，$\boldsymbol{R}_Z(\alpha),\boldsymbol{R}_Y(\beta),\boldsymbol{R}_X(\gamma)$ 分别为绕 Z,Y,X 旋转的基本旋转矩阵；$s\alpha,s\beta,s\gamma$ 分别为 $\sin\alpha,\sin\beta,\sin\gamma$ 的缩写形式；$c\alpha,c\beta,c\gamma$ 分别为 $\cos\alpha,\cos\beta,\cos\gamma$ 的缩写形式。

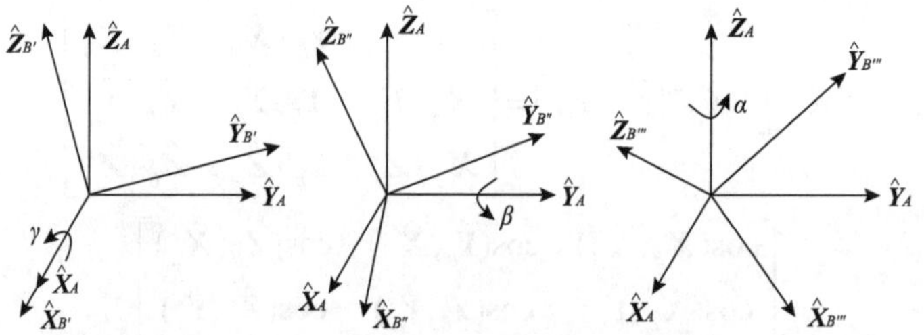

图 2-2　绕固定坐标系坐标轴的三次旋转获得任意姿态

(2) 绕运动坐标系三个轴的三次旋转可以描述任意姿态。

如图 2-3 所示，假设坐标系$\{B\}$与已知坐标系$\{A\}$初始是重合的，如果坐标系$\{B\}$首先绕坐标系$\{B\}$的$\hat{\boldsymbol{Z}}_B$轴旋转α角度，然后绕坐标系$\{B\}$的$\hat{\boldsymbol{Y}}_B$轴旋转β角度，最后绕坐标系$\{B\}$的$\hat{\boldsymbol{X}}_B$轴旋转γ角度，则坐标系$\{B\}$相对于坐标系$\{A\}$的姿态为

$$\begin{aligned}{}_B^A\boldsymbol{R}_{Z'Y'X'} &= \boldsymbol{R}_{Z'}(\alpha)\boldsymbol{R}_{Y'}(\beta)\boldsymbol{R}_{X'}(\gamma)=\begin{bmatrix} c\alpha & -s\alpha & 0 \\ s\alpha & c\alpha & 0 \\ 0 & 0 & 1\end{bmatrix}\begin{bmatrix} c\beta & 0 & s\beta \\ 0 & 1 & 0 \\ -s\beta & 0 & c\beta\end{bmatrix}\begin{bmatrix} 1 & 0 & 0 \\ 0 & c\gamma & -s\gamma \\ 0 & s\gamma & c\gamma\end{bmatrix} \\ &= \begin{bmatrix} c\alpha c\beta & c\alpha s\beta s\gamma - s\alpha c\gamma & c\alpha s\beta c\gamma + s\alpha s\gamma \\ s\alpha c\beta & s\alpha s\beta s\gamma + c\alpha c\gamma & s\alpha s\beta c\gamma - c\alpha s\gamma \\ -s\beta & c\beta s\gamma & c\beta c\gamma \end{bmatrix}\end{aligned} \tag{2-6}$$

由式(2-5)、式(2-6)可见，坐标系$\{B\}$绕固定坐标系$\{A\}$的三个轴的旋转次序与绕运动坐标系$\{B\}$的三个轴的相反旋转次序分别旋转，会得到相同的姿态。

(3) 绕空间某一轴旋转一定角度可得到任意姿态。

如图 2-4 所示，坐标系$\{A\}$、$\{B\}$初始相互重合，然后坐标系$\{B\}$以坐标系$\{A\}$中的某一向量${}^A\hat{\boldsymbol{K}}=\begin{bmatrix}k_x & k_y & k_z\end{bmatrix}^{\mathrm{T}}$为轴，旋转一定角度$\theta$，可得到坐标系$\{B\}$相对于坐标系$\{A\}$的任意姿态。

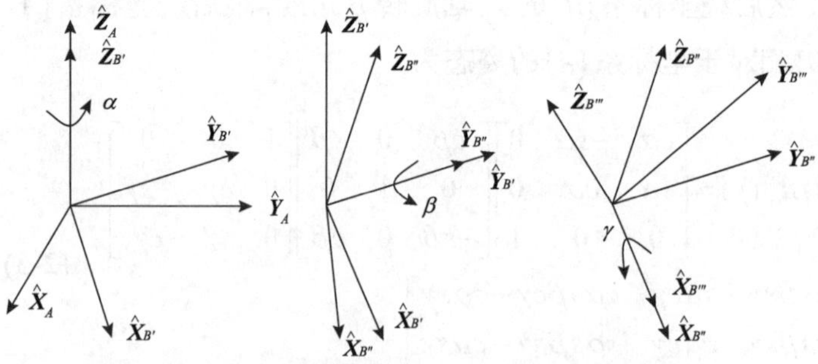

图 2-3　绕运动坐标系坐标轴的三次旋转获得任意姿态

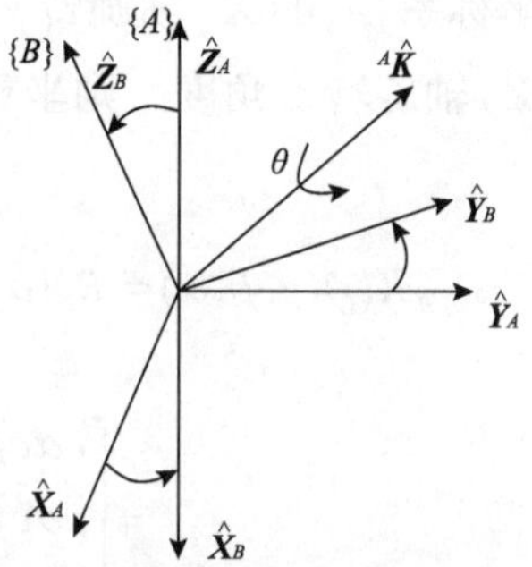

图 2-4　绕空间某一轴旋转一定角度得到任意姿态

假设存在一个中间坐标系$\{C\}$，使$\hat{\boldsymbol{Z}}_C$轴与${}^A\hat{\boldsymbol{K}}$轴重合，则有

$$
{}_{C}^{A}\boldsymbol{R}=\begin{bmatrix}\hat{\boldsymbol{X}}_C\cdot\hat{\boldsymbol{X}}_A & \hat{\boldsymbol{Y}}_C\cdot\hat{\boldsymbol{X}}_A & \hat{\boldsymbol{Z}}_C\cdot\hat{\boldsymbol{X}}_A\\ \hat{\boldsymbol{X}}_C\cdot\hat{\boldsymbol{Y}}_A & \hat{\boldsymbol{Y}}_C\cdot\hat{\boldsymbol{Y}}_A & \hat{\boldsymbol{Z}}_C\cdot\hat{\boldsymbol{Y}}_A\\ \hat{\boldsymbol{X}}_C\cdot\hat{\boldsymbol{Z}}_A & \hat{\boldsymbol{Y}}_C\cdot\hat{\boldsymbol{Z}}_A & \hat{\boldsymbol{Z}}_C\cdot\hat{\boldsymbol{Z}}_A\end{bmatrix}=\begin{bmatrix}n_x & o_x & a_x\\ n_y & o_y & a_y\\ n_z & o_z & a_z\end{bmatrix},\quad \begin{bmatrix}a_x\\ a_y\\ a_z\end{bmatrix}=\begin{bmatrix}k_x\\ k_y\\ k_z\end{bmatrix} \tag{2-7}
$$

先将坐标系$\{A\}$描述到坐标系$\{C\}$，再绕坐标系$\{C\}$的$\hat{\boldsymbol{Z}}_C$轴旋转一角度θ，等效于绕${}^{A}\hat{\boldsymbol{K}}$轴旋转一角度$\theta$，得到的新坐标系即为坐标系$\{B\}$，是相对于坐标系$\{C\}$描述的，最后将坐标系$\{B\}$从坐标系$\{C\}$变换到坐标系$\{A\}$中描述，即

$$
\begin{aligned}
{}_{B}^{A}\boldsymbol{R}_K(\theta)&={}_{C}^{A}\boldsymbol{R}\mathrm{Rot}(\hat{\boldsymbol{Z}}_C,\theta){}_{A}^{C}\boldsymbol{R}={}_{C}^{A}\boldsymbol{R}\mathrm{Rot}(\hat{\boldsymbol{Z}}_C,\theta){}_{C}^{A}\boldsymbol{R}^{-1}\\
&=\begin{bmatrix}n_x & o_x & a_x\\ n_y & o_y & a_y\\ n_z & o_z & a_z\end{bmatrix}\begin{bmatrix}c\theta & -s\theta & 0\\ s\theta & c\theta & 0\\ 0 & 0 & 1\end{bmatrix}\begin{bmatrix}n_x & n_y & n_z\\ o_x & o_y & o_z\\ a_x & a_y & a_z\end{bmatrix}\\
&=\begin{bmatrix}k_xk_xv\theta+c\theta & k_xk_yv\theta-k_zs\theta & k_xk_zv\theta+k_ys\theta\\ k_xk_yv\theta+k_zs\theta & k_yk_yv\theta+c\theta & k_yk_zv\theta-k_xs\theta\\ k_xk_zv\theta-k_ys\theta & k_yk_zv\theta+k_xs\theta & k_zk_zv\theta+c\theta\end{bmatrix}
\end{aligned} \tag{2-8}
$$

式中，$v\theta$表示$1-\cos\theta$。因为${}^{A}\hat{\boldsymbol{K}}=\begin{bmatrix}k_x & k_y & k_z\end{bmatrix}^{\mathrm{T}}$为单位向量，只有两个独立参数，与角度$\theta$共同构成三个独立参数来表示旋转矩阵。

2. 位姿变换

空间内同一物体在不同的参考坐标系内位姿的描述是不同的，位姿变换就是将空间内某一物体相对于某一参考坐标系的位置和姿态描述转换到相对于另一个参考坐标系的位置和姿态描述，前提是两个参考坐标系之间的位置和姿态关系是已知的。

如图 2-5 所示，工具坐标系$\{T\}$相对于基坐标系$\{B\}$的位置和姿态是已知的，如果能够测量出目标坐标系$\{G\}$相对于基坐标系$\{B\}$的位置和姿态，则可通过位姿变换，得到工具坐标系$\{T\}$相对于目标坐标系$\{G\}$的位置和姿态。

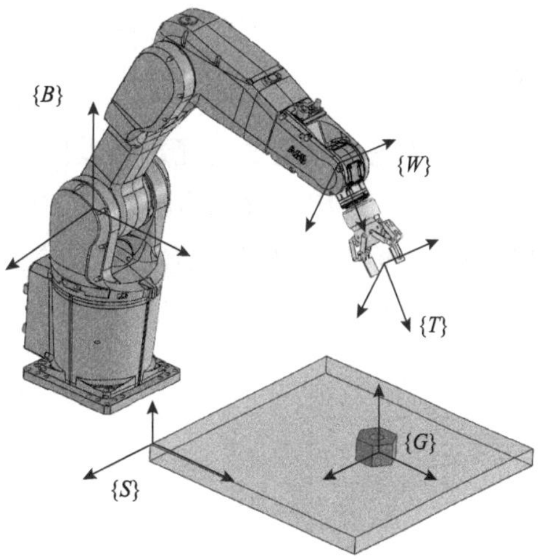

图 2-5　机械臂系统坐标系关系

1) 基本变换

首先考虑两个参考坐标系$\{A\}$、$\{B\}$姿态相同，但位置不同，如图 2-6(a)所示，假设空间一点P相对参考坐标系$\{B\}$的位置已知，为${}^{B}\boldsymbol{P}$，即点P到坐标系$\{B\}$原点的位置向量，同时坐标系$\{B\}$相对于坐标系$\{A\}$的位置也是已知的，为${}^{A}\boldsymbol{P}_B$，即坐标系$\{B\}$原点到坐标系$\{A\}$原点的位置向量，由于坐标系$\{A\}$、$\{B\}$的姿态相同，因此，两个位置向量可直接相加得到点P相对坐标系$\{A\}$原点的位置向量${}^{A}\boldsymbol{P}$：

$$^{A}\boldsymbol{P} = {}^{A}\boldsymbol{P}_{B} + {}^{B}\boldsymbol{P} \tag{2-9}$$

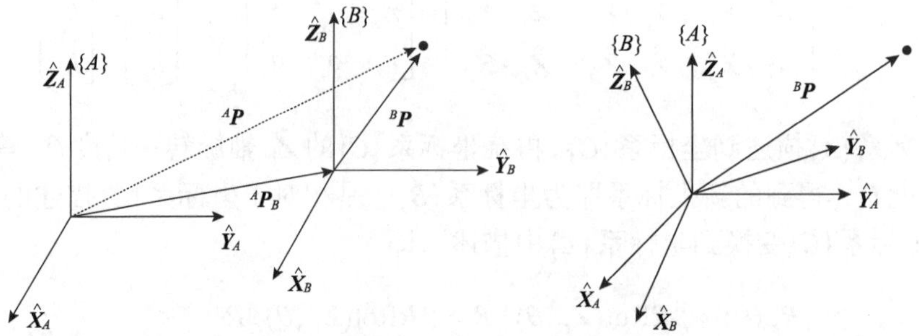

(a) $\{A\}$、$\{B\}$姿态相同，位置不相同　　(b) $\{A\}$、$\{B\}$姿态不相同，位置相同

图 2-6　空间位置变换

当坐标系$\{A\}$、$\{B\}$原点重合，但姿态不同时，如图 2-6(b)所示，空间点 P 在两个坐标系中的位置向量描述仍然不同，假设$^{B}\boldsymbol{P}$和$_{B}^{A}\boldsymbol{R}$已知，则点 P 相对于坐标系$\{A\}$的位置向量$^{A}\boldsymbol{P}$的分量为$^{B}\boldsymbol{P}$在坐标系$\{A\}$三个轴上的投影，可用向量的点积计算：

$$
\begin{aligned}
{}^{A}p_x &= {}^{B}\hat{\boldsymbol{X}}_A \cdot {}^{B}\boldsymbol{P} = {}^{B}\hat{\boldsymbol{X}}_A^{\mathrm{T}}\,{}^{B}\boldsymbol{P} \\
{}^{A}p_y &= {}^{B}\hat{\boldsymbol{Y}}_A \cdot {}^{B}\boldsymbol{P} = {}^{B}\hat{\boldsymbol{Y}}_A^{\mathrm{T}}\,{}^{B}\boldsymbol{P} \\
{}^{A}p_z &= {}^{B}\hat{\boldsymbol{Z}}_A \cdot {}^{B}\boldsymbol{P} = {}^{B}\hat{\boldsymbol{Z}}_A^{\mathrm{T}}\,{}^{B}\boldsymbol{P}
\end{aligned}
$$

写成矩阵形式，并利用旋转矩阵的定义，可得

$$
{}^{A}\boldsymbol{P} = \begin{bmatrix} {}^{A}p_x \\ {}^{A}p_y \\ {}^{A}p_z \end{bmatrix} = \begin{bmatrix} {}^{B}\hat{\boldsymbol{X}}_A^{\mathrm{T}} \\ {}^{B}\hat{\boldsymbol{Y}}_A^{\mathrm{T}} \\ {}^{B}\hat{\boldsymbol{Z}}_A^{\mathrm{T}} \end{bmatrix} {}^{B}\boldsymbol{P} = \begin{bmatrix} {}^{A}\hat{\boldsymbol{X}}_B & {}^{A}\hat{\boldsymbol{Y}}_B & {}^{A}\hat{\boldsymbol{Z}}_B \end{bmatrix} {}^{B}\boldsymbol{P} = {}_{B}^{A}\boldsymbol{R}\,{}^{B}\boldsymbol{P} \tag{2-10}
$$

最后考虑更一般的情况，即坐标系$\{A\}$、$\{B\}$原点也不重合、姿态也不一致，如图 2-7 所示，其中$^{B}\boldsymbol{P}$, $^{A}\boldsymbol{P}_B$, $_{B}^{A}\boldsymbol{R}$均为已知，希望求$^{A}\boldsymbol{P}$。其求解方法如下：建立一个辅助坐标系$\{C\}$，其原点与坐标系$\{B\}$的原点重合，其姿态与坐标系$\{A\}$一致，即$^{A}\boldsymbol{P}_C = {}^{A}\boldsymbol{P}_B$，$_{B}^{C}\boldsymbol{R} = {}_{B}^{A}\boldsymbol{R}$，根据前面的算法可得$^{C}\boldsymbol{P} = {}_{B}^{C}\boldsymbol{R}\,{}^{B}\boldsymbol{P} = {}_{B}^{A}\boldsymbol{R}\,{}^{B}\boldsymbol{P}$和$^{A}\boldsymbol{P} = {}^{C}\boldsymbol{P} + {}^{A}\boldsymbol{P}_C$，则可求解$^{A}\boldsymbol{P}$：

$$^{A}\boldsymbol{P} = {}_{B}^{A}\boldsymbol{R}\,{}^{B}\boldsymbol{P} + {}^{A}\boldsymbol{P}_B \tag{2-11}$$

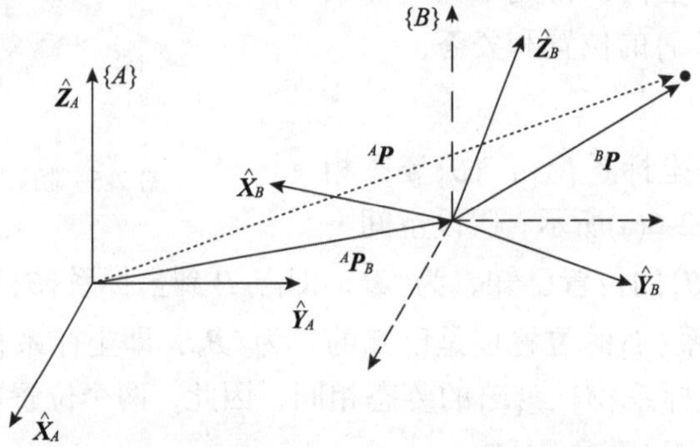

图 2-7　坐标系$\{A\}$、$\{B\}$原点不重合、姿态不一致

2) 齐次变换

式(2-11)对于位置向量而言是非齐次的，可以写成齐次方程形式：

$$\begin{bmatrix} {}^{A}\boldsymbol{P} \\ 1 \end{bmatrix} = \begin{bmatrix} {}^{A}_{B}\boldsymbol{R} & {}^{A}\boldsymbol{P}_{B} \\ 0\ 0\ 0 & 1 \end{bmatrix} \begin{bmatrix} {}^{B}\boldsymbol{P} \\ 1 \end{bmatrix} = {}^{A}_{B}\boldsymbol{T} \begin{bmatrix} {}^{B}\boldsymbol{P} \\ 1 \end{bmatrix} \tag{2-12}$$

式中，4×1 向量 $\begin{bmatrix} {}^{A}\boldsymbol{P} & 1 \end{bmatrix}^{\mathrm{T}}$，$\begin{bmatrix} {}^{B}\boldsymbol{P} & 1 \end{bmatrix}^{\mathrm{T}}$ 定义为齐次位置向量；4×4 矩阵 ${}^{A}_{B}\boldsymbol{T}$ 定义为齐次变换，同时包含了坐标系$\{B\}$相对于坐标系$\{A\}$的位置变换和姿态变换，是一种简单的表达形式，也可以简写为 ${}^{A}\boldsymbol{P} = {}^{A}_{B}\boldsymbol{T}\,{}^{B}\boldsymbol{P}$。利用齐次变换可以简化变换计算的表达形式。

例 2-1　复合变换。如图 2-7 所示，包含三个坐标系，已知 ${}^{C}\boldsymbol{P}, {}^{B}\boldsymbol{P}_{C}, {}^{A}\boldsymbol{P}_{B}, {}^{B}_{C}\boldsymbol{R}, {}^{A}_{B}\boldsymbol{R}$，求 ${}^{A}\boldsymbol{P}$。

解：首先采用非齐次变换，有

$$\begin{aligned} {}^{B}\boldsymbol{P} &= {}^{B}_{C}\boldsymbol{R}\,{}^{C}\boldsymbol{P} + {}^{B}\boldsymbol{P}_{C} \\ {}^{A}\boldsymbol{P} &= {}^{A}_{B}\boldsymbol{R}\,{}^{B}\boldsymbol{P} + {}^{A}\boldsymbol{P}_{B} = {}^{A}_{B}\boldsymbol{R}({}^{B}_{C}\boldsymbol{R}\,{}^{C}\boldsymbol{P} + {}^{B}\boldsymbol{P}_{C}) + {}^{A}\boldsymbol{P}_{B} = ({}^{A}_{B}\boldsymbol{R}\,{}^{B}_{C}\boldsymbol{R})\,{}^{C}\boldsymbol{P} + ({}^{A}_{B}\boldsymbol{R}\,{}^{B}\boldsymbol{P}_{C} + {}^{A}\boldsymbol{P}_{B}) \end{aligned}$$

如果用齐次变换求解，得

$$\begin{aligned} {}^{B}\boldsymbol{P} &= {}^{B}_{C}\boldsymbol{T}\,{}^{C}\boldsymbol{P} \\ {}^{A}\boldsymbol{P} &= {}^{A}_{B}\boldsymbol{T}\,{}^{B}\boldsymbol{P} = {}^{A}_{B}\boldsymbol{T}\,{}^{B}_{C}\boldsymbol{T}\,{}^{C}\boldsymbol{P} = {}^{A}_{C}\boldsymbol{T}\,{}^{C}\boldsymbol{P} = \begin{bmatrix} {}^{A}_{B}\boldsymbol{R}\,{}^{B}_{C}\boldsymbol{R} & {}^{A}_{B}\boldsymbol{R}\,{}^{B}\boldsymbol{P}_{C} + {}^{A}\boldsymbol{P}_{B} \\ 0\ 0\ 0 & 1 \end{bmatrix} {}^{C}\boldsymbol{P} \end{aligned}$$

显然，齐次变换的表达更为简洁。

齐次变换的逆变换也有简便算法，而不用直接进行矩阵求逆运算：

$${}^{B}_{A}\boldsymbol{T} = {}^{A}_{B}\boldsymbol{T}^{-1} = \begin{bmatrix} {}^{A}_{B}\boldsymbol{R}^{\mathrm{T}} & -{}^{A}_{B}\boldsymbol{R}^{\mathrm{T}}\,{}^{A}\boldsymbol{P}_{B} \\ 0\ 0\ 0 & 1 \end{bmatrix} \tag{2-13}$$

但需注意，齐次变换矩阵不是单位正交矩阵，因此 ${}^{A}_{B}\boldsymbol{T}^{-1} \neq {}^{A}_{B}\boldsymbol{T}^{\mathrm{T}}$。

2.1.2　运动学方程建立

机械臂运动学方程是指在静态条件下，机械臂末端相对于基坐标系的位置和姿态与各关节角度之间的函数关系，建立运动学方程也称正向运动学问题，即已知所有关节的关节角度，求解机械臂末端相对于基坐标系的位置和姿态，当已知机械臂末端相对于基坐标系的位置和姿态，需求解所有关节的关节角度时，称为运动学方程求解问题，也称为逆向运动学问题。

机械臂属于开链的多连杆机构，其基座是固定不动的，可自由运动的末端的位置和姿态是由机械臂连杆的结构属性和运动变量所决定的，每一个连杆运动变量称为一个自由度，对于多自由度机械臂，直接求取末端的位姿是比较困难的，但对相邻连杆而言，后一连杆的位置和姿态只与前一连杆的结构属性和运动参数有关，因此建立相邻连杆的位姿关系是相对容易的，即当为每个连杆建立坐标系后，用齐次变换 ${}^{i-1}_{i}\boldsymbol{T}$ 描述连杆 i 相对于连杆 $i-1$ 的位置和姿态。当所有相邻连杆的位姿关系确定后，即可用复合变换的求解方式求得机械臂末端相对于基坐标系的位置和姿态 ${}^{0}_{n}\boldsymbol{T}$，其中下标 n 表示末端坐标系$\{n\}$，上标 0 表示基坐标系$\{0\}$：

$$ {}^{0}_{n}\boldsymbol{T} = {}^{0}_{1}\boldsymbol{T}\,{}^{1}_{2}\boldsymbol{T}\cdots{}^{i-1}_{i}\boldsymbol{T}\cdots{}^{n-1}_{n}\boldsymbol{T} \tag{2-14} $$

这样，就将复杂的运动学方程的建立过程分解为若干连杆变换的子问题，求解过程得到有效简化。

1. 连杆参数与连杆坐标系

1) D-H 连杆参数

D-H 连杆参数的定义是由 Denavit 和 Hartenberg 于 1955 年提出的，如图 2-8 所示，不失一般性，以旋转关节为例，连杆 $i-1$ 的结构可表示任意构型的连杆设计，其旋转轴为轴 $i-1$，与相邻连杆 i 的关系可用以下四个参数描述。

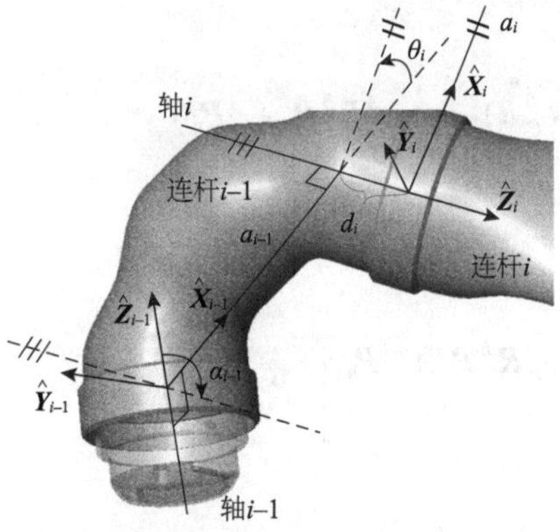

图 2-8 连杆参数定义及连杆坐标系

(1) 连杆长度 a_{i-1}：指旋转轴 $i-1$ 和旋转轴 i 之间的公垂线长度。

(2) 连杆扭角 α_{i-1}：将轴 $i-1$ 和轴 i 向垂直于公垂线 a_{i-1} 的平面内投影，两个轴在平面内投影的夹角称为连杆扭角，其方向可按右手法则从轴 $i-1$ 指向轴 i。

(3) 连杆偏移 d_i：指公垂线 a_{i-1} 和 a_i 在轴 i 上的交点之间的距离。

(4) 连杆转角 θ_i：指连杆 i 绕轴 i 转过的角度。

由图 2-8 可见，每一个连杆必与两个轴相连，两个轴之间的关系参数，即连杆长度和连杆扭角定义了连杆的结构属性，同时每一个旋转轴又与两个连杆相连，与旋转轴相关的两个参数，即连杆偏移和连杆转角定义了两个连杆的连接关系，以上四个参数完全决定了连杆 i 相对于连杆 $i-1$ 的位置和姿态，并且四个参数中，有三个是固定参数，只有一个是变量，对于旋转关节，θ_i 是变量，对于伸缩关节，d_i 是变量。

2) 连杆坐标系

为了描述连杆之间的位置和姿态关系，必须为每一个连杆建立一个与其固联的坐标系，称为连杆坐标系。如图 2-8 所示，建立连杆坐标系的原则如下。

(1) 定义坐标系原点：坐标系原点选取在公垂线与旋转轴的交点处，如连杆 $i-1$，其坐标系$\{i-1\}$的原点选在公垂线 a_{i-1} 和旋转轴 $i-1$ 的交点处。当与连杆连接的两个轴平行时，存在无穷个公垂线，因此与旋转轴有多个交点，此时坐标原点在旋转轴上的选取是任意的，但为计算方便，可选择过连杆质心的公垂线与旋转轴的交点。

(2) 定义坐标系 Z 轴：选择坐标系 Z 轴与旋转轴重合，其方向可任意选择。

(3) 定义坐标系 X 轴：选择公垂线作为 X 轴，其方向从轴 $i-1$ 指向轴 i。当两个旋转轴平行时，可选择通过连杆质心的公垂线为 X 轴；当两个旋转轴相交时，则不存在公垂线，此时，可选择两个相交的旋转轴构成平面的法线为 X 轴，其方向可任意选择，此时连杆长度定义为零。

(4) 定义坐标系 Y 轴：根据坐标系右手法则，通过 X、Z 轴确定 Y 轴。

由坐标系的定义可知，连杆坐标系不是唯一的，应根据坐标系的定义确定连杆参数的正负方向。

此外，机械臂不动的基座部分被定义为连杆 0，与之固联的坐标系定义为基坐标系{0}或{B}，其原点和坐标轴可任意选择，但为了简化计算，通常选择坐标系{0}与当连杆 1 的变量为零时连杆 1 的坐标系{1}重合。同样机械臂的末端连杆 n 也是特殊的，即连杆 n 只与一个轴相连，因此无法确定坐标系{n}的 X 轴方向，此时为简化计算，可选择其 X 轴方向与连杆 n 的变量为零时连杆 $n-1$ 的坐标系{$n-1$}的 X 轴方向相同。

2. 连杆坐标系变换

连杆坐标系定义后，可根据连杆参数确定相邻连杆坐标系之间的位置和姿态关系。在图 2-8 的基础上，定义 3 个附加坐标系{P}、{Q}、{R}，如图 2-9 所示。

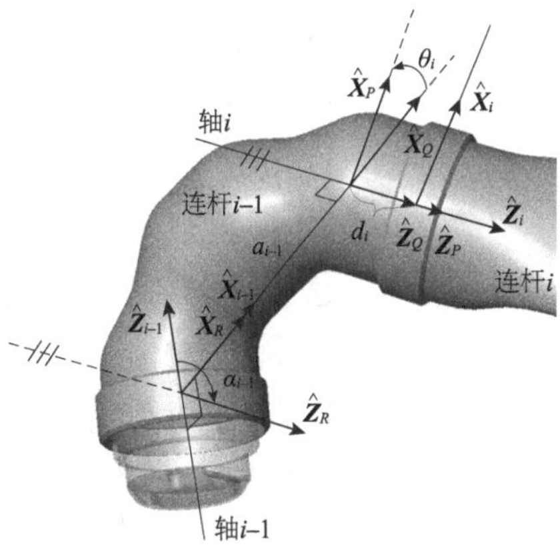

图 2-9　附加坐标系定义

(1) 坐标系{P}与坐标系{i}的姿态相同，位置只是沿 $\hat{\boldsymbol{Z}}_i$ 轴方向平移了连杆参数 d_i 长度，因此两个坐标系的位姿关系为

$$
{}_i^P\boldsymbol{T} = \mathrm{Trans}(\hat{\boldsymbol{Z}}_i, d_i) = \begin{bmatrix} 1 & 0 & 0 & 0 \\ 0 & 1 & 0 & 0 \\ 0 & 0 & 1 & d_i \\ 0 & 0 & 0 & 1 \end{bmatrix} \tag{2-15}
$$

(2) 坐标系{Q}与坐标系{P}的位置重合，姿态只是绕轴 $\hat{\boldsymbol{Z}}_i$ 旋转了 θ_i 角度，因此两个坐标系的位姿关系为

$$
{}_P^Q\boldsymbol{T} = \mathrm{Rot}(\hat{\boldsymbol{Z}}_i, \theta_i) = \begin{bmatrix} c\theta_i & -s\theta_i & 0 & 0 \\ s\theta_i & c\theta_i & 0 & 0 \\ 0 & 0 & 1 & 0 \\ 0 & 0 & 0 & 1 \end{bmatrix} \tag{2-16}
$$

(3) 坐标系{R}与坐标系{Q}姿态相同，位置只是沿轴 $\hat{\boldsymbol{X}}_{i-1}$ 平移了 a_{i-1} 长度，因此两个坐标系的位姿关系为

$$
{}_Q^R\boldsymbol{T} = \mathrm{Trans}(\hat{\boldsymbol{X}}_{i-1}, a_{i-1}) = \begin{bmatrix} 1 & 0 & 0 & a_{i-1} \\ 0 & 1 & 0 & 0 \\ 0 & 0 & 1 & 0 \\ 0 & 0 & 0 & 1 \end{bmatrix} \tag{2-17}
$$

(4) 坐标系{$i-1$}与坐标系{R}的位置重合，姿态只是绕轴 $\hat{\boldsymbol{X}}_{i-1}$ 旋转了 α_{i-1} 角度，因此

两个坐标系的位姿关系为

$$
{}^{i-1}_{R}\boldsymbol{T}=\text{Rot}(\hat{\boldsymbol{X}}_{i-1},\alpha_{i-1})=\begin{bmatrix}1&0&0&0\\0&c\alpha_{i-1}&-s\alpha_{i-1}&0\\0&s\alpha_{i-1}&c\alpha_{i-1}&0\\0&0&0&1\end{bmatrix} \tag{2-18}
$$

通过附加坐标系的定义和位姿关系的建立，容易求解相邻连杆间的位姿变换矩阵：

$$
\begin{aligned}
{}^{i-1}_{i}\boldsymbol{T}&=\text{Rot}(\hat{\boldsymbol{X}}_{i-1},\alpha_{i-1})\text{Trans}(\hat{\boldsymbol{X}}_{i-1},a_{i-1})\text{Rot}(\hat{\boldsymbol{Z}}_{i},\theta_{i})\text{Trans}(\hat{\boldsymbol{Z}}_{i},d_{i})\\
&=\begin{bmatrix}1&0&0&0\\0&c\alpha_{i-1}&-s\alpha_{i-1}&0\\0&s\alpha_{i-1}&c\alpha_{i-1}&0\\0&0&0&1\end{bmatrix}\begin{bmatrix}1&0&0&a_{i-1}\\0&1&0&0\\0&0&1&0\\0&0&0&1\end{bmatrix}\begin{bmatrix}c\theta_i&-s\theta_i&0&0\\s\theta_i&c\theta_i&0&0\\0&0&1&0\\0&0&0&1\end{bmatrix}\begin{bmatrix}1&0&0&0\\0&1&0&0\\0&0&1&d_i\\0&0&0&1\end{bmatrix}\\
&=\begin{bmatrix}c\theta_i&-s\theta_i&0&a_{i-1}\\s\theta_i c\alpha_{i-1}&c\theta_i c\alpha_{i-1}&-s\alpha_{i-1}&-s\alpha_{i-1}d_i\\s\theta_i s\alpha_{i-1}&c\theta_i s\alpha_{i-1}&c\alpha_{i-1}&c\alpha_{i-1}d_i\\0&0&0&1\end{bmatrix}
\end{aligned} \tag{2-19}
$$

3. 建立运动学方程的步骤

当各关节参数已知的条件下，由式(2-19)可计算相邻连杆的位姿变换矩阵，进而由式(2-14)可计算出机械臂末端相对基坐标系的位置和姿态。建立机器人运动学方程的过程可分为四个步骤：建立连杆坐标系、建立相邻连杆变换的参数表、求解相邻连杆位姿变换矩阵、通过复合变换建立运动学方程。下面以 PUMA 六自由度机械臂为例，建立其运动学方程。

PUMA 六自由度机械臂为典型的模仿人类手臂的结构形式，如图 2-10 所示，前三个关节类似于人的腰、肩、肘关节，后三个关节类似于人的腕部，具有三个自由度，工作空间大、运动灵活，而且已经证明如果后三个关节轴相交于一点，可以得到封闭的运动学反解，即可以解得用代数形式表达的关节角度，2.1.3 节将详细介绍。因此该类机械臂得到广泛的应用。

1) 建立连杆坐标系

可按照前述的坐标系建立原则为各连杆建立坐标系，各连杆部分如图 2-11 所示。

首先建立连杆 1 的坐标系{1}，连杆 1 相当于腰部，其旋转轴为 $\hat{\boldsymbol{Z}}_1$，连杆 2 相当于肩部，其旋转轴为 $\hat{\boldsymbol{Z}}_2$，连杆 1 连接 $\hat{\boldsymbol{Z}}_1$ 和 $\hat{\boldsymbol{Z}}_2$ 两个轴，这两个轴是垂直相交的，则坐标系{1}的原点选在两个轴的交点处，选择过原点并垂直于两个相交轴所构成平面的直线为 $\hat{\boldsymbol{X}}_1$ 轴，其方向可任意选择，$\hat{\boldsymbol{Y}}_1$ 轴按右手法则确定。同理可建立坐标系{2}～{6}。

连杆 0 是基座，是不动的，同样连杆 1 的坐标系原点也是不动的，可看作与基座固联，因此，基坐标系{0}的原点可选在此点，当然也可选在基座上某一点，但没有前面的选法计算简单。

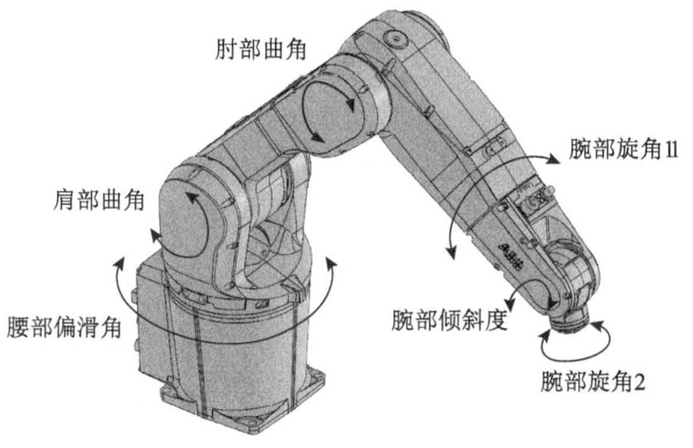

图 2-10　PUMA 六自由度机械臂

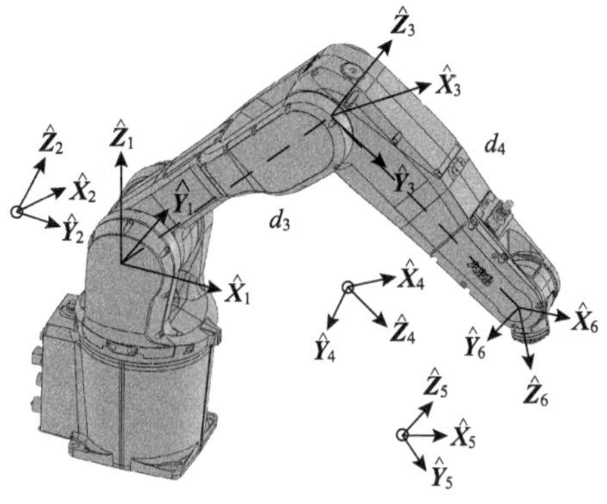

图 2-11　连杆坐标系建立

2) 建立相邻连杆变换的参数表

在步骤 1 建立了连杆坐标系后，根据定义的连杆坐标系确定相邻连杆变换的连杆参数表，如表 2-1 所示。

表 2-1　与坐标系对应的连杆参数表

i	α_{i-1}	a_{i-1}	d_i	θ_i
1	0°	0	0	θ_1
2	−90°	0	0	θ_2
3	0°	a_2	d_3	θ_3
4	−90°	a_3	d_4	θ_4
5	90°	0	0	θ_5
6	−90°	0	0	θ_6

表 2-1 中第二行 4 个参数表示根据式(2-19)求解坐标系{1}相对于坐标系{0}的位置与姿态变换矩阵需要的 4 个参数，第三行 4 个参数表示求解坐标系{2}相对于坐标系{1}的位置与姿态变换矩阵需要的 4 个参数，依次类推，建立求解所有相邻坐标系位置与姿态所需的参数。

3) 求解相邻连杆位姿变换矩阵

根据式(2-19)可求解所有相邻连杆的位姿变换矩阵，如 ${}^0_1\boldsymbol{T}$ 的计算：

$$
{}^0_1\boldsymbol{T}=\mathrm{Rot}(\hat{\boldsymbol{X}}_0,\alpha_0)\mathrm{Trans}(\hat{\boldsymbol{X}}_0,a_0)\mathrm{Rot}(\hat{\boldsymbol{Z}}_1,\theta_1)\mathrm{Trans}(\hat{\boldsymbol{Z}}_1,d_1)
$$

$$
=\begin{bmatrix}1&0&0&0\\0&c\alpha_0&-s\alpha_0&0\\0&s\alpha_0&c\alpha_0&0\\0&0&0&1\end{bmatrix}\begin{bmatrix}1&0&0&a_0\\0&1&0&0\\0&0&1&0\\0&0&0&1\end{bmatrix}\begin{bmatrix}c\theta_1&-s\theta_1&0&0\\s\theta_1&c\theta_1&0&0\\0&0&1&0\\0&0&0&1\end{bmatrix}\begin{bmatrix}1&0&0&0\\0&1&0&0\\0&0&1&d_1\\0&0&0&1\end{bmatrix}
$$

$$=\begin{bmatrix} c\theta_1 & -s\theta_1 & 0 & a_0 \\ s\theta_1 c\alpha_0 & c\theta_1 c\alpha_0 & -s\alpha_0 & -s\alpha_0 d_1 \\ s\theta_1 s\alpha_0 & c\theta_1 s\alpha_0 & c\alpha_0 & c\alpha_0 d_1 \\ 0 & 0 & 0 & 1 \end{bmatrix}=\begin{bmatrix} c\theta_1 & -s\theta_1 & 0 & 0 \\ s\theta_1 & c\theta_1 & 0 & 0 \\ 0 & 0 & 1 & 0 \\ 0 & 0 & 0 & 1 \end{bmatrix}$$

同理可计算 ${}_2^1\boldsymbol{T} \sim {}_6^5\boldsymbol{T}$：

$${}_2^1\boldsymbol{T}=\begin{bmatrix} c\theta_2 & -s\theta_2 & 0 & 0 \\ 0 & 0 & 1 & 0 \\ -s\theta_2 & -c\theta_2 & 0 & 0 \\ 0 & 0 & 0 & 0 \end{bmatrix},\quad {}_3^2\boldsymbol{T}=\begin{bmatrix} c\theta_3 & -s\theta_3 & 0 & a_2 \\ s\theta_3 & c\theta_3 & 0 & 0 \\ 0 & 0 & 1 & d_3 \\ 0 & 0 & 0 & 0 \end{bmatrix},\quad {}_4^3\boldsymbol{T}=\begin{bmatrix} c\theta_4 & -s\theta_4 & 0 & a_3 \\ 0 & 0 & 1 & d_4 \\ -s\theta_4 & -c\theta_4 & 0 & 0 \\ 0 & 0 & 0 & 1 \end{bmatrix}$$

$${}_5^4\boldsymbol{T}=\begin{bmatrix} c\theta_5 & -s\theta_5 & 0 & 0 \\ 0 & 0 & -1 & 0 \\ s\theta_5 & c\theta & 0 & 0 \\ 0 & 0 & 0 & 1 \end{bmatrix},\quad {}_6^5\boldsymbol{T}=\begin{bmatrix} c\theta_6 & -s\theta_6 & 0 & 0 \\ 0 & 0 & 1 & 0 \\ -s\theta_6 & -c\theta_6 & 0 & 0 \\ 0 & 0 & 0 & 1 \end{bmatrix}$$

4) 求解末端坐标系相对于基坐标系的位姿

根据式(2-14)可计算末端坐标系相对于基坐标系的位姿变换矩阵：

$${}_6^0\boldsymbol{T}={}_1^0\boldsymbol{T}(\theta_1){}_2^1\boldsymbol{T}(\theta_2){}_3^2\boldsymbol{T}(\theta_3){}_4^3\boldsymbol{T}(\theta_4){}_5^4\boldsymbol{T}(\theta_5){}_6^5\boldsymbol{T}(\theta_6)=\begin{bmatrix} n_x & o_x & a_x & p_x \\ n_y & o_y & a_y & p_y \\ n_z & o_z & a_z & p_z \\ 0 & 0 & 0 & 1 \end{bmatrix} \tag{2-20}$$

式中，旋转矩阵和位置参数如下：

$$\begin{aligned}
n_x &= c_1[c_{23}(c_4c_5c_6 - s_4s_6) - s_{23}s_5c_6] + s_1(s_4c_5c_6 + c_4s_6) \\
n_y &= s_1[c_{23}(c_4c_5c_6 - s_4s_6) - s_{23}s_5c_6] - c_1(s_4c_5c_6 + c_4s_6) \\
n_z &= -s_{23}[c_4c_5c_6 - s_4s_6] - c_{23}s_5c_6 \\
o_x &= c_1[c_{23}(-c_4c_5s_6 - s_4c_6) + s_{23}s_5s_6] + s_1(c_4c_6 - s_4c_5s_6) \\
o_y &= s_1[c_{23}(-c_4c_5s_6 - s_4c_6) + s_{23}s_5s_6] - c_1(c_4c_6 - s_4c_5s_6) \\
o_z &= -s_{23}[c_4c_5s_6 - s_4c_6] + c_{23}s_5s_6 \\
a_x &= -c_1[c_{23}c_4s_5 + s_{23}c_5] - s_1s_4s_5 \\
a_y &= -s_1[c_{23}c_4s_5 + s_{23}c_5] + c_1s_4s_5 \\
a_z &= s_{23}c_4s_5 - c_{23}c_5 \\
p_x &= c_1[a_2c_2 + a_3c_{23} - d_4s_{23}] - d_3s_1 \\
p_y &= s_1[a_2c_2 + a_3c_{23} - d_4s_{23}] + d_3c_1 \\
p_z &= -a_3s_{23} - a_2s_2 - d_4c_{23}
\end{aligned} \tag{2-21}$$

至此完成了运动学方程的建立，式中 c_1 为 $\cos\theta_1$ 的缩写，s_1 为 $\sin\theta_1$ 的缩写，c_{23} 为 $\cos(\theta_2+\theta_3)$ 的缩写，s_{23} 为 $\sin(\theta_2+\theta_3)$ 的缩写，若所有关节变量 $\theta_1 \sim \theta_6$ 均已知，则可计算机械臂末端相对于基坐标系的位置和姿态。

4. 广义运动学

机械臂运动学方程只是实现了末端相对于基坐标系的位置和姿态的求解，但机械臂工作时，末端需要夹持某种工具对目标进行操作，如图 2-12 所示，因此需计算工具坐标系相对于目标坐标系的位置和姿态关系，即

$$ {}^{G}_{T}\boldsymbol{T} = {}^{G}_{B}\boldsymbol{T}\,{}^{B}_{E}\boldsymbol{T}\,{}^{E}_{T}\boldsymbol{T} \tag{2-22} $$

式(2-22)可理解为机械臂的广义运动学，其中 ${}^{B}_{E}\boldsymbol{T}$ 为机械臂的运动学方程，仅由多连杆的几何结构确定，${}^{G}_{B}\boldsymbol{T}$, ${}^{E}_{T}\boldsymbol{T}$ 分别为世界坐标系相对于基坐标系的位置和姿态及工具相对于末端的位置和姿态，二者可通过图像测量技术或其他标定技术计算获得。

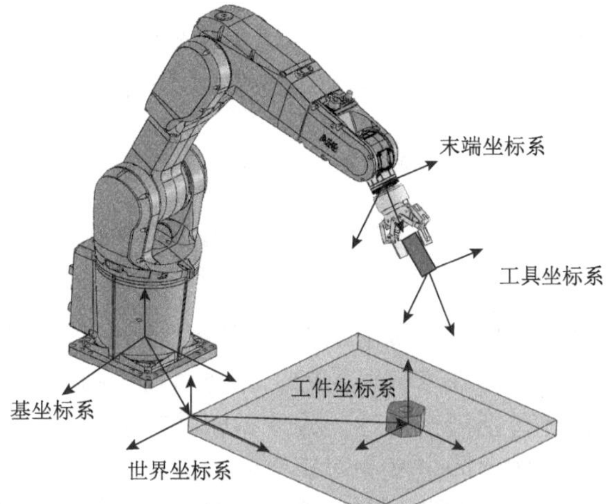

图 2-12　机械臂工作环境

此外，机械臂关节驱动方式还有直接驱动和间接驱动之分，如果将驱动装置直接与旋转轴连接，或通过减速器直接与旋转轴连接，称为直接驱动，有时为了增加驱动能力或减轻关节重量，驱动装置不直接与旋转轴相连，而是通过传动机构与旋转轴相连，称为间接驱动，如图 2-13 所示，驱动机构均安装在基座上，通过传动机构控制关节角度。

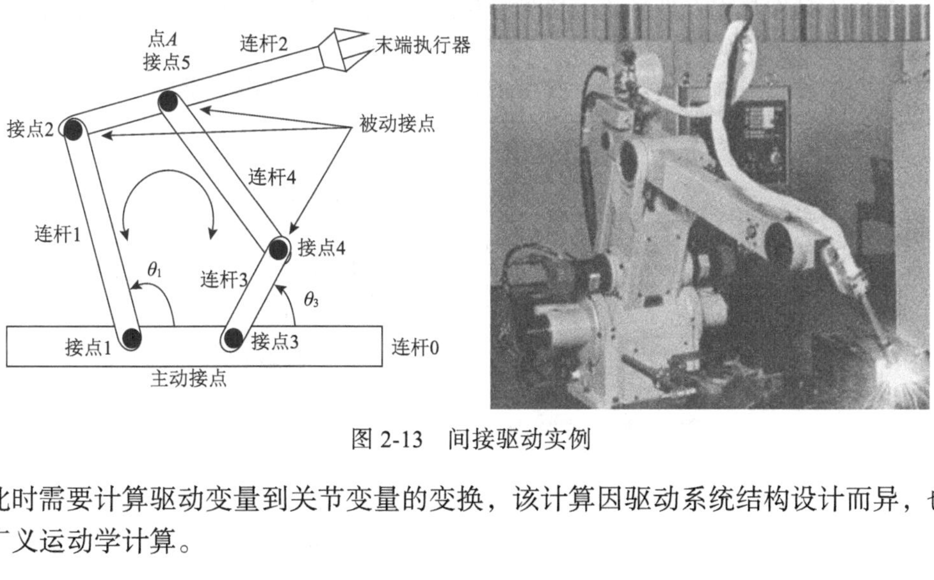

图 2-13　间接驱动实例

此时需要计算驱动变量到关节变量的变换，该计算因驱动系统结构设计而异，也可考虑为广义运动学计算。

2.1.3 运动学方程求解

对于式(2-20)，当各关节变量 θ_i 已知时，可求解末端相对于基坐标系的位置和姿态，称为运动学的正问题，当期望到达的末端位置和姿态已知时，即

$$\begin{bmatrix} n_x & o_x & a_x & p_x \\ n_y & o_y & a_y & p_y \\ n_z & o_z & a_z & p_z \\ 0 & 0 & 0 & 1 \end{bmatrix} = \begin{bmatrix} r_{11} & r_{12} & r_{13} & x \\ r_{21} & r_{22} & r_{23} & y \\ r_{31} & r_{32} & r_{33} & z \\ 0 & 0 & 0 & 1 \end{bmatrix} \tag{2-23}$$

式(2-23)右边为期望到达的末端位置和姿态，左边为关节变量 θ_i 决定的末端位置和姿态。需通过式(2-23)求解各关节变量 θ_i 的问题，称为运动学的逆问题，即运动学方程的求解问题。

1. 运动学方程求解的相关问题

相比于运动学的正问题而言，逆问题要相对复杂，体现在以下几个方面。

1) 运动学反解的存在性

运动学反解的存在性与机械臂末端的工作空间概念相关，即机械臂末端可达的空间，如果指定的期望末端位置和姿态在末端可达的工作空间内，则反解一定存在。注意可达的含义不仅包括位置可达，还包括姿态可达。因此机械臂末端工作空间又分为灵巧工作空间和非灵巧工作空间，灵巧工作空间定义为对于空间中任一点，机械臂末端可以以任意姿态到达，而对于非灵巧工作空间中的工作点，末端不能以任意姿态到达。

机械臂末端工作空间的分析是机械臂结构设计的基本问题，其目标之一是以最少的结构材料获得最大的工作空间，用下述指标来衡量：

$$Q_L = \frac{L}{\sqrt[3]{w}}, \quad L = \sum_{i=1}^{N}(a_{i-1} + d_i) \tag{2-24}$$

式中，L 为结构材料用量的度量；w 为末端达到的工作空间体积，Q_L 越小说明结构设计结果越好，目前的结论是拟人型多关节机械臂指数最小。目标之二是驱动器和结构的一体化设计，减小对旋转关节旋转角度的限制，增大工作空间范围。

工作空间的度量可通过遍历所有关节的转动范围，统计计算末端的可达位置实现，如图 2-14 所示。

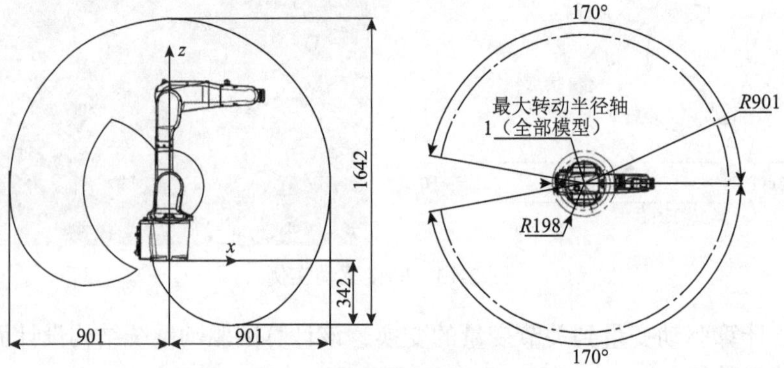

图 2-14 工作空间计算(单位：mm)

2) 运动学反解的封闭性

如果期望的末端位置和姿态在末端可达空间内，运动学方程是可解的，通过等式(2-23)两端矩阵的所有对应元素相等可建立 16 个方程，但多为超越方程，其解法并不容易，需采取某些特殊的方法。最终期望得到能够用代数方程表达的解，称为封闭解，能够保证控制过程计算的实时性；也可以通过迭代过程求解，但不利于实时计算，可用于离线轨迹规划计算。

并不是所有的机械臂构型都存在封闭解，目前工业界应用的机器人大多为两种构型：一种是机械臂最后三个关节的旋转轴相交于一点，这种构型机械臂的运动学可分解为位置运动学和姿态运动学的组合形式，即由前三个关节组成的位置运动学决定末端的位置，由后三个关节组成的姿态运动学决定末端的姿态，由于自由度的有效分解，简化了反解的计算而能够得到封闭解；另一种是机械臂中间三个关节的旋转轴相互平行，此时三个平行轴的运动构成了平面运动，即将三维空间运动投影到平面空间运动，可利用简单的平面几何方法实现关节变量求解，从而得到封闭解。

3) 运动学反解的多解性

运动学正解具有唯一性，即所有关节角度确定后，末端的位置和姿态是唯一确定的，但运动学反解不具有唯一性，即当期望的末端位置与姿态确定后，可由多组不同的关节角度组合，使末端达到期望的位姿，如图 2-15 所示。因此，必须对多组求解结果进行取舍，最后保留其中的一组解。

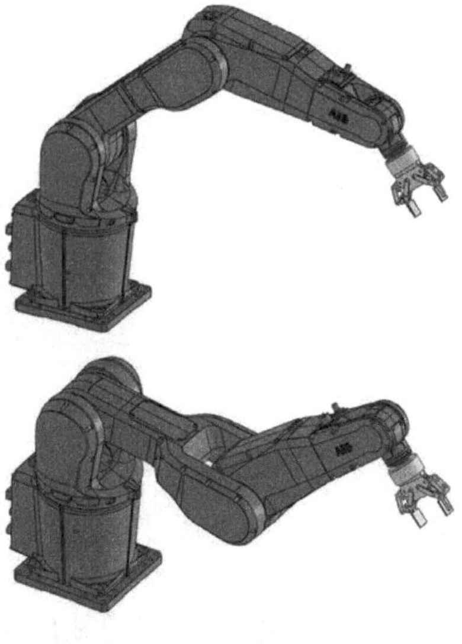

图 2-15　运动学反解的多解性

多解的取舍通常遵守以下原则。

(1) 所有关节角度满足关节运动约束条件，即关节角度在关节驱动器允许的运动范围内。

(2) 所有连杆都处于自由空间，不受障碍物的影响。

(3) 需满足最近原则，即所有关节从前一位姿到达期望位姿的综合距离最短，综合距离可通过对所有关节角度进行加权求和算得，一般情况下，机械臂前三个关节较大，后三个关节较小，因此，总是希望运动小关节，少运动大关节。另外，如果某关节的运动会接近障碍物，或受障碍物的影响，则其权重可选为无穷大。

2. 实用逆向运动学求解方法

本部分以三种机械臂构型为例，介绍几种常用的运动学方程求解方法。

实例 1：后三个关节轴相交机械臂运动学求解

方法 1：逐步解耦计算方法

从式(2-23)可见，等式右边为已知的末端位置与姿态，是已知矩阵，而等式左边矩阵的各项为待求解关节变量 $\theta_1 \sim \theta_6$ 的高度耦合，显然不利于求解，如果将等式两边同时左乘 ${}_1^0\boldsymbol{T}^{-1}(\theta_1)$，则等式左边与 θ_1 无关，等式右边为 θ_1 的函数，则耦合程度有所降低，等式变为

$$ {}_6^1\boldsymbol{T} = {}_2^1\boldsymbol{T}(\theta_2){}_3^2\boldsymbol{T}(\theta_3){}_4^3\boldsymbol{T}(\theta_4){}_5^4\boldsymbol{T}(\theta_5){}_6^5\boldsymbol{T}(\theta_6) = {}_1^0\boldsymbol{T}^{-1}(\theta_1)\begin{bmatrix} r_{11} & r_{12} & r_{13} & x \\ r_{21} & r_{22} & r_{23} & y \\ r_{31} & r_{32} & r_{33} & z \\ 0 & 0 & 0 & 1 \end{bmatrix} \tag{2-25} $$

代入相邻关节变化后，得

$$ {}_6^1\boldsymbol{T} = \begin{bmatrix} {}^1n_x & {}^1o_x & {}^1a_x & {}^1p_x \\ {}^1n_y & {}^1o_y & {}^1a_y & {}^1p_y \\ {}^1n_z & {}^1o_z & {}^1a_z & {}^1p_z \\ 0 & 0 & 0 & 1 \end{bmatrix} = \begin{bmatrix} c_1 & s_1 & 0 & 0 \\ -s_1 & c_1 & 0 & 0 \\ 0 & 0 & 1 & 0 \\ 0 & 0 & 0 & 1 \end{bmatrix}\begin{bmatrix} r_{11} & r_{12} & r_{13} & x \\ r_{21} & r_{22} & r_{23} & y \\ r_{31} & r_{32} & r_{33} & z \\ 0 & 0 & 0 & 1 \end{bmatrix} \tag{2-26} $$

式中各变量为

$$ \begin{aligned} {}^1n_x &= c_{23}[c_4c_5c_6 - s_4s_6] - s_{23}s_5c_6 \\ {}^1n_y &= -s_4c_5c_6 - c_4s_6 \\ {}^1n_z &= -s_{23}[c_4c_5c_6 - s_4s_6] - c_{23}s_5c_6 \\ {}^1o_x &= -c_{23}[c_4c_5s_6 + s_4c_6] + s_{23}s_5s_6 \\ {}^1o_y &= s_4c_5s_6 - c_4c_6 \\ {}^1o_z &= s_{23}[c_4c_5s_6 + s_4c_6] + c_{23}s_5s_6 \\ {}^1a_x &= -c_{23}c_4s_5 - s_{23}c_5 \\ {}^1a_y &= s_4s_5 \\ {}^1a_z &= s_{23}c_4s_5 - c_{23}c_5 \\ {}^1p_x &= a_2c_2 + a_3c_{23} - d_4s_{23} \\ {}^1p_y &= d_3 \\ {}^1p_z &= -a_3s_{23} - a_2s_2 - d_4c_{23} \end{aligned} $$

取等式(2-26)两边第二行、第四列矩阵元素相等，有

$$ -s_1x + c_1y = d_3 \tag{2-27} $$

式中，x, y 为末端期望的已知位置分量；d_3 为已知连杆参数，则利用极坐标变换通过式(2-27)可求解 θ_1，具有两组解。

设 $x = \rho\cos\phi, y = \rho\sin\phi$，则 $\rho = \sqrt{x^2 + y^2}, \phi = \arctan(x, y)$ 代入式(2-27)，得

$$ -s_1c_\phi + c_1s_\phi = \frac{d_3}{\rho} \quad \Rightarrow \quad \sin(\phi - \theta_1) = \frac{d_3}{\rho}, \quad \cos(\phi - \theta_1) = \pm\sqrt{1 - \frac{d_3^2}{\rho^2}} $$

可解得

$$ \theta_1 = \arctan 2(y, x) - \arctan 2\left(\frac{d_3}{\rho}, \pm\sqrt{1 - \frac{d_3^2}{\rho^2}}\right) \tag{2-28} $$

再取等式(2-26)两边第一行、第四列和第三行、第四列矩阵元素相等，有

$$ \begin{aligned} c_1x + s_1y &= a_3c_{23} - d_4s_{23} + a_2c_2 \\ -z &= a_3s_{23} + d_4c_{23} + a_2s_2 \end{aligned} $$

利用以上两个等式可解出 θ_3，同样为多解：

$$\begin{aligned}&\theta_3 = \arctan 2(a_3, d_4) - \arctan 2(K, \pm\sqrt{a_3^2 + d_4^2 - K^2})\\&K = \frac{x^2 + y^2 + z^2 - a_2^2 - a_3^2 - d_3^2 - d_4^2}{2a_2}\end{aligned} \tag{2-29}$$

解出 θ_1, θ_3 后，可进一步解耦，对式(2-23)两边同时左乘 ${}^0_3\boldsymbol{T}^{-1}(\theta_1, \theta_2, \theta_3)$：

$${}^3_6\boldsymbol{T} = {}^3_4\boldsymbol{T}(\theta_4){}^4_5\boldsymbol{T}(\theta_5){}^5_6\boldsymbol{T}(\theta_6) = {}^0_3\boldsymbol{T}^{-1}(\theta_1, \theta_2, \theta_3)\begin{bmatrix} r_{11} & r_{12} & r_{13} & x \\ r_{21} & r_{22} & r_{23} & y \\ r_{31} & r_{32} & r_{33} & z \\ 0 & 0 & 0 & 1 \end{bmatrix} \tag{2-30}$$

代入相邻关节变化后，得

$$\begin{aligned}&\begin{bmatrix} c_4c_5c_6 - s_4s_6 & -c_4c_5s_6 - s_4c_6 & -c_4s_5 & a_3 \\ s_5c_6 & -s_5s_6 & c_5 & d_4 \\ -s_4c_5c_6 - c_4s_6 & s_4c_5s_6 - c_4c_6 & s_4s_5 & 0 \\ 0 & 0 & 0 & 1 \end{bmatrix}\\&= \begin{bmatrix} c_1c_{23} & s_1c_{23} & -s_{23} & -a_2c_3 \\ -c_1s_{23} & -s_1s_{23} & -c_{23} & a_2s_3 \\ -s_1 & c_1 & 0 & -d_3 \\ 0 & 0 & 0 & 1 \end{bmatrix}\begin{bmatrix} r_{11} & r_{12} & r_{13} & x \\ r_{21} & r_{22} & r_{23} & y \\ r_{31} & r_{32} & r_{33} & z \\ 0 & 0 & 0 & 1 \end{bmatrix}\end{aligned} \tag{2-31}$$

取式(2-31)两边矩阵第一行、第四列和第二行、第四列元素相等：

$$\begin{aligned}&c_1c_{23}x + s_1c_{23}y - s_{23}z - a_2c_3 = a_3\\&-c_1s_{23}x - s_1s_{23}y - c_{23}z + a_2s_3 = d_4\end{aligned}$$

可解得

$$\begin{aligned}s_{23} &= \frac{(-a_3 - a_2c_3)z + (c_1x + s_1y)(a_2s_3 - d_4)}{z^2 + (c_1x + s_1y)^2}\\c_{23} &= \frac{(a_2s_3 - d_4)z + (a_3 + a_2c_3)(c_1x + s_1y)}{z^2 + (c_1x + s_1y)^2}\end{aligned}$$

式中，s_{23}, c_{23} 分别为 $\sin(\theta_2 + \theta_3), \cos(\theta_2 + \theta_3)$ 的简写形式。利用上式可解得

$$\theta_{23} = \arctan 2[(-a_3 - a_2c_3)z - (c_1x + s_1y)(d_4 - a_2s_3), (a_2s_3 - d_4)z + (a_3 + a_2c_3)(c_1x + s_1y)]$$

则可解出 θ_2，即 $\theta_2 = \theta_{23} - \theta_3$。

继续取式(2-31)两边矩阵第一行、第三列和第三行、第三列元素相等：

$$\begin{aligned}&r_{13}c_1c_{23} + r_{23}s_1c_{23} - r_{33}s_{23} = -c_4s_5\\&-r_{13}s_1 + r_{23}c_1 = s_4s_5\end{aligned}$$

利用上式可解出 θ_4（$s_5 \neq 0$，否则机械臂处于奇异构型，详见 2.1.4 节）:

$$\theta_4 = \arctan 2(-r_{13}s_1 + r_{23}c_1, -r_{13}c_1c_{23} - r_{23}s_1c_{23} + r_{33}s_{23}) \tag{2-32}$$

对式(2-23)进一步解耦，两边同时左乘 ${}^0_4\boldsymbol{T}^{-1}(\theta_1,\theta_2,\theta_3,\theta_4)$:

$${}^4_6\boldsymbol{T} = {}^4_5\boldsymbol{T}(\theta_5){}^5_6\boldsymbol{T}(\theta_6) = {}^0_4\boldsymbol{T}^{-1}(\theta_1,\theta_2,\theta_3,\theta_4)\begin{bmatrix} r_{11} & r_{12} & r_{13} & x \\ r_{21} & r_{22} & r_{23} & y \\ r_{31} & r_{32} & r_{33} & z \\ 0 & 0 & 0 & 1 \end{bmatrix} \tag{2-33}$$

取式(2-33)两边矩阵第一行、第三列和第二行、第三列元素相等:

$$\begin{aligned} &r_{13}(c_1c_{23}c_4 + s_1s_4) + r_{23}(s_1c_{23}c_4 - c_1s_4) - r_{33}s_{23}c_4 = -s_5 \\ &r_{13}(-c_1s_{23}) + r_{23}(-s_1s_{23}) + r_{33}(-c_{23}) = c_5 \end{aligned}$$

通过上式可解出 θ_5:

$$\theta_5 = \arctan 2(s_5, c_5) \tag{2-34}$$

最后对式(2-23)两边同时左乘 ${}^0_5\boldsymbol{T}^{-1}(\theta_1,\theta_2,\theta_3,\theta_4,\theta_5)$，并取第一行、第一列和第三行、第一列元素相等，可解出 θ_6:

$$\theta_6 = \arctan 2(s_6, c_6) \tag{2-35}$$

式中

$$\begin{aligned} &s_6 = -r_{11}(c_1c_{23}s_4 - s_1c_4) - r_{21}(s_1c_{23}s_4 + c_1c_4) + r_{31}(s_{23}s_4) \\ &c_6 = r_{11}[(c_1c_{23}c_4 + s_1s_4)c_5 - c_1s_{23}s_5] + r_{21}[(s_1c_{23}c_4 - c_1s_4)c_5 - s_1s_{23}s_5] - r_{31}(c_{23}c_4c_5 + c_{23}s_5) \end{aligned}$$

通过以上求解过程可见，通过逐步解耦，可实现封闭解的求解，该方法可作为一种通用的求解方法。

方法 2：运动学分解方法

如前所述，后三个轴相交的机械臂构型可分解为位置运动学和姿态运动学的组合形式，利用末端相对于基坐标系的期望位置，可以求解前三个关节的角度，再利用末端相对于基坐标系的期望姿态求解后三个关节的角度，注意前三个关节的角度对末端姿态存在耦合，在求后三个关节的角度时需对其补偿。该方法由 Pieper 于 1968 年提出，目前仍在工业机器人中应用。

后三个关节的坐标系{4}、{5}、{6}的原点相交于一点，该点相对于基坐标系的位置是由前三个关节的角度决定的:

$${}^0\boldsymbol{P}_4 = {}^0_1\boldsymbol{T}\,{}^1_2\boldsymbol{T}\,{}^2_3\boldsymbol{T}\,{}^3\boldsymbol{P}_4 = {}^0_1\boldsymbol{T}\,{}^1_2\boldsymbol{T}\,{}^2_3\boldsymbol{T}\begin{bmatrix} a_3 \\ -d_4 s\alpha_3 \\ d_4 c\alpha_3 \\ 1 \end{bmatrix} = {}^0_1\boldsymbol{T}\,{}^1_2\boldsymbol{T}\begin{bmatrix} f_1(\theta_3) \\ f_2(\theta_3) \\ f_3(\theta_3) \\ 1 \end{bmatrix} = \begin{bmatrix} x \\ y \\ z \\ 1 \end{bmatrix} \tag{2-36}$$

式中，${}^0\boldsymbol{P}_4=\begin{bmatrix}p_x & p_y & p_z\end{bmatrix}^\mathrm{T}$ 为前三个关节变量决定的末端期望位置；等式右边为期望的末端位置；${}_3^2\boldsymbol{T}\,{}^3\boldsymbol{P}_4$ 利用相邻连杆变换展开后只是 θ_3 的函数。

将式(2-36)继续展开，得

$$
{}^0\boldsymbol{P}_4={}_1^0\boldsymbol{T}\,{}_2^1\boldsymbol{T}\begin{bmatrix}f_1(\theta_3)\\f_2(\theta_3)\\f_3(\theta_3)\\1\end{bmatrix}=\begin{bmatrix}c_1g_1-s_1g_2\\s_1g_1+c_1g_2\\g_3\\1\end{bmatrix}=\begin{bmatrix}x\\y\\z\\1\end{bmatrix} \tag{2-37}
$$

$$
\begin{aligned}
g_1&=c_2f_1-s_2f_2+a_1\\
g_2&=s_2c\alpha_1f_1+c_2c\alpha_1f_2-s\alpha_1f_3-d_2s\alpha_1\\
g_3&=s_2s\alpha_1f_1+c_2s\alpha_1f_2+c\alpha_1f_3+d_2c\alpha_1
\end{aligned}
$$

注意，式中 g_1,g_2,g_3 是 θ_2,θ_3 的函数，已与 θ_1 无关。

令 $r=x^2+y^2+z^2$，则有

$$
r=g_1^2+g_2^2+g_3^2=f_1^2+f_2^2+f_3^2+a_1^2+d_2^2+2d_2f_3+2a_1(c_2f_1-s_2f_2) \tag{2-38}
$$

通过展开整理，可得

$$
\begin{aligned}
r&=g_1^2+g_2^2+g_3^2=(k_1c_2+k_2s_2)2a_1+k_3\\
z&=g_3=(k_1s_2-k_2c_2)s\alpha_1+k_4
\end{aligned} \tag{2-39}
$$

式中，$k_1\sim k_4$ 只是 θ_3 的函数：

$$
\begin{aligned}
k_1&=f_1\\
k_2&=-f_2\\
k_3&=f_1^2+f_2^2+f_3^2+a_1^2+d_2^2+2d_2f_3\\
k_4&=f_3c\alpha_1+d_2c\alpha_1
\end{aligned}
$$

将式(2-39)进一步变换，可得

$$
\frac{(r-k_3)^2}{4a_1^2}+\frac{(z-k_4)^2}{s^2\alpha_1}=k_1^2+k_2^2 \tag{2-40}
$$

可见，式(2-40)只是 θ_3 的函数，可用于求解 θ_3。从式(2-39)可见，如果有 $a_1=0$ 或 $\alpha_1=0$，则求解更为简单，例如，拟人型机械臂腰部的转轴与肩部的转轴垂直相交，因此腰部连杆的长度为零。

解出 θ_3 后，利用式(2-39)即可解出 θ_2，进一步利用式(2-37)，可解出 θ_1。

前三个关节角度求出后，可利用末端期望姿态 ${}_6^0\boldsymbol{R}={}_4^0\boldsymbol{R}\,{}_6^4\boldsymbol{R}$ 求解后三个关节角度，其中 ${}_4^0\boldsymbol{R}$ 为前三个关节的运动对末端姿态的耦合，为简化计算，可取 ${}_4^0\boldsymbol{R}_{\theta_4=0}$，${}_6^4\boldsymbol{R}$ 为利用后三个关节的角度变化对末端姿态实现调整，其预期值为

$$
{}_6^4\boldsymbol{R}\big|_{\theta_4=0}={}_4^0\boldsymbol{R}^{-1}\big|_{\theta_4=0}\,{}_6^0\boldsymbol{R} \tag{2-41}
$$

多数机械臂后三个关节设计成绕动坐标系坐标轴 *Z-Y-Z* 顺序的欧拉角旋转变化形式，

其旋转矩阵为

$$
\begin{aligned}
{}_B^A\boldsymbol{R}_{Z'Y'Z'}(\alpha,\beta,\gamma) &= \begin{bmatrix} c\alpha & -s\alpha & 0 \\ s\alpha & c\alpha & 0 \\ 0 & 0 & 1 \end{bmatrix}\begin{bmatrix} c\beta & 0 & s\beta \\ 0 & 1 & 0 \\ -s\beta & 0 & c\beta \end{bmatrix}\begin{bmatrix} c\gamma & -s\gamma & 0 \\ s\gamma & c\gamma & 0 \\ 0 & 0 & 1 \end{bmatrix} \\
&= \begin{bmatrix} c\alpha c\beta c\gamma - s\alpha s\gamma & -c\alpha c\beta s\gamma - s\alpha c\gamma & c\alpha s\beta \\ s\alpha c\beta c\gamma + c\alpha s\gamma & -s\alpha c\beta s\gamma + c\alpha c\gamma & s\alpha s\beta \\ -s\beta c\gamma & s\beta s\gamma & c\beta \end{bmatrix}
\end{aligned} \tag{2-42}
$$

其预期值为

$$
\begin{bmatrix} c\alpha c\beta c\gamma - s\alpha s\gamma & -c\alpha c\beta s\gamma - s\alpha c\gamma & c\alpha s\beta \\ s\alpha c\beta c\gamma + c\alpha s\gamma & -s\alpha c\beta s\gamma + c\alpha c\gamma & s\alpha s\beta \\ -s\beta c\gamma & s\beta s\gamma & c\beta \end{bmatrix} = {}_6^4\boldsymbol{R}|_{\theta_4=0} = \begin{bmatrix} r_{11} & r_{12} & r_{13} \\ r_{21} & r_{22} & r_{23} \\ r_{31} & r_{32} & r_{33} \end{bmatrix} \tag{2-43}
$$

通过式(2-43)可解出姿态运动学反解：

$$
\begin{aligned}
\beta &= \arctan 2(\sqrt{r_{31}^2 + r_{32}^2}, r_{33}) \\
\alpha &= \arctan 2(r_{23} / s\beta, r_{13} / s\beta) \\
\gamma &= \arctan 2(r_{32} / s\beta, -r_{31} / s\beta)
\end{aligned} \tag{2-44}
$$

式(2-44)中需避免 $\beta = 0°$ 或 $\beta = 180°$ 的情况，此时姿态运动学处于奇异结构。

实例 2：三轴平行的机械臂结构

图2-16为日本设计的工业上常用的Yasukawa Motoman L-3五自由度机械臂，通过2.1.2节建立该机械臂的运动学方程：

$$
{}_5^0\boldsymbol{T} = \begin{bmatrix} c_1c_{234}c_5 - s_1s_5 & -c_1c_{234}s_5 - s_1c_5 & c_1s_{234} & c_1(l_2c_2 + l_3c_{23}) \\ s_1c_{234}c_5 + c_1s_5 & -s_1c_{234}s_5 + c_1c_5 & s_1s_{234} & s_1(l_2c_2 + l_3c_{23}) \\ -s_{234}c_5 & s_{234}s_5 & c_{234} & -l_2s_2 - l_3s_{23} \\ 0 & 0 & 0 & 1 \end{bmatrix} = \begin{bmatrix} r_{11} & r_{12} & r_{13} & x \\ r_{21} & r_{22} & r_{23} & y \\ r_{31} & r_{32} & r_{33} & z \\ 0 & 0 & 0 & 1 \end{bmatrix} \tag{2-45}
$$

式中，s_{234}, c_{234} 分别表示 $\sin(\theta_2 + \theta_3 + \theta_4), \cos(\theta_2 + \theta_3 + \theta_4)$。

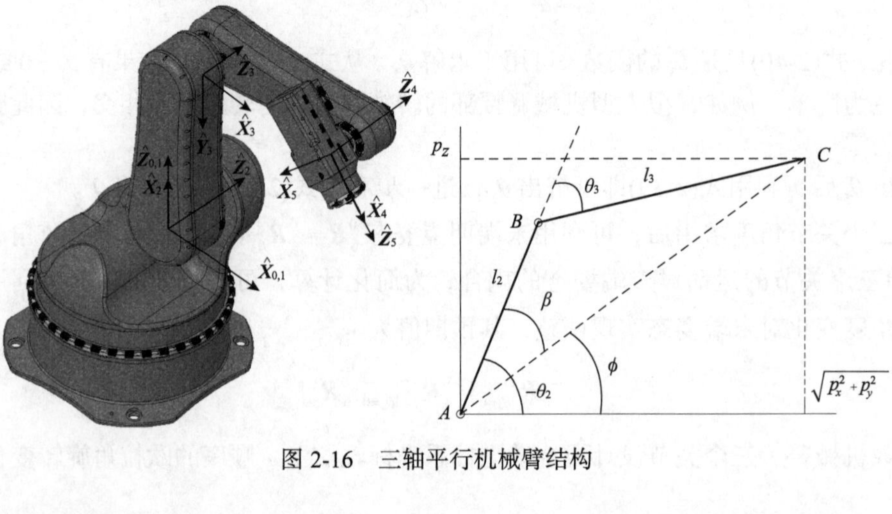

图 2-16　三轴平行机械臂结构

首先采用逐步解耦方法，将式(2-45)两边同时左乘${}^0_1\boldsymbol{T}^{-1}(\theta_1)$，得

$$\begin{bmatrix} * & * & s_{234} & * \\ * & * & -c_{234} & * \\ s_5 & c_5 & 0 & 0 \\ 0 & 0 & 0 & 1 \end{bmatrix} = \begin{bmatrix} c_1r_{11}+s_1r_{21} & c_1r_{12}+s_1r_{22} & c_1r_{13}+s_1r_{23} & c_1x+s_1y \\ -r_{31} & -r_{32} & -r_{33} & -z \\ -s_1r_{11}+c_1r_{21} & -s_1r_{12}+c_1r_{22} & -s_1r_{13}+c_1r_{23} & -s_1x+c_1y \\ 0 & 0 & 0 & 1 \end{bmatrix} \tag{2-46}$$

取第三行、第四列元素相等，可解出θ_1：

$$-s_1x+c_1y=0 \;\Rightarrow\; \theta_1=\arctan 2(y,x) \tag{2-47}$$

取第三行、第一列和第三行、第二列元素相等，可解出θ_5：

$$\begin{cases} s_5=-s_1r_{11}+c_1r_{21} \\ c_5=-s_1r_{12}+c_1r_{22} \end{cases} \Rightarrow\; \theta_5=\arctan 2(r_{21}c_1-r_{11}s_1, r_{22}c_1-r_{12}s_1) \tag{2-48}$$

取第二行、第三列和第一行、第三列元素相等，可解出θ_{234}：

$$\begin{cases} c_{234}=r_{33} \\ s_{234}=c_1r_{13}+s_1r_{23} \end{cases} \Rightarrow\; \theta_{234}=\arctan 2(r_{13}c_1+r_{23}s_1, r_{33}) \tag{2-49}$$

接下来求解$\theta_2,\theta_3,\theta_4$时，利用三个轴平行的特点，将空间几何问题转化为平面几何问题，简化计算过程，如图 2-16 所示，在三角形 ABC 中利用余弦定理，有

$$\begin{aligned} \cos\theta_3 &= \frac{x^2+y^2+z^2-l_2^2-l_3^2}{2l_2l_3} \\ \theta_3 &= \arctan 2(\sqrt{1-\cos^2\theta_3}, \cos\theta_3) \end{aligned} \tag{2-50}$$

则有

$$\theta_2=-\phi-\beta=-\arctan 2(z,\sqrt{x^2+y^2})-\arctan 2(l_3\sin\theta_3, l_2+l_3\sin\theta_3) \tag{2-51}$$

最后可解得

$$\theta_4=\theta_{234}-\theta_2-\theta_3 \tag{2-52}$$

实例 3：模块化机械臂结构

不同于一般的工业机械臂，模块化机械臂具有可重构性，能够根据不同的任务需求，重新组合出不同构型的机械臂来实现任务，是目前服务型机器人的主要研发方向。图 2-17 为哈尔滨工程大学智能控制研究所自主研发的模块化七自由度机械臂，属于冗余自由度机械臂，具有更好的灵巧工作空间，连杆参数表如表 2-2 所示。当所有关节垂直向上时，定义所有关节角度均为零，旋转正负方向遵循右手法则。

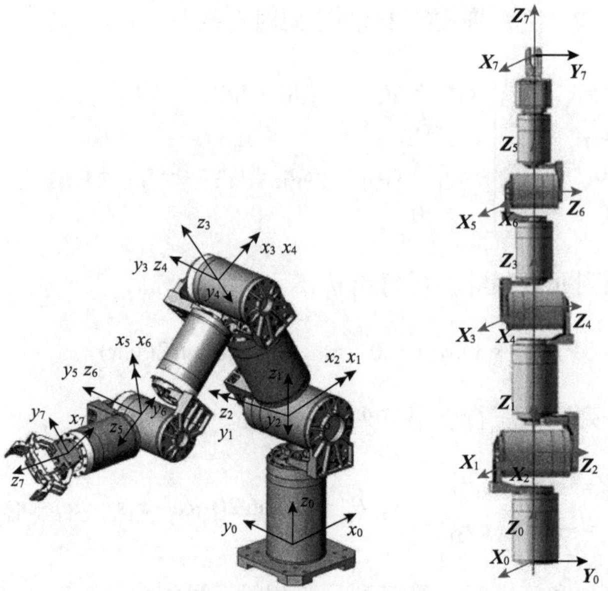

图 2-17　模块化机械臂构型及连杆坐标系定义

表 2-2　机械臂 *D-H* 参数表

连杆 i	α_{i-1}	a_{i-1}	d_i	θ_i
1	0°	0	d_1	θ_1
2	−90°	0	0	θ_2
3	90°	0	d_3	θ_3
4	−90°	0	0	θ_4
5	90°	0	d_5	θ_5
6	−90°	0	0	θ_6
7	90°	0	d_7	θ_7

表 2-2 中 d_1,d_3,d_5,d_7 分别表示 1、3、5、7 关节的长度。根据连杆参数表，可求得相邻连杆的坐标变换如下：

$$
{}_1^0\boldsymbol{T}=\begin{bmatrix} c_1 & -s_1 & 0 & 0 \\ s_1 & c_1 & 0 & 0 \\ 0 & 0 & 1 & d_1 \\ 0 & 0 & 0 & 1 \end{bmatrix},\quad
{}_2^1\boldsymbol{T}=\begin{bmatrix} c_2 & -s_2 & 0 & 0 \\ 0 & 0 & 1 & 0 \\ -s_2 & -c_2 & 0 & 0 \\ 0 & 0 & 0 & 1 \end{bmatrix}
$$

$$
{}_3^2\boldsymbol{T}=\begin{bmatrix} c_3 & -s_3 & 0 & 0 \\ 0 & 0 & -1 & -d_3 \\ s_3 & c_3 & 0 & 0 \\ 0 & 0 & 0 & 1 \end{bmatrix},\quad
{}_4^3\boldsymbol{T}=\begin{bmatrix} c_4 & -s_4 & 0 & 0 \\ 0 & 0 & 1 & 0 \\ -s_4 & -c_4 & 0 & 0 \\ 0 & 0 & 0 & 1 \end{bmatrix}
$$

$$
{}_5^4\boldsymbol{T}=\begin{bmatrix} c_5 & -s_5 & 0 & 0 \\ 0 & 0 & -1 & -d_5 \\ s_5 & c_5 & 0 & 0 \\ 0 & 0 & 0 & 1 \end{bmatrix},\quad {}_6^5\boldsymbol{T}=\begin{bmatrix} c_6 & -s_6 & 0 & 0 \\ 0 & 0 & 1 & 0 \\ -s_6 & -c_6 & 0 & 0 \\ 0 & 0 & 0 & 1 \end{bmatrix},\quad {}_7^6\boldsymbol{T}=\begin{bmatrix} c_7 & -s_7 & 0 & 0 \\ 0 & 0 & -1 & -d_7 \\ s_7 & c_7 & 0 & 0 \\ 0 & 0 & 0 & 1 \end{bmatrix}
$$

其运动学方程为

$$
{}_7^0\boldsymbol{T}={}_1^0\boldsymbol{T}\,{}_2^1\boldsymbol{T}\,{}_3^2\boldsymbol{T}\,{}_4^3\boldsymbol{T}\,{}_5^4\boldsymbol{T}\,{}_6^5\boldsymbol{T}\,{}_7^6\boldsymbol{T}=\begin{bmatrix} n_x & o_x & a_x & p_x \\ n_y & o_y & a_y & p_y \\ n_z & o_z & a_z & p_z \\ 0 & 0 & 0 & 1 \end{bmatrix} \tag{2-53}
$$

式中，各个元素为

$$
\begin{aligned}
n_x &= c_7(s_6(s_4(s_1s_3-c_1c_2c_3)-c_1c_4s_2)-c_6(c_5(c_4(s_1s_3-c_1c_2c_3)+c_1s_2s_4)+s_5(c_3s_1+c_1c_2s_3))) \\
&\quad +s_7(s_5(c_4(s_1s_3-c_1c_2c_3)+c_1s_2s_4)-c_5(c_3s_1+c_1c_2s_3))
\end{aligned}
$$

$$
\begin{aligned}
n_y &= -c_7(s_6(s_4(c_1s_3+c_2c_3s_1)+c_4s_1s_2)-c_6(c_5(c_4(c_1s_3+c_2c_3s_1)-s_1s_2s_4)+s_5(c_1c_3-c_2s_1s_3))) \\
&\quad -s_7(s_5(c_4(c_1s_3+c_2c_3s_1)-s_1s_2s_4)-c_5(c_1c_3-c_2s_1s_3))
\end{aligned}
$$

$$
n_z = s_7(s_5(c_2s_4+c_3c_4s_2)+c_5s_2s_3)-c_7(c_6(c_5(c_2s_4+c_3c_4s_2)-s_2s_3s_5)+s_6(c_2c_4-c_3s_2s_4))
$$

$$
\begin{aligned}
o_x &= c_7(s_5(c_4(s_1s_3-c_1c_2c_3)+c_1s_2s_4)-c_5(c_3s_1+c_1c_2s_3))-s_7(s_6(s_4(s_1s_3-c_1c_2c_3)-c_1c_4s_2) \\
&\quad -c_6(c_5(c_4(s_1s_3-c_1c_2c_3)+c_1s_2s_4)+s_5(c_3s_1+c_1c_2s_3)))
\end{aligned}
$$

$$
\begin{aligned}
o_y &= s_7(s_6(s_4(c_1s_3+c_2c_3s_1)+c_4s_1s_2)-c_6(c_5(c_4(c_1s_3+c_2c_3s_1)-s_1s_2s_4)+s_5(c_1c_3-c_2s_1s_3))) \\
&\quad -c_7(s_5(c_4(c_1s_3+c_2c_3s_1)-s_1s_2s_4)-c_5(c_1c_3-c_2s_1s_3))
\end{aligned}
$$

$$
o_z = c_7(s_5(c_2s_4+c_3c_4s_2)+c_5s_2s_3)+s_7(c_6(c_5(c_2s_4+c_3c_4s_2)-s_2s_3s_5)+s_6(c_2c_4-c_3s_2s_4))
$$

$$
a_x = -c_6(s_4(s_1s_3-c_1c_2c_3)-c_1c_4s_2)-s_6(c_5(c_4(s_1s_3-c_1c_2c_3)+c_1s_2s_4)+s_5(c_3s_1+c_1c_2s_3))
$$

$$
a_y = c_6(s_4(c_1s_3+c_2c_3s_1)+c_4s_1s_2)+s_6(c_5(c_4(c_1s_3+c_2c_3s_1)-s_1s_2s_4)+s_5(c_1c_3+c_2s_1s_3))
$$

$$
a_z = c_6(c_2c_4-c_3s_2s_4)-s_6(c_5(c_2s_4+c_3c_4s_2)-s_2s_3s_5)
$$

$$
\begin{aligned}
p_x &= d_3c_1s_2-d_5(s_4(s_1s_3-c_1c_2c_3)-c_1c_4s_2)-d_7(c_6(s_4(s_1s_3-c_1c_2c_3)-c_1c_4s_2) \\
&\quad +s_6(c_5(c_4(s_1s_3-c_1c_2c_3)+c_1s_2s_4)+s_5(c_3s_1+c_1c_2s_3)))
\end{aligned}
$$

$$
\begin{aligned}
p_y &= d_7(c_6(s_4(c_1s_3+c_2c_3s_1)+c_4s_1s_2)+s_6(c_5(c_4(c_1s_3+c_2c_3s_1)-s_1s_2s_4)+s_5(c_1c_3-c_2s_1s_3))) \\
&\quad +d_5(s_4(c_1s_3+c_2c_3s_1)+c_4s_1s_2)+d_3s_1s_2
\end{aligned}
$$

$$
p_z = d_1-d_7(s_6(c_5(c_2s_4+c_3c_4s_2)-s_2s_3s_5)-c_6(c_2c_4-c_3s_2s_4))+d_5(c_2c_4-c_3s_2s_4)+d_3c_2
$$

为求解该机械臂的逆解，首先对结构特点进行分析，然后根据其特点设计特殊的运动学逆解解法。

1) 机械臂结构特点

该机械臂的简化模型如图 2-18 所示，图中 O 点为连杆坐标系{0}的原点，S 点为关节坐标系{1}和{2}的原点，E 点为关节坐标系{3}和{4}的原点，W 点为关节坐标系{5}、{6}的原点，D 点为关节坐标系{7}的原点，其中 O、S 两点间的距离为 d_1，S、E 两点间的距离为 d_3，E、W 两点间的距离为 d_5，W、D 两点间的距离为 d_7。

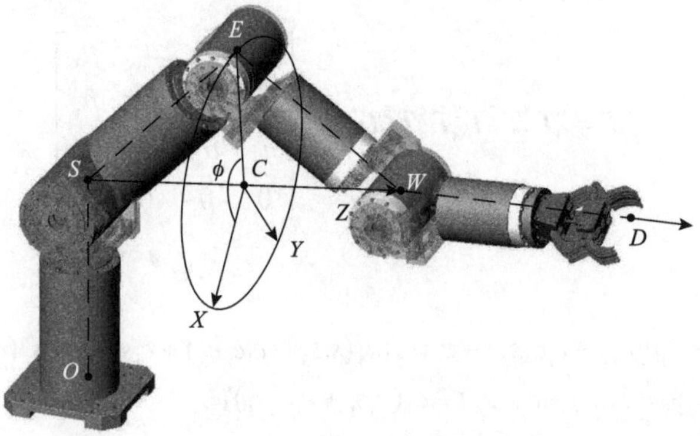

图 2-18　机械臂的简化模型

当末端 D 点的位姿给定后，W 点的位置也被确定，另外，S 点的位置也是固定的，此时，由于 SE、EW 两点间的距离是固定的，SW 两点的距离也是固定的，S、E、W 三点构成固定三角形，因此 E 点只能在以 E 点到线段 SW 的垂线长度为半径的并垂直于直线 SW 的平面内的圆周上。

2) 关键点位置计算

点 S 相对于基坐标系的位置是不变的，为

$$^{0}\boldsymbol{P}_S=[0\quad 0\quad d_1]^{\mathrm{T}} \tag{2-54}$$

当末端 D 点的期望位置和姿态 ${}^{0}_{7}\boldsymbol{T}$ 给定后，可以解出 ${}^{0}_{W}\boldsymbol{T}={}^{0}_{6}\boldsymbol{T}={}^{0}_{7}\boldsymbol{T}\,{}^{6}_{7}\boldsymbol{T}^{-1}$，即可以得到 W 点相对于基坐标系的位置，且与 θ_6 无关：

$$^{0}\boldsymbol{P}_W=\begin{bmatrix} r_{11} & r_{12} & r_{13} & x \\ r_{21} & r_{22} & r_{23} & y \\ r_{31} & r_{32} & r_{33} & z \\ 0 & 0 & 0 & 1 \end{bmatrix}\begin{bmatrix} 1 & 0 & 0 & 0 \\ 0 & 1 & 0 & 0 \\ 0 & 0 & 1 & -d_7 \\ 0 & 0 & 0 & 1 \end{bmatrix}=\begin{bmatrix} x \\ y \\ z \end{bmatrix}-d_7\begin{bmatrix} r_{13} \\ r_{23} \\ r_{33} \end{bmatrix} \tag{2-55}$$

式中，左侧矩阵为给定的末端期望位姿；右侧矩阵为坐标系{6}的原点在坐标系{7}中的位姿。

为求 E 点位置，在 C 点建立一参考坐标系{C}，其 Z 轴由 S 点指向 W 点，X 轴在线段 OS 和 SW 构成的平面内，则 Y 轴方向为线段 OS 和 SW 构成的平面的法线方向，由右手法则确定。

坐标系{C}的 Z 轴单位向量在基坐标系的描述可由 S、W 两点的位置直接确定，Y 轴单位向量在基坐标系的描述可用下面的方法求解，首先将 Z 轴单位向量向基坐标系 x_0Oy_0 平面投影，则 Y 轴单位向量在 x_0Oy_0 平面内与 Z 轴单位向量的投影正交，则可求出 Y、Z 轴相

对于基坐标系的单位向量：

$$
{}^{0}\hat{\boldsymbol{Z}}_C=\begin{bmatrix}\dfrac{p_{Wx}-p_{Sx}}{l_{SW}}\\ \dfrac{p_{Wy}-p_{Sy}}{l_{SW}}\\ \dfrac{p_{Wz}-p_{Sz}}{l_{SW}}\end{bmatrix},\quad {}^{0}\hat{\boldsymbol{Y}}_C=\begin{bmatrix}\dfrac{p_{Wy}-p_{Sy}}{m}\\ \dfrac{p_{Wx}-p_{Sx}}{m}\\ 0\end{bmatrix} \tag{2-56}
$$

式中，$l_{SW}=\|\boldsymbol{P}_W-\boldsymbol{P}_S\|$，为 W、S 两点间的长度；$m=\sqrt{(p_{Wx}-p_{Sx})^2+(p_{Wz}-p_{Sz})^2}$。则 X 轴单位向量可由右手法则求出，${}^{0}\hat{\boldsymbol{X}}_C={}^{0}\hat{\boldsymbol{Z}}_C\times{}^{0}\hat{\boldsymbol{Y}}_C$。

C 点的位置可由 S、W 两点的位置直接确定：

$$
{}^{0}\boldsymbol{P}_C=\begin{bmatrix}p_{Sx}+(p_{Wx}-p_{Sx})\dfrac{l_{SC}}{l_{SW}}\\ p_{Sy}+(p_{Wy}-p_{Sy})\dfrac{l_{SC}}{l_{SW}}\\ p_{Sz}+(p_{Wz}-p_{Sz})\dfrac{l_{SC}}{l_{SW}}\end{bmatrix}=\begin{bmatrix}p_{Sx}+(p_{Wx}-p_{Sx})\dfrac{d_3\cos\angle CSE}{l_{SW}}\\ p_{Sy}+(p_{Wy}-p_{Sy})\dfrac{d_3\cos\angle CSE}{l_{SW}}\\ p_{Sz}+(p_{Wz}-p_{Sz})\dfrac{d_3\cos\angle CSE}{l_{SW}}\end{bmatrix} \tag{2-57}
$$

式中，$\angle CSE$ 可由 $\triangle SWE$ 利用余弦定理解出：

$$
\angle CSE=\arcsin\left(\frac{d_3^2+l_{SW}^2-d_5^2}{2d_3l_{SW}}\right)
$$

由此可得 C 点相对于基坐标系的位姿：

$$
{}^{0}\boldsymbol{T}_C=\begin{bmatrix}-\dfrac{(p_{Wx}-p_{Sx})(p_{Wz}-p_{Sz})}{ml_{SW}} & \dfrac{p_{Wy}-p_{Sy}}{m} & \dfrac{p_{Wx}-p_{Sx}}{l_{SW}} & p_{Cx}\\ -\dfrac{(p_{Wy}-p_{Sy})(p_{Wz}-p_{Sz})}{ml_{SW}} & \dfrac{p_{Wx}-p_{Sx}}{m} & \dfrac{p_{Wy}-p_{Sy}}{l_{SW}} & p_{Cy}\\ \dfrac{(p_{Wx}-p_{Sx})^2+(p_{Wz}-p_{Sz})^2}{ml_{SW}} & 0 & \dfrac{p_{Wz}-p_{Sz}}{l_{SW}} & p_{Cz}\\ 0 & 0 & 0 & 1\end{bmatrix} \tag{2-58}
$$

式中，p_{Cx},p_{Cy},p_{Cz} 为式(2-57)的三个分量。

E 点相对于坐标系$\{C\}$的位置为

$$
{}^{C}\boldsymbol{P}_E=\begin{bmatrix}d_3\sin\angle CES\cos\phi\\ d_3\cos\angle CES\sin\phi\\ 0\end{bmatrix} \tag{2-59}
$$

因此 E 点相对于基坐标系的位置为

$$^{0}\boldsymbol{P}_E = {}^{0}\boldsymbol{T}_C{}^{C}\boldsymbol{P}_E \tag{2-60}$$

当 ϕ 角取 $[0,2\pi]$ 中的任意角度时，可算出 S, E, C, W 各点的位置，可取 $\phi=0$ 进行简化计算。

3) 关节角度的求解

(1) 关节角度 $\theta_2,\theta_4,\theta_6$ 的求解。

由图 2-19 可知：

$$|\theta_2| = 180° - \angle OSE, \quad |\theta_4| = 180° - \angle SEW, \quad |\theta_6| = 180° - \angle EWD \tag{2-61}$$

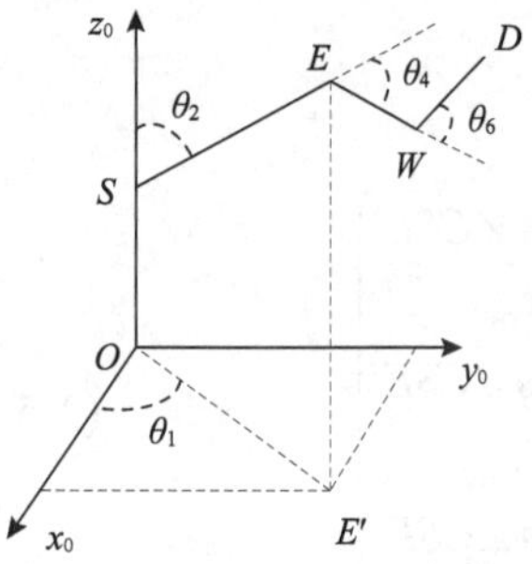

图 2-19　SE 向量投影图

因为所有关键点坐标均已知，所以三个角度均可解，当根据式(2-60)每确定一个角度 ϕ 时，都可以解出八组解，相当于肩关节、肘关节、腕关节的翻转。

(2) 关节角度 $\theta_1,\theta_3,\theta_5,\theta_7$ 的求解。

将向量 SE 投影到基坐标系{0}的 x_0Oy_0 平面上，即 S 点投影到 O 点，E 点投影到 E' 点，由于第二个关节在连杆 SE 中，它的旋转不会改变向量 SE，如图 2-19 所示，根据几何关系可以求得 θ_1：

$$\theta_1 = \arctan 2(y_{E'}, x_{E'}) \tag{2-62}$$

规定 θ_1 的范围为 $[-\pi,\pi]$，通过绕 z_0 轴按右手法则确定正方向，初始位置 $\theta_1=0$ 为坐标系 x_0 正方向，即在 x_0Oy_0 坐标系第一、二象限 θ_1 的范围为 $[0,\pi]$，在 x_0Oy_0 坐标系第三、四象限 θ_1 的范围为 $[-\pi,0]$。由反正切 $\arctan 2(\,)$ 函数可以确定向量所在的象限。

同理将向量 EW 投影到第二坐标系的 x_2Oz_2 平面上，即 E 点投影到 S 点，W 点投影到 W' 点，由于 θ_1,θ_2 已经求出，因此第二坐标系的位姿为已知，而且关节五的旋转不会改变向量 EW，所以 $SEWW'$ 在一个平面上，如图 2-20 所示，根据几何关系可以求得 θ_3：

$$\theta_3 = \arctan 2(z_{W'}, x_{W'}) \tag{2-63}$$

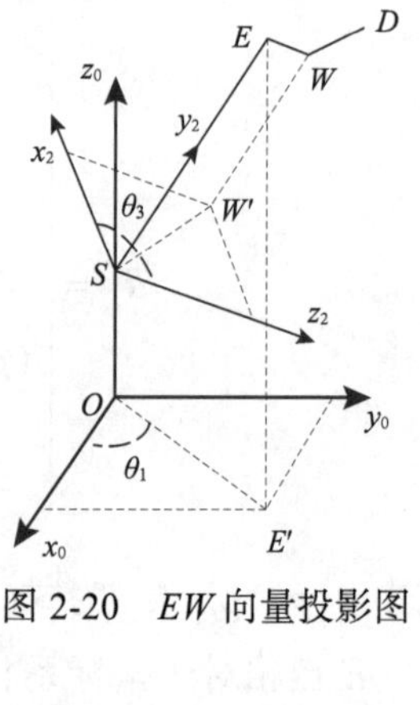

图 2-20　EW 向量投影图

同理，由于 $\theta_1,\theta_2,\theta_3,\theta_4$ 已求出，即第四坐标系的位姿为已知，第五个关节角度可由向量 WD 投影到第四坐标系的 x_4Oz_4 平面上而求得：

$$\theta_5 = \arctan 2(z_{D'}, x_{D'}) \tag{2-64}$$

最后，通过将第七个关节角度投影到第六坐标系的 x_6Oz_6 平面上，可以求得 θ_7：

$$\theta_7 = \arctan 2(z_{7'}, x_{7'}) \tag{2-65}$$

2.1.4　速度分析

机械臂是多连杆的开链结构，各个连杆之间的运动速度是相互关联的，它们又共同决定了机械臂末端的运动速度，因此速度分析的目的一是分析各连杆之间的速度关系，二是分析末端在直角空间的运动速度与所有关节运动速度之间的关系，由此引出雅可比矩阵和奇异性的概念。

1. 刚体运动速度分析

图 2-7 中，坐标系$\{B\}$表示与刚体固联的坐标系，P 为刚体上的一点，坐标系$\{A\}$为参考坐标系，P 点相对于参考坐标系的位置如式(2-11)所示。坐标系$\{B\}$相对于$\{A\}$的平移和旋转变换会产生刚体的线速度和角速度运动。

对式(2-11)求导，得到 P 点相对于坐标系$\{A\}$的线速度：

$$ {}^{A}\dot{\boldsymbol{P}} = {}_{B}^{A}\dot{\boldsymbol{R}}\,{}^{B}\boldsymbol{P} + {}_{B}^{A}\boldsymbol{R}\,{}^{B}\dot{\boldsymbol{P}} + {}^{A}\dot{\boldsymbol{P}}_{B} \tag{2-66} $$

式中，右边第一项为坐标系$\{B\}$相对于$\{A\}$旋转对 P 点产生的速度在坐标系$\{A\}$中的描述；第二项为 P 点相对于坐标系$\{B\}$运动产生的速度在坐标系$\{A\}$中的描述；第三项为坐标系$\{B\}$相对于坐标系$\{A\}$平移造成的 P 点相对于坐标系$\{A\}$的速度，其中第一项涉及旋转矩阵的求导计算，第二项为零，因为坐标系$\{B\}$与刚体固联，所以 ${}^{B}\dot{\boldsymbol{P}}=0$。

由于旋转矩阵为单位正交矩阵，因此 $\boldsymbol{R}\boldsymbol{R}^{\mathrm{T}}=\boldsymbol{R}\boldsymbol{R}^{-1}=\boldsymbol{I}$，对其求导，得

$$ \dot{\boldsymbol{R}}\boldsymbol{R}^{\mathrm{T}}+\boldsymbol{R}\dot{\boldsymbol{R}}^{\mathrm{T}}=\dot{\boldsymbol{R}}\boldsymbol{R}^{\mathrm{T}}+(\dot{\boldsymbol{R}}\boldsymbol{R}^{\mathrm{T}})^{\mathrm{T}}=\boldsymbol{S}+\boldsymbol{S}^{\mathrm{T}}=\boldsymbol{0} \tag{2-67} $$

式中，$\boldsymbol{S}=\dot{\boldsymbol{R}}\boldsymbol{R}^{\mathrm{T}}=\dot{\boldsymbol{R}}\boldsymbol{R}^{-1}$ 为反对称矩阵。

再由导数的定义，有 $\dot{\boldsymbol{R}}=\lim\limits_{\Delta t\to 0}\dfrac{\boldsymbol{R}(t+\Delta t)-\boldsymbol{R}(t)}{\Delta t}$，而 $\boldsymbol{R}(t+\Delta t)$ 可认为由 $\boldsymbol{R}(t)$ 绕任意轴旋转某一角度产生，即 $\boldsymbol{R}(t+\Delta t)=\boldsymbol{R}_K(\Delta\theta)\boldsymbol{R}(t)$，因此：

$$ \dot{\boldsymbol{R}}=\lim_{\Delta t\to 0}\frac{\boldsymbol{R}(t+\Delta t)-\boldsymbol{R}(t)}{\Delta t}=\lim_{\Delta t\to 0}\frac{\boldsymbol{R}_K(\Delta\theta)\boldsymbol{R}(t)-\boldsymbol{R}(t)}{\Delta t}=\lim_{\Delta t\to 0}\left(\frac{\boldsymbol{R}_K(\Delta\theta)-\boldsymbol{I}}{\Delta t}\right)\boldsymbol{R}(t) \tag{2-68} $$

当 $\Delta\theta$ 较小时，$\sin(\Delta\theta)\approx\Delta\theta,\cos(\Delta\theta)\approx 1$，因此：

$$ \begin{aligned} \boldsymbol{R}_K(\Delta\theta)&=\begin{bmatrix} k_xk_xv\Delta\theta+c\Delta\theta & k_xk_yv\Delta\theta-k_zs\Delta\theta & k_xk_zv\Delta\theta+k_ys\Delta\theta \\ k_xk_yv\Delta\theta+k_zs\Delta\theta & k_yk_yv\Delta\theta+c\Delta\theta & k_yk_zv\Delta\theta-k_xs\Delta\theta \\ k_xk_zv\Delta\theta-k_ys\Delta\theta & k_yk_zv\Delta\theta+k_xs\Delta\theta & k_zk_zv\Delta\theta+c\Delta\theta \end{bmatrix} \\ &\approx\begin{bmatrix} 1 & -k_z\Delta\theta & k_y\Delta\theta \\ k_z\Delta\theta & 1 & -k_x\Delta\theta \\ -k_y\Delta\theta & k_x\Delta\theta & 1 \end{bmatrix} \end{aligned} \tag{2-69} $$

将式(2-69)代入式(2-68)，得

$$\dot{\boldsymbol{R}}=\lim_{\Delta t\to 0}\left(\frac{\boldsymbol{R}_K(\Delta\theta)-\boldsymbol{I}}{\Delta t}\right)\boldsymbol{R}(t)=\lim_{\Delta t\to 0}\left(\frac{\begin{bmatrix}0 & -k_z\Delta\theta & k_y\Delta\theta\\ k_z\Delta\theta & 0 & -k_x\Delta\theta\\ -k_y\Delta\theta & k_x\Delta\theta & 0\end{bmatrix}}{\Delta t}\right)\boldsymbol{R}(t)$$

$$=\begin{bmatrix}0 & -k_z\Delta\dot{\theta} & k_y\Delta\dot{\theta}\\ k_z\Delta\dot{\theta} & 0 & -k_x\Delta\dot{\theta}\\ -k_y\Delta\dot{\theta} & k_x\Delta\dot{\theta} & 0\end{bmatrix}\boldsymbol{R}(t)$$

因此，有

$$\boldsymbol{S}=\dot{\boldsymbol{R}}\boldsymbol{R}^{-1}=\begin{bmatrix}0 & -\Omega_z & \Omega_y\\ \Omega_z & 0 & -\Omega_x\\ -\Omega_y & \Omega_x & 0\end{bmatrix},\quad \boldsymbol{\Omega}=\begin{bmatrix}\Omega_x\\ \Omega_y\\ \Omega_z\end{bmatrix}=\begin{bmatrix}k_x\dot{\theta}\\ k_y\dot{\theta}\\ k_z\dot{\theta}\end{bmatrix}=\dot{\theta}\hat{\boldsymbol{K}} \tag{2-70}$$

式中，$\boldsymbol{\Omega}$ 为刚体运动的角速度，例如，当刚体绕 $\hat{\boldsymbol{Z}}$ 轴旋转时，角速度为 $\boldsymbol{\Omega}=\dot{\theta}\hat{\boldsymbol{Z}}$。

可以简单验证上述定义的反对称矩阵 $\boldsymbol{S}$ 具有下列性质：

$$\boldsymbol{SP}=\boldsymbol{\Omega}\times\boldsymbol{P} \tag{2-71}$$

式中，$\boldsymbol{P}$ 为与 $\boldsymbol{S}$ 在相同坐标系下描述的任意向量。

因此，式(2-66)的右边第一项为

$${}_B^A\dot{\boldsymbol{R}}\,{}^B\boldsymbol{P}={}_B^A\dot{\boldsymbol{R}}\,{}_B^A\boldsymbol{R}^{-1}\,{}^A\boldsymbol{P}={}_B^A\boldsymbol{S}\,{}^A\boldsymbol{P}={}^A\boldsymbol{\Omega}_B\times{}^A\boldsymbol{P} \tag{2-72}$$

式(2-72)表示了坐标系$\{B\}$相对于$\{A\}$旋转对 ${}^B\boldsymbol{P}$ 产生的速度在$\{A\}$中的描述，解决了旋转矩阵的导数计算问题。

2. 机械臂关节速度递推算法

机械臂相邻关节的速度是相互关联的，即后一关节的速度由前一关节的牵连速度与自身运动速度两部分组成，相当于刚体运动速度分析中参考坐标系也是运动的。因此，可以从基座开始向外递推至末端关节，逐一计算各关节的速度。

以旋转关节为例，假设连杆 i 坐标系原点具有角速度 ${}^i\omega_i$ 和线速度 ${}^iv_i$，则连杆 $i+1$ 具有与连杆 i 相同的角速度和线速度，如果连杆自身也在运动，则连杆 $i+1$ 的速度是上述所有速度的合成，但所有速度必须在同一坐标系内描述：

$${}^i\boldsymbol{\omega}_{i+1}={}^i\boldsymbol{\omega}_i+{}_{i+1}^{\ \ i}\boldsymbol{R}\dot{\theta}_{i+1}\,{}^{i+1}\hat{\boldsymbol{Z}}_{i+1} \tag{2-73}$$

$${}^i\boldsymbol{v}_{i+1}={}^i\boldsymbol{v}_i+{}^i\boldsymbol{\omega}_i\times{}^i\boldsymbol{P}_{i+1} \tag{2-74}$$

式(2-73)表示连杆 $i+1$ 的角速度在坐标系$\{i\}$中的描述，等式右边第一项表示连杆 $i+1$ 具有与连杆 i 相同的角速度，第二项表示连杆 $i+1$ 绕自身的旋转轴旋转的角速度。

式(2-74)表示连杆 $i+1$ 的线速度在坐标系 $\{i\}$ 中的描述，等式右边第一项表示连杆 $i+1$ 具有与连杆 i 相同的线速度，第二项表示连杆 i 的角速度使坐标系 $\{i+1\}$ 的原点产生的线速度。连杆 $i+1$ 的旋转不会使坐标系 $\{i+1\}$ 的原点产生线速度。

注意，速度矢量为自由矢量，即矢量的作用效果与作用位置无关，因此，速度矢量在不同坐标系中变换时只考虑姿态变换，不考虑位置变换。同样，力矩矢量也是自由矢量，但力矢量不是自由矢量，其作用效果与作用点的位置有关。

式(2-73)、式(2-74)即为关节速度的递推公式，也可以描述到坐标系 $\{i+1\}$ 中：

$$ {}^{i+1}\boldsymbol{\omega}_{i+1} = {}^{i+1}_{i}\boldsymbol{R}\,{}^{i}\boldsymbol{\omega}_i + \dot{\theta}_{i+1}\,{}^{i+1}\hat{\boldsymbol{Z}}_{i+1} \tag{2-75} $$

$$ {}^{i+1}\boldsymbol{v}_{i+1} = {}^{i+1}_{i}\boldsymbol{R}({}^{i}\boldsymbol{v}_i + {}^{i}\boldsymbol{\omega}_i \times {}^{i}\boldsymbol{P}_{i+1}) \tag{2-76} $$

例 2-2　分析如图 2-21 所示机械臂各关节的速度。

解：由于基座固定不动，因此有 ${}^{0}\boldsymbol{\omega}_0 = 0, {}^{0}\boldsymbol{v}_0 = 0$。

利用式(2-75)、式(2-76)所示的递推算法，可求得各坐标系的角速度和线速度：

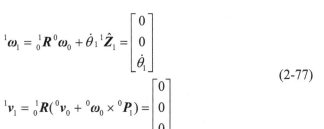

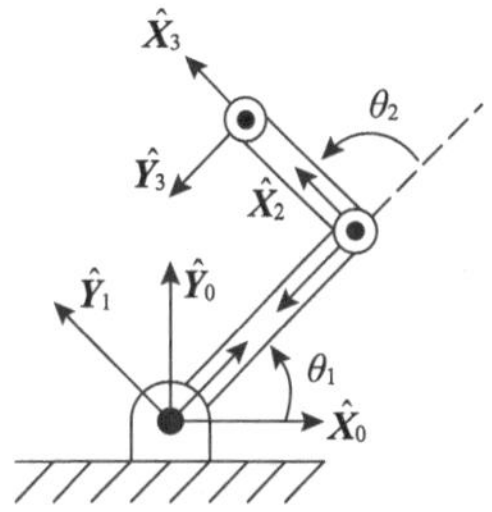

图 2-21　两关节机械臂

$$ \begin{aligned} {}^{1}\boldsymbol{\omega}_1 &= {}^{1}_{0}\boldsymbol{R}\,{}^{0}\boldsymbol{\omega}_0 + \dot{\theta}_1\,{}^{1}\hat{\boldsymbol{Z}}_1 = \begin{bmatrix} 0 \\ 0 \\ \dot{\theta}_1 \end{bmatrix} \\ {}^{1}\boldsymbol{v}_1 &= {}^{1}_{0}\boldsymbol{R}({}^{0}\boldsymbol{v}_0 + {}^{0}\boldsymbol{\omega}_0 \times {}^{0}\boldsymbol{P}_1) = \begin{bmatrix} 0 \\ 0 \\ 0 \end{bmatrix} \end{aligned} \tag{2-77} $$

$$ {}^{2}\boldsymbol{\omega}_2 = {}^{2}_{1}\boldsymbol{R}\,{}^{1}\boldsymbol{\omega}_1 + \dot{\theta}_2\,{}^{2}\hat{\boldsymbol{Z}}_2 = \begin{bmatrix} c_2 & s_2 & 0 \\ -s_2 & c_2 & 0 \\ 0 & 0 & 1 \end{bmatrix} \begin{bmatrix} 0 \\ 0 \\ \dot{\theta}_1 \end{bmatrix} + \dot{\theta}_2\,{}^{2}\hat{\boldsymbol{Z}}_2 = \begin{bmatrix} 0 \\ 0 \\ \dot{\theta}_1 + \dot{\theta}_2 \end{bmatrix} \tag{2-78} $$

$$ {}^{2}\boldsymbol{v}_2 = {}^{2}_{1}\boldsymbol{R}({}^{1}\boldsymbol{v}_1 + {}^{1}\boldsymbol{\omega}_1 \times {}^{1}\boldsymbol{P}_2) = \begin{bmatrix} c_2 & s_2 & 0 \\ -s_2 & c_2 & 0 \\ 0 & 0 & 1 \end{bmatrix} \left(\begin{bmatrix} 0 \\ 0 \\ \dot{\theta}_1 \end{bmatrix} \times \begin{bmatrix} l_1 \\ 0 \\ 0 \end{bmatrix} \right) = \begin{bmatrix} c_2 & s_2 & 0 \\ -s_2 & c_2 & 0 \\ 0 & 0 & 1 \end{bmatrix} \begin{bmatrix} 0 \\ l_1\dot{\theta}_1 \\ 0 \end{bmatrix} = \begin{bmatrix} l_1 s_2 \dot{\theta}_1 \\ l_1 c_2 \dot{\theta}_1 \\ 0 \end{bmatrix} \tag{2-79} $$

$$ {}^{3}\boldsymbol{\omega}_3 = {}^{3}_{2}\boldsymbol{R}\,{}^{2}\boldsymbol{\omega}_2 + \dot{\theta}_3\,{}^{3}\hat{\boldsymbol{Z}}_3 = {}^{2}\boldsymbol{\omega}_2 = \begin{bmatrix} 0 \\ 0 \\ \dot{\theta}_1 + \dot{\theta}_2 \end{bmatrix} \tag{2-80} $$

$$ {}^{3}\boldsymbol{v}_3 = {}^{3}_{2}\boldsymbol{R}({}^{2}\boldsymbol{v}_2 + {}^{2}\boldsymbol{\omega}_2 \times {}^{2}\boldsymbol{P}_3) = {}^{3}_{2}\boldsymbol{R} \left(\begin{bmatrix} l_1 s_2 \dot{\theta}_1 \\ l_1 c_2 \dot{\theta}_1 \\ 0 \end{bmatrix} + \begin{bmatrix} 0 \\ 0 \\ \dot{\theta}_1 + \dot{\theta}_2 \end{bmatrix} \times \begin{bmatrix} l_2 \\ 0 \\ 0 \end{bmatrix} \right) = \begin{bmatrix} l_1 s_2 \dot{\theta}_1 \\ l_1 c_2 \dot{\theta}_1 + l_2(\dot{\theta}_1 + \dot{\theta}_2) \\ 0 \end{bmatrix} \tag{2-81} $$

式(2-80)、式(2-81)表示的末端速度也可以相对基坐标系描述：

$$
{}^{0}\boldsymbol{\omega}_3 = {}^{0}_{3}\boldsymbol{R}\,{}^{3}\boldsymbol{\omega}_3 = \begin{bmatrix} c_{12} & -s_{12} & 0 \\ s_{12} & c_{12} & 0 \\ 0 & 0 & 1 \end{bmatrix} \begin{bmatrix} 0 \\ 0 \\ \dot{\theta}_1 + \dot{\theta}_2 \end{bmatrix} = \begin{bmatrix} 0 \\ 0 \\ \dot{\theta}_1 + \dot{\theta}_2 \end{bmatrix} \tag{2-82}
$$

$$
{}^{0}\boldsymbol{v}_3 = {}^{0}_{3}\boldsymbol{R}\,{}^{3}\boldsymbol{v}_3 = \begin{bmatrix} c_{12} & -s_{12} & 0 \\ s_{12} & c_{12} & 0 \\ 0 & 0 & 1 \end{bmatrix} \begin{bmatrix} l_1 s_2 \dot{\theta}_1 \\ l_1 c_2 \dot{\theta}_1 + l_2(\dot{\theta}_1 + \dot{\theta}_2) \\ 0 \end{bmatrix} = \begin{bmatrix} -l_1 s_1 \dot{\theta}_1 - l_2 s_{12}(\dot{\theta}_1 + \dot{\theta}_2) \\ l_1 c_1 \dot{\theta}_1 + l_2 c_{12}(\dot{\theta}_1 + \dot{\theta}_2) \\ 0 \end{bmatrix} \tag{2-83}
$$

3. 雅可比矩阵与奇异性分析

机械臂速度分析的目的是建立机械臂末端在直角坐标空间的速度与各关节角度空间的速度之间的关系，如对于式(2-81)、式(2-83)，可以写成矩阵形式：

$$
\begin{aligned}
{}^{3}\boldsymbol{v}_3 &= \begin{bmatrix} {}^{3}v_x \\ {}^{3}v_y \\ {}^{3}v_z \end{bmatrix} = \begin{bmatrix} l_1 s_2 & 0 \\ l_1 c_2 + l_2 & l_2 \end{bmatrix} \begin{bmatrix} \dot{\theta}_1 \\ \dot{\theta}_2 \end{bmatrix} = {}^{3}\boldsymbol{J}(\boldsymbol{\theta}) \begin{bmatrix} \dot{\theta}_1 \\ \dot{\theta}_2 \end{bmatrix} \\
{}^{0}\boldsymbol{v}_3 &= \begin{bmatrix} {}^{0}v_x \\ {}^{0}v_y \\ {}^{0}v_z \end{bmatrix} = \begin{bmatrix} -l_1 s_1 - l_2 s_{12} & -l_2 s_{12} \\ l_1 c_1 + l_2 c_{12} & l_2 c_{12} \end{bmatrix} \begin{bmatrix} \dot{\theta}_1 \\ \dot{\theta}_2 \end{bmatrix} = {}^{0}\boldsymbol{J}(\boldsymbol{\theta}) \begin{bmatrix} \dot{\theta}_1 \\ \dot{\theta}_2 \end{bmatrix}
\end{aligned} \tag{2-84}
$$

式中，${}^{0}\boldsymbol{J}(\boldsymbol{\theta})$ 为雅可比矩阵，描述了机械臂末端在直角坐标空间的速度与各关节角度空间的速度之间的关系，其上标表示末端的速度是相对于基坐标系描述的。利用式(2-81)同样可以得到另一个雅可比矩阵 ${}^{3}\boldsymbol{J}(\boldsymbol{\theta})$，对应于末端速度相对于关节自身坐标系描述的情况。

1) 雅可比矩阵的定义

雅可比矩阵在数学上定义为函数关于变量的偏导数矩阵，假设函数与变量之间的关系如下：

$$
\begin{aligned}
y_1 &= f_1(x_1, x_2, x_3, x_4, x_5, x_6) \\
y_2 &= f_2(x_1, x_2, x_3, x_4, x_5, x_6) \\
&\vdots \\
y_6 &= f_6(x_1, x_2, x_3, x_4, x_5, x_6)
\end{aligned} \tag{2-85}
$$

与机械臂运动学方程相对应，式中 $y_1, y_2, \cdots, y_6$ 可看作末端相对于基坐标系的位置和姿态，$x_1, x_2, \cdots, x_6$ 可看作 6 个关节的关节变量，则函数的微分运动与独立变量的微分运动之间具有如下关系：

$$
\begin{cases}
\delta y_1 = \dfrac{\partial f_1}{\partial x_1}\delta x_1 + \dfrac{\partial f_1}{\partial x_2}\delta x_2 + \cdots + \dfrac{\partial f_1}{\partial x_6}\delta x_6 \\
\delta y_2 = \dfrac{\partial f_2}{\partial x_1}\delta x_1 + \dfrac{\partial f_2}{\partial x_2}\delta x_2 + \cdots + \dfrac{\partial f_2}{\partial x_6}\delta x_6 \\
\quad\vdots \\
\delta y_6 = \dfrac{\partial f_6}{\partial x_1}\delta x_1 + \dfrac{\partial f_6}{\partial x_2}\delta x_2 + \cdots + \dfrac{\partial f_6}{\partial x_6}\delta x_6
\end{cases}
\Rightarrow \quad \delta \boldsymbol{Y} = \frac{\partial \boldsymbol{F}}{\partial \boldsymbol{X}}\delta \boldsymbol{X} = \boldsymbol{J}(\boldsymbol{X})\delta \boldsymbol{X} \tag{2-86}
$$

由偏导数构成的矩阵 $\boldsymbol{J}(\boldsymbol{X})$ 称为雅可比矩阵。

将式(2-86)同除以 δt，则得到函数空间和变量空间速度的变换关系：

$$\dot{\boldsymbol{Y}} = \boldsymbol{J}(\boldsymbol{X})\delta\dot{\boldsymbol{X}} \tag{2-87}$$

对于机械臂而言，雅可比矩阵实现了关节角速度与机械臂末端相对于基坐标系线速度和角速度关系的映射：

$$^{0}\boldsymbol{V} = \begin{bmatrix} ^{0}\boldsymbol{v} \\ ^{0}\boldsymbol{\omega} \end{bmatrix} = \begin{bmatrix} v_x \\ v_y \\ v_z \\ \omega_x \\ \omega_y \\ \omega_z \end{bmatrix} = {^{0}\boldsymbol{J}}(\boldsymbol{\Theta})\dot{\boldsymbol{\Theta}} \tag{2-88}$$

雅可比矩阵具有以下特点。

(1) 雅可比矩阵的行数等于机械臂末端相对于基坐标系速度自由度的数量，列数等于关节变量数量。

(2) 雅可比矩阵各元素是关节位置的函数，因此速度映射关系是线性的、时变的。

雅可比矩阵在机械臂轨迹规划、运动控制器设计中具有重要的作用，要求具有实时求解能力。雅可比矩阵某一列对应着某一个关节速度，其各元素表示这一关节速度对末端各个速度自由度的贡献，例如，雅可比矩阵的第一列各元素表示第一关节的角速度对机械臂末端三个线速度和三个角速度的影响，因此，对于六自由度机械臂，其雅可比矩阵可以表达成列向量的形式：

$$^{0}\boldsymbol{V} = \begin{bmatrix} v_x \\ v_y \\ v_z \\ \omega_x \\ \omega_y \\ \omega_z \end{bmatrix} = \boldsymbol{J}_1\dot{\theta}_1 + \boldsymbol{J}_2\dot{\theta}_2 + \cdots + \boldsymbol{J}_6\dot{\theta}_6, \quad \boldsymbol{J} = \begin{bmatrix} \boldsymbol{J}_1 \ \boldsymbol{J}_2 \cdots \boldsymbol{J}_6 \end{bmatrix} \tag{2-89}$$

根据式(2-89)所示的雅可比矩阵列向量的分解形式，Whitney 于 1972 年提出矢量积雅可比矩阵构成方法。图 2-22 表示了某一关节角速度对末端速度的影响，二者的关系为

$$\begin{bmatrix} ^{0}\boldsymbol{v} \\ ^{0}\boldsymbol{\omega} \end{bmatrix} = \begin{bmatrix} ^{0}\hat{\boldsymbol{z}}_i \times {^{i}\boldsymbol{p}_n^{0}} \\ ^{0}\hat{\boldsymbol{z}}_i \end{bmatrix} \dot{\theta}_i \tag{2-90}$$

式中，${^{i}\boldsymbol{p}_n^{0}}$ 表示机械臂末端相对于关节坐标系$\{i\}$的距离在基坐标系$\{0\}$中的描述；$^{0}\hat{\boldsymbol{z}}_i$ 表示坐标系$\{i\}$的 z 轴单位向量在基坐标系中的描述，二者均可由运动学方程求出。因此可以直接得到雅可比矩阵的列向量：

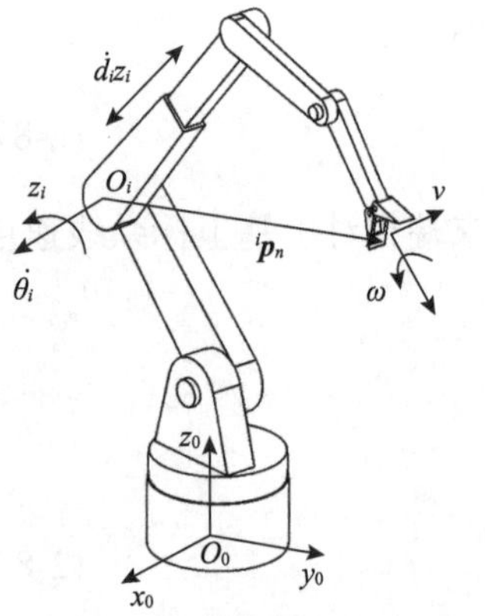

图 2-22　关节角速度与末端速度的关系

$$J_i = \begin{bmatrix} \hat{z}_i \times {}^i \boldsymbol{p}_n^0 \\ \hat{z}_i \end{bmatrix} = \begin{bmatrix} \hat{z}_i \times ({}_i^0\boldsymbol{R}\, {}^i\boldsymbol{p}_n) \\ \hat{z}_i \end{bmatrix} \tag{2-91}$$

对于 6 关节机械臂，其相对于基坐标系的雅可比矩阵为

$${}^0\boldsymbol{J} = \begin{bmatrix} {}^0\hat{z}_1 \times {}^1\boldsymbol{p}_6^0 & {}^0\hat{z}_2 \times {}^2\boldsymbol{p}_6^0 & \cdots & {}^0\hat{z}_6 \times {}^6\boldsymbol{p}_6^0 \\ {}^0\hat{z}_1 & {}^0\hat{z}_2 & \cdots & {}^0\hat{z}_6 \end{bmatrix} \tag{2-92}$$

由式(2-84)可知，雅可比矩阵可针对不同的坐标系描述，即将末端的线速度和角速度在不同的坐标系描述。考虑$\{A\}$、$\{B\}$两个不同的坐标系，设机械臂末端相对于坐标系$\{B\}$的雅可比矩阵${}^B\boldsymbol{J}(\boldsymbol{\Theta})$已知：

$$\begin{bmatrix} {}^B\boldsymbol{v} \\ {}^B\boldsymbol{\omega} \end{bmatrix} = {}^B\boldsymbol{V} = {}^B\boldsymbol{J}(\boldsymbol{\Theta})\dot{\boldsymbol{\Theta}} \tag{2-93}$$

如果坐标系$\{B\}$相对于$\{A\}$的姿态${}_B^A\boldsymbol{R}$已知，则机械臂末端相对于$\{A\}$的速度为

$$\begin{bmatrix} {}^A\boldsymbol{v} \\ {}^A\boldsymbol{\omega} \end{bmatrix} = \begin{bmatrix} {}_B^A\boldsymbol{R} & 0 \\ 0 & {}_B^A\boldsymbol{R} \end{bmatrix} \begin{bmatrix} {}^B\boldsymbol{v} \\ {}^B\boldsymbol{\omega} \end{bmatrix} = \begin{bmatrix} {}_B^A\boldsymbol{R} & 0 \\ 0 & {}_B^A\boldsymbol{R} \end{bmatrix} {}^B\boldsymbol{J}(\boldsymbol{\Theta})\dot{\boldsymbol{\Theta}} \tag{2-94}$$

则可得到机械臂末端相对于坐标系$\{A\}$的雅可比矩阵${}^A\boldsymbol{J}(\boldsymbol{\Theta})$：

$${}^A\boldsymbol{J}(\boldsymbol{\Theta}) = \begin{bmatrix} {}_B^A\boldsymbol{R} & 0 \\ 0 & {}_B^A\boldsymbol{R} \end{bmatrix} {}^B\boldsymbol{J}(\boldsymbol{\Theta}) \tag{2-95}$$

2) 机械臂奇异性分析

由式(2-88)可得

$$\dot{\boldsymbol{\Theta}} = {}^0\boldsymbol{J}(\boldsymbol{\Theta})^{-1}\,{}^0\boldsymbol{V} \tag{2-96}$$

式(2-96)表示当机械臂末端速度给定后，可以通过雅可比矩阵求得所有关节的角速度，这在末端轨迹规划和运动控制中非常重要，但求解的前提是要求雅可比矩阵非奇异，即雅可比矩阵的逆有定义。由于雅可比矩阵是关于关节位置的函数，因此当雅可比矩阵不满秩时，称机械臂处于奇异位形，或处于奇异位置。

机械臂的奇异位形大体分为两类。

(1) 工作空间边界奇异。

以图 2-21 所示的两关节机械臂为例，从式(2-84)可以看出：

$$\det[{}^3\boldsymbol{J}(\boldsymbol{\Theta})] = \begin{vmatrix} l_1 s_2 & 0 \\ l_1 c_2 + l_2 & l_2 \end{vmatrix} = l_1 l_2 s_2 = 0 \tag{2-97}$$

奇异位置处于 $\theta_2 = 0°$ 或 $\theta_2 = 180°$ 两种情况，如图 2-23 所示，末端处于展开或回收的边界位置，边界奇异点出现在位置运动学无解的情况，此时无论运动关节 1 或关节 2，末端只能产生单一方向的运动，即在奇异位置会造成末端运动自由度的损失。

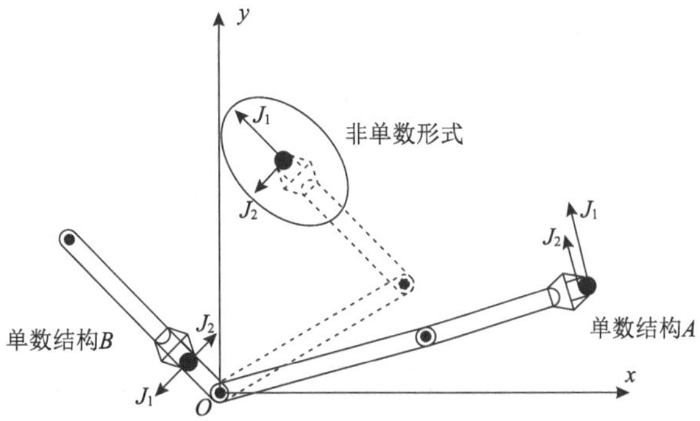

图 2-23　边界奇异位置

另外，在边界奇异位置，当需要末端具有一定运动速度时，如 ${}^0\boldsymbol{v} = [1 \quad 0]^{\mathrm{T}}$，此时关节角速度为无穷大，从式(2-84)可以看出：

$$ {}^0\boldsymbol{J}^{-1}(\boldsymbol{\Theta}) = \frac{1}{l_1 l_2 s_2}\begin{bmatrix} l_2 c_{12} & l_2 s_{12} \\ -l_1 c_1 - l_2 c_{12} & -l_1 s_1 - l_2 s_{12} \end{bmatrix} \Rightarrow \dot{\theta}_1 = \frac{c_{12}}{l_1 s_2}, \quad \dot{\theta}_2 = -\frac{c_1}{l_2 s_2} - \frac{c_{12}}{l_1 s_2} $$

(2) 工作空间内部奇异。

内部奇异多发生在后三个关节轴相交于一点的姿态运动学，如 Z-Y-Z 欧拉角 α,β,γ 姿态调整结构，当 $\beta = 0°$ 时，α,γ 旋转轴共线，意味着绕两个轴旋转会产生一样的运动效果，即在奇异位置同样会损失姿态自由度。

例 2-3　PUMA 六自由度机械臂奇异位置分析。

解：如图 2-11 和表 2-1 所示，当 $\theta_3 = -90°$ 时，连杆 3 伸展到边界，存在边界奇异；当 $\theta_5 = 0°$ 时，关节 4、6 旋转轴共线，存在内部奇异。

2.2　动力学模型

机械臂动力学研究关节的运动与关节力矩之间的关系，包含着两方面的问题：一是对各关节施加已知的驱动力矩，计算各关节的运动轨迹，即机械臂仿真计算问题；二是已知期望的各关节运动轨迹，计算必要的关节力矩，即机械臂控制器的设计问题。

本节也要考虑机械臂的静力学问题，即机械臂静止不动时末端承受的负荷与关节力矩之间的平衡关系。

2.2.1　静力学分析

1. 关节静态力矩递推算法

考虑机械臂末端对某一物体施加一静态力，或末端举起一物体静止不动，在求解各关节力矩时，在机械臂结构锁定不动的条件下，建立各关节的力和力矩平衡方程，实现关节力矩的求解。

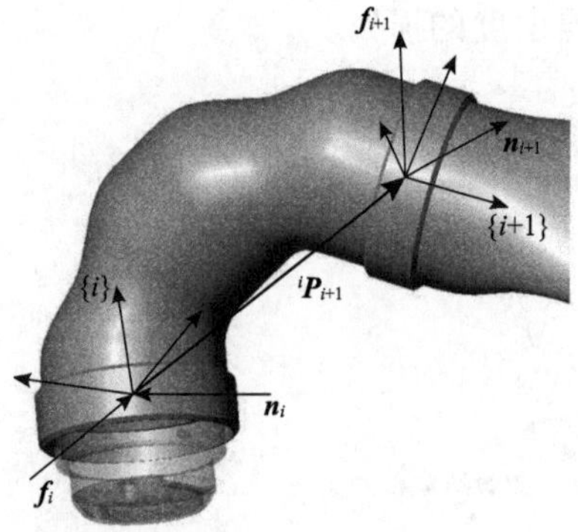

图 2-24　关节力和力矩分析

如图 2-24 所示，定义 $\boldsymbol{f}_i,\boldsymbol{n}_i$ 分别为关节 $i-1$ 施加于关节 i 的力和力矩矢量，同时关节 i 施加于关节 $i-1$ 大小相等、方向相反的反作用力和力矩。对于关节 i，当不考虑重力的影响时，可建立力和力矩平衡方程：

$$ {}^i\boldsymbol{f}_i - {}^i\boldsymbol{f}_{i+1} = \boldsymbol{0} \tag{2-98}$$

$$ {}^i\boldsymbol{n}_i - {}^i\boldsymbol{n}_{i+1} - {}^i\boldsymbol{P}_{i+1} \times {}^i\boldsymbol{f}_{i+1} = \boldsymbol{0} \tag{2-99}$$

由式(2-98)和式(2-99)可得各关节力和力矩的递推公式：

$$ {}^i\boldsymbol{f}_i = {}^{i}_{i+1}\boldsymbol{R}\,{}^{i+1}\boldsymbol{f}_{i+1} \tag{2-100}$$

$$ {}^i\boldsymbol{n}_i = {}^i\boldsymbol{n}_{i+1} + {}^i\boldsymbol{P}_{i+1} \times {}^i\boldsymbol{f}_{i+1} = {}^{i}_{i+1}\boldsymbol{R}\,{}^{i+1}\boldsymbol{n}_{i+1} + {}^i\boldsymbol{P}_{i+1} \times {}^i\boldsymbol{f}_i \tag{2-101}$$

即由末端关节所受到或施加的静态力和力矩开始，逐步向内迭代计算各关节所受到的静态力和力矩矢量。

为了平衡施加在连杆上的力和力矩，除绕关节轴的力矩外，力和力矩矢量的所有其他分量都可由机械臂结构本身来平衡，因此可求得关节力矩：

$$ \tau_i = {}^i\boldsymbol{n}_i^{\mathrm{T}}\,{}^i\hat{\boldsymbol{Z}}_i \tag{2-102}$$

例 2-4　如图 2-25 所示，两关节机械臂末端受到静态力和力矩 ${}^3\boldsymbol{f}_3 = \begin{bmatrix} f_x & f_y & 0 \end{bmatrix}^{\mathrm{T}}$，${}^3\boldsymbol{n}_3 = \begin{bmatrix} 0 & 0 & 0 \end{bmatrix}^{\mathrm{T}}$，计算各关节力矩。

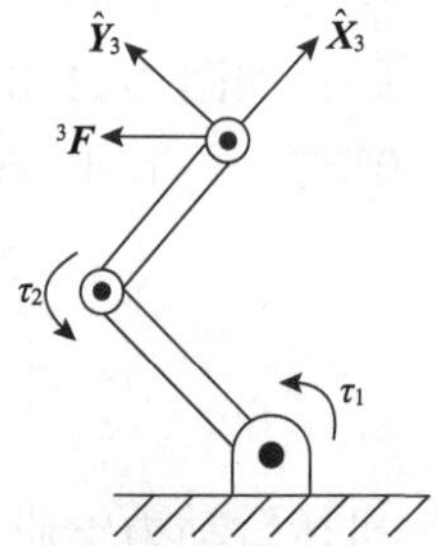

图 2-25　静态力和力矩计算

解：由递推公式(2-100)、式(2-101)，从末端连杆开始向内计算各关节力和力矩：

$$ {}^2\boldsymbol{f}_2 = {}^3\boldsymbol{f}_3 = \begin{bmatrix} f_x \\ f_y \\ 0 \end{bmatrix} $$

$$ {}^2\boldsymbol{n}_2 = {}^2_3\boldsymbol{R}\,{}^3\boldsymbol{n}_3 + {}^2\boldsymbol{P}_3 \times {}^2\boldsymbol{f}_2 = l_2\hat{\boldsymbol{X}}_2 \times \begin{bmatrix} f_x \\ f_y \\ 0 \end{bmatrix} = \begin{bmatrix} 0 \\ 0 \\ l_2 f_y \end{bmatrix} $$

$$ {}^1\boldsymbol{f}_1 = {}^1_2\boldsymbol{R}\,{}^2\boldsymbol{f}_2 = \begin{bmatrix} c_2 & -s_2 & 0 \\ s_2 & c_2 & 0 \\ 0 & 0 & 1 \end{bmatrix} \begin{bmatrix} f_x \\ f_y \\ 0 \end{bmatrix} = \begin{bmatrix} c_2 f_x - s_2 f_y \\ s_2 f_x + c_2 f_y \\ 0 \end{bmatrix} $$

$$
{}^{1}\boldsymbol{n}_1 = {}^{1}_{2}\boldsymbol{R}\,{}^{2}\boldsymbol{n}_2 + {}^{1}\boldsymbol{P}_2 \times {}^{1}\boldsymbol{f}_1 = \begin{bmatrix} 0 \\ 0 \\ l_2 f_y \end{bmatrix} + l_1 \hat{\boldsymbol{X}}_1 \times {}^{1}\boldsymbol{f}_1 = \begin{bmatrix} 0 \\ 0 \\ l_1 s_2 f_x + l_1 c_2 f_y + l_2 f_y \end{bmatrix}
$$

于是有

$$
\begin{cases} \tau_1 = l_1 s_2 f_x + l_1 c_2 f_y + l_2 f_y \\ \tau_2 = l_2 f_y \end{cases} \Rightarrow \begin{bmatrix} \tau_1 \\ \tau_2 \end{bmatrix} = \begin{bmatrix} l_1 s_2 & l_1 c_2 + l_2 \\ 0 & l_2 \end{bmatrix} \begin{bmatrix} f_x \\ f_y \end{bmatrix} \tag{2-103}
$$

2. 力域中的雅可比矩阵

式(2-103)表明末端受到的外力和力矩与关节施加的力矩同样存在映射关系，可用虚功原理(拉格朗日在 1764 年建立)进行推导。设关节的虚位移和末端直角空间的虚位移分别为 $\delta\boldsymbol{\Theta}$ 和 $\delta\boldsymbol{x}$，虚位移是机械系统任意无限小的位移，与实位移不同的是，它只满足系统的几何约束而不满足其他的运动定律，假设关节力矩 $\boldsymbol{\tau}$ 和末端受到的外力和力矩 $\boldsymbol{F}$ 作用在机械臂系统上，此时关节和末端在几何允许的方向上产生虚位移，根据虚功原理，当且仅当满足几何约束的虚位移使虚功消失时，机械臂才能够处于平衡状态，即此时外力和关节力矩所做的虚功是平衡的，因此有

$$
\boldsymbol{F} \cdot \delta\boldsymbol{x} = \boldsymbol{\tau} \cdot \delta\boldsymbol{\Theta} \quad \Rightarrow \quad \boldsymbol{F}^{\mathrm{T}} \delta\boldsymbol{x} = \boldsymbol{\tau}^{\mathrm{T}} \delta\boldsymbol{\Theta} \tag{2-104}
$$

将雅可比矩阵的定义 $\delta\boldsymbol{x} = \boldsymbol{J}\delta\boldsymbol{\Theta}$ 代入式(2-104)，得

$$
\boldsymbol{F}^{\mathrm{T}} \boldsymbol{J} \delta\boldsymbol{\Theta} = \boldsymbol{\tau}^{\mathrm{T}} \delta\boldsymbol{\Theta} \tag{2-105}
$$

由于式(2-105)对所有的 $\delta\boldsymbol{\Theta}$ 都成立，因此有

$$
\boldsymbol{F}^{\mathrm{T}} \boldsymbol{J} = \boldsymbol{\tau}^{\mathrm{T}} \quad \Rightarrow \quad \boldsymbol{\tau} = \boldsymbol{J}^{\mathrm{T}} \boldsymbol{F} \tag{2-106}
$$

可见机械臂雅可比矩阵的转置实现了末端受到的直角坐标系中的力与关节力矩之间关系的映射，在力域中同样存在奇异现象，在奇异位置会损失力的自由度，例如，外力 $\boldsymbol{F}$ 的增加与减少与所求的 $\boldsymbol{\tau}$ 值无关，也可以说，很小的关节力矩会在末端产生很大的力。

2.2.2 牛顿-欧拉方程动力学建模

2.2.1 节给出了机械臂静止条件下关节力矩的计算方法，当机械臂处于运动条件下时，还要考虑关节由于运动产生的惯性力和惯性力矩。

1. 牛顿-欧拉方程

1) 牛顿方程

把机械臂的连杆看作刚体，如果知道刚体质心的加速度，就可利用牛顿方程计算出刚体的惯性力：

$$
\boldsymbol{F} = m\dot{\boldsymbol{v}}_C \tag{2-107}
$$

式中，$\boldsymbol{F}$ 为刚体的惯性力；m 为刚体的总质量；$\dot{\boldsymbol{v}}_C$ 为刚体质心的加速度。

2) 欧拉方程

惯性力矩可以通过欧拉方程计算，首先利用动量矩定理推导欧拉方程。

刚体对定点的动量矩定理：刚体对定点的动量矩导数等于刚体所受外力对定点的主矩。

当刚体(或连杆)绕定点 O 以角速度 $\boldsymbol{\omega}$ 转动时，刚体上任意矢径为 $\boldsymbol{r}_i=\begin{bmatrix}x_i & y_i & z_i\end{bmatrix}^{\mathrm{T}}$ 的质点 i 的速度为 $\dot{\boldsymbol{r}}_i=\boldsymbol{\omega}\times\boldsymbol{r}_i$，则刚体的动量矩(或称角动量)定义为

$$\boldsymbol{L}_O=\sum_i(\boldsymbol{r}_i\times m_i\dot{\boldsymbol{r}}_i)=\sum_i(\boldsymbol{r}_i\times m_i(\boldsymbol{\omega}\times\boldsymbol{r}_i)) \tag{2-108}$$

对式(2-108)求导，即可证明动量矩定理：

$$\dot{\boldsymbol{L}}_O=\sum_i(\dot{\boldsymbol{r}}_i\times m_i\dot{\boldsymbol{r}}_i+\boldsymbol{r}_i\times m_i\ddot{\boldsymbol{r}}_i)=\sum_i(\boldsymbol{r}_i\times m_i\ddot{\boldsymbol{r}}_i) \tag{2-109}$$

利用矢量计算公式 $\boldsymbol{a}\times(\boldsymbol{b}\times\boldsymbol{c})=(\boldsymbol{a}\cdot\boldsymbol{c})\boldsymbol{b}-(\boldsymbol{a}\cdot\boldsymbol{b})\boldsymbol{c}$，将式(2-108)展开，可得

$$\begin{aligned}\boldsymbol{L}_O&=\sum_i[m_i[(\boldsymbol{r}_i^{\mathrm{T}}\boldsymbol{r}_i)\boldsymbol{\omega}-\boldsymbol{r}_i(\boldsymbol{r}_i^{\mathrm{T}}\boldsymbol{\omega})]=\{\sum_i m_i[(\boldsymbol{r}_i^{\mathrm{T}}\boldsymbol{r}_i)\boldsymbol{I}-\boldsymbol{r}_i\boldsymbol{r}_i^{\mathrm{T}}]\}\boldsymbol{\omega}\\&=\begin{bmatrix}\sum_i m_i(y_i^2+z_i^2) & -\sum_i m_ix_iy_i & -\sum_i m_ix_iz_i\\ -\sum_i m_ix_iy_i & \sum_i m_i(x_i^2+z_i^2) & -\sum_i m_iy_iz_i\\ -\sum_i m_ix_iz_i & -\sum_i m_iy_iz_i & \sum_i m_i(x_i^2+y_i^2)\end{bmatrix}\boldsymbol{\omega}\triangleq\boldsymbol{I}_O\boldsymbol{\omega}\end{aligned} \tag{2-110}$$

式中，矩阵 $\boldsymbol{I}_O$ 为刚体对定点 O 的惯性张量。

在定点 O，存在两个坐标系：一个是与刚体固联的动坐标系；另一个是静止不动的坐标系。

相对于与刚体固联的动坐标系，惯性张量为常值矩阵，则相对于动坐标系，动量矩的导数为

$$\dot{\boldsymbol{L}}_O=\boldsymbol{I}_O\dot{\boldsymbol{\omega}} \tag{2-111}$$

相对于静止坐标系，由于动坐标系相对于静止坐标系的姿态相差一旋转矩阵，因此可利用式(2-71)的结论，则相对于静止坐标系，动量矩的导数为

$$\dot{\boldsymbol{L}}_O=\boldsymbol{I}_O\dot{\boldsymbol{\omega}}+\boldsymbol{\omega}\times(\boldsymbol{I}_O\boldsymbol{\omega}) \tag{2-112}$$

则可用式(2-112)计算惯性力矩，对于机械臂的每个连杆，惯性力矩是相对于质心计算的，因此有

$$\boldsymbol{N}=\boldsymbol{I}_C\dot{\boldsymbol{\omega}}+\boldsymbol{\omega}\times(\boldsymbol{I}_C\boldsymbol{\omega}) \tag{2-113}$$

式(2-113)称为欧拉方程。

2. 刚体运动加速度分析

我们可以用牛顿-欧拉方程式(2-107)和式(2-113)计算机械臂运动时各关节的惯性力和惯性力矩，但首先要计算各关节的运动加速度。

1) 线加速度分析

式(2-66)改用速度符号表示为

$$ {}^{A}\boldsymbol{V}_{P} = {}^{A}\boldsymbol{\Omega}_{B} \times {}^{A}\boldsymbol{P} + {}^{A}\boldsymbol{V}_{B} = {}^{A}\boldsymbol{\Omega}_{B} \times {}^{A}_{B}\boldsymbol{R}\,{}^{B}\boldsymbol{P} + {}^{A}\boldsymbol{V}_{B} \tag{2-114} $$

式中，右边第一项为坐标系旋转变换产生的线速度；第二项为坐标系平移变换产生的线速度。对式(2-114)进一步求导，可得刚体上 P 点运动的线加速度：

$$ {}^{A}\dot{\boldsymbol{V}}_{P} = {}^{A}\dot{\boldsymbol{\Omega}}_{B} \times {}^{A}_{B}\boldsymbol{R}\,{}^{B}\boldsymbol{P} + {}^{A}\boldsymbol{\Omega}_{B} \times \frac{\mathrm{d}}{\mathrm{d}t}({}^{A}_{B}\boldsymbol{R}\,{}^{B}\boldsymbol{P}) + {}^{A}\dot{\boldsymbol{V}}_{B} \tag{2-115} $$

利用式(2-72)的结论，有

$$ \frac{\mathrm{d}}{\mathrm{d}t}({}^{A}_{B}\boldsymbol{R}\,{}^{B}\boldsymbol{P}) = {}^{A}_{B}\dot{\boldsymbol{R}}\,{}^{B}\boldsymbol{P} + {}^{A}_{B}\boldsymbol{R}\,{}^{B}\dot{\boldsymbol{P}} = {}^{A}\boldsymbol{\Omega}_{B} \times {}^{A}\boldsymbol{P} = {}^{A}\boldsymbol{\Omega}_{B} \times {}^{A}_{B}\boldsymbol{R}\,{}^{B}\boldsymbol{P} \tag{2-116} $$

代入式(2-115)，得

$$ {}^{A}\dot{\boldsymbol{V}}_{P} = {}^{A}\dot{\boldsymbol{\Omega}}_{B} \times {}^{A}_{B}\boldsymbol{R}\,{}^{B}\boldsymbol{P} + {}^{A}\boldsymbol{\Omega}_{B} \times ({}^{A}\boldsymbol{\Omega}_{B} \times {}^{A}_{B}\boldsymbol{R}\,{}^{B}\boldsymbol{P}) + {}^{A}\dot{\boldsymbol{V}}_{B} \tag{2-117} $$

式中，右边第一项表示由角加速度产生的离心加速度；第二项表示由角速度和线加速度耦合产生的科氏加速度(G. G. Coriolis 于 1835 年提出)，可以理解为参考坐标系的旋转造成的线速度方向的变化所对应的加速度；第三项表示平移变换产生的线加速度。

2) 角加速度分析

假设坐标系$\{B\}$以角速度 ${}^{A}\boldsymbol{\Omega}_{B}$ 相对于坐标系$\{A\}$旋转，同时坐标系$\{C\}$以角速度 ${}^{B}\boldsymbol{\Omega}_{C}$ 相对于坐标系$\{B\}$旋转，则坐标系$\{C\}$相对于$\{A\}$的角速度为

$$ {}^{A}\boldsymbol{\Omega}_{C} = {}^{A}\boldsymbol{\Omega}_{B} + {}^{A}_{B}\boldsymbol{R}\,{}^{B}\boldsymbol{\Omega}_{C} \tag{2-118} $$

对式(2-118)求导，得

$$ {}^{A}\dot{\boldsymbol{\Omega}}_{C} = {}^{A}\dot{\boldsymbol{\Omega}}_{B} + \frac{\mathrm{d}}{\mathrm{d}t}({}^{A}_{B}\boldsymbol{R}\,{}^{B}\boldsymbol{\Omega}_{C}) \tag{2-119} $$

再次应用式(2-72)的结论，有

$$ {}^{A}\dot{\boldsymbol{\Omega}}_{C} = {}^{A}\dot{\boldsymbol{\Omega}}_{B} + {}^{A}_{B}\boldsymbol{R}\,{}^{B}\dot{\boldsymbol{\Omega}}_{C} + {}^{A}\boldsymbol{\Omega}_{B} \times {}^{A}_{B}\boldsymbol{R}\,{}^{B}\boldsymbol{\Omega}_{C} \tag{2-120} $$

式中，右边第一项表示坐标系$\{B\}$相对于$\{A\}$的旋转加速度；第二项表示坐标系$\{C\}$相对于$\{B\}$的旋转加速度在坐标系$\{A\}$中的描述；第三项为角速度 ${}^{A}\boldsymbol{\Omega}_{B}$, ${}^{B}\boldsymbol{\Omega}_{C}$ 相互耦合产生的角加速度，可以理解为 ${}^{A}\boldsymbol{\Omega}_{B}$ 使 ${}^{B}\boldsymbol{\Omega}_{C}$ 的旋转轴方向发生变化产生的角加速度。

3. 惯性张量的计算

式(2-110)定义的惯性张量具有如下形式：

$$\boldsymbol{I}=\begin{pmatrix} I_{xx} & -I_{xy} & -I_{xz} \\ -I_{xy} & I_{yy} & -I_{yz} \\ -I_{xz} & -I_{yz} & I_{zz} \end{pmatrix} \tag{2-121}$$

式中：

$$\begin{aligned} &I_{xx}=\sum_i m_i(y_i^2+z_i^2), \quad I_{yy}=\sum_i m_i(x_i^2+z_i^2), \quad I_{zz}=\sum_i m_i(x_i^2+y_i^2) \\ &I_{xy}=\sum_i m_i x_i y_i, \qquad I_{xz}=\sum_i m_i x_i z_i, \qquad I_{yz}=\sum_i m_i y_i z_i \end{aligned} \tag{2-122}$$

其中，I_{xx},I_{yy},I_{zz} 称为惯量矩；其余三个交叉项 I_{xy},I_{xz},I_{yz} 称为惯量积。

当刚体具有均匀密度时，可用积分运算代替求和运算，以简化计算方法：

$$\begin{aligned} I_{xx}&=\iiint_V (y^2+z^2)\rho \mathrm{d}v \\ I_{yy}&=\iiint_V (x^2+z^2)\rho \mathrm{d}v \\ I_{zz}&=\iiint_V (x^2+y^2)\rho \mathrm{d}v \\ I_{xy}&=\iiint_V xy\rho \mathrm{d}v \\ I_{xz}&=\iiint_V xz\rho \mathrm{d}v \\ I_{yz}&=\iiint_V yz\rho \mathrm{d}v \end{aligned} \tag{2-123}$$

式中，dv 为积分单元体；ρ 为材料密度。

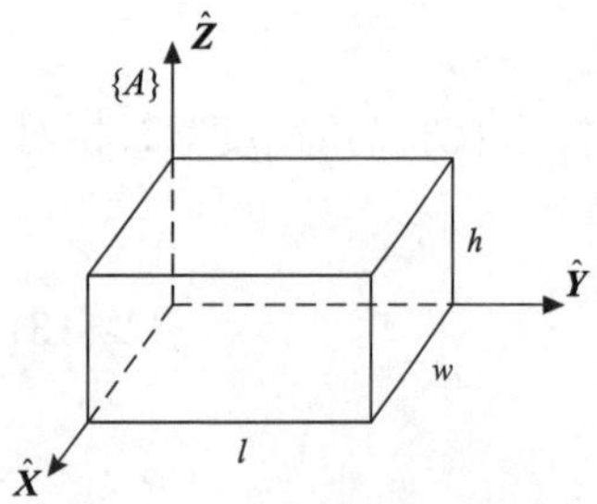

图 2-26　刚体惯性张量

例 2-5　图 2-26 所示立方体为均匀材质刚体，选择坐标系$\{A\}$为与刚体固联的坐标系，计算刚体的惯性张量。

解：根据式(2-123)可计算：

$$I_{xx}=\int_0^h\int_0^l (y^2+z^2)w\rho \mathrm{d}y\mathrm{d}z=\int_0^h\left(\frac{l^3}{3}+z^2 l\right)w\rho \mathrm{d}z$$

$$=\left(\frac{hl^3w}{3}+\frac{h^3lw}{3}\right)\rho=\frac{m}{3}(l^2+h^2)$$

$$I_{xy}=\int_0^h\int_0^l\int_0^w xy\rho \mathrm{d}x\mathrm{d}y\mathrm{d}z=\int_0^h\int_0^l\frac{w^2}{2}y\rho \mathrm{d}y\mathrm{d}z=\int_0^h\frac{w^2l^2}{4}\rho \mathrm{d}z=\frac{m}{4}wl$$

式中，m 为刚体的总质量。同理可得

$$I_{yy}=\frac{m}{3}(w^2+h^2), \quad I_{zz}=\frac{m}{3}(l^2+w^2), \quad I_{xz}=\frac{m}{4}hw, \quad I_{yz}=\frac{m}{4}hl$$

因此，刚体的惯性张量为

$$
{}^{A}\boldsymbol{I}=\begin{pmatrix} \dfrac{m}{3}(l^2+h^2) & -\dfrac{m}{4}wl & -\dfrac{m}{4}hw \\ -\dfrac{m}{4}wl & \dfrac{m}{3}(w^2+h^2) & -\dfrac{m}{4}hl \\ -\dfrac{m}{4}hw & -\dfrac{m}{4}hl & \dfrac{m}{3}(l^2+w^2) \end{pmatrix} \tag{2-124}
$$

式中，上标 A 表示刚体绕坐标系$\{A\}$的原点旋转时的惯性张量，当坐标系与刚体固联时，惯性张量为常值矩阵。

由式(2-124)可见，惯性张量元素的计算与坐标系$\{A\}$的位置和姿态的选择有关，当任意选取坐标系$\{A\}$的位姿时，可能使惯量积为零，例如，将图 2-26 中坐标系$\{A\}$移至重心处，并保持姿态不变，得新坐标系$\{C\}$，则重新计算可得

$$
{}^{C}\boldsymbol{I}=\begin{pmatrix} \dfrac{m}{12}(l^2+h^2) & 0 & 0 \\ 0 & \dfrac{m}{12}(w^2+h^2) & 0 \\ 0 & 0 & \dfrac{m}{12}(l^2+w^2) \end{pmatrix} \tag{2-125}
$$

此时，参考坐标系$\{C\}$的轴称为主轴，相应的惯量矩称为主惯量矩。

4. 机械臂动力学牛顿-欧拉递推方程

1) 关节惯性力、力矩的计算

首先需要计算各关节质心的角速度、角加速度和线加速度，可通过从基座向外递推进行迭代计算。

由 2.1.4 节可知，对于旋转关节，关节 $i+1$ 的角速度如式(2-75)所示，对其求导，可得角加速度：

$$
{}^{i+1}\dot{\boldsymbol{\omega}}_{i+1}={}^{i+1}_{i}\boldsymbol{R}\,{}^{i}\dot{\boldsymbol{\omega}}_{i}+{}^{i+1}_{i}\boldsymbol{R}\,{}^{i}\boldsymbol{\omega}_{i}\times\dot{\theta}_{i+1}\,{}^{i+1}\hat{\boldsymbol{Z}}_{i+1}+\ddot{\theta}_{i+1}\,{}^{i+1}\hat{\boldsymbol{Z}}_{i+1} \tag{2-126}
$$

由式(2-76)可求得关节 $i+1$ 的线加速度：

$$
{}^{i+1}\dot{\boldsymbol{v}}_{i+1}={}^{i+1}_{i}\boldsymbol{R}[{}^{i}\dot{\boldsymbol{\omega}}_{i}\times{}^{i}\boldsymbol{P}_{i+1}+{}^{i}\boldsymbol{\omega}_{i}\times({}^{i}\boldsymbol{\omega}_{i}\times{}^{i}\boldsymbol{P}_{i+1})+{}^{i}\dot{\boldsymbol{v}}_{i}] \tag{2-127}
$$

同理也可求得每个连杆质心的线加速度：

$$
{}^{i}\dot{\boldsymbol{v}}_{C_i}={}^{i}\dot{\boldsymbol{\omega}}_{i}\times{}^{i}\boldsymbol{P}_{C_i}+{}^{i}\boldsymbol{\omega}_{i}\times({}^{i}\boldsymbol{\omega}_{i}\times{}^{i}\boldsymbol{P}_{C_i})+{}^{i}\dot{\boldsymbol{v}}_{i} \tag{2-128}
$$

式中，${}^{i}\boldsymbol{P}_{C_i}$ 为连杆 i 的质心在坐标系$\{i\}$中的位置。

然后利用牛顿-欧拉方程可求解各连杆的惯性力和力矩：

$$
\begin{aligned}
\boldsymbol{F}_i&=m_i\dot{\boldsymbol{v}}_{C_i}\\
\boldsymbol{N}_i&=\boldsymbol{I}_{C_i}\dot{\boldsymbol{\omega}}_i+\boldsymbol{\omega}_i\times\boldsymbol{I}_{C_i}\boldsymbol{\omega}_i
\end{aligned} \tag{2-129}
$$

2) 关节力矩的计算

为了计算各关节力矩，首先要建立各关节的力和力矩平衡方程，需由末端向内递推计算。

连杆 i 受到的力包括连杆 $i-1$ 的作用力、连杆 $i+1$ 的反作用力、惯性力和重力，连杆质心处的力平衡方程为

$$ {}^{i}\boldsymbol{f}_i - {}^{i}\boldsymbol{f}_{i+1} + {}_{0}^{i}\boldsymbol{R} m_i \boldsymbol{g}\, {}^{0}\hat{\boldsymbol{Y}}_0 - {}^{i}\boldsymbol{F}_i = 0 \tag{2-130} $$

式中，重力加速度在基坐标系的 ${}^{0}\hat{\boldsymbol{Y}}_0$ 轴方向。

连杆 i 受到的力矩包括连杆 $i-1$ 的作用力矩、连杆 $i+1$ 的反作用力矩、惯性力矩和连杆间的作用力对质心产生的力矩，连杆质心处的力矩平衡方程为

$$ {}^{i}\boldsymbol{n}_i - {}^{i}\boldsymbol{n}_{i+1} + (-{}^{i}\boldsymbol{P}_{C_i}) \times {}^{i}\boldsymbol{f}_i - ({}^{i}\boldsymbol{P}_{i+1} - {}^{i}\boldsymbol{P}_{C_i}) \times {}_{i+1}^{i}\boldsymbol{R}^{i+1}\boldsymbol{f}_{i+1} - {}^{i}\boldsymbol{N}_i = 0 \tag{2-131} $$

利用式(2-126)、式(2-127)从机械臂末端向内迭代可递推求出各关节的力和力矩。对末端关节 n，若工作在自由空间，则末端关节受到的外界力和力矩为零，若工作在约束空间，则受到的外界力和力矩是可测量的，即 ${}^{n}\boldsymbol{f}_n, {}^{n}\boldsymbol{n}_n$ 已知，则可求出 ${}^{n-1}\boldsymbol{f}_{n-1}, {}^{n-1}\boldsymbol{n}_{n-1}$，依次递推，可求出所有关节的力和力矩 ${}^{i}\boldsymbol{f}_i, {}^{i}\boldsymbol{n}_i$。

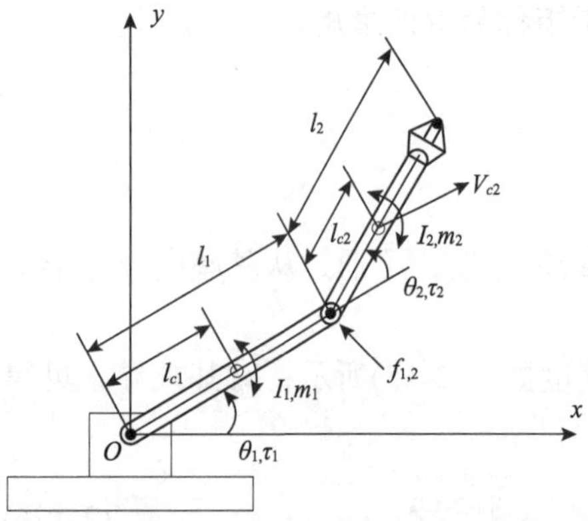

图 2-27　两关节机械臂

最后，与静力学分析相同，除绕关节轴的力矩外，力和力矩矢量的所有其他分量都可由机械臂结构本身来平衡，因此可求得各关节力矩：

$$ \tau_i = {}^{i}\boldsymbol{n}_i^{\mathrm{T}}\, {}^{i}\hat{\boldsymbol{Z}}_i \tag{2-132} $$

例 2-6　两关节机械臂如图 2-27 所示，建立该机械臂的动力学方程。

解：首先，利用向外递推过程求解各连杆的惯性力和力矩。

对于连杆 1，基座静止不动，利用式(2-75)、式(2-126)～式(2-128)求得质心的角速度、角加速度和线加速度：

$$ {}^{1}\boldsymbol{\omega}_1 = \dot{\theta}_1\, {}^{1}\hat{\boldsymbol{Z}}_1 = \begin{bmatrix} 0 \\ 0 \\ \dot{\theta}_1 \end{bmatrix}, \quad {}^{1}\dot{\boldsymbol{\omega}}_1 = \ddot{\theta}_1\, {}^{1}\hat{\boldsymbol{Z}}_1 = \begin{bmatrix} 0 \\ 0 \\ \ddot{\theta}_1 \end{bmatrix}, \quad {}^{1}\dot{\boldsymbol{v}}_1 = 0 $$

$$ \dot{\boldsymbol{v}}_{C_1} = {}^{1}\dot{\boldsymbol{\omega}}_1 \times {}^{1}\boldsymbol{P}_{C_1} + {}^{1}\boldsymbol{\omega}_1 \times ({}^{1}\boldsymbol{\omega}_1 \times {}^{1}\boldsymbol{P}_{C_1}) + {}^{1}\dot{\boldsymbol{v}}_1 = \begin{bmatrix} 0 \\ l_{C_1}\ddot{\theta}_1 \\ 0 \end{bmatrix} + \begin{bmatrix} -l_{C_1}\dot{\theta}_1^2 \\ 0 \\ 0 \end{bmatrix} = \begin{bmatrix} -l_{C_1}\dot{\theta}_1^2 \\ l_{C_1}\ddot{\theta}_1 \\ 0 \end{bmatrix} $$

因为连杆 1 绕 $\hat{\boldsymbol{Z}}$ 轴旋转，所以惯性张量降维为标量，即连杆绕 $\hat{\boldsymbol{Z}}$ 轴旋转的转动惯量，因此可求得连杆 1 的惯性力和力矩：

$$
{}^{1}\boldsymbol{F}_1 = m_1\dot{\boldsymbol{v}}_{C_1} = \begin{bmatrix} -m_1 l_{C_1}\dot{\theta}_1^2 \\ m_1 l_{C_1}\ddot{\theta}_1 \\ 0 \end{bmatrix}, \quad {}^{1}\boldsymbol{N}_1 = I_{C_1}\,{}^{1}\dot{\boldsymbol{\omega}}_1 = I_{C_1}\ddot{\theta}_1\,{}^{1}\hat{\boldsymbol{Z}}_1
$$

同理可得连杆 2 的惯性力和力矩：

$$
{}^{2}\boldsymbol{\omega}_2 = \begin{bmatrix} 0 \\ 0 \\ \dot{\theta}_1+\dot{\theta}_2 \end{bmatrix}, \quad {}^{2}\dot{\boldsymbol{\omega}}_2 = \begin{bmatrix} 0 \\ 0 \\ \ddot{\theta}_1+\ddot{\theta}_2 \end{bmatrix}
$$

$$
{}^{2}\dot{\boldsymbol{v}}_2 = {}^{2}_{1}\boldsymbol{R}[{}^{1}\dot{\boldsymbol{\omega}}_1 \times {}^{1}\boldsymbol{P}_2 + {}^{1}\boldsymbol{\omega}_1 \times ({}^{1}\boldsymbol{\omega}_1 \times {}^{1}\boldsymbol{P}_2) + {}^{1}\dot{\boldsymbol{v}}_1] = \begin{bmatrix} -l_1c_2\dot{\theta}_1^2 + l_1s_2\ddot{\theta}_1 \\ l_1s_2\dot{\theta}_1^2 + l_1c_2\ddot{\theta}_1 \\ 0 \end{bmatrix}
$$

$$
\dot{\boldsymbol{v}}_{C_2} = {}^{2}\dot{\boldsymbol{\omega}}_2 \times {}^{2}\boldsymbol{P}_{C_2} + {}^{2}\boldsymbol{\omega}_2 \times ({}^{2}\boldsymbol{\omega}_2 \times {}^{2}\boldsymbol{P}_{C_2}) + {}^{2}\dot{\boldsymbol{v}}_2 = \begin{bmatrix} -l_1c_2\dot{\theta}_1^2 + l_1s_2\ddot{\theta}_1 - l_{C_2}(\dot{\theta}_1+\dot{\theta}_2)^2 \\ l_1s_2\dot{\theta}_1^2 + l_1c_2\ddot{\theta}_1 + l_{C_2}(\ddot{\theta}_1+\ddot{\theta}_2) \\ 0 \end{bmatrix}
$$

$$
{}^{2}\boldsymbol{F}_2 = m_2\dot{\boldsymbol{v}}_{C_2} = \begin{bmatrix} -m_2l_1c_2\dot{\theta}_1^2 + m_2l_1s_2\ddot{\theta}_1 - m_2l_{C_2}(\dot{\theta}_1+\dot{\theta}_2)^2 \\ m_2l_1s_2\dot{\theta}_1^2 + m_2l_1c_2\ddot{\theta}_1 + m_2l_{C_2}(\ddot{\theta}_1+\ddot{\theta}_2) \\ 0 \end{bmatrix}, \quad {}^{2}\boldsymbol{N}_2 = I_{C_2}\,{}^{2}\dot{\boldsymbol{\omega}}_2 = I_{C_2}(\ddot{\theta}_1+\ddot{\theta}_2)
$$

其次，向内递推各关节需要的驱动力矩。

对于关节 2，由于末端工作在自由空间，根据式(2-130)、式(2-131)，可建立力和力矩平衡方程，从而根据式(2-132)求出关节 2 的驱动力矩：

$$
\begin{aligned}
{}^{2}\boldsymbol{f}_2 = {}^{2}\boldsymbol{F}_2 - {}^{2}_{0}\boldsymbol{R}m_2\boldsymbol{g}\,{}^{0}\hat{\boldsymbol{Y}}_0 &= \begin{bmatrix} -m_2l_1c_2\dot{\theta}_1^2 + m_2l_1s_2\ddot{\theta}_1 - m_2l_{C_2}(\dot{\theta}_1+\dot{\theta}_2)^2 \\ m_2l_1s_2\dot{\theta}_1^2 + m_2l_1c_2\ddot{\theta}_1 + m_2l_{C_2}(\ddot{\theta}_1+\ddot{\theta}_2) \\ 0 \end{bmatrix} - \begin{bmatrix} c_{12} & s_{12} & 0 \\ -s_{12} & c_{12} & 0 \\ 0 & 0 & 1 \end{bmatrix}\begin{bmatrix} 0 \\ m_2g \\ 0 \end{bmatrix} \\
&= \begin{bmatrix} m_2gs_{12} - m_2l_1c_2\dot{\theta}_1^2 + m_2l_1s_2\ddot{\theta}_1 - m_2l_{C_2}(\dot{\theta}_1+\dot{\theta}_2)^2 \\ m_2gc_{12} + m_2l_1s_2\dot{\theta}_1^2 + m_2l_1c_2\ddot{\theta}_1 + m_2l_{C_2}(\ddot{\theta}_1+\ddot{\theta}_2) \\ 0 \end{bmatrix}
\end{aligned}
$$

$$
{}^{2}\boldsymbol{n}_2 = {}^{2}\boldsymbol{N}_2 + {}^{2}\boldsymbol{P}_{C_2} \times {}^{2}\boldsymbol{f}_2 = \begin{bmatrix} 0 \\ 0 \\ m_2gl_{C_2}c_{12} + m_2l_1l_{C_2}s_2\dot{\theta}_1^2 + m_2l_1l_{C_2}c_2\ddot{\theta}_1 + m_2l_{C_2}^2(\ddot{\theta}_1+\ddot{\theta}_2) + I_{C_2}(\ddot{\theta}_1+\ddot{\theta}_2) \end{bmatrix}
$$

因此，仅取 ${}^{2}\boldsymbol{n}_2$ 的 $\hat{\boldsymbol{Z}}$ 分量，得

$$
\begin{aligned}
\tau_2 &= m_2 g l_{C_2} c_{12} + m_2 l_1 l_{C_2} s_2 \dot{\theta}_1^2 + m_2 l_1 l_{C_2} c_2 \ddot{\theta}_1 + m_2 l_{C_2}^2 (\ddot{\theta}_1 + \ddot{\theta}_2) + I_{C_2}(\ddot{\theta}_1 + \ddot{\theta}_2) \\
&= (m_2 l_{C_2}^2 + I_{C_2})\ddot{\theta}_2 + (m_2(l_1 l_{C_2} c_2 + l_{C_2}^2) + I_{C_2})\ddot{\theta}_1 + m_2 l_1 l_{C_2} s_2 \dot{\theta}_1^2 + m_2 g l_{C_2} c_{12}
\end{aligned}
$$

同理，对于关节 1，根据式(2-130)、式(2-131)，可建立力和力矩平衡方程，从而求出关节 2 的驱动力矩：

$$
\begin{aligned}
{}^1\boldsymbol{f}_1 &= {}^1\boldsymbol{F}_1 + {}^1\boldsymbol{f}_2 - {}_0^1\boldsymbol{R} m_1 \boldsymbol{g}\, {}^0\hat{\boldsymbol{Y}}_0 = {}^1\boldsymbol{F}_1 + {}^2\boldsymbol{f}_2 - {}_0^1\boldsymbol{R} m_1 \boldsymbol{g}\, {}^0\hat{\boldsymbol{Y}}_0 \\
&= \begin{bmatrix} -m_1 l_{C_1} \dot{\theta}_1^2 \\ m_1 l_{C_1} \ddot{\theta}_1 \\ 0 \end{bmatrix} + \begin{bmatrix} m_2 g s_{12} - m_2 l_1 c_2 \dot{\theta}_1^2 + m_2 l_1 s_2 \ddot{\theta}_1 - m_2 l_{C_2} (\dot{\theta}_1 + \dot{\theta}_2)^2 \\ m_2 g c_{12} + m_2 l_1 s_2 \dot{\theta}_1^2 + m_2 l_1 c_2 \ddot{\theta}_1 + m_2 l_{C_2} (\ddot{\theta}_1 + \ddot{\theta}_2) \\ 0 \end{bmatrix} - \begin{bmatrix} c_1 & s_1 & 0 \\ -s_1 & c_1 & 0 \\ 0 & 0 & 1 \end{bmatrix} \begin{bmatrix} 0 \\ m_1 g \\ 0 \end{bmatrix} \\
&= \begin{bmatrix} -m_1 l_{C_1} \dot{\theta}_1^2 + m_2 g s_{12} - m_2 l_1 c_2 \dot{\theta}_1^2 + m_2 l_1 s_2 \ddot{\theta}_1 - m_2 l_{C_2} (\dot{\theta}_1 + \dot{\theta}_2)^2 - m_1 g s_1 \\ m_1 l_{C_1} \ddot{\theta}_1 + m_2 g c_{12} + m_2 l_1 s_2 \dot{\theta}_1^2 + m_2 l_1 c_2 \ddot{\theta}_1 + m_2 l_{C_2} (\ddot{\theta}_1 + \ddot{\theta}_2) - m_1 g c_1 \\ 0 \end{bmatrix}
\end{aligned}
$$

$$
{}^1\boldsymbol{n}_1 = {}^1\boldsymbol{n}_2 - (-{}^1\boldsymbol{P}_{C_1}) \times {}^1\boldsymbol{f}_1 + ({}^1\boldsymbol{P}_2 - {}^1\boldsymbol{P}_{C_1}) \times {}_2^1\boldsymbol{R}\, {}^2\boldsymbol{f}_2 + {}^1\boldsymbol{N}_1
$$

通过上式的计算并整理，可得两关节机械臂的动力学方程：

$$
\begin{aligned}
\tau_1 &= H_{11}\ddot{\theta}_1 + H_{12}\ddot{\theta}_2 - h\dot{\theta}_2^2 - 2h\dot{\theta}_1\dot{\theta}_2 + G_1 \\
\tau_2 &= H_{22}\ddot{\theta}_2 + H_{21}\ddot{\theta}_1 + h\dot{\theta}_1^2 + G_2
\end{aligned} \tag{2-133}
$$

式中

$$
\begin{aligned}
H_{11} &= m_1 l_{C_1}^2 + I_{C_1} + m_2 (l_1^2 + l_{C_2}^2 + 2 l_1 l_{C_2} c_2) + I_{C_2} \\
H_{22} &= m_2 l_{C_2}^2 + I_{C_2} \\
H_{12} &= H_{21} = m_2 (l_1 l_{C_2} c_2 + l_{C_2}^2) + I_{C_2} \\
h &= m_2 l_1 l_{C_2} s_2 \\
G_1 &= m_1 g l_{C_1} c_1 + m_2 g (l_{C_2} c_{12} + l_1 c_1) \\
G_2 &= m_2 g l_{C_2} c_{12}
\end{aligned} \tag{2-134}
$$

5. 动力学模型的封闭形式

牛顿-欧拉方程利用关节速度和加速度求解各关节的惯性力和力矩，以此为基础利用关节力和力矩平衡方程可建立机械臂的动力学方程，但各关节的运动并不是独立的，存在关节间的耦合，因此关节质心位置变量不是独立变量。代表机械臂输入和输出的独立变量是关节力矩 τ_i 和关节角度变量 θ_i，以独立变量表达的动力学方程称为动力学方程的封闭形式，式(2-133)、式(2-134)即为两关节机械臂封闭形式的动力学方程。

n 自由度机械臂封闭形式动力学方程的一般形式为

$$\tau_i = \sum_{j=1}^{n} H_{ij}\ddot{\theta}_j + \sum_{j=1}^{n}\sum_{k=1}^{n} h_{ijk}\dot{\theta}_j\dot{\theta}_k + G_i,\quad i = 1,2,\cdots,n \tag{2-135}$$

式(2-135)可以写成矩阵形式：

$$\boldsymbol{\tau} = \boldsymbol{H}(\boldsymbol{\theta})\ddot{\boldsymbol{\theta}} + \boldsymbol{C}(\boldsymbol{\theta},\dot{\boldsymbol{\theta}}) + \boldsymbol{G}(\boldsymbol{\theta}) \tag{2-136}$$

式中，$\boldsymbol{H}(\boldsymbol{\theta})$ 为机械臂 $n\times n$ 的质量矩阵；$\boldsymbol{C}(\boldsymbol{\theta},\dot{\boldsymbol{\theta}})$ 是 $n\times1$ 的离心力和科氏力矢量；$\boldsymbol{G}(\boldsymbol{\theta})$ 是 $n\times1$ 的重力矢量。

上述的动力学方程推导过程基于连杆是刚体的假设，没有考虑非刚体效应，如连杆的弹性性能，另外，也没有考虑摩擦力的影响，因为摩擦力难以精确建模，但摩擦力也是一种重要的力，在实际中是不能忽略的，需在实际中通过测量实现标定。

2.2.3　拉格朗日动力学建模

在牛顿-欧拉方程动力学模型推导过程中，包含了关节间约束产生的约束反力的计算，消除约束反力后，才能得到封闭的动力学方程，而且还需要加速度的计算。

另一种建立动力学方程的方法是基于能量分析的拉格朗日动力学建模方法，约束反力在推导过程中被自然消除，可以直接得到封闭形式的动力学方程。

1. 机械臂的广义坐标与广义力

假设 $q_1,q_2,\cdots,q_n$ 表示机械臂的一组广义坐标，广义坐标是可以完全确定系统位置的彼此独立的一组参数，参考机械臂运动学方程的建立过程，关节变量 θ_i 即可作为机械臂的一组广义坐标。

设机械臂每个关节质心相对于基坐标系的位置为 $\boldsymbol{r}_i$，定义关节的虚位移如下：

$$\delta\boldsymbol{r}_i = \sum_{j=1}^{n}\frac{\partial\boldsymbol{r}_i}{\partial q_j}\delta q_j \tag{2-137}$$

定义作用在关节上的力 $\boldsymbol{F}_i$ 在虚位移中所做的元功为虚功，即

$$\delta W = \sum_{i=1}^{n}\boldsymbol{F}_i\cdot\delta\boldsymbol{r}_i = \sum_{i=1}^{n}\boldsymbol{F}_i\cdot\left(\sum_{j=1}^{n}\frac{\partial\boldsymbol{r}_i}{\partial q_j}\delta q_j\right) = \sum_{j=1}^{n}\left(\sum_{i=1}^{n}\boldsymbol{F}_i\cdot\frac{\partial\boldsymbol{r}_i}{\partial q_j}\right)\delta q_j \triangleq \sum_{j=1}^{n}Q_j\delta q_j \tag{2-138}$$

式中，Q_j 为对应于广义坐标 q_j 的广义力。

2. 拉格朗日方程的建立

拉格朗日方程是用广义坐标表示的受理想约束的力学系统的运动微分方程。对于机械臂，作用在关节上的广义力分为三部分：约束反力、保守力和非保守力，拉格朗日方程的建立就是得到广义力与广义坐标的关系，即机械臂的动力学方程。

1) 约束反力

针对某一关节，与其相连的关节成为其运动的约束，会产生约束力和约束反力，在牛

顿-欧拉方程动力学模型推导过程中，包含了关节间约束力和约束反力的计算，并假设约束力和约束反力大小相等、方向相反，满足此条件的约束称为理想约束，因此，理想约束条件下，约束力和约束反力所做功的和为零，在基于能量分析的拉格朗日动力学建模方法中不予考虑。

2) 保守力

若存在一个势函数$U(\boldsymbol{r}_i)$，使得力$\boldsymbol{F}_i$满足：

$$\boldsymbol{F}_i = -\nabla_i U, \quad \nabla_i \triangleq \frac{\partial}{\partial x_i}\boldsymbol{i} + \frac{\partial}{\partial y_i}\boldsymbol{j} + \frac{\partial}{\partial z_i}\boldsymbol{k}, \quad i = 1,2,\cdots,n \tag{2-139}$$

则称力$\boldsymbol{F}_i$是保守力，如关节重力即为保守力。从而可以利用式(2-138)计算保守力对应于广义坐标的广义力：

$$\begin{aligned} Q_j &= \sum_{i=1}^{n} \boldsymbol{F}_i \cdot \frac{\partial \boldsymbol{r}_i}{\partial q_j} = -\sum_{i=1}^{n} (\nabla_i U) \cdot \frac{\partial \boldsymbol{r}_i}{\partial q_j} \\ &= -\sum_{i=1}^{n} \left(\frac{\partial U}{\partial x_i}\frac{\partial x_i}{\partial q_j} + \frac{\partial U}{\partial y_i}\frac{\partial y_i}{\partial q_j} + \frac{\partial U}{\partial z_i}\frac{\partial z_i}{\partial q_j} \right) = -\frac{\partial U}{\partial q_j}, \quad j = 1,2,\cdots,n \end{aligned} \tag{2-140}$$

3) 非保守力

非保守力是作用于关节的主动力，满足牛顿第二定律，$m_i \boldsymbol{a}_i = \boldsymbol{F}_i$，其对应的广义力为

$$\begin{aligned} Q_j &= \sum_{i=1}^{n} \boldsymbol{F}_i \cdot \frac{\partial \boldsymbol{r}_i}{\partial q_j} = \sum_{i=1}^{n} m_i \boldsymbol{a}_i \cdot \frac{\partial \boldsymbol{r}_i}{\partial q_j} = \sum_{i=1}^{n} m_i \left[\frac{\mathrm{d}}{\mathrm{d}t}\frac{\mathrm{d}\boldsymbol{r}_i}{\mathrm{d}t} \right] \cdot \frac{\partial \boldsymbol{r}_i}{\partial q_j} \\ &= \sum_{i=1}^{n} m_i \left[\frac{\mathrm{d}}{\mathrm{d}t}\left(\frac{\mathrm{d}\boldsymbol{r}_i}{\mathrm{d}t} \cdot \frac{\partial \boldsymbol{r}_i}{\partial q_j} \right) - \frac{\mathrm{d}\boldsymbol{r}_i}{\mathrm{d}t} \cdot \frac{\mathrm{d}}{\mathrm{d}t}\frac{\partial \boldsymbol{r}_i}{\partial q_j} \right] = \sum_{i=1}^{n} m_i \left[\frac{\mathrm{d}}{\mathrm{d}t}\left(\dot{\boldsymbol{r}}_i \cdot \frac{\partial \boldsymbol{r}_i}{\partial q_j} \right) - \dot{\boldsymbol{r}} \cdot \frac{\partial \dot{\boldsymbol{r}}_i}{\partial q_j} \right] \\ &= \sum_{i=1}^{n} m_i \left\{ \frac{\mathrm{d}}{\mathrm{d}t}\left[\frac{1}{2}\frac{\partial}{\partial \dot{q}_j}(\dot{\boldsymbol{r}}_i \cdot \dot{\boldsymbol{r}}_i) \right] - \frac{1}{2}\frac{\partial}{\partial q_j}(\dot{\boldsymbol{r}}_i \cdot \dot{\boldsymbol{r}}_i) \right\} \\ &= \frac{\mathrm{d}}{\mathrm{d}t}\frac{\partial}{\partial \dot{q}_j}\left(\sum_{i=1}^{n} \frac{1}{2} m_i \dot{\boldsymbol{r}}_i \cdot \dot{\boldsymbol{r}}_i \right) - \frac{\partial}{\partial q_j}\left(\sum_{i=1}^{n} \frac{1}{2} m_i \dot{\boldsymbol{r}}_i \cdot \dot{\boldsymbol{r}}_i \right), \quad j = 1,2,\cdots,n \end{aligned} \tag{2-141}$$

式中，$\frac{1}{2} m_i \dot{\boldsymbol{r}}_i \cdot \dot{\boldsymbol{r}}_i$为连杆$i$的动能$T_i$；$\sum_{i=1}^{n} \frac{1}{2} m_i \dot{\boldsymbol{r}}_i \cdot \dot{\boldsymbol{r}}_i$为机械臂系统总的动能$T$。因此式(2-141)可写为

$$\frac{\mathrm{d}}{\mathrm{d}t}\frac{\partial T}{\partial \dot{q}_j} - \frac{\partial T}{\partial q_j} = Q_j, \quad j = 1,2,\cdots,n \tag{2-142}$$

综合式(2-140)、式(2-142)，定义拉格朗日函数：

$$L(q_i, \dot{q}_i) = T(q_i, \dot{q}_i) - U(q_i) \tag{2-143}$$

可得拉格朗日方程：

$$\frac{\mathrm{d}}{\mathrm{d}t}\frac{\partial L}{\partial \dot{q}_i}-\frac{\partial L}{\partial q_i}=Q_i,\quad i=1,2,\cdots,n \tag{2-144}$$

式(2-144)也可以写为

$$\frac{\mathrm{d}}{\mathrm{d}t}\frac{\partial T}{\partial \dot{q}_i}-\frac{\partial T}{\partial q_i}+\frac{\partial U}{\partial q_i}=Q_i,\quad i=1,2,\cdots,n \tag{2-145}$$

式中，Q_i 为对应于广义坐标 q_i 的广义力，如果选择关节角度 θ_i 作为广义坐标，对应的非保守广义力即为关节力矩 τ_i，即

$$\frac{\mathrm{d}}{\mathrm{d}t}\frac{\partial T}{\partial \dot{\theta}_i}-\frac{\partial T}{\partial \theta_i}+\frac{\partial U}{\partial \theta_i}=\tau_i,\quad i=1,2,\cdots,n \tag{2-146}$$

3. 机械臂动力学建模

首先计算机械臂的总动能和总势能：

$$T=\sum_{i=1}^{n}T_i=\sum_{i=1}^{n}\left(\frac{1}{2}m_i\boldsymbol{v}_{C_i}^{\mathrm{T}}\boldsymbol{v}_{C_i}+\frac{1}{2}{}^{i}\boldsymbol{\omega}_i^{\mathrm{T}}\boldsymbol{I}_{C_i}{}^{i}\boldsymbol{\omega}_i\right) \tag{2-147}$$

$$U=\sum_{i=1}^{n}U_i=-\sum_{i=1}^{n}(m_i{}^{0}\boldsymbol{g}^{\mathrm{T}}\,{}^{0}\boldsymbol{P}_{C_i}) \tag{2-148}$$

利用雅可比矩阵，有 $\boldsymbol{v}_{C_i}=\boldsymbol{J}_i^{\mathrm{L}}\dot{\boldsymbol{q}},\boldsymbol{\omega}_i=\boldsymbol{J}_i^{\mathrm{A}}\dot{\boldsymbol{q}}$，其中上标 L,A 分别代表线速度和角速度，将其代入式(2-147)，得

$$T=\sum_{i=1}^{n}T_i=\frac{1}{2}\sum_{i=1}^{n}(m_i\dot{\boldsymbol{q}}^{\mathrm{T}}\boldsymbol{J}_i^{\mathrm{L}^{\mathrm{T}}}\boldsymbol{J}_i^{\mathrm{L}}\dot{\boldsymbol{q}}+\dot{\boldsymbol{q}}^{\mathrm{T}}\boldsymbol{J}_i^{\mathrm{A}^{\mathrm{T}}}\boldsymbol{I}_{C_i}\boldsymbol{J}_i^{\mathrm{A}}\dot{\boldsymbol{q}})=\frac{1}{2}\dot{\boldsymbol{q}}^{\mathrm{T}}\boldsymbol{H}\dot{\boldsymbol{q}} \tag{2-149}$$

求出总动能和势能后，利用式(2-146)计算关节力矩，得

$$\begin{aligned}&\frac{\mathrm{d}}{\mathrm{d}t}\frac{\partial T}{\partial \dot{\theta}_i}=\frac{\mathrm{d}}{\mathrm{d}t}\left(\sum_{j=1}^{n}H_{ij}\dot{\theta}_j\right)=\sum_{j=1}^{n}H_{ij}\ddot{\theta}_j+\sum_{j=1}^{n}\frac{\mathrm{d}H_{ij}}{\mathrm{d}t}\dot{\theta}_j\\&\frac{\partial T}{\partial \theta_i}=\frac{\partial}{\partial \theta_i}\left(\frac{1}{2}\sum_{j=1}^{n}\sum_{k=1}^{n}H_{jk}\dot{\theta}_j\dot{\theta}_k\right)=\frac{1}{2}\sum_{j=1}^{n}\sum_{k=1}^{n}\frac{\partial H_{jk}}{\partial \theta_i}\dot{\theta}_j\dot{\theta}_k\\&\frac{\partial U}{\partial \theta_i}=-\sum_{j=1}^{n}m_j{}^{0}\boldsymbol{g}^{\mathrm{T}}\frac{\partial^{0}\boldsymbol{P}_{C_i}}{\partial \theta_i}=-\sum_{j=1}^{n}m_j{}^{0}\boldsymbol{g}^{\mathrm{T}}\boldsymbol{J}_{j,i}^{\mathrm{L}}\end{aligned} \tag{2-150}$$

即

$$\tau_i=\sum_{j=1}^{n}H_{ij}\ddot{\theta}_j+\sum_{j=1}^{n}\frac{\mathrm{d}H_{ij}}{\mathrm{d}t}\dot{\theta}_j-\frac{1}{2}\sum_{j=1}^{n}\sum_{k=1}^{n}\frac{\partial H_{jk}}{\partial \theta_i}\dot{\theta}_j\dot{\theta}_k-\sum_{j=1}^{n}m_j{}^{0}\boldsymbol{g}^{\mathrm{T}}\boldsymbol{J}_{j,i}^{\mathrm{L}} \tag{2-151}$$

式中，$\frac{\mathrm{d}H_{ij}}{\mathrm{d}t}=\sum_{k=1}^{n}\frac{\partial H_{ij}}{\partial \theta_k}\frac{\mathrm{d}\theta_k}{\mathrm{d}t}=\sum_{k=1}^{n}\frac{\partial H_{ij}}{\partial \theta_k}\dot{\theta}_k$，代入式(2-151)可以得到如式(2-135)所示的封闭形式动

力学方程，其中：

$$h_{ijk}=\frac{\partial H_{ij}}{\partial \theta_k}-\frac{1}{2}\frac{\partial H_{jk}}{\partial \theta_i},\quad G_i=-\sum_{j=1}^{n} m_j\ {}^0\boldsymbol{g}^{\mathrm{T}}\boldsymbol{J}_{j,i}^{\mathrm{L}}$$

例 2-7　用拉格朗日方法求图 2-27 所示两关节机械臂的动力学方程。

解：系统的总动能为

$$T=\sum_{i=1}^{2}\left(\frac{1}{2}m_i\left|\boldsymbol{v}_{C_i}\right|^2+\frac{1}{2}\boldsymbol{I}_{C_i}\boldsymbol{\omega}_i^2\right)$$

式中

$$\omega_1=\dot{\theta}_1,\quad \omega_2=\dot{\theta}_1+\dot{\theta}_2,\quad \left|\boldsymbol{v}_{C_1}\right|^2=l_{C_1}^2\dot{\theta}_1^2,\quad \left|\boldsymbol{v}_{C_2}\right|^2=\left|\boldsymbol{J}_{C_2}\dot{\boldsymbol{\theta}}\right|^2=\dot{\boldsymbol{\theta}}^{\mathrm{T}}\boldsymbol{J}_{C_2}^{\mathrm{T}}\boldsymbol{J}_{C_2}\dot{\boldsymbol{\theta}}$$

则可得

$$T=\frac{1}{2}H_{11}\dot{\theta}_1^2+H_{12}\dot{\theta}_1\dot{\theta}_2+\frac{1}{2}H_{22}\dot{\theta}_2^2=\frac{1}{2}\begin{pmatrix}\dot{\theta}_1 & \dot{\theta}_2\end{pmatrix}\begin{pmatrix}H_{11} & H_{12}\\ H_{21} & H_{22}\end{pmatrix}\begin{pmatrix}\dot{\theta}_1\\ \dot{\theta}_2\end{pmatrix}$$

$$H_{11}=m_1l_{C_1}^2+I_{C_1}+m_2(l_1^2+l_{C_2}^2+2l_1l_{C_2}c_2)+I_{C_2}=H_{11}(\theta_2)$$

$$H_{22}=m_2l_{C_2}^2+I_2$$

$$H_{12}=H_{21}=m_2(l_{C_2}^2+l_1l_{C_2}c_2)+I_{C_2}=H_{12}(\theta_2)$$

系统的总势能为

$$U=m_1gl_{C_1}s_1+m_2g(l_1s_1+l_{C_2}s_{12})$$

计算拉格朗日方程各项，得

$$\frac{\partial L}{\partial \theta_1}=-\frac{\partial U}{\partial \theta_1}=-[m_1l_{C_1}gc_1+m_2g(l_{C_2}c_{12}+l_1c_1)]=-G_1$$

$$\frac{\partial L}{\partial \dot{q}_1}=H_{11}\dot{\theta}_1+H_{12}\dot{\theta}_2$$

$$\frac{\mathrm{d}}{\mathrm{d}t}\frac{\partial L}{\partial \dot{q}_1}=H_{11}\ddot{\theta}_1+H_{12}\ddot{\theta}_2+\frac{\partial H_{11}}{\partial \theta_2}\dot{\theta}_2\dot{\theta}_1+\frac{\partial H_{12}}{\partial \theta_2}\dot{\theta}_2^2$$

将各项代入拉格朗日方程，可得与式(2-133)、式(2-134)相同形式的动力学方程。

2.3　运 动 控 制

机械臂末端的运动轨迹一般有两种形式：一种是点到点的运动模式，如搬运机械臂的工作模式；另一种是连续轨迹运动模式，如焊接机械臂的工作模式，需要轨迹规划算法生成机械臂末端连续平滑的运动轨迹，同时需要设计运动控制器，可采用线性控制器设计方法和非线性控制器设计方法，实现连续轨迹的跟踪控制。

2.3.1　运动轨迹规划

1. 轨迹规划基本原理

无论机械臂末端点到点的运动模式还是连续轨迹运动模式，都需要进行末端运动轨迹规划。

对于点到点的运动模式，以两关节机械臂为例，如果两个关节采用同样的运动速度，如图 2-28(a)所示，可以看到第一关节运动停止后，第二关节仍然在运动，存在不连续的现象，一般要求机械臂各关节的运动在同一时刻启动、同一时刻停止，以此为约束，以运动范围较大的关节运动速度进行时间归一化处理，使运动范围较小的关节速度降低，速度取值如图 2-28(b)所示，达到两个关节同时启动、同时停止的目的，末端的运动轨迹也更加连续。

对于连续轨迹运动模式，如要求机械臂末端走直线轨迹或特定曲线轨迹，则简单的速度归一化方法是无法实现的。实用的方法是在预期的轨迹上取若干个点，预期的轨迹一般是在直角坐标空间给出的，因此这些点的直角坐标是可以计算的，而关节控制器是在关节空间实现的，可以利用机械臂运动学反解计算出每个点的关节空间变量，如图 2-28(c)所示，当各关节按图中角度运动时，末端的运动轨迹接近于直线，即末端可以精确地到达各中间点，但两个中间点之间的运动轨迹是无法控制的，显然中间点取得越密，末端轨迹越接近于直线。

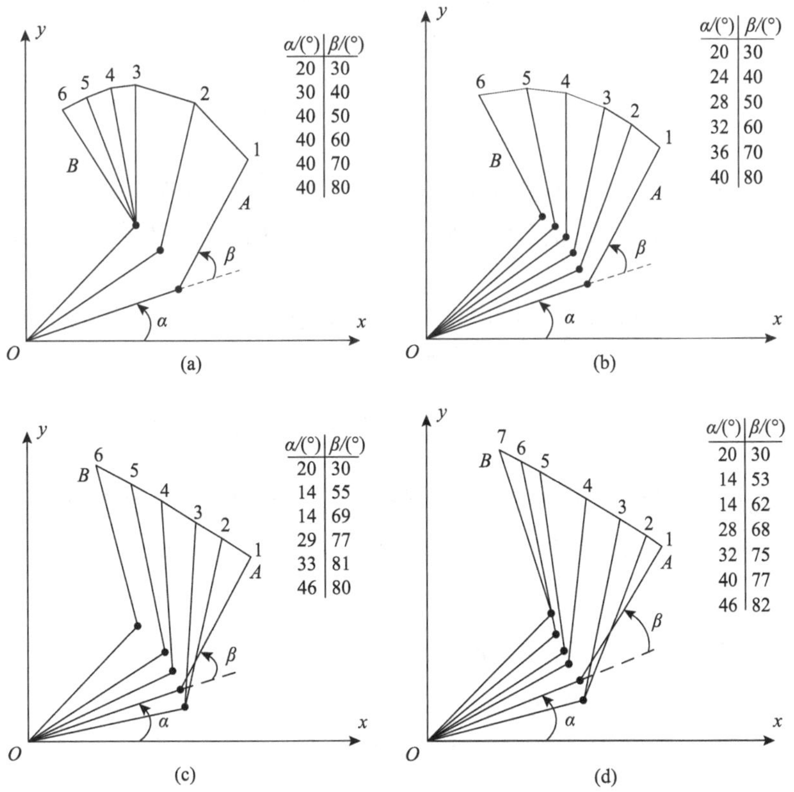

图 2-28　轨迹规划基本原理

最后还要考虑各关节的加速和减速能力，即在启动和停止阶段中间点取得密一些，达到一定速度后，中间点可以少一些，如图 2-28(d)所示。

2. 常用的插值算法

图 2-28 所示的轨迹规划是在关节空间进行的，即根据预期的直角坐标轨迹，通过机械臂逆向运动学求解中间点的关节空间坐标。但相邻中间点的关节坐标是不连续的，若直接作为控制器输入，则整个机械臂的运动是不连续的。因此，必须对所有关节在相邻直角坐标中间点对应的各相邻关节角度之间进行平滑插值，使各关节同时启动、同时停止，从而实现末端平滑运动。下面介绍两种简单的插值函数设计方法。

1) 三次多项式插值

连续平滑的轨迹意味着所有关节的角度变量函数存在一阶、二阶甚至高阶导数，一般情况下，至少保证一阶、二阶导数存在，所以机械臂的运动轨迹可描述为 $\boldsymbol{\theta},\dot{\boldsymbol{\theta}},\ddot{\boldsymbol{\theta}}$，因此选用的插值函数必须满足这一要求。

三次多项式可表示为

$$\theta(t)=a_0+a_1t+a_2t^2+a_3t^3 \tag{2-152}$$

式(2-152)存在连续的角速度和角加速度：

$$\begin{aligned}\dot{\theta}(t)&=a_1+2a_2t+3a_3t^2\\ \ddot{\theta}(t)&=2a_2+6a_3t\end{aligned} \tag{2-153}$$

如果在预期的直角坐标轨迹上选择了 n 个中间点，加上起始点和终止点，共 n+2 个点，每两个点之间设计一个插值函数，共需要 n+1 个三次多项式插值函数，对于六自由度机械臂，每个关节都需要 n+1 个三次多项式插值函数，对于每个关节的第 i 个插值函数，对时间的要求是一致的，即同一时刻启动、同一时刻停止，而且计算插值函数的时间间隔也是一致的。

三次多项式函数有四个系数，可以根据函数曲线相连的两个中间点的位置和速度约束条件实现四个系数的求解，例如，约束条件为

$$\theta(t_0)=\theta_0,\quad \dot{\theta}(t_0)=\dot{\theta}_0,\quad \theta(t_f)=\theta_f,\quad \dot{\theta}(t_f)=\dot{\theta}_f \tag{2-154}$$

式中，$\theta(t_0),\dot{\theta}(t_0)$ 代表启动时刻的位置和速度；$\theta(t_f),\dot{\theta}(t_f)$ 代表停止时刻的位置和速度。将四个约束条件代入式(2-152)和式(2-153)，得到四个方程：

$$\begin{aligned}\theta_0&=a_0\\ \theta_f&=a_0+a_1t_f+a_2t_f^2+a_3t_f^3\\ \dot{\theta}_0&=a_1\\ \dot{\theta}_f&=a_1+2a_2t_f+3a_3t_f^2\end{aligned} \tag{2-155}$$

则可求得三次多项式的四个参数：

$$
\begin{aligned}
&a_0 = \theta_0 \\
&a_1 = \dot{\theta}_0 \\
&a_2 = 3(\theta_f - \theta_0)/t_f^2 - 2\dot{\theta}_0/t_f - \dot{\theta}_f/t_f \\
&a_3 = -2(\theta_f - \theta_0)/t_f^3 + (\dot{\theta}_f + \dot{\theta}_0)/t_f^2
\end{aligned} \tag{2-156}
$$

一般情况下，预期轨迹的起始点和终止点的位置已知、速度为零，选取的中间点的位置可通过运动学反解求得，但速度需要人为确定，简单的方法如图 2-29 所示，用直线连接相邻中间点，则可计算直线方程，每个中间点与两条直线相连，若相邻的两条直线的斜率改变了方向，则中间点的速度选为零，若没有改变方向，则选两个斜率的平均值作为中间点的速度，如此选择，可以基本保证轨迹连续平滑。

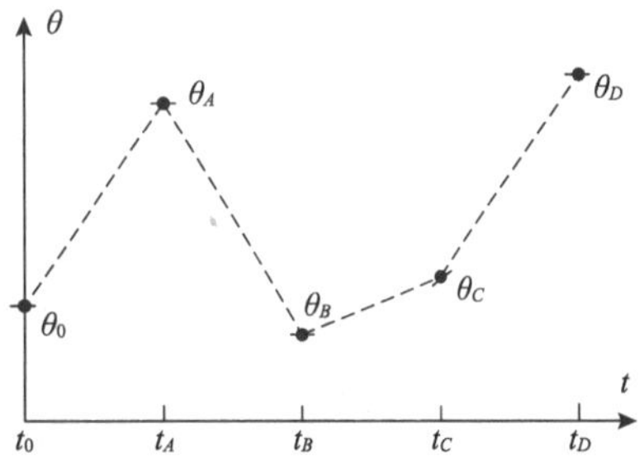

图 2-29　中间点速度的确定

也可以采用中间点加速度连续的原则选取中间点的速度。

例 2-8　假设只有一个中间点 θ_v 的情况，共有点 $\theta_0,\theta_v,\theta_g$，其中 θ_0,θ_g 分别为轨迹起始点和终止点，θ_0,θ_v 之间和 θ_v,θ_g 之间采用两个三次多项式插值函数：

$$
\begin{aligned}
&\theta(t) = a_{10} + a_{11}t + a_{12}t^2 + a_{13}t^3 \\
&\theta(t) = a_{20} + a_{21}t + a_{22}t^2 + a_{23}t^3
\end{aligned} \tag{2-157}
$$

设计两个三次多项式插值函数。

解：两个三次多项式共八个参数，需要八个约束条件。首先，存在四个位置约束条件，即第一段和第二段插值函数的起始和终止位置：

$$
\begin{aligned}
&\theta_0 = a_{10} \\
&\theta_v = a_{10} + a_{11}t_{f1} + a_{12}t_{f1}^2 + a_{13}t_{f1}^3 \\
&\theta_v = a_{20} + a_{21}t_{f1} + a_{22}t_{f1}^2 + a_{23}t_{f1}^3 \\
&\theta_g = a_{20} + a_{21}t_{f2} + a_{22}t_{f2}^2 + a_{23}t_{f2}^3
\end{aligned} \tag{2-158}
$$

其次，可选择在点 θ_0,θ_g 处速度为零作为约束条件，即第一段插值函数的起始时刻和第二段插值函数的终止时刻的速度为零：

$$
\begin{aligned}
&a_{11} = 0 \\
&a_{21} + 2a_{22}t_{f2} + 3a_{23}t_{f2}^2 = 0
\end{aligned} \tag{2-159}
$$

最后，选择在点 θ_v 处，第一段插值函数的终止时刻和第二段插值函数的起始时刻的速度和加速度连续：

$$
\begin{aligned}
&a_{11} + 2a_{12}t_{f1} + 3a_{13}t_{f1}^2 = a_{21} + 2a_{22}t_{f1} + 3a_{23}t_{f1}^2 \\
&2a_{12} + 6a_{13}t_{f1} = 2a_{22} + 6a_{23}t_{f1}
\end{aligned} \tag{2-160}
$$

则由式(2-158)～式(2-160)共形成八个约束条件，若选取两段插值函数的时间间隔相同，即 $t_f = t_{f1} = t_{f2}$，则将约束条件代入式(2-157)，可解得八个待定参数：

$$
\begin{aligned}
&a_{10} = \theta_0 \\
&a_{11} = 0 \\
&a_{12} = (12\theta_v - 3\theta_g - 9\theta_0) / (4t_f^2) \\
&a_{13} = (-8\theta_v + 3\theta_g + 5\theta_0) / (4t_f^3) \\
&a_{20} = \theta_v \\
&a_{21} = (3\theta_g - 3\theta_0) / (4t_f) \\
&a_{22} = (-12\theta_v + 6\theta_g + 6\theta_0) / (4t_f^2) \\
&a_{23} = (8\theta_v - 5\theta_g - 3\theta_0) / (4t_f^3)
\end{aligned}
\tag{2-161}
$$

2) 直线加抛物线过渡插值

若采用直线连接所有中间点，形成最简单的插值函数，则在中间点的速度是不连续的，可选择在直线的两端连接抛物线过渡的形式保证速度连续，如图 2-30 所示，直线两端采取对称的抛物线过渡。

抛物线方程为

$$\theta(t) = \theta_0 + \frac{1}{2}\ddot{\theta}t^2 \tag{2-162}$$

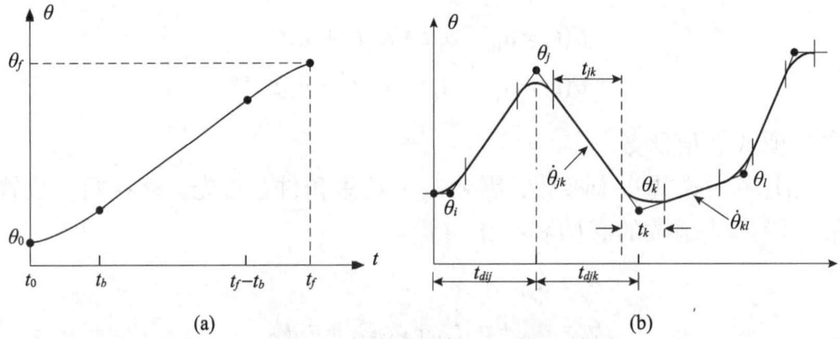

图 2-30　直线加抛物线过渡插值

在直线和抛物线的连接点 t_b 时刻，直线的速度和抛物线的速度要保持连续：

$$\ddot{\theta}t_b = \frac{\theta_h - \theta_b}{t_h - t_b} \tag{2-163}$$

式中，$t_h = t_f / 2$；对应的 $\theta_h = (\theta_0 + \theta_f) / 2$；$t_b$ 为直线和抛物线的连接点时刻，即为该插值方法的设计参数，此时对应的角度为 $\theta_b = \theta_0 + \ddot{\theta}t_b^2 / 2$，将以上参数代入式(2-163)，得

$$\ddot{\theta}t_b^2 - \ddot{\theta}tt_b + (\theta_f - \theta_0) = 0 \tag{2-164}$$

则可计算出 t_b 的值：

$$t_b = \frac{t}{2} - \frac{\sqrt{\ddot{\theta}^2 t^2 - 4\ddot{\theta}(\theta_f - \theta_0)}}{2\ddot{\theta}} \tag{2-165}$$

式(2-165)中对加速度有所限制：

$$\ddot{\theta} \geqslant \frac{4(\theta_f - \theta_0)}{t^2} \tag{2-166}$$

可见加速度必须大于临界值，而且加速度越大，抛物线过渡段越短。实际应用中应根据需要选择合理的常值加速度。

如图 2-30(b)所示，已知所有的中间点 θ_k、期望的时间间隔 t_{djk} 以及每个中间点处的加速度大小 $|\ddot{\theta}|$，则可计算出插值区段的时间间隔：

$$\begin{aligned}
&\dot{\theta}_{jk} = \frac{\theta_k - \theta_j}{t_{djk}} \\
&\ddot{\theta}_k = \mathrm{sgn}(\dot{\theta}_{kl} - \dot{\theta}_{jk})\left|\ddot{\theta}_k\right| \\
&t_k = \frac{\dot{\theta}_{kl} - \dot{\theta}_{jk}}{\ddot{\theta}_k} \\
&t_{jk} = t_{djk} - \frac{1}{2}t_j - \frac{1}{2}t_k
\end{aligned} \tag{2-167}$$

直线加抛物线过渡插值方法的不足是形成的轨迹不能准确经过中间点，加速度越大越接近于中间点，如图 2-30(b)所示。解决的有效方法是在中间点两侧各插入一个辅助中间点，在两个辅助中间点间采用同样的插值方法，使中间点处于插值函数的线性段，则可使轨迹准确经过中间点，如图 2-31 所示。

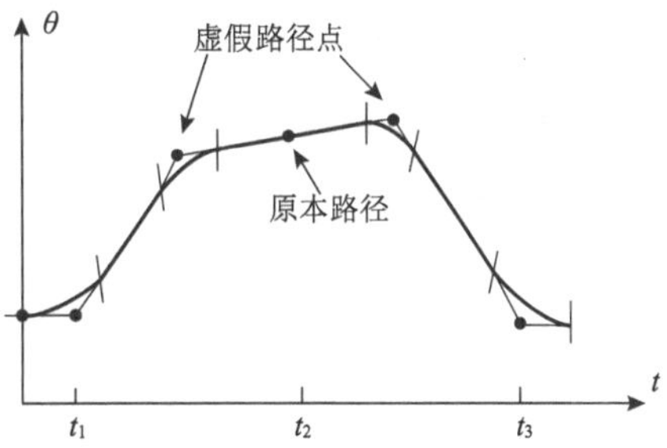

图 2-31　辅助中间点方法

3. 轨迹的实时生成

在实时运行时，上位机轨迹规划系统对多关节按一定时间间隔不断生成由 $\boldsymbol{\theta},\dot{\boldsymbol{\theta}},\ddot{\boldsymbol{\theta}}$ 组成的轨迹信息，传送至机械臂控制系统，实现轨迹更新，更新速率是控制系统采样频率的 10 倍。

对于三次多项式插值函数，轨迹规划系统按顺序提取各关节每段的三次多项式函数，并以固定的更新速率计算式(2-152)和式(2-153)，形成轨迹 $\boldsymbol{\theta},\dot{\boldsymbol{\theta}},\ddot{\boldsymbol{\theta}}$，当每段三次多项式函数到达终止点时，使时间 t 归零，并调用下一段插值函数，重新开始计算，该过程不断重复，直到轨迹跟踪控制结束。

对于直线加抛物线过渡插值函数，应首先检测时间 t 的值，用以判断当前插值函数处于直线段还是抛物线过渡段，对于直线段，每个关节的轨迹计算如下：

$$\theta = \theta_j + \dot{\theta}_{jk}t,\quad \dot{\theta} = \dot{\theta}_{jk},\quad \ddot{\theta} = 0 \tag{2-168}$$

对于抛物线过渡段，各关节的轨迹计算如下：

$$\begin{aligned}
&t_{inb} = t - (1/2t_j + t_{jk}) \\
&\theta = \theta_j + \dot{\theta}_{jk}(t - t_{inb}) + 1/2\ddot{\theta}_k t_{inb}^2 \\
&\dot{\theta} = \dot{\theta}_{jk} + \ddot{\theta}_k t_{inb} \\
&\ddot{\theta} = \ddot{\theta}_k
\end{aligned} \tag{2-169}$$

2.3.2　单关节线性控制器设计

机械臂动力学模型具有高度的非线性和高度的耦合，但在某些假设条件下，动力学模型可以得到简化，然后可利用线性控制器设计方法实现机械臂的控制，这是一种近似的控制方法，该方法是目前工业机器人常用的控制器设计方法。也可以用非线性理论设计控制器，其目的是得到更精准的控制，多应用于理论研究，部分成果也得到了实际应用。

1. 线性简化模型假设

如果非线性系统工作于局部稳定的平衡点，则可在平衡点对非线性做泰勒级数展开，取线性部分作为简化模型,从而可利用线性控制理论设计控制器实现对非线性系统的控制。但机械臂不是工作在局部平衡点，而是在工作空间内大范围运动，因此不能用局部线性化方法设计控制器。但是可利用机械臂动力学模型的特点，在一些假设条件下使模型简化为线性模型。

假设 2-1　假设机械臂在低速下工作，则由角速度和线速度耦合产生的离心力和科氏力等非线性项大大减弱，当速度低到一定程度时，该非线性项可以忽略，即令式(2-136)中 $\boldsymbol{C}(\boldsymbol{\theta},\dot{\boldsymbol{\theta}})$ 项等于零。

假设 2-2　假设机械臂各关节驱动器带有大减速比的减速器，如图 2-32 所示，减速器具有如下特性：

$$\begin{aligned}&\theta_m=\eta\theta,\quad \dot{\theta}_m=\eta\dot{\theta},\quad \ddot{\theta}_m=\eta\ddot{\theta}\\&I'\ddot{\theta}_m=\frac{1}{\eta}I\ddot{\theta}\quad\Rightarrow\quad I'=\frac{1}{\eta^2}I\end{aligned}\tag{2-170}$$

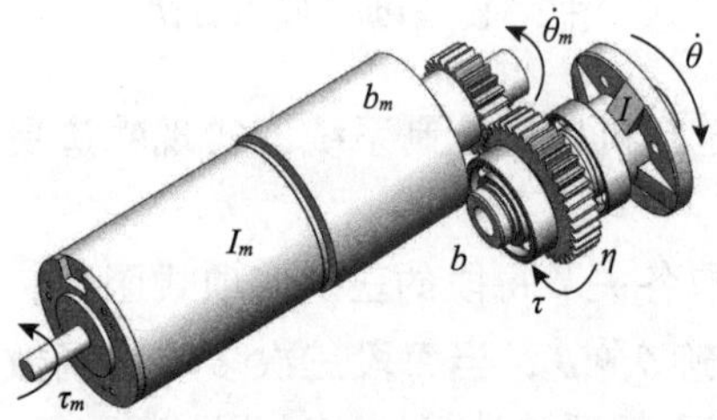

图 2-32　带有减速器的驱动器

可见，通过减速器在电机侧的等效转动惯量 I' 被降低为负载转动惯量 I 的 $\frac{1}{\eta^2}$，当减速比大到一定程度时，负载惯量可以忽略，即各连杆间自然实现惯量解耦，此时式(2-136)中的质量矩阵 $\boldsymbol{H}$ 被简化为对角阵。

假设 2-3　假设机械臂连杆为刚性的，则可忽略未建模高频动态，另外，若用直流电机驱动，则可忽略电枢电感，图 2-32 所示驱动器可简化为二阶线性模型，电机轴侧的力矩平衡方程为

$$\tau_m=I_m\ddot{\theta}_m+b_m\dot{\theta}_m+(1/\eta)(I\ddot{\theta}+b\dot{\theta})=\left(I_m+\frac{I}{\eta^2}\right)\ddot{\theta}_m+\left(b_m+\frac{b}{\eta^2}\right)\dot{\theta}_m\tag{2-171}$$

式中，b_m 为平行减速器转动惯量；b 为转动齿轮的转动惯量。

负载轴侧的力矩平衡方程为

$$\tau=(I+\eta^2I_m)\ddot{\theta}+(b+\eta^2b_m)\dot{\theta}\tag{2-172}$$

2. 单关节伺服控制器设计

若采用控制法则分解的控制器设计方法，针对模型式(2-171)，首先设计基于模型的控

制法则：

$$\tau = \alpha\tau' + \beta, \quad \alpha = I + \eta^2 I_m, \quad \beta = (b + \eta^2 b_m)\dot{\theta} \tag{2-173}$$

即利用模型参数计算基于模型的控制参数 α,β，用于抵消系统模型，使之成为单位质量系统。

然后可采用前馈+反馈的控制器设计方法设计伺服控制器：

$$\tau' = \ddot{\theta}_d + k_v\dot{e} + k_p e \;\Rightarrow\; \ddot{e} + k_v\dot{e} + k_p e = 0 \tag{2-174}$$

伺服控制器中仅由反馈 PD 控制器参数决定了系统的控制性能，加入加速度前馈的目的是引入趋势引导控制，减轻 PD 控制器增益的负担，也不影响系统的稳定性。

PD 控制器参数 k_p, k_v 的选取原则是首先保证控制器性能处于临界阻尼状态，即不允许有超调产生，其次是不要引起系统固有频率的共振，因此取

$$k_v = 2\sqrt{k_p}, \quad k_p = \omega_n^2 \leqslant \frac{1}{4}\omega_{\text{res}}^2 \tag{2-175}$$

式中，第一个方程保证系统处于临界阻尼状态；第二个方程保证不引起固有频率的共振；ω_{res} 为关节固有频率，可根据关节的质量和刚性进行估算。

以上控制器设计方法假设驱动器惯量是恒定的，这种近似在实际中会导致在整个工作空间内系统阻尼不一致，为保证系统在整个工作空间内不出现欠阻尼现象，建议使用系统的最大惯量 $I_{\max}$ 作为控制器设计参数。

另外，在系统存在干扰力矩时，在控制器中可以采用增加积分项来抑制干扰的影响，当存在常值干扰时，可以完全抑制干扰的影响。

控制器参数的设计也可以采用其他方法。

例 2-9　图 2-33 为多自由度灵巧手，设计末端关节的控制器。

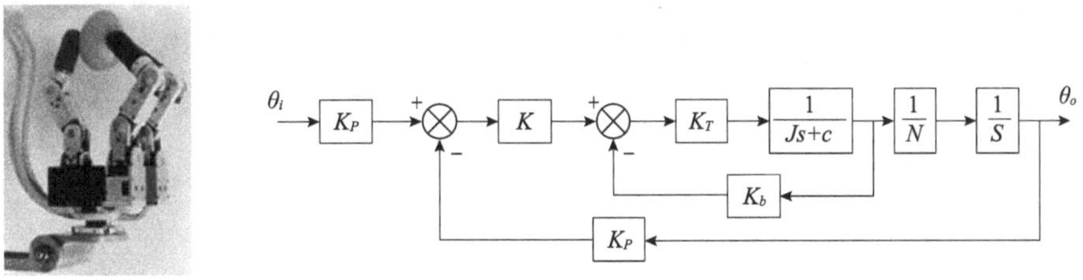

(a)　(b)

图 2-33　多自由度灵巧手

末端关节控制器组成如图 2-33(b)所示，其中 K, K_b 分别为位置和速度增益，是需要设计的参数，其他关节控制器参数选取如下：

$K_P = 5.7\text{V}/\text{rad}$　(电位计参数)

$K_T = 0.2\text{N}\cdot\text{m}/\text{A}_{\text{nms}}$　(电机力矩常数)

$J = 1.75\times10^{-5}\text{kg}\cdot\text{m}^2$　(电机转动惯量)

$c = 2.0\times10^{-5}\text{N}\cdot\text{s}/\text{m}$　(电机阻尼系数)

$N = 1000$　(减速比)

系统闭环传递函数为

$$\frac{\theta_o}{\theta_i}=\frac{KK_PK_T}{Ns(Js+c+K_TK_b)+KK_PK_T}=\frac{\omega_n^2}{s^2+2\zeta\omega_n s+\omega_n^2}$$

为保证关节控制性能达到临界阻尼，取 $\zeta=1$ ，另外，为模拟人的手指运动速度，选取 $1/(\zeta\omega_n)=0.5$ ，可算出 $\omega_n=2\text{rad/s}$ ，则根据闭环系统传递函数，得

$$\omega_n^2=65.14K,\quad 2\omega_n=11.4K_b+1.14$$

则可计算出 $K=0.06, K_b=0.25$ 。

2.3.3　多关节非线性解耦控制器设计

从机械臂动力学模型可知，系统是多输入多输出的，而且存在严重的非线性和耦合，2.3.2 节介绍了机械臂系统在一些假设条件下，可以简化为多个单输入单输出的二阶线性系统，从而利用单关节线性控制器设计方法实现多关节机械臂的控制，对许多实际应用的工业机械臂来说，这些假设条件是能够满足的，但对一些特殊应用，这些假设可能难以满足，此时可在单关节控制的基础上，进行非线性和耦合的补偿。

考虑机械臂非线性耦合模型：

$$\tau_i=\sum_{j=1}^{n}H_{ij}\ddot{\theta}_j+\sum_{j=1}^{n}\sum_{k=1}^{n}h_{ijk}\dot{\theta}_j\dot{\theta}_k+G_i,\quad i=1,2,\cdots,n \tag{2-176}$$

采用如图 2-34 所示的控制器设计即可实现非线性解耦控制。

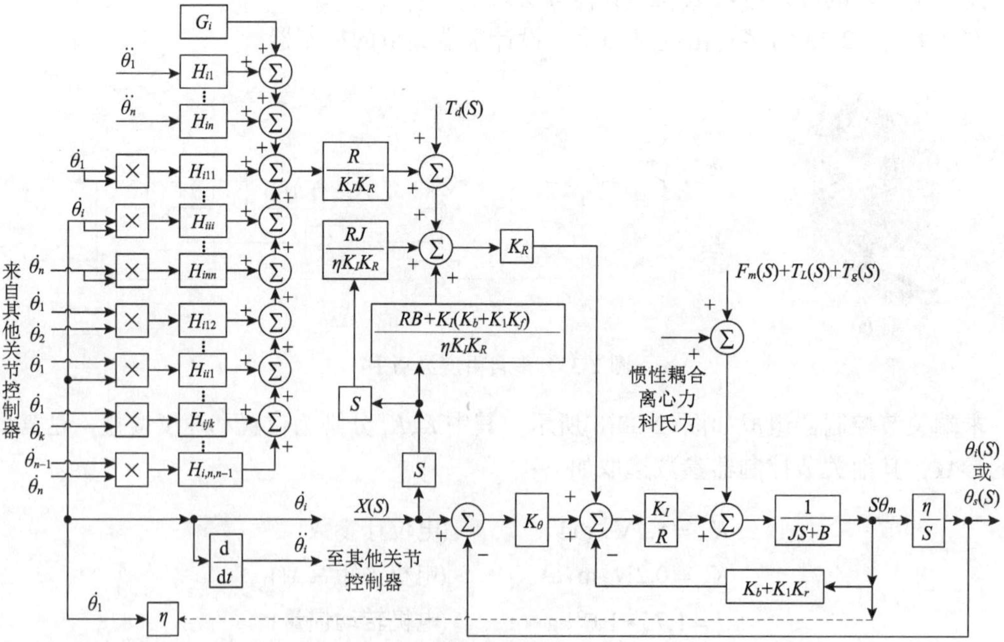

图 2-34　单关节控制加非线性解耦

1. 计算力矩控制器设计方法

在前述的假设条件难以满足时，或者为满足理论研究的需要，需要开展多输入多输出非线性控制器设计方法的研究。非线性控制理论经过几十年的发展，已经形成了几种成熟的控制器设计方法，均可用于机械臂控制器设计的研究，但本节只介绍一种专门用于机械臂的非线性控制器设计方法，称为计算力矩法。

机械臂的动力学模型为

$$\boldsymbol{\tau} = \boldsymbol{H}(\boldsymbol{\theta})\ddot{\boldsymbol{\theta}} + \boldsymbol{C}(\boldsymbol{\theta},\dot{\boldsymbol{\theta}}) + \boldsymbol{G}(\boldsymbol{\theta}) \tag{2-177}$$

仍然采用控制法则分解的控制器设计方法设计基于模型的线性化解耦控制器：

$$\boldsymbol{\tau} = \boldsymbol{\alpha}\boldsymbol{\tau}' + \boldsymbol{\beta}, \quad \boldsymbol{\alpha} = \boldsymbol{H}(\boldsymbol{\theta}), \quad \boldsymbol{\beta} = \boldsymbol{C}(\boldsymbol{\theta},\dot{\boldsymbol{\theta}}) + \boldsymbol{G}(\boldsymbol{\theta}) \tag{2-178}$$

可见线性化解耦控制器参数 $\boldsymbol{\alpha},\boldsymbol{\beta}$ 选取的目的是构造一个逆系统抵消原系统的非线性和耦合，线性化解耦后的系统为单位惯量矩阵的系统，$\ddot{\boldsymbol{\theta}} = \boldsymbol{\tau}'$，其控制输入为 $\boldsymbol{\tau}'$。

进一步针对单位惯量矩阵的系统设计前馈+反馈形式的伺服控制器：

$$\boldsymbol{\tau}' = \ddot{\boldsymbol{\theta}}_d + \boldsymbol{K}_v\dot{\boldsymbol{E}} + \boldsymbol{K}_p\boldsymbol{E}, \quad \boldsymbol{E} = \boldsymbol{\theta}_d - \boldsymbol{\theta} \tag{2-179}$$

将伺服控制器作用于单位惯量矩阵的系统，得误差方程：

$$\ddot{\boldsymbol{E}} + \boldsymbol{K}_v\dot{\boldsymbol{E}} + \boldsymbol{K}_p\boldsymbol{E} = 0 \tag{2-180}$$

式(2-180)是解耦的，即为对角阵，因此可写成各关节独立的形式：

$$\ddot{e}_i + k_{vi}\dot{e}_i + k_{pi}e_i = 0 \tag{2-181}$$

由线性化解耦控制器和伺服控制器组合而成的综合控制器结构如图 2-35 所示，其中内环部分为线性化解耦控制器，外环部分为伺服控制器。

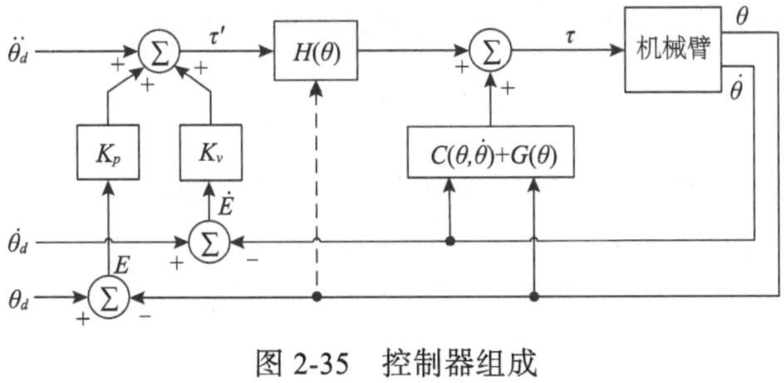

图 2-35　控制器组成

2. 实际应用中的问题

图 2-35 构成的控制器在实际应用中存在两方面的问题：一是实时计算问题，由于模型的复杂性，内环的计算时间会增大外环的伺服采样频率，从而影响闭环系统性能；二是内环逆系统的准确性问题，一般情况下，机械臂系统的模型结构是清晰的，模型参数也可以精确标定，但机械臂末端操作不同负载、机械臂老化或者摩擦的影响，会造成模型参数的

变化，影响控制性能。

针对模型计算耗时问题，可以采取以下两种方法加以改进。

1) 非线性前馈控制方法

如图 2-36 所示，将内环的非线性解耦控制器移到伺服环外面，形成开环前馈控制。可以想象当机械臂模型结构和参数完全准确时，开环控制同样具有很好的效果；当模型不准确时，可用伺服反馈控制实现修正。此时闭环系统的误差方程为

$$\ddot{\boldsymbol{E}} + \boldsymbol{M}^{-1}(\boldsymbol{\theta})\boldsymbol{K}_v\dot{\boldsymbol{E}} + \boldsymbol{M}^{-1}(\boldsymbol{\theta})\boldsymbol{K}_p\boldsymbol{E} = 0 \tag{2-182}$$

可见，闭环增益将随机械臂位形的变化而变化，即不能用固定增益实现有效控制，但可以事先根据位形变化离线计算闭环增益并进行存储，实际运行时，根据位形的变化实时读取闭环增益，从而实现有效的控制。

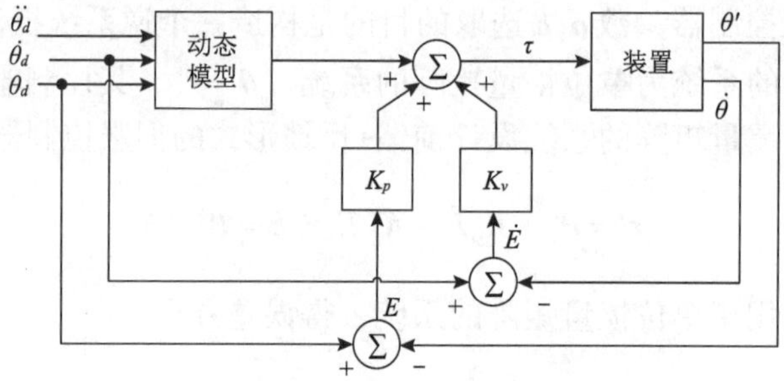

图 2-36　非线性前馈控制

2) 双速率计算方法

式(2-177)表示的动力学模型称为状态空间表示的动力学方程，因为非线性项 $\boldsymbol{C}(\boldsymbol{\theta},\dot{\boldsymbol{\theta}})$ 是关节角度和角速度的函数，可将其分解为如下形式：

$$\boldsymbol{C}(\boldsymbol{\theta},\dot{\boldsymbol{\theta}}) = \boldsymbol{C}_1(\boldsymbol{\theta})\ddot{\boldsymbol{\theta}} + \boldsymbol{C}_2(\boldsymbol{\theta})\dot{\boldsymbol{\theta}}^2 \tag{2-183}$$

即将非线性项分解为由科氏力和离心力产生的力矩项，此时，机械臂模型改写为

$$\boldsymbol{\tau} = \boldsymbol{H}(\boldsymbol{\theta})\ddot{\boldsymbol{\theta}} + \boldsymbol{C}_1(\boldsymbol{\theta})\ddot{\boldsymbol{\theta}} + \boldsymbol{C}_2(\boldsymbol{\theta})\dot{\boldsymbol{\theta}}^2 + \boldsymbol{G}(\boldsymbol{\theta}) \tag{2-184}$$

模型中，$\boldsymbol{H}(\boldsymbol{\theta}),\boldsymbol{C}_1(\boldsymbol{\theta}),\boldsymbol{C}_2(\boldsymbol{\theta}),\boldsymbol{G}(\boldsymbol{\theta})$ 等项仅为关节位置的函数，仅与机械臂位形有关，该动力学模型称为位形空间描述的动力学方程。这些系数项同样可以事先根据位形变化离线计算并存储，运行时模型数据可以根据位形变化查表更新，更新速率可低于伺服采样速率的几分之一。

对于模型参数不准确的问题，闭环系统的误差方程变为

$$\ddot{\boldsymbol{E}} + \boldsymbol{K}_v\dot{\boldsymbol{E}} + \boldsymbol{K}_p\boldsymbol{E} = \hat{\boldsymbol{H}}^{-1}[(\boldsymbol{H}-\hat{\boldsymbol{H}})\ddot{\boldsymbol{\theta}} + (\boldsymbol{C}-\hat{\boldsymbol{C}}) + (\boldsymbol{G}-\hat{\boldsymbol{G}})] = \hat{\boldsymbol{H}}^{-1}\boldsymbol{\tau}_d \tag{2-185}$$

式中，$\hat{\boldsymbol{H}},\hat{\boldsymbol{C}},\hat{\boldsymbol{G}}$ 为估计参数，参数误差可看作干扰项，引起系统稳态误差：

$$\boldsymbol{E} = \boldsymbol{K}_p^{-1}\hat{\boldsymbol{H}}^{-1}\boldsymbol{\tau}_d \tag{2-186}$$

3. 工程应用中的简化方法

计算力矩法在理想的条件下能够取得精确的非线性补偿与解耦，但在保证模型精度和计算效率方面要做大量工作，因此，当关节速度产生的非线性项可以忽略时，在实际应用中出现几种简化的形式，这取决于线性化解耦控制器参数 $\boldsymbol{\alpha},\boldsymbol{\beta}$ 的选取。

1) $\boldsymbol{\alpha}=\boldsymbol{I},\boldsymbol{\beta}=0$ 的模式

相当于线性化解耦控制器没有做任何解耦与补偿工作，即退化为单关节线性控制方式。

2) $\boldsymbol{\alpha}=\boldsymbol{I},\boldsymbol{\beta}=\boldsymbol{G}(\boldsymbol{\theta})$ 的模式

在单关节控制的基础上，增加了重力补偿项，可以克服重力项引起的静态误差。

例如，控制器设计为

$$\boldsymbol{\tau}'=-\boldsymbol{K}_v\dot{\boldsymbol{\theta}}-\boldsymbol{K}_p\boldsymbol{\theta}+\boldsymbol{G}(\boldsymbol{\theta}) \tag{2-187}$$

选择候选李雅普诺夫函数为

$$V(\boldsymbol{\theta})=\frac{1}{2}(\dot{\boldsymbol{\theta}}^{\mathrm{T}}\boldsymbol{H}\dot{\boldsymbol{\theta}}+\boldsymbol{\theta}^{\mathrm{T}}\boldsymbol{K}_p\boldsymbol{\theta}) \tag{2-188}$$

式中，第一项为机械臂动能；第二项为模拟势能，利用动能定理，即动能的变化等于外力所做的功，有

$$\dot{V}(\boldsymbol{\theta})=\dot{\boldsymbol{\theta}}^{\mathrm{T}}(\boldsymbol{\tau}-\boldsymbol{G})+\dot{\boldsymbol{\theta}}^{\mathrm{T}}\boldsymbol{K}_p\dot{\boldsymbol{\theta}} \tag{2-189}$$

将控制律(2-187)代入式(2-189)，得

$$\dot{V}(\boldsymbol{\theta})=-\dot{\boldsymbol{\theta}}^{\mathrm{T}}\boldsymbol{K}_d\dot{\boldsymbol{\theta}} \tag{2-190}$$

进一步利用拉塞尔不变集理论，可以证明该控制器可保证系统全局渐进稳定。

另外，在机械臂点到点控制模式下，重力补偿项可以用期望位置的重力替代，即取 $\boldsymbol{G}(\boldsymbol{\theta})=\boldsymbol{G}(\boldsymbol{\theta}_d)$，可实现简化计算。

3) $\boldsymbol{\alpha}=\boldsymbol{H},\boldsymbol{\beta}=\boldsymbol{G}(\boldsymbol{\theta})$ 的模式

该模式可以在重力补偿的基础上，进一步实现惯量解耦，特别地，当选取惯量矩阵为对角阵时，可实现单关节惯量补偿。

第 3 章　移动机器人技术与应用

移动机器人主要分为腿式移动机器人和轮式移动机器人，腿式移动机器人采用仿生技术，分为两腿、四腿、六腿等形式，其优点是环境适应性好，其难点在于运动步态的设计及基于主动控制的平衡稳定性设计等。轮式移动机器人的移动方式属于人类的发明，其优点是运动效率高，由于重心固定所以稳定性好，其缺点是环境适应能力较弱，为此人类发明了道路、轨道等设施，大大提高了其运动速度和运动范围。目前将腿式移动方式和轮式移动方式相结合，或是腿式移动机器人脚上加轮，或是轮式移动机器人轮上加腿，兼顾了二者的优点，该类机器人的质心是可变的，对稳定性提出更高的要求，成为新的研究热点。

本章以轮式移动机器人为对象，介绍其运动学、路径规划、导航控制等技术内容。

3.1　运动学分析

移动机器人的结构可理解为在机器人底盘下面安装不同数量和不同类型的轮子，底盘可以看作移动机器人的本体，每个轮子对机器人本体的运动做出贡献，同时又对本体运动施加约束，移动机器人运动学就是在机器人轮子的几何特征及运动速度给定的条件下，分析机器人本体是如何运动的。

3.1.1　运动学模型

差动移动机器人是最简单的一种移动机器人，底盘下同向安装两个方向固定、具有驱动能力的标准轮，用于控制底盘的运动，同时底盘下还需要安装一个或多个从动全向轮以保证底盘稳定。两个标准驱动轮(简称标准轮)同向运动控制机器人前进或后退，反向运动即差动控制机器人转向。几种典型的结构布局如图 3-1 所示。本节以差动移动机器人为例，建立其运动学模型。

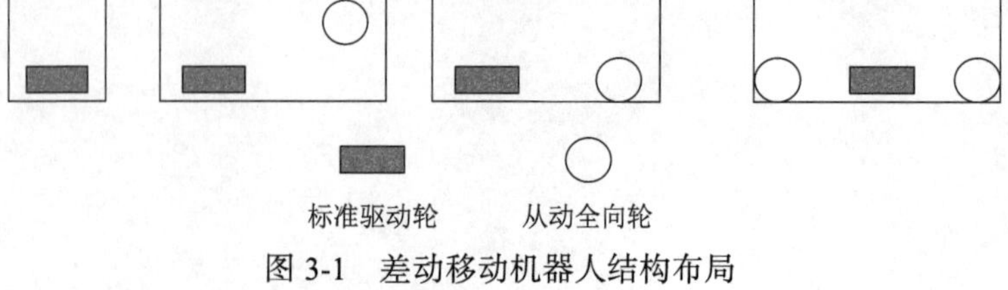

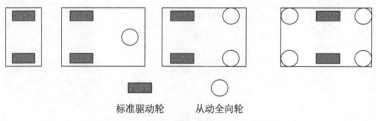

图 3-1　差动移动机器人结构布局

1. 位置与姿态的描述

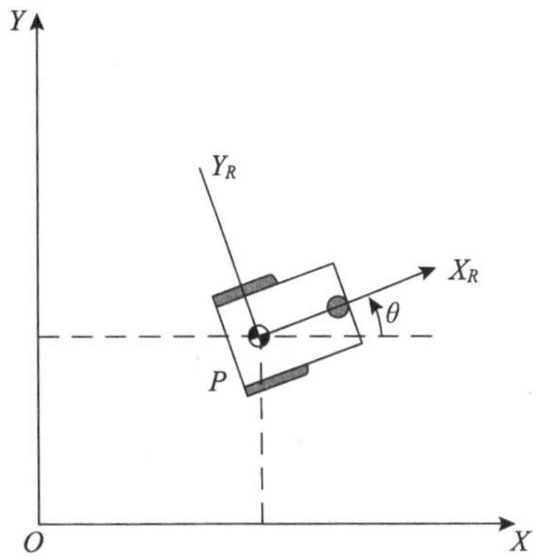

图 3-2　坐标系建立

首先需要建立两个坐标系，如图 3-2 所示，一个是固定的参考坐标系或世界坐标系 $\{W\}$，另一个是与移动机器人底盘固联的本体坐标系 $\{R\}$。

可以用本体坐标系 $\{R\}$ 相对于世界坐标系 $\{W\}$ 的位置和姿态描述移动机器人的位置与姿态。由于移动机器人只在平面内运动，因此移动机器人共有三个运动自由度，即沿平面 X、Y 轴的移动和绕 Z 轴的转动，可以用一个 3×1 的向量来描述移动机器人相对于世界坐标系的位置与姿态：

$$
{}^{W}\boldsymbol{X}=\begin{bmatrix} x \\ y \\ \theta \end{bmatrix} \tag{3-1}
$$

式中，x,y,θ 分别表示机器人本体坐标系在世界坐标系中的二维位置坐标和转动方向。

2. 速度的描述

设机器人在本体坐标系和世界坐标系中的速度分别表示为 ${}^{R}\dot{\boldsymbol{X}}$ 和 ${}^{W}\dot{\boldsymbol{X}}$，由于速度是一个自由矢量，在两个坐标系间变换时，只需要考虑旋转变换，不需要考虑位置变换，因此可得 ${}^{R}\dot{\boldsymbol{X}}$ 和 ${}^{W}\dot{\boldsymbol{X}}$ 的变换关系：

$$
{}^{R}\dot{\boldsymbol{X}}={}^{R}_{W}\boldsymbol{R}\,{}^{W}\dot{\boldsymbol{X}}=\begin{bmatrix} \cos\theta & \sin\theta & 0 \\ -\sin\theta & \cos\theta & 0 \\ 0 & 0 & 1 \end{bmatrix}{}^{W}\dot{\boldsymbol{X}} \tag{3-2}
$$

注意，底盘相对于本体坐标系 $\{R\}$ 是不动的，${}^{R}\dot{\boldsymbol{X}}$ 只表示底盘相对于世界坐标系 $\{W\}$ 的速度在本体坐标系各轴向的分量大小。

通过式(3-2)，可以求得机器人本体相对于世界坐标系的速度：

$$
{}^{W}\dot{\boldsymbol{X}}=\begin{bmatrix} \dot{x} \\ \dot{y} \\ \dot{\theta} \end{bmatrix}={}^{R}_{W}\boldsymbol{R}^{-1}\,{}^{R}\dot{\boldsymbol{X}}=\begin{bmatrix} \cos\theta & -\sin\theta & 0 \\ \sin\theta & \cos\theta & 0 \\ 0 & 0 & 1 \end{bmatrix}{}^{R}\dot{\boldsymbol{X}} \tag{3-3}
$$

3. 运动学方程建立

差动移动机器人的运动速度是由标准轮的转动产生的，而且与标准轮在底盘上安装的几何尺寸有关。设机器人轮子的半径为 r、两个轮子之间的间距为 l、两个轮子的转速分别为 $\dot{\varphi}_1,\dot{\varphi}_2$，则运动学方程可表示为机器人结构参数和轮子转速的函数：

$$
{}^{W}\dot{\boldsymbol{X}}=\begin{bmatrix}\dot{x}\\ \dot{y}\\ \dot{\theta}\end{bmatrix}=\boldsymbol{f}(l,r,\theta,\dot{\varphi}_1,\dot{\varphi}_2) \tag{3-4}
$$

首先，求解当轮子转动时底盘相对于本体坐标系的速度，假设左轮转动、右轮不动，底盘质心位于两个轮子连线的对称中心，此时，底盘质心在 x 轴方向的线速度是左轮线速度的 1/2，y 轴方向的线速度为零，且底盘绕右轮旋转，则左轮转动对底盘的线速度和角速度的贡献分别为

$$
v_{x_R}=\frac{1}{2}r\dot{\varphi}_1,\quad v_{y_R}=0;\quad \omega=\frac{r\dot{\varphi}_1}{2l} \tag{3-5}
$$

同理，假设左轮不动，右轮转动，则右轮转动对底盘的线速度和角速度的贡献分别为

$$
v_{x_R}=\frac{1}{2}r\dot{\varphi}_2,\quad v_{y_R}=0;\quad \omega=-\frac{r\dot{\varphi}_2}{2l} \tag{3-6}
$$

当两个轮子同时转动时，可将式(3-5)、式(3-6)相加，得到底盘相对于本体坐标系的速度：

$$
{}^{R}\dot{\boldsymbol{X}}=\begin{bmatrix}\dfrac{r\dot{\varphi}_1}{2}+\dfrac{r\dot{\varphi}_2}{2}\\ 0\\ \dfrac{r\dot{\varphi}_1}{2l}+\dfrac{-r\dot{\varphi}_2}{2l}\end{bmatrix} \tag{3-7}
$$

由式(3-7)可知，当两个轮子转速相等、方向相同时，机器人沿直线运动，不会改变方向；当两个轮子转速相等、方向相反时，机器人原地转动，位置保持不变；当两个轮子转速和方向不同时，机器人既有直线运动又有旋转运动。

利用式(3-3)，可求得差动移动机器人的运动学方程：

$$
{}^{W}\dot{\boldsymbol{X}}=\begin{bmatrix}\dot{x}\\ \dot{y}\\ \dot{\theta}\end{bmatrix}={}^{R}_{W}\boldsymbol{R}^{-1}\,{}^{R}\dot{\boldsymbol{X}}=\begin{bmatrix}\cos\theta & -\sin\theta & 0\\ \sin\theta & \cos\theta & 0\\ 0 & 0 & 1\end{bmatrix}\begin{bmatrix}\dfrac{r\dot{\varphi}_1}{2}+\dfrac{r\dot{\varphi}_2}{2}\\ 0\\ \dfrac{r\dot{\varphi}_1}{2l}+\dfrac{-r\dot{\varphi}_2}{2l}\end{bmatrix} \tag{3-8}
$$

例 3-1 设差动移动机器人的结构参数为 $r=10\text{cm},l=20\text{cm}$，当瞬时角度 $\theta=90°$，两个轮子的转速为 $\dot{\varphi}_1=4\text{rad/s}$，$\dot{\varphi}_2=2\text{rad/s}$ 时，求底盘相对于世界坐标系的瞬时速度。

解：根据式(3-8)可计算底盘相对于世界坐标系的速度：

$$
{}^{W}\dot{\boldsymbol{X}}=\begin{bmatrix}\cos 90° & -\sin 90° & 0\\ \sin 90° & \cos 90° & 0\\ 0 & 0 & 1\end{bmatrix}\begin{bmatrix}\dfrac{0.1\times 4}{2}+\dfrac{0.1\times 2}{2}\\ 0\\ \dfrac{0.1\times 4}{2\times 0.2}+\dfrac{-0.1\times 2}{2\times 0.2}\end{bmatrix}=\begin{bmatrix}0\\ 0.3\\ 0.5\end{bmatrix}
$$

其结果是移动机器人在世界坐标系内以 Y 方向 0.3m/s 的线速度、绕 Z 轴以 0.5rad/s 的角速度瞬时运动。

3.1.2　运动学约束

机器人运动学的分析是基于以下假设的，即轮子平面与地面保持垂直，与地面只有一个单独的接触点，且该单独的接触点无滑动。上述假设对每一个轮子的运动形成了两个约束条件：第一个约束条件是轮子与地面单点滚动接触，也称为滚动约束；第二个约束条件是轮子不会出现横向滑动，又称为滑动约束。底盘下安装的所有轮子的运动约束组合最终形成对底盘的运动约束。

1. 轮子的运动约束

轮式移动机器人所采用的轮子可分为五类：固定标准轮、可操控标准轮、球形轮、小脚轮和瑞典轮，如图 3-3 所示。两种标准轮的运动是具有约束的，球形轮、小脚轮和瑞典轮三种轮可以沿任意方向运动，不具有运动约束。下面以标准轮为例，分析其滚动和滑动约束。

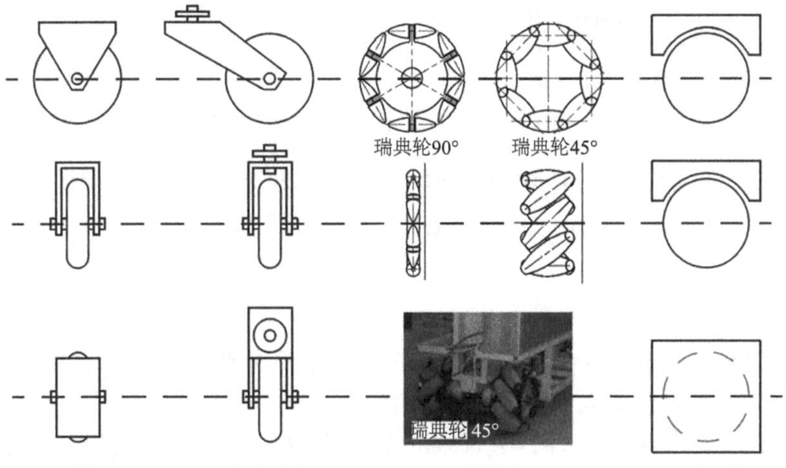

(a)标准轮　(b)小脚轮　(c)瑞典轮　(d)球形轮

图 3-3　轮子的种类

图 3-4 描述了机器人的一个固定标准轮与底盘的布局关系，轮子与地面接触点在本体坐标系的位置用极坐标 ρ,α 表示，轮子平面的法线与轮子位置方向间的角度用 β 表示。

假设底盘相对于世界坐标系的速度为 ${}^{W}\dot{\boldsymbol{X}}=\left[\dot{x}\;\dot{y}\;\dot{\theta}\right]^{\mathrm{T}}$，底盘运动速度在本体坐标系的速度分量为 ${}^{R}\dot{\boldsymbol{X}}=\left[v_{x_R}\;v_{y_R}\;\omega\right]^{\mathrm{T}}$，则有

$$ {}^{R}\dot{\boldsymbol{X}}={}^{R}_{W}\boldsymbol{R}\,{}^{W}\dot{\boldsymbol{X}} \tag{3-9} $$

将 ${}^{R}\dot{\boldsymbol{X}}$ 的三个分量分别投影到该轮子的前进方向，为了满足轮子的滚动约束条件，三个投影的和必须与轮子的转动速度相一致，即

$$ r\dot{\varphi}=v_{x_R}\sin(\alpha+\beta)+v_{y_R}\cos(\alpha+\beta)-\omega\rho\cos\beta \tag{3-10} $$

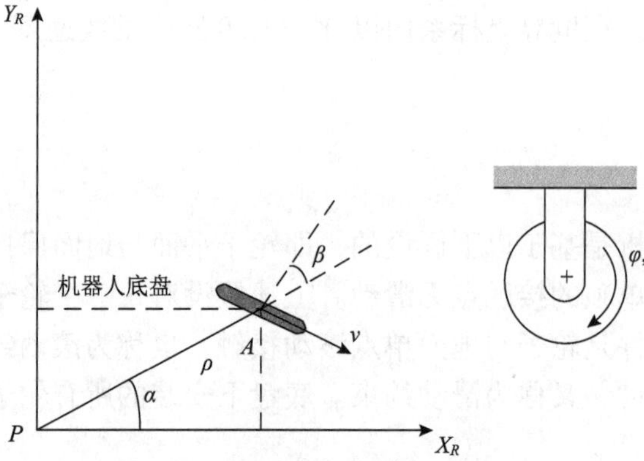

图 3-4　固定标准轮与底盘关系

将式(3-10)写成矩阵形式，得到轮子的滚动约束条件：

$$\begin{bmatrix}\sin(\alpha+\beta) & \cos(\alpha+\beta) & -\rho\cos\beta\end{bmatrix}{}_W^R\boldsymbol{R}^W\dot{\boldsymbol{X}}-r\dot{\varphi}=0 \tag{3-11}$$

将 $^R\dot{\boldsymbol{X}}$ 的三个速度分量分别投影到轮子的侧向运动方向，可得到轮子的滑动约束条件：

$$\begin{bmatrix}\cos(\alpha+\beta) & \sin(\alpha+\beta) & \rho\sin\beta\end{bmatrix}{}_W^R\boldsymbol{R}^W\dot{\boldsymbol{X}}=0 \tag{3-12}$$

对于具有操控自由度的标准轮，如汽车的前轮，可通过方向盘操控轮子的方向，此时角度 β 变成时变的角度 $\beta(t)$，则可操控标准轮的滚动和滑动约束变为

$$\begin{aligned}&\begin{bmatrix}\sin(\alpha+\beta(t)) & \cos(\alpha+\beta(t)) & -\rho\cos\beta(t)\end{bmatrix}{}_W^R\boldsymbol{R}^W\dot{\boldsymbol{X}}-r\dot{\varphi}=0\\&\begin{bmatrix}\cos(\alpha+\beta(t)) & \sin(\alpha+\beta(t)) & \rho\sin\beta(t)\end{bmatrix}{}_W^R\boldsymbol{R}^W\dot{\boldsymbol{X}}=0\end{aligned} \tag{3-13}$$

2. 机器人的运动约束

当机器人底盘下安装了 n 个轮子时，其中每一个轮子都会受到滚动和滑动约束，所有轮子约束的合成形成对机器人底盘的运动约束。

假设移动机器人安装了 $n=n_f+n_s$ 个标准轮，其中 n_f 表示固定标准轮的数量，n_s 表示可操控标准轮的数量，每个轮子的转速写成向量形式：

$$\dot{\boldsymbol{\varphi}}=\begin{bmatrix}\dot{\boldsymbol{\varphi}}_f^{\mathrm{T}} & \dot{\boldsymbol{\varphi}}_s^{\mathrm{T}}\end{bmatrix}^{\mathrm{T}}=\begin{bmatrix}\dot{\varphi}_{f_1}\cdots\dot{\varphi}_{f_{n_f}} & \dot{\varphi}_{s_1} & \cdots\dot{\varphi}_{s_{n_s}}\end{bmatrix}^{\mathrm{T}} \tag{3-14}$$

假设所有标准轮的半径相同，通过式(3-11)、式(3-13)，可将所有轮子的滚动约束进行组合并写成矩阵的形式：

$$\begin{bmatrix}\sin(\alpha_{f_1}+\beta_{f_1}) & \cos(\alpha_{f_1}+\beta_{f_1}) & -\rho\cos\beta_{f_1}\\ \vdots & \vdots & \vdots\\ \sin(\alpha_{f_{n_f}}+\beta_{f_{n_f}}) & \cos(\alpha_{f_{n_f}}+\beta_{f_{n_f}}) & -\rho\cos\beta_{f_{n_f}}\\ \sin(\alpha_{s_1}+\beta_{s_1}) & \cos(\alpha_{s_1}+\beta_{s_1}) & -\rho\cos\beta_{s_1}\\ \vdots & \vdots & \vdots\\ \sin(\alpha_{s_{n_s}}+\beta_{s_{n_s}}) & \cos(\alpha_{s_{n_s}}+\beta_{s_{n_s}}) & -\rho\cos\beta_{s_{n_s}}\end{bmatrix}{}_W^R\boldsymbol{R}^W\dot{\boldsymbol{X}}-r\begin{bmatrix}\dot{\varphi}_{f_1}\\ \vdots\\ \dot{\varphi}_{f_{n_f}}\\ \dot{\varphi}_{s_1}\\ \vdots\\ \dot{\varphi}_{s_{n_s}}\end{bmatrix}=0 \tag{3-15}$$

由于轮子的位置固定，因此所有轮子的 α 和固定标准轮的 β_f 均为固定值，所以式(3-15)左边矩阵只是可操控标准轮 β_s 的函数，可简写为

$$\boldsymbol{C}_{\text{roll}}(\boldsymbol{\beta}_s)\,{}_W^R\boldsymbol{R}\,{}^W\dot{\boldsymbol{X}} - r\dot{\boldsymbol{\varphi}} = 0 \tag{3-16}$$

式中，$\boldsymbol{C}_{\text{roll}}(\boldsymbol{\beta}_s)$ 表示 $n\times 3$ 的滚动约束矩阵，因为固定标准轮和可操控标准轮的 $\boldsymbol{\beta}$ 角不同，可将其进一步分解为

$$\boldsymbol{C}_{\text{roll}}(\boldsymbol{\beta}_s) = \begin{bmatrix} \boldsymbol{C}_{\text{roll}f} \\ \boldsymbol{C}_{\text{roll}s}(\boldsymbol{\beta}_s) \end{bmatrix} \tag{3-17}$$

采用同样的方法，把所有标准轮如式(3-12)、式(3-13)所示的滑动约束组合，写成矩阵形式：

$$\begin{bmatrix} \cos(\alpha_{f_1}+\beta_{f_1}) & \sin(\alpha_{f_1}+\beta_{f_1}) & \rho\sin\beta_{f_1} \\ \vdots & \vdots & \vdots \\ \cos(\alpha_{f_{nf}}+\beta_{f_{nf}}) & \sin(\alpha_{f_{nf}}+\beta_{f_{nf}}) & \rho\sin\beta_{f_{nf}} \\ \cos(\alpha_{s_1}+\beta_{s_1}) & \sin(\alpha_{s_1}+\beta_{s_1}) & \rho\sin\beta_{s_1} \\ \vdots & \vdots & \vdots \\ \cos(\alpha_{s_{ns}}+\beta_{s_{ns}}) & \sin(\alpha_{s_{ns}}+\beta_{s_{ns}}) & \rho\sin\beta_{s_{ns}} \end{bmatrix} {}_W^R\boldsymbol{R}\,{}^W\dot{\boldsymbol{X}} = 0 \tag{3-18}$$

式(3-18)可简写为

$$\boldsymbol{C}_{\text{slide}}(\boldsymbol{\beta}_s)\,{}_W^R\boldsymbol{R}\,{}^W\dot{\boldsymbol{X}} = 0 \tag{3-19}$$

式中，$\boldsymbol{C}_{\text{slide}}(\boldsymbol{\beta}_s)$ 表示 $n\times 3$ 的滑动约束矩阵，同样可分解为

$$\boldsymbol{C}_{\text{slide}}(\boldsymbol{\beta}_s) = \begin{bmatrix} \boldsymbol{C}_{\text{slide}f} \\ \boldsymbol{C}_{\text{slide}s}(\boldsymbol{\beta}_s) \end{bmatrix} \tag{3-20}$$

最后假设所有轮子具有相同的半径，将滚动约束与滑动约束进一步组合，即将式(3-16)、式(3-19)进行组合，得

$$\begin{bmatrix} \boldsymbol{C}_{\text{roll}}(\boldsymbol{\beta}_s) \\ \boldsymbol{C}_{\text{slide}}(\boldsymbol{\beta}_s) \end{bmatrix} {}_W^R\boldsymbol{R}\,{}^W\dot{\boldsymbol{X}} = \begin{bmatrix} r\dot{\boldsymbol{\varphi}} \\ 0 \end{bmatrix} \tag{3-21}$$

式(3-21)为机器人底盘的运动约束，可用于分析机器人相对于世界坐标系的运动能力：

$${}^W\dot{\boldsymbol{X}} = {}_W^R\boldsymbol{R}^{-1} \begin{bmatrix} \boldsymbol{C}_{\text{roll}}(\boldsymbol{\beta}_s) \\ \boldsymbol{C}_{\text{slide}}(\boldsymbol{\beta}_s) \end{bmatrix}^{-1} \begin{bmatrix} r\dot{\boldsymbol{\varphi}} \\ 0 \end{bmatrix} \tag{3-22}$$

3. 全向移动机器人

通过前面的分析可知轮子的运动约束会形成机器人的运动约束，使机器人的运动方向受到限制。全向移动机器人，顾名思义，就是机器人的运动方向不受限制，可以向任意方向自由运动。瑞典轮的发明使全向移动机器人的设计更加简单实用。

瑞典轮又称麦克纳姆轮，因瑞典的麦克纳姆公司 1973 年的专利而得名，其典型结构如图 3-5 所示。瑞典轮由轮毂和滚柱组成，轮毂是整个轮子的主体支架，在轮毂的外周均匀安装滚柱，滚柱的运动是被动的，轮子平面与滚柱转轴的夹角的典型值是 45°，理论上，这个夹角可以是任意值，当夹角为 90°时，称为全向轮。

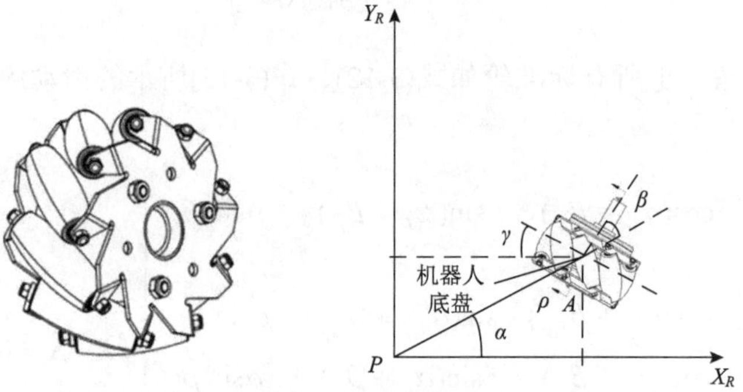

图 3-5 瑞典轮

瑞典轮的功能与标准轮的功能是一样的，都是为了驱动底盘运动，当给轮子施加驱动力矩后，地面摩擦会产生同样的反作用力矩作用在滚柱上，使滚柱转动，从而驱动底盘运动。如图 3-5 所示，若采用与标准轮一样的约束分析方法，则只增加了一个角度γ，表示轮子平面与滚柱转轴的夹角。瑞典轮的瞬时约束是由滚柱的特定运动方向形成的，注意，此时整个轮子与地面的接触点变为滚柱与地面的接触点，因此，滚动约束和滑动约束将针对滚柱进行分析。

滚柱的滚动约束为

$$\left[\sin(\alpha+\beta+\gamma) \quad -\cos(\alpha+\beta+\gamma) \quad -\rho\cos(\beta+\gamma)\right]{}_W^R\boldsymbol{R}^W\dot{\boldsymbol{X}} - r\dot{\varphi}\cos\gamma = 0 \tag{3-23}$$

滚柱的滑动约束为

$$\left[\cos(\alpha+\beta+\gamma) \quad \sin(\alpha+\beta+\gamma) \quad \rho\cos(\beta+\gamma)\right]{}_W^R\boldsymbol{R}^W\dot{\boldsymbol{X}} - r\dot{\varphi}\sin\gamma - r_r\dot{\varphi}_r = 0 \tag{3-24}$$

式中，r_r为辊子的半径；$\dot{\varphi}_r$为辊子的转速。

用瑞典轮可以构成全向移动机器人，以用四个瑞典轮组成的全向移动机器人为例，四个轮子可以采用多种安装模式，对于不同的安装模式，如图 3-6(b)所示，各个轮子对底盘的约束是不一致的，四个轮子可以独立调整转动方向和速度大小，可以使底盘沿各个方向运动。如图 3-6(a)所示的四个轮子的安装模式，当四个轮子同向、同速旋转时，底盘将沿本体坐标系 X 轴方向前进或后退，当对角的一对轮子按相同方向旋转、另一对轮子按相反方向旋转时，如果转速相同，则机器人将横向运动，当速度不同时，机器人可沿任意方向运动。

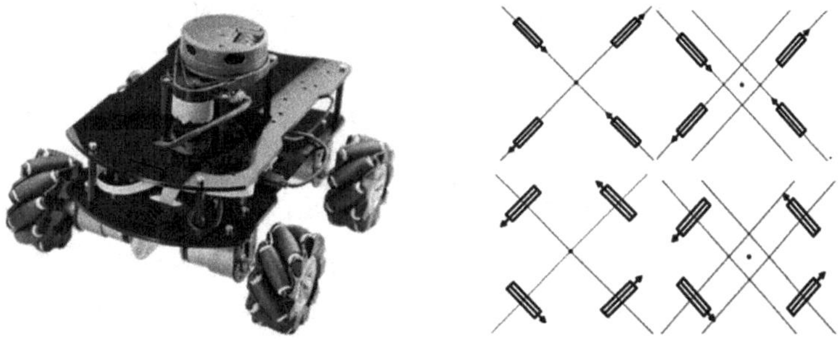

(a)四轮全向移动机器人实物图　　(b)四个轮的安装模式

图 3-6　四轮全向移动机器人

3.1.3　工作空间分析

1. 机器人的机动自由度

移动机器人的机动能力(maneuverability)是由机器人底盘的运动能力(mobility)和轮子的角度操控能力(steerability)两部分决定的，其中轮子的转速决定了机器人底盘的运动速度，轮子角度的变化决定了机器人底盘的运动方向，因此机器人的机动自由度是机器人运动速度自由度和轮子角度操控自由度的总和，描述了移动机器人的机动能力。

1) 机器人运动速度自由度

机器人的运动速度自由度完全受限于式(3-19)表示的底盘的滑动约束，即所有轮子的滑动约束组合，从数学上来说，就是机器人的速度向量 $_{W}^{R}\boldsymbol{R}^{W}\dot{\boldsymbol{X}}$ 被约束在矩阵 $\boldsymbol{C}_{\text{slide}}(\boldsymbol{\beta}_s)$ 的零空间内。因此，约束矩阵 $\boldsymbol{C}_{\text{slide}}(\boldsymbol{\beta}_s)$ 的秩越大，机器人的运动速度自由度就越小。

$\boldsymbol{C}_{\text{slide}}(\boldsymbol{\beta}_s)$ 为 $n\times 3$ 矩阵，因此 $\boldsymbol{C}_{\text{slide}}(\boldsymbol{\beta}_s)$ 的秩的最大值是 3，由于平面移动机器人的最大运动速度自由度为 3，因此，当移动机器人轮子的安装结构确定后，其运动速度自由度 DOF_{move} 定义为

$$\text{DOF}_{\text{move}} = 3 - \text{rank}[\boldsymbol{C}_{\text{slide}}(\boldsymbol{\beta}_s)] \tag{3-25}$$

2) 轮子角度操控自由度

轮子角度操控自由度 $\text{DOF}_{\text{steering}}$ 表示机器人中具有的可操控的轮子的数量，即

$$\text{DOF}_{\text{steering}} = \text{rank}[\boldsymbol{C}_{\text{slides}}(\boldsymbol{\beta}_s)] \tag{3-26}$$

增加可操控轮子的数量可以增强机器人的机动性。

在分析了机器人的运动速度自由度和轮子角度操控自由度后，可以得到机器人的机动自由度 DOF_{menu}，定义为

$$\text{DOF}_{\text{menu}} = \text{DOF}_{\text{move}} + \text{DOF}_{\text{steering}} \tag{3-27}$$

例 3-2　图 3-7 为汽车操控模式的移动机器人，计算其机动自由度。

解：首先分析机器人的运动速度自由度，四个轮子存在四个滑动约束，由于后面固定标准轮平行安装，所以两个后轮的约束方向是重合的，前面两个可操控标准轮是同步操控

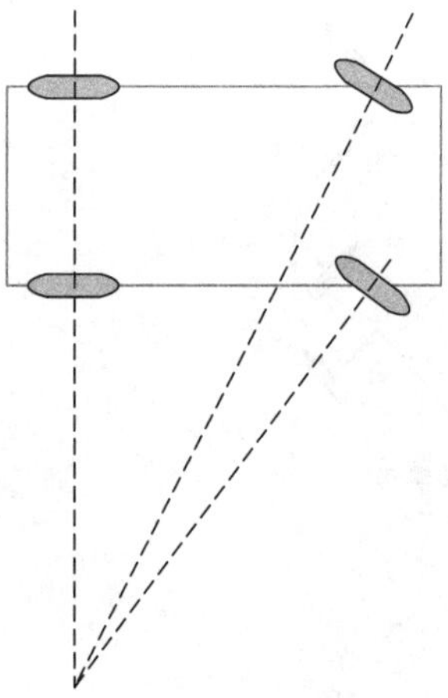

图 3-7 汽车操控模式移动机器人

的，但两个轮子的 β 角不一致。当 β 角为零时，前、后轮的滑动约束方向是平行的，此时机器人只能前后运动，即具有一个运动速度自由度。当 β 角不为零时，共存在三个滑动约束，如图 3-7 中虚线所示，也称为零速度约束线，此三条线相交于一点，形成机器人运动的瞬时回转中心(instantaneous center of rotation，ICR)，机器人将绕该中心转动，仍然只有一个运动速度自由度。因此，该机器人的运动速度自由度为 2，即 $DOF_{move}=2$，即由轮子转速决定的机器人的前向运动速度和轮子操控角度决定的机器人绕 ICR 的旋转速度。

注意，图中的三条零速度约束线必须相交于一点，即机器人只能有一个瞬时回转中心，因此前面两个轮子的操控角度 β 是相关的阿曼克转向(Ackermann steering)。当操控角度 β 为零时，四个轮子的零速度约束线平行，可以理解为 ICR 为无穷大。

其次分析机器人的轮子角度操控自由度，虽然机器人具有两个可操控标准轮，但为同步操控的，因此 $DOF_{steering}=1$。

因此，该机器人的机动自由度为 3，即 $DOF_{menu}=DOF_{move}+DOF_{steering}=3$。

2. 移动机器人工作空间分析

1) 完整约束和非完整约束机器人

完整与非完整约束机器人的含义是与运动约束相关的，由于机器人的运动约束是在速度空间描述的，在数学上，如果速度约束方程是不可积的，则称该约束为非完整约束，或为不可积约束，对应的机器人称为非完整约束机器人，如果速度约束方程可积，则可通过积分将约束方程变成只是位置变量的函数，该约束称为完整约束，对应的机器人称为完整约束机器人。

例 3-3 考虑自行车模型，当自行车的前轮角度锁定为零后，分析其完整性。

解：自行车的两个轮子均为固定标准轮，其滑动和滚动约束均是不可积的，但当前轮角度被锁定为零后，自行车只能产生向前的速度，此时滑动约束退化为 $y=0, \theta=0$，滚动约束退化为 $\varphi=x/r+\varphi_0$，其中 φ_0 为轮子的初始位置。即滑动和滚动约束均可表示为位置的函数，是完整的，因此前轮被锁定的自行车相当于一个完整约束机器人。

机器人的完整性也可以通过分析机器人的运动速度自由度和位置空间自由度的关系来确定。机器人的机动自由度、运动速度自由度和位置空间自由度三者间一般满足下面的不等式关系：

$$DOF_{move} \leqslant DOF_{menu} \leqslant DOF \tag{3-28}$$

如果机器人是完整的，当且仅当 $DOF_{move}=DOF$。可以想象，对于完整约束机器人，任何一个位置空间自由度都会对应一个运动速度自由度，如例 3-3 所示的前轮锁定的自行车，此时其位置空间自由度只剩一维，恰好运动速度自由度也是一维；又如全向移动机器人，其位置空间自由度是三维的，而且运动速度自由度也是三维的。对于非完整约束机器人，恰恰因为非完整约束存在，使其运动速度自由度小于位置空间自由度，$DOF_{move}<DOF$，如

双轮差动移动机器人，能够达到位置空间的任何位置和姿态，其位置空间自由度是三维的，但其运动速度自由度是二维的。

2) 路径与轨迹

如果非完整约束机器人的 $\mathrm{DOF_{move}}=2,\mathrm{DOF_{steering}}=1$，如汽车操控模式移动机器人，甚至 $\mathrm{DOF_{move}}=2,\mathrm{DOF_{steering}}=0$，如差动移动机器人，二者的位置空间自由度均为 $\mathrm{DOF}=3$，说明无论机动自由度为 3 还是机动自由度为 2 的非完整约束机器人，仍然能够到达工作空间的任意位姿。

另外一个需要分析的问题是，完整和非完整约束机器人能够以任意期望的轨迹到达工作空间的任意位姿吗？答案是完整约束机器人能够以任意期望的轨迹到达工作空间的任意位姿，而非完整约束机器人不能以任意期望的轨迹到达工作空间的任意位姿。

上述问题涉及路径(path)和轨迹(trajectory)的区别，路径表示三维工作空间的一条轨线(trace)，而轨迹则是在三维工作空间的轨线的基础上还要考虑时间因素，因此，路径是三维的，而轨迹是四维的，即路径加上时间。对于移动机器人，位置空间自由度DOF决定了机器人可以到达工作空间的任意位姿，而运动速度自由度 $\mathrm{DOF_{move}}$ 支配着机器人的运动轨迹能力。一般情况下，非完整约束机器人的轨迹跟踪能力要落后于完整约束机器人的轨迹跟踪能力。

例 3-4　假设机器人的预期轨迹为机器人从初始位姿以 1m/s 的速度沿 X 轴方向运动 1s，然后用 1s 时间转向 90°，再沿 Y 轴方向以 1m/s 的速度运动 1s 到达目标位置。

解：先考虑由两个可操控标准轮和一个非驱动球形轮构成的移动机器人，其自由度状态为 $\mathrm{DOF_{move}}=1,\mathrm{DOF_{steering}}=2,\mathrm{DOF_{menu}}=3$，是一种非完整约束机器人构型。由于机器人的转向过程必须通过操控轮子实现，而且需要操控 2 次，假设每次操控需要 1s 的时间，则完成该轨迹需要 5s 的时间，如图 3-8 所示，显然无法实现预期轨迹。

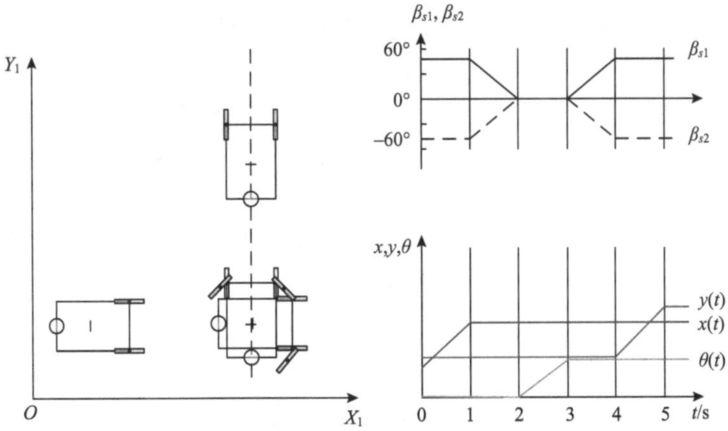

图 3-8　非全向移动机器人运动轨迹

再考虑由三个瑞典轮构成的全向移动机器人，其自由度状态为 $\mathrm{DOF_{move}}=3$，$\mathrm{DOF_{steering}}=0$，$\mathrm{DOF_{menu}}=3$，是一种完整约束机器人构型，只需调整轮子的转速即可实现沿 X 轴、Y 轴的运动以及转向等，在不考虑加速运动能力限制的条件下，每种运动能够在 1s 内完成，运动轨迹如图 3-9 所示，能够实现预期轨迹的跟踪。

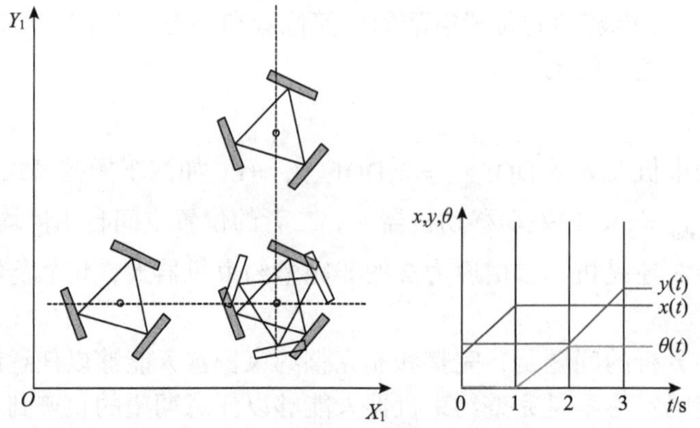

图 3-9 全向移动机器人运动轨迹

3.1.4 运动控制

控制问题要涉及动力学问题，移动机器人动力学问题相对简单，主要考虑运动驱动伺服系统的动力学问题。运动控制涉及的另一个问题是能否实现预期轨迹，则需要运动学和动力学相结合。

1. 开环控制与闭环控制

对于非完整约束机器人，实现轨迹跟踪不是一件容易的事，理想的是实现闭环控制，当然也可以采用开环控制的方式，简化控制器设计。

1) 开环控制

可以考虑将机器人的预期轨迹分割成若干形状简单的区段，如直线和圆弧，如图 3-10 所示，机器人可根据区段的形状，预先计算开环控制策略和控制参数，从而驱动机器人实现轨迹跟踪控制。

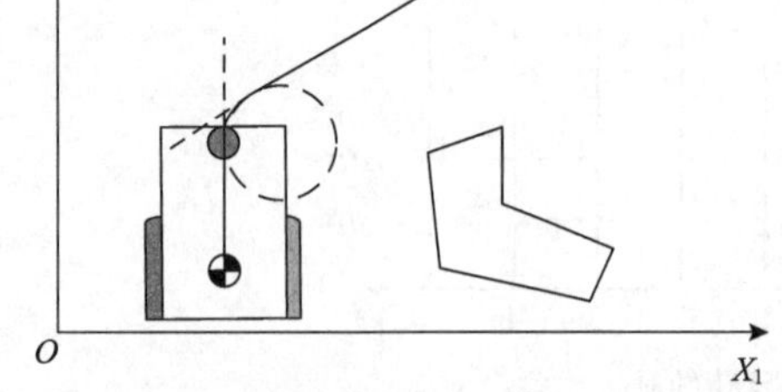

图 3-10 开环控制

开环控制主要需考虑区段的形状要与机器人的驱动能力相适应，其缺点是运动轨迹可能不够平滑，即速度和加速度不容易连续。此外，开环控制不能适应环境的变化，即机器人没有修正轨迹的能力。

2) 闭环控制

闭环控制利用轨迹误差实现反馈控制，如图 3-11 所示，假设世界坐标系选择在机器人的期望位置处，则机器人在世界坐标系下的位姿即为误差向量 $\boldsymbol{e} = {}^{W}(x\ y\ \theta)^{\mathrm{T}}$。

闭环控制器设计包含两部分内容：一部分是位姿控制器设计，是闭环控制器的外环，控制量为机器人在本体坐标系内的线速度和角速度 ${}^{R}\left[v\ \omega\right]^{\mathrm{T}}$，即选择如下反馈控制律：

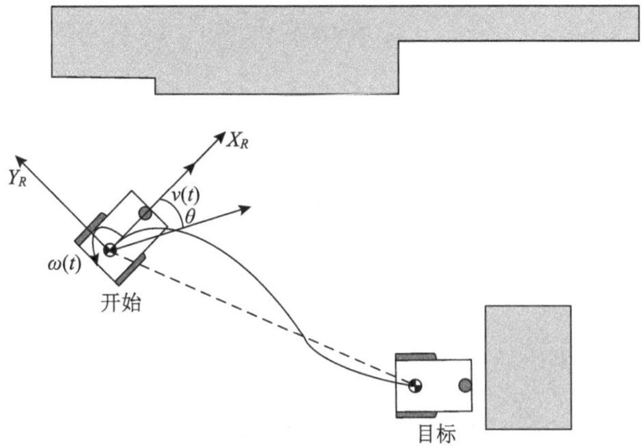

图 3-11 闭环控制

$$ {}^{R}\begin{bmatrix} v \\ \omega \end{bmatrix} = \begin{bmatrix} k_{11} & k_{12} & k_{13} \\ k_{21} & k_{22} & k_{23} \end{bmatrix} {}^{W}\begin{bmatrix} x \\ y \\ \theta \end{bmatrix} = \boldsymbol{K}\boldsymbol{e} \tag{3-29} $$

控制器设计的目标是求取控制矩阵 $\boldsymbol{K}$ ，并由此确定机器人的运动速度 ${}^{R}[v\ \omega]^{\mathrm{T}}$ ，驱使误差趋于零，即 $\lim\limits_{t\to\infty}\boldsymbol{e}(t)=0$ 。

闭环控制器设计的另一部分内容是速度的控制，是闭环控制器的内环，控制量是轮子的驱动力矩，实现速度的稳定控制，继而实现位姿控制。

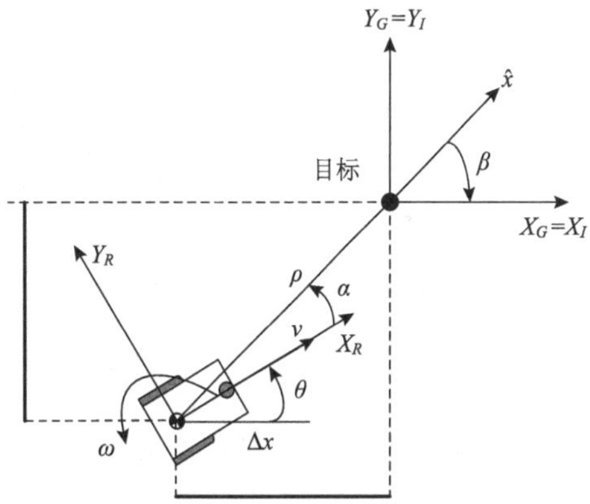

图 3-12 机器人轨迹偏差

2. 闭环控制系统设计

1) 位姿控制器设计

(1) 运动学模型变换。

如图 3-12 所示，选择期望位置为世界坐标系原点，为了消除位置偏差 $\boldsymbol{e}$ ，需选择合理的机器人速度 ${}^{R}[v\ \omega]^{\mathrm{T}}$ ，将其变换到世界坐标系，得

$$ {}^{W}\begin{bmatrix} \dot{x} \\ \dot{y} \\ \dot{\theta} \end{bmatrix} = \begin{bmatrix} \cos\theta & 0 \\ \sin\theta & 0 \\ 0 & 1 \end{bmatrix} {}^{R}\begin{bmatrix} v \\ \omega \end{bmatrix} \tag{3-30} $$

令 α 为机器人本体坐标系 X 轴与误差向量的夹角，β 为世界坐标系 X 轴与误差向量的夹角，则可定义极坐标系下的误差变量如下：

$$ \begin{aligned} &\rho = \sqrt{\Delta x^2 + \Delta y^2} \\ &\alpha = \arctan(\Delta y, \Delta x) - \theta \\ &\beta = -(\theta + \alpha) \end{aligned} \tag{3-31} $$

将式(3-30)、式(3-31)结合，可得到极坐标系下的速度变换：

$$\begin{bmatrix}\dot{\rho}\\ \dot{\alpha}\\ \dot{\beta}\end{bmatrix}=\begin{bmatrix}-\cos\alpha & 0\\ \dfrac{\sin\alpha}{\rho} & -1\\ -\dfrac{\sin\alpha}{\rho} & 0\end{bmatrix}^{R}\begin{bmatrix}v\\ \omega\end{bmatrix} \tag{3-32}$$

(2) 控制律设计。

可简单选择线性控制律：

$$v=k_{\rho}\rho\quad,\quad \omega=k_{\alpha}\alpha+k_{\beta}\beta \tag{3-33}$$

将控制律代入式(3-32)，得极坐标系下的位姿闭环控制系统：

$$\begin{bmatrix}\dot{\rho}\\ \dot{\alpha}\\ \dot{\beta}\end{bmatrix}=\begin{bmatrix}-k_{\rho}\rho\cos\alpha\\ k_{\rho}\sin\alpha-k_{\alpha}\alpha-k_{\beta}\beta\\ -k_{\rho}\sin\alpha\end{bmatrix} \tag{3-34}$$

闭环控制系统的平衡点为$(\rho,\alpha,\beta)=(0,0,0)$，且在$\rho=0$时无奇异点。

在α小角度范围内，对闭环控制系统线性化，即将$\cos\alpha=1,\sin\alpha=\alpha$代入式(3-34)，得

$$\begin{bmatrix}\dot{\rho}\\ \dot{\alpha}\\ \dot{\beta}\end{bmatrix}=\begin{bmatrix}-k_{\rho} & 0 & 0\\ 0 & -(k_{\alpha}-k_{\rho}) & -k_{\beta}\\ 0 & -k_{\rho} & 0\end{bmatrix}\begin{bmatrix}\rho\\ \alpha\\ \beta\end{bmatrix} \tag{3-35}$$

则可得系统方程的特征多项式为

$$(\lambda+k_{\rho})(\lambda^{2}+\lambda(k_{\alpha}-k_{\rho})-k_{\rho}k_{\beta})=0 \tag{3-36}$$

可以证明，当控制器参数满足$k_{\rho}>0, k_{\beta}<0, k_{\alpha}-k_{\rho}>0$时，闭环控制系统是局部指数稳定的。

2) 速度控制器设计

(1) 建立机器人动力学模型。

采用拉格朗日方程建立机器人动力学模型，设T_l,T_r,T_w分别表示机器人线速度、角速度和轮子转动产生的动能，即

$$T_l=\frac{1}{2}Mv^2,\quad T_r=\frac{1}{2}I\omega^2,\quad T_w=\frac{1}{2}I_0\dot{\varphi}_1^2+\frac{1}{2}I_0\dot{\varphi}_2^2,\quad \begin{bmatrix}v\\ \omega\end{bmatrix}=\begin{bmatrix}\dfrac{r\dot{\varphi}_1}{2}+\dfrac{r\dot{\varphi}_2}{2}\\ \dfrac{r\dot{\varphi}_1}{2l}+\dfrac{-r\dot{\varphi}_2}{2l}\end{bmatrix} \tag{3-37}$$

式中，M为机器人的质量；I为机器人的转动惯量；I_0为轮子的转动惯量。

由于移动机器人的势能为零，因此拉格朗日函数为机器人的总动能：

$$L = T_l + T_r + T_w = \left(\frac{Mr^2}{8} + \frac{(I + Md^2)r^2}{8l^2} + \frac{I_0}{2} \right)(\dot{\varphi}_1^2 + \dot{\varphi}_2^2) + \left(\frac{Mr^2}{4} - \frac{(I + Md^2)r^2}{4l^2} \right)\dot{\varphi}_1\dot{\varphi}_2 \tag{3-38}$$

式中，d 为机器人质心与两个轮子水平中心点的距离。

根据拉格朗日方程可求得机器人动力学方程为

$$\begin{cases} A\ddot{\varphi}_1 + B\ddot{\varphi}_2 = \tau_1 - K\dot{\varphi}_1 \\ A\ddot{\varphi}_2 + B\ddot{\varphi}_1 = \tau_2 - K\dot{\varphi}_2 \end{cases}, \quad \begin{cases} A = \dfrac{Mr^2}{8} + \dfrac{Ir^2}{8l^2} + \dfrac{I_0}{2} \\ B = \dfrac{Mr^2}{4} - \dfrac{Ir^2}{4l^2} \end{cases} \tag{3-39}$$

式中，K 为轮子与地面的摩擦系数。

(2) 控制律的选择。

设速度的偏差为 $e_v(s), e_\omega(s)$，选择如下的控制律：

$$\boldsymbol{\tau}(s) = \begin{bmatrix} \tau_1(s) \\ \tau_2(s) \end{bmatrix} = \frac{1}{r} \begin{bmatrix} g_1(s) & g_2(s) \\ g_1(s) & -g_2(s) \end{bmatrix} \begin{bmatrix} e_v(s) \\ e_\omega(s) \end{bmatrix} \tag{3-40}$$

式中，$g_1(s), g_2(s)$ 分别为线速度和角速度控制器，简单选择 PID 控制器即可，可根据动力学性能调整控制器参数，如 PI 控制器：

$$g_1(s) = K_1 \left(1 + \frac{1}{T_{i1}(s)} \right), \quad g_2(s) = K_2 \left(1 + \frac{1}{T_{i2}(s)} \right) \tag{3-41}$$

3.2 环境感知

移动机器人智能化的最终目标是使机器人具备自主导航能力，主要包括环境感知、自主定位、运动决策与避碰等研究内容。环境感知技术是其重要基础之一，目的是获取自身的工作状态和周围环境的信息，要涉及传感器的应用和环境特征的提取。

3.2.1 机器人常用传感器

一般而言，机器人的传感器大体分为两类：一类是用来测量机器人内部工作参数的，如机器人线速度和角速度，用于运动学、动力学和控制律的计算等，又如电池剩余电量的测量是机器人的任务规划中非常重要的因素，这类传感器称为内部传感器；另一类是用来感知机器人外部工作环境的，如对目标或障碍物的检测与测量，用于目标跟踪或避碰，又如自主定位和环境地图的构建，用于路径规划等，这类传感器称为外部传感器。

1. 轮子转速测量传感器

移动机器人轮子转速的测量是机器人运动学、动力学计算和控制器设计的基础，相关传感器是机器人必备的传感器，也可用于机器人里程仪定位，其核心是轮子角位移和角速度的测量，可以采用多种传感器，如旋转电位计、旋转变压器、光学编码器、磁编码器等，其中光学编码器是具有转轴的各类设备进行角度、角速度测量的主要传感器。移动机器人的轮子一般直接由电机驱动，利用光学编码器可以直接在本体坐标系内测量出轮子的转速，属于内部传感器。

光学编码器的工作原理如图 3-13 所示，由发光二极管对准光电探测器发出光束，中间放置具有一定规律且随转轴转动的编码盘，则光束周期性地被编码盘中断，光电探测器可检测出透过编码盘的光束，从而得到有效编码。

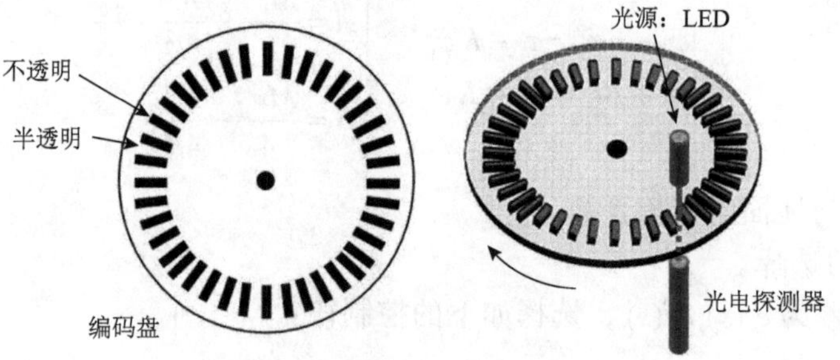

图 3-13　光学编码器工作原理

光学编码器分为增量式和绝对式两种，其核心是编码盘的设计。

增量式编码器在圆周上等间隔刻蚀若干光孔，如图 3-13 所示，当编码盘随转轴转动时，光电探测器会检测出脉冲序列，其频率与转轴转速成正比，每个脉冲表示转轴转过一个角度当量，脉冲的频率取决于光孔的密度，即 360°除以光孔的数量。因此通过统计脉冲数即可换算出转轴转过的角度，统计单位时间内的脉冲数即可换算出转轴的转速。

增量式编码器的另一个问题是如何判断转轴的转向，显然只有一圈光孔是无法判断转向的，解决方法是利用两圈光孔，第二圈光孔与第一圈光孔产生的脉冲序列相位相差 90°，称为正交增量式编码器，利用解码电路可以判断哪一圈光孔产生的脉冲序列是相位超前的，即可由此判断转轴的转向，判断电路如图 3-14 所示。编码盘的最外圈可以刻蚀一个光孔，用以记录转过的圈数。

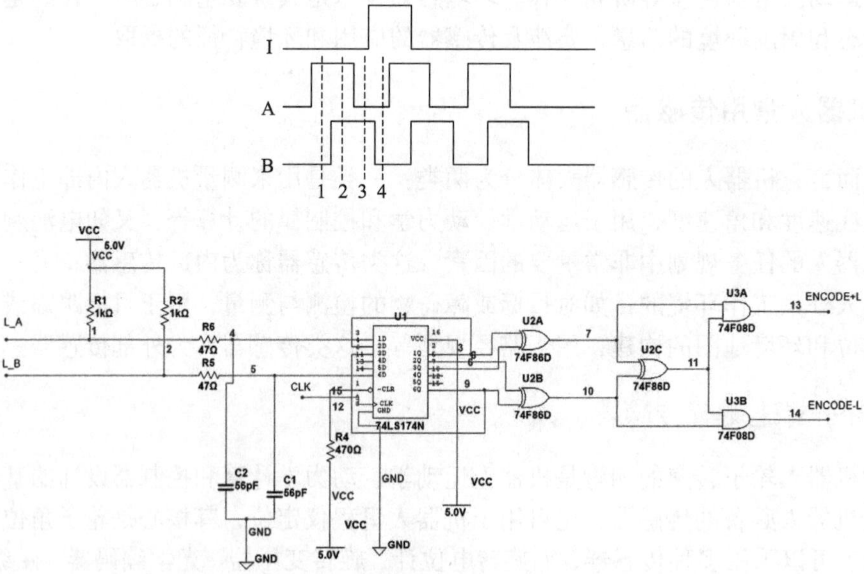

图 3-14　增量式编码盘方向判断原理

绝对式编码器原理如图 3-15 所示，以 8 位编码器为例，将编码盘等间隔分成 128 个扇区，在每个扇区，沿径向按二进制编码刻蚀 8 个光孔，这样光电探测器接收到 8 位二进制编码，对应于绝对角度。绝对式编码器主要用于需要测量绝对角度而且转动速度较慢的应用场合，需要专门设计光电探测器阵列和相应的解码器。

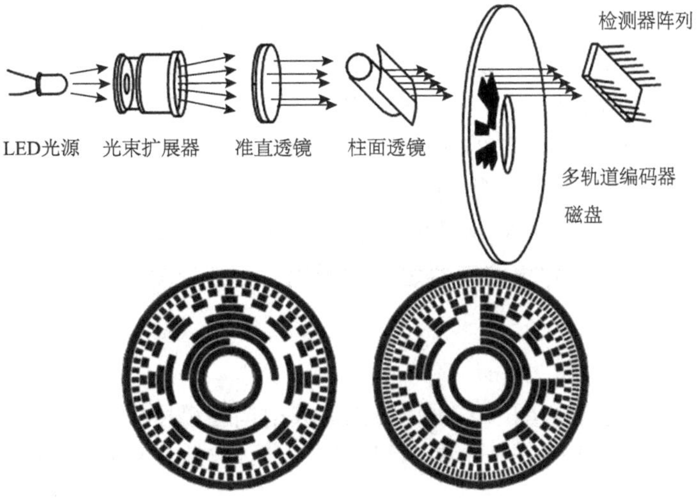

图 3-15 绝对式编码器原理

2. 障碍物测量传感器

在移动机器人工作环境中出现的物体就机器人运动而言称为障碍物，避免与障碍物发生碰撞是机器人必要的行为，因此障碍物测量传感器是移动机器人必备的传感器。常用的障碍物测量手段有超声波测距、激光雷达测距等。

超声波测距、激光雷达测距均为基于飞驰时间的有源测距方法，其基本原理是利用距离、速度、时间的关系 $d = vt$，因为超声波或激光在空间的传播速度是在已知范围的，所以超声波或激光发出后遇到障碍物返回到发射点的飞驰时间与被测距离成正比，记录飞驰时间就可获得障碍物的距离信息，实现障碍物的测量。

1) 超声波测距传感器

超声波测距传感器原理如图 3-16 所示，由发射器和接收器组成，首先由发射器将电能转换成压力波向空间发射，同时启动计数器，然后利用接收器接收被障碍物返回的超声波，将压力波转化成电压，并设计一个电压阈值，用于判断是否接收到回波，若接收到则停止计数，可以根据计数频率计算飞驰时间，从而实现距离的测量。

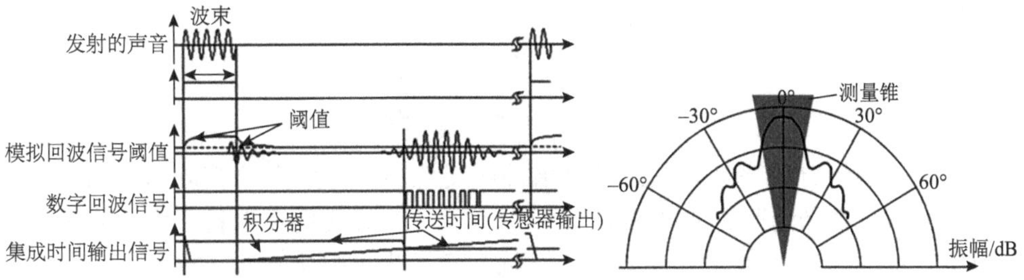

图 3-16 超声波发射与接收

其中接收端电压阈值需要进行特殊的设计，在超声波发射时设置一个大的阈值以防止旁瓣干扰，然后随着飞驰时间的增加逐渐减小，因为随着时间的增加，超声波的强度会减弱。

超声波的频率一般在 40～180kHz，主波瓣具有 20°～40°的发射角，在标准大气压、20℃环境温度下的传播速度近似为 343m/s，有效测量范围为 10cm～10m，分辨率为 2cm 左右，与计数频率相关。应用中，可在机器人周围多个角度安装超声波测距传感器。

超声波测距传感器存在以下弱点，在应用中需要注意。

(1) 由于波束发射角大，测量的是一个锥体范围，不能实现更加精确的点测量。

(2) 超声波的反射强度与障碍物的材质有关。

(3) 传感器的带宽不足，与超声波的传播速度有关，尤其是应用多个传感器的情况，各传感器需按顺序激发，以防止传感器之间的干扰，否则带宽严重降低，限制了机器人的工作速度。

2) 激光测距仪

激光测距仪的工作原理如图 3-17 所示，当激光射向粗糙度大于入射光波长的障碍物表面时，会产生漫反射，即入射光几乎各向同性地反射，接收端可接收到发射光，实现距离的测量。

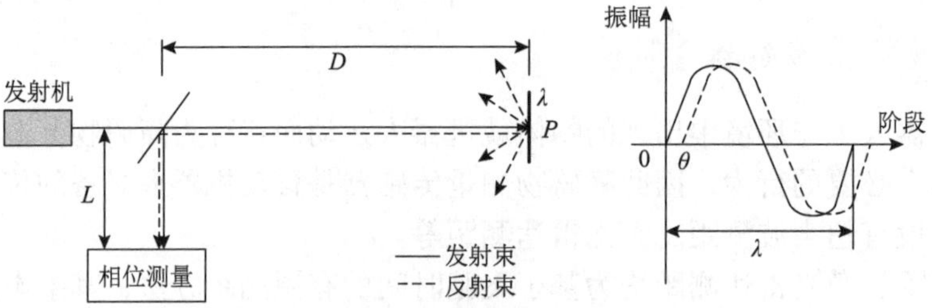

图 3-17　激光测距仪工作原理

与超声波测距传感器工作原理不同的是，由于光速很大，如果测量距离短，则难以用飞驰时间测量的方法得到准确的距离，当测量距离长时，可以采用飞驰时间测量方法。当测量距离短时，可以采用相位测量的方法得到距离。用一个波长较大的波对激光波进行调幅，得到一个激光连续波，其速度 c 、频率 f 、波长 λ 满足如下关系：

$$c = f \cdot \lambda \tag{3-42}$$

式中， c 为光速，例如， $f = 5\text{MHz}$ ，则 $\lambda = 60\text{m}$ 。在一个波长范围内，相位差 θ 对应测量距离的 2 倍，与波长的关系为

$$2D = \frac{\theta}{2\pi}\lambda \quad \Rightarrow \quad D = \frac{\theta}{4\pi}\lambda \tag{3-43}$$

激光测距仪的角分辨率远远超过超声波测距传感器，一般在 0.5°以内，因此可以实现 360°多光束扫描式激光测距，如图 3-18 所示，利用一个旋转的反射镜，将激光投射到各个方向，相位测量部件接收 360°多光束点云数据，目前光束最多达到 128 线。

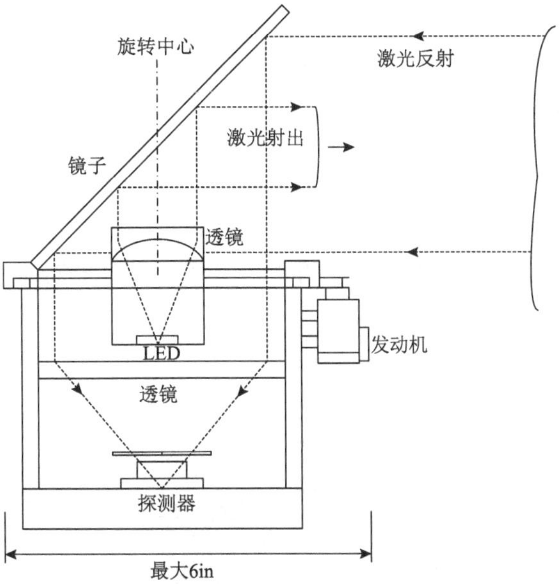

图 3-18　扫描式激光测距

1in = 2.54cm

3. 机器人定位传感器

基于航迹推算法或里程仪的定位方法源自航海，现在已成为移动机器人定位的主要方法，例如，用光电编码盘可以精确测量轮子转速，进而利用运动学原理计算出机器人相对世界坐标系的线速度和角速度，通过一定时间的累计计算确定机器人的位置和方向，但这个计算过程会引入误差，短时间内可以保证精度，长时间应用存在累计误差。因此需要测量机器人位置和方向的其他手段。

1) 方向的测量

(1) 磁罗经。

通过测量地磁场的方向可以推算出机器人的方向，地磁场为双极模式，自地磁南极指向地磁北极，磁场强度为 0.3～0.6Gs。地磁北极位于地理南极附近，地磁南极位于地理北极附近，通过两个磁极的磁轴与地球的自转轴大约呈 11.3°的倾斜。但无论何地，地磁场的水平分量永远指向地磁北极，因此，可以用电子罗盘系统确定方向。

磁罗经的原理是利用磁传感器测量地磁场。常用的有霍尔效应磁罗经和磁通门磁罗经。

霍尔效应磁罗经是根据半导体材料的霍尔效应制成的，即在磁场作用下，在半导体材料的长度方向上施加恒定的电流，在半导体材料的宽度方向会产生一个电压差，其大小与半导体材料的安装方向与磁通方向的夹角有关，其方向与磁通方向相同，因此一个半导体材料可以实现一维的磁通和方向测量，在机器人应用中，可以采用两个垂直安装的半导体材料，以实现两个方向的磁通和方向测量，用于估算机器人的方向。霍尔效应磁罗经具有体积小、重量轻、功耗低、价格低等优点，但存在分辨率低、带宽低等不足，还会受到环境的影响。

磁通门磁罗经是根据磁饱和方法的原理制成的，将两个线圈绕在铁磁材料上并垂直安装，当两个线圈通入交流电时，由于磁场的作用，两个线圈中的交流电会产生相移，测量该相移可计算出二维的磁场方向。与霍尔效应磁罗经相比，磁通门磁罗经具有更高的分辨率和准确度。

不管应用哪类磁罗经，都会受到环境中其他磁场的影响，而且带宽受限，对振动敏感。室内移动机器人很少使用磁罗经。

(2) 陀螺仪。

图 3-19 为两轴陀螺仪的工作原理，中间安装一个高速旋转轮，转轴能保证空间稳定，而且两个转轴不能向轮轴传入力矩，这样就可测量两个转轴相对于轮轴的相对角度，实现机器人方向的测量。实际应用中转轴轴承的残余摩擦力会对轮轴产生小的力矩，限制了长期的空间稳定性。

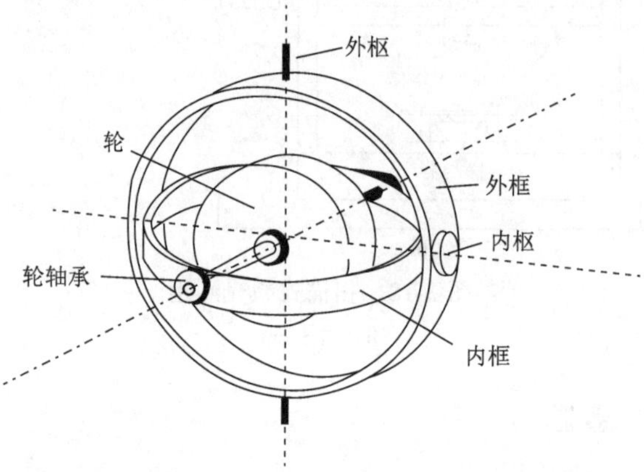

图 3-19　两轴陀螺仪工作原理

光纤陀螺是利用同一光源发出的激光分别沿逆时针和顺时针两个方向进入两路光纤，因为行进在转动光纤中的激光路径稍短，将会得到较高的频率，两个光束的频率差正比于陀螺的角速度，通过频率差的测量实现角速度的测量。光纤陀螺是一种速率陀螺，具有很大的带宽和非常高的分辨率。

2) 位置的测量

位置测量的有效方法是使用有源或无源的信标，利用机载的传感器与环境中安装的信标进行交互，机器人可以精确地识别信标的位置。

全球定位系统(GPS)就是一种基于信标的定位方法，由至少 24 颗卫星组成，GPS 接收器能够通过 4 颗已知位置的卫星来确定自身的位置(图 3-20)。

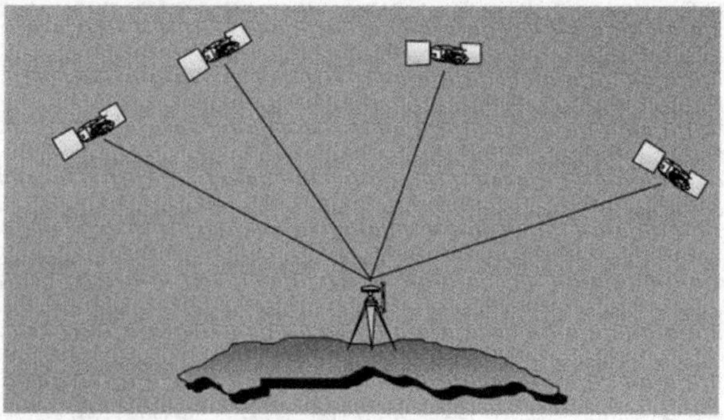

图 3-20　GPS 工作原理

4. 运动测量传感器

运动测量传感器用于测量移动机器人和环境之间的相对运动，主要理论基础是多普勒效应。

一个发射器以频率 f_t 发射电磁波或声波，它或者被其他接收器直接接收，或者被其他物体反射后被自身接收，如图 3-21 所示，接收的频率 f_r 是发射器和接收器之间相对速度 v 的函数。

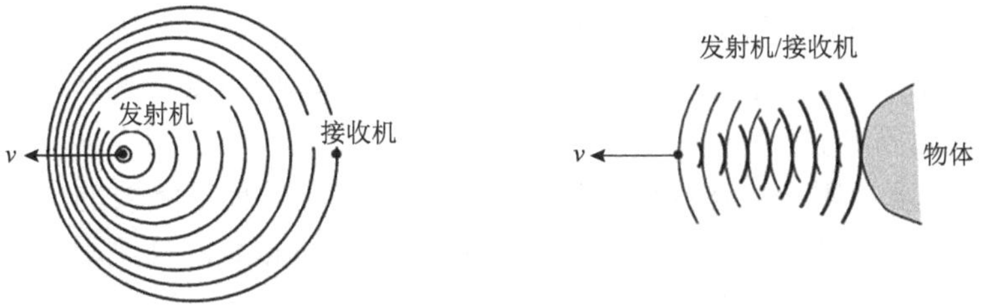

图 3-21　多普勒测速原理

以接收器相对运动为例，则接收频率为

$$f_r = f_t(1 + v / c) \tag{3-44}$$

考虑发射和接收频率的频率差，也称多普勒频率或多普勒偏移，有

$$\Delta f = f_r - f_t = \frac{2 f_t v \cos\theta}{c} \quad \Rightarrow \quad v = \frac{\Delta f c}{2 f_t \cos\theta} \tag{3-45}$$

式中，θ 为机器人运动方向与光束轴之间的角度；系数 2 考虑了在接收反射波的情况下，往返的路径增加一倍。

多普勒测速仪多用于公路车辆，如微波雷达和激光雷达，二者指标基本相当，测量距离达到 150m，测速范围为 0～160km/h，分辨率为 1km/h，准确度达到 97%，可以 2Hz 的带宽提供多目标的信息。

3.2.2　测量误差分析

1. 传感器的性能指标

传感器的性能指标分为两类：一类是理想实验室环境下标定的基本性能指标；另一类是在实际应用中体现的应用性能指标。

1) 基本性能指标

基本性能指标主要有以下四个方面。

(1) 动态范围：表示传感器保持正常工作的条件下，其输入值的上下限之间的比值。形式上是最大输入值与最小可测量输入值的比值。

(2) 分辨率：表示传感器能检测到的两个值之间的最小差值。通常，传感器动态范围的下限等于其分辨率。

(3) 线性度：是决定传感器输入和输出关系的重要指标，传感器的输入/输出响应曲线是一条简单的直线，当输入信号变化时，线性度是对传感器输出信号性能的一种重要度量。

(4) 频率带宽：表示测量传感器可以提供连续读数的速度，传感器的频率定义为每秒测量的次数，单位为赫兹。

2) 应用性能指标

传感器在实际应用中会与环境产生复杂的相互作用，因而其性能会受到影响，对传感器应用性能的分析有利于更好地应用传感器实现测量。常用的应用性能指标有以下几种。

(1) 敏感度：用于测量输入信号的增量变化造成输出信号的变化程度，形式上，是传感器输出变化与输入变化之比。外部感知传感器也会对其他不希望的环境参数产生耦合影响，造成灵敏度的混淆。

(2) 交叉灵敏度：用于描述与传感器的目标参数正交的环境参数的灵敏度。高交叉敏感度通常是不可取的，例如，磁通门磁罗经可以显示出对磁北的高灵敏度，该磁罗经也将显示出对含铁建筑材料的高灵敏度。

(3) 误差：定义为传感器的输出测量值与被测量的真实值之间的差值，通常真实值是难以获得的。对于误差，还要进一步区分为系统误差和随机误差。

系统误差：指引起误差的因素或过程是理论上可以建模的，即系统误差是确定性的、可预测的。

随机误差：指引起误差的因素或过程是不能通过建模实现预测的，也不能用更精确的传感器实现测量，具有不确定性，因此只能用概率统计模型来描述。

(4) 精度：表示传感器测量值与真实值之间的符合度，通常表示为测量值与真实值的比值，即精度=1–|误差|/真实值，因此，误差越小，精度越高，反之亦然。

(5) 准确度：与传感器测量结果的再现性有关，容易和精度混淆。例如，用一个传感器对相同的环境状态进行多次测量，如果能够产生相同的输出，那么传感器就具有很高的准确度，或者用多个同型号的传感器对同一个目标参数进行测量，如果多个测量结果一致，同样表示准确度高。

2. 不确定性的表示

3.2.1 节介绍的各种传感器都带有系统性的和随机性的误差。其中系统误差是指一种非随机性误差，是在测量过程中由某些固定的原因引起的一类误差，具有重复性、单向性、可测性，如果能找出产生误差的原因，并设法测定出其大小，那么可以通过校正的方法予以减少或者消除，即这类误差只要事先做好充分准备，是可以避免的。

随机误差由不固定的因素引起的，是可变的，有时大，有时小，有时正，有时负，不可校正，无法避免，服从统计规律。此时，可以考虑将传感器的测量结果看成随机变量，则可用概率密度函数 $f(x)$ 作为传感器的误差模型，表示可能的各个测量结果 x 的发生概率，概率密度函数所包围的面积为 1，即表示传感器每次测量结果必在统计的测量值集合中：

$$\int_{-\infty}^{\infty} f(x)\mathrm{d}x = 1 \tag{3-46}$$

若测量值出现在由边界 a,b 确定的区间，则发生的概率为

$$P[a < X \leqslant b] = \int_a^b f(x)\mathrm{d}x \tag{3-47}$$

若传感器进行了多次测量，则多次测量的平均值 μ ，或均值就等效于期望值 $E[X]$ ，即对 x 的全部可能值的概率加权平均：

$$\mu = E[X] = \int_{-\infty}^{\infty} xf(x)\mathrm{d}x \tag{3-48}$$

概率密度函数模型中还有两个重要的统计量均方值 $E[X^2]$ 和方差 $\mathrm{Var}(X)$ 在误差分析中非常重要：

$$\begin{cases} E[X^2] = \int_{-\infty}^{\infty} x^2 f(x)\mathrm{d}x \\ \mathrm{Var}(X) = \sigma^2 = \int_{-\infty}^{\infty} (x-\mu)^2 f(x)\mathrm{d}x \end{cases} \tag{3-49}$$

实际中可假设随机误差属于白噪声，因此常用的随机误差模型是高斯分布模型或正态分布模型，如图 3-22 所示，是单峰的，且相对于均值 μ 对称，其概率分布为

$$f(x) = \frac{1}{\sigma\sqrt{2\pi}} \exp\left(-\frac{(x-\mu)^2}{2\sigma^2}\right) \tag{3-50}$$

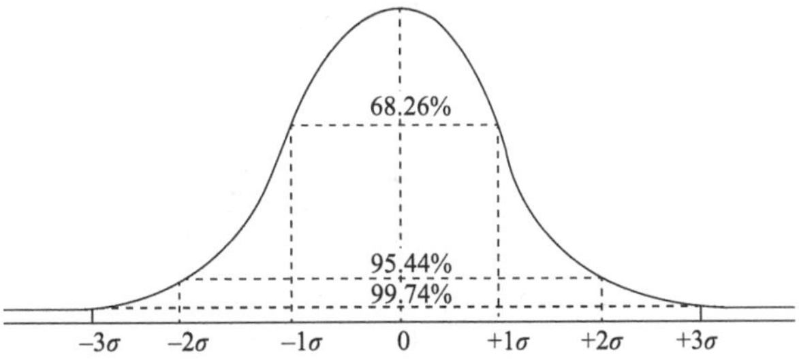

图 3-22　正态分布

根据高斯概率分布函数，可以计算对 X 的不同值域的分布概率，但对概率分布的积分不存在封闭解，可建立概率表，如

$$\begin{cases} P[\mu-\sigma < X \leqslant \mu+\sigma] = 0.68 \\ P[\mu-2\sigma < X \leqslant \mu+2\sigma] = 0.95 \\ P[\mu-3\sigma < X \leqslant \mu+3\sigma] = 0.997 \end{cases} \tag{3-51}$$

式(3-51)为 3 σ 准则，又称为拉依达准则，它先假设一组测量数据只含有随机误差，对其进行计算处理得到标准偏差 σ ，按一定概率确定一个区间，认为凡超过这个区间的误差就不属于随机误差而是粗大误差，含有该误差的数据应予以剔除。

3. 误差的传播

移动机器人会利用全部传感器输入信息来提取环境的若干信息，如图 3-23 所示，图中 X_i 表示 n 个随机误差模型已知的传感器输入信息，Y_i 表示需要估计的 m 个环境信息，二者的关系 f_i 已知：

$$Y_i = f_i(X_1, X_2, \cdots, X_n) \tag{3-52}$$

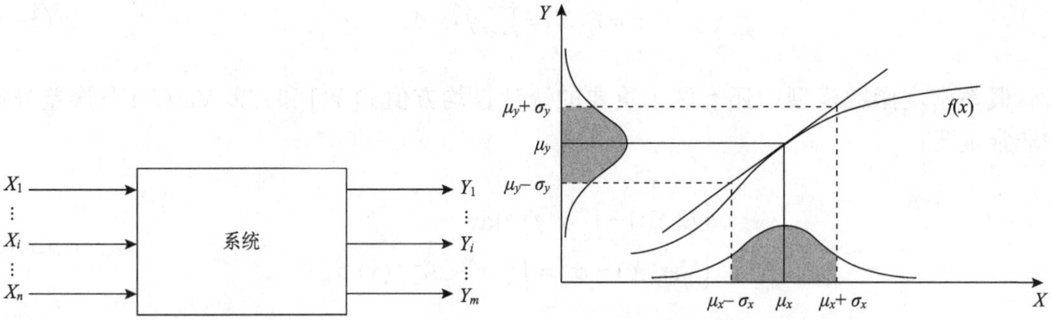

图 3-23 误差传播

输入信息的不确定性一定会引起输出信息的不确定性，图 3-23 中描述了 $Y=f(X)$ 一维情况下的误差传播原理。当 f_i 已知时，利用 f_i 的一阶泰勒展开式可以得到输出的协方差矩阵 $\boldsymbol{C}_Y$ 和输入的协方差矩阵 $\boldsymbol{C}_X$ 的关系：

$$\boldsymbol{C}_Y = \boldsymbol{F}_X \boldsymbol{C}_X \boldsymbol{F}_X^{\mathrm{T}} \tag{3-53}$$

式中，$\boldsymbol{F}_X$ 为雅可比矩阵，其定义为

$$\boldsymbol{F}_X = \nabla \boldsymbol{f} = \begin{bmatrix} \dfrac{\partial f_1}{\partial X_1} & \cdots & \dfrac{\partial f_1}{\partial X_n} \\ \vdots & \ddots & \vdots \\ \dfrac{\partial f_m}{\partial X_1} & \cdots & \dfrac{\partial f_m}{\partial X_n} \end{bmatrix} \tag{3-54}$$

3.2.3 环境特征提取

移动机器人需要通过传感器获得的信息确定它与环境的关系，并实现自主导航，存在两种利用传感器信息引导机器人运动的策略：一种是将传感器信息直接与机器人的运动行为关联，建立机器人的运动行为模型，是一种基于行为的引导策略；另一种是建立机器人工作环境的模型，根据新获得的传感器信息提取环境的特征信息，并据此更新环境模型实现机器人的引导，是一种基于环境模型的高级引导策略。

1. 环境特征及分类

特征是指环境中可被认知的元素结构，分为低级特征和高级特征，其中低级特征是关于几何的基本要素，如直线、圆、多边形等简单的几何特征，高级特征表示对环境中物体

的描述，如对门、桌子等信息的描述。

特征提取的过程是对原始的、大量的传感器信息的抽象，可有效减少数据信息的容量，如低级特征的提取可理解为对传感器获取信息的抽象，高级特征的提取可理解为对低级特征的更进一步抽象。值得注意的是，这种抽象过程有过滤掉重要信息的风险。

特征提取的结果是环境认知或场景解释的基础，环境认知需要环境模型的支持，这就需要特征提取的结果与环境模型表示方法所需要的信息相一致。如办公楼走廊的建模过程，主要需要直线、拐角、台阶等基本几何信息，基于距离测量传感器即可实现这些低级特征的提取。再如目标识别与定位模型，需要高级特征的提取，多用图像处理技术实现。

本节主要介绍基于距离信息的低级特征提取技术，基于图像的高级特征提取技术将在第 4 章介绍。

2. 基于距离信息的直线特征提取

1) 直线方程的提取

如图 3-24 所示，假设传感器采集了 n 个测量点，在极坐标下表示为 $x_i=(\rho_i,\theta_i)$，如果测量没有误差，直线提取的目标是寻求一条直线，用 (r,α) 表示，使所有测量点都在这条直线上，即满足：

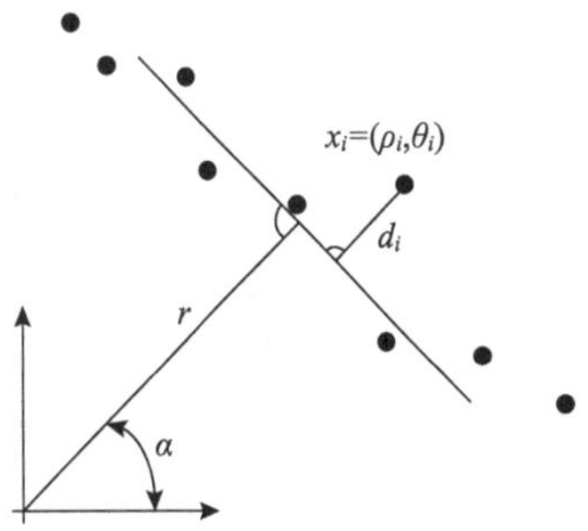

图 3-24　直线提取

$$\rho\cos\theta\cos\alpha+\rho\sin\theta\sin\alpha-r=\rho\cos(\theta-\alpha)-r=0 \tag{3-55}$$

因为存在测量误差，所以式(3-55)不为零，可用最小二乘法对直线参数进行寻优，得到最优的直线方程。

设每个测量点到直线的误差为 d_i，即测量点到直线的垂直距离：

$$\rho_i\cos(\theta_i-\alpha)-r=d_i \tag{3-56}$$

取目标函数为

$$J=\sum_i d_i^2=\sum_i(\rho_i\cos(\theta_i-\alpha)-r)^2 \tag{3-57}$$

通过求解非线性方程组 $\partial J/\partial r=0,\partial J/\partial\alpha=0$，得到最优的直线参数 (r,α)：

$$\alpha=\frac{1}{2}\arctan\left[\frac{\sum_i\rho_i^2\sin 2\theta_i-\frac{2}{n}\sum_i\sum_j\rho_i\rho_j\cos\theta_i\sin\theta_j}{\sum_i\rho_i^2\cos 2\theta_i-\frac{1}{n}\sum_i\sum_j\rho_i\rho_j\cos(\theta_i+\theta_j)}\right] \tag{3-58}$$
$$r=\frac{1}{n}\sum_i\rho_i\cos(\theta_i-\alpha)$$

注意，上述的最优直线同样存在不确定性，由测量结果的不确定性传递而来，可采用式(3-53)所示的计算方法计算直线参数的协方差矩阵。

2) 直线方程的分割

一般情况下，传感器的测量数据可能是对多条直线的测量结果，这就需要从传感器数据中提取出多条直线，这一过程称为分割。

可以根据测量数据的相邻群将测量数据分为若干组，并采用上述的直线提取方法提取出若干直线段 $x_i=[r_i,\alpha_i]$，然后利用某种判断准则将这些直线段进行组合，形成最终的直线分割结果。例如，选取判断准则为欧氏距离，定义两个直线段之间的欧氏距离为

$$(x_1-x_2)^{\mathrm{T}}(x_1-x_2)=(\alpha_1-\alpha_2)^2+(r_1-r_2)^2 \tag{3-59}$$

利用直线之间的欧氏距离可以将距离较短的多个直线进行组合形成新的特征直线：

$$(x_i-\overline{x})^{\mathrm{T}}(x_i-\overline{x})\leqslant d_m \tag{3-60}$$

式中，$\overline{x}$ 为组合形成的新的特征直线；d_m 表示距离较短的判断阈值。

直线分割过程可以采用多种方法实现，如角度直方图的分割方法，如图 3-25 所示，机器人对房间进行 360°扫描，然后计算两个相邻扫描点间的相对角度 δ，并绘制角度直方图，相对角度的峰值变化表示直线特征的变化，该方法对墙、门、窗等都具有较好的检测结果。

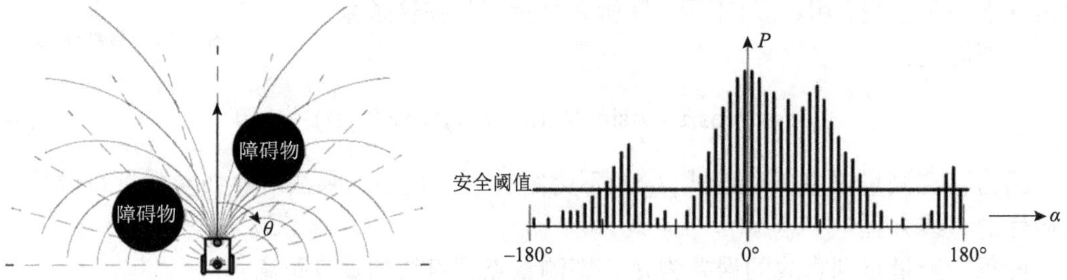

图 3-25　角度直方图

3. 基于距离信息的其他特征提取

直线特征对室内移动机器人具有重要价值，尤其在人造环境中，如大楼的墙和走廊，但只有直线特征是不足的，一些其他的几何特征也很重要，如拐角特征定义为具有方向的点特征，台阶特征定义为垂直于行进方向的台阶变化，门道特征定义为在墙上具有一定宽度的开口等。

复杂特征的提取不是能够简单实现的，但会随着传感器的进步而进步，如平面特征，像室内的墙、地板、天花板等特征，对室内机器人环境地图构建和自主定位都有重要的帮助。

3.3　自 主 定 位

移动机器人定位的目的是确定机器人在其工作环境的位置，可分为绝对定位和相对定位两种。其中绝对定位是要确定机器人在绝对的大地坐标系中的位置，GPS 就是一种绝对定位手段，但其精度对于小型移动机器人来说是不足的，而且不能在室内或有障碍的环境中使用。相对定位是在工作环境范围内的一个局部坐标空间实现定位，例如，里程仪可相

对于机器人的初始位置进行位置变化的累计计算，也可以构建工作空间的局部地图，确定机器人在地图中的相对位置。相对而言，相对定位比绝对定位更具挑战性，也更具实用价值，因此本节主要介绍几种相对定位方法。

3.3.1　基于里程仪的自主定位

1. 里程仪定位算法

里程仪的工作原理是通过对测得的机器人轮子里程的累计处理，计算机器人的当前位姿，实现机器人的相对定位。下面以差动移动机器人为例，介绍该定位算法。

机器人的位姿可用向量 $\boldsymbol{p}=[x\ y\ \theta]^{\mathrm{T}}$ 表示，对应固定采样间隔 Δt，机器人产生的位姿增量为 $(\Delta x,\Delta y,\Delta\theta)$，可用式(3-61)计算：

$$
\begin{aligned}
\Delta x &= \Delta s\cos(\theta+\Delta\theta/2)\\
\Delta y &= \Delta s\sin(\theta+\Delta\theta/2)\\
\Delta\theta &= \frac{\Delta s_r-\Delta s_l}{b}\\
\Delta s &= \frac{\Delta s_r+\Delta s_l}{2}
\end{aligned}
\tag{3-61}
$$

式中，$\Delta s_l,\Delta s_r$ 分别为 Δt 时间左、右轮行走的距离，可通过光电编码盘实现测量；Δs 为底盘行走的距离；b 为两个轮子之间的距离。

因此可以通过机器人位姿的更新实现机器人定位：

$$
\boldsymbol{p}'=\boldsymbol{f}(x,y,\theta,\Delta s_r,\Delta s_l)=\begin{bmatrix}x\\ y\\ \theta\end{bmatrix}+\begin{bmatrix}\dfrac{\Delta s_r+\Delta s_l}{2}\cos\left(\theta+\dfrac{\Delta s_r-\Delta s_l}{2b}\right)\\ \dfrac{\Delta s_r+\Delta s_l}{2}\sin\left(\theta+\dfrac{\Delta s_r-\Delta s_l}{2b}\right)\\ \dfrac{\Delta s_r-\Delta s_l}{b}\end{bmatrix}
\tag{3-62}
$$

2. 里程仪定位误差分析

由于机器人运动过程中存在许多不确定性，如采样时间的分辨率、轮子直径和充气情况、两轮地面接触点的差异等，式(3-62)只能给出实际位置的粗略估计，需要进一步建立误差模型以提高位姿估计精度。

首先，建立两个轮子行走距离的误差模型，用协方差矩阵描述：

$$
\sum\nolimits_{\Delta}=\mathrm{covar}(\Delta s_r,\Delta s_l)=\begin{bmatrix}k_r|\Delta s_r| & 0\\ 0 & k_l|\Delta s_l|\end{bmatrix}
\tag{3-63}
$$

式中，k_l,k_r 为左、右轮的误差常数，表示轮子与地面交互的非确定性常数，可通过分析具有代表性的运动由实验确定。式(3-63)基于以下两个假设：

(1) 左、右轮的误差是相对独立的；

(2) 误差的方差正比于行走过的距离的绝对值。

假设初始位姿 $\boldsymbol{p}$ 与 $\Delta s_r, \Delta s_l$ 不相关，则可根据误差传递公式(3-53)计算位姿估计的协方差矩阵：

$$\sum_{p'} = \Delta_p \boldsymbol{f} \sum_p \Delta_p \boldsymbol{f}^{\mathrm{T}} + \Delta_{rl} \boldsymbol{f} \sum_\Delta \Delta_{rl} \boldsymbol{f}^{\mathrm{T}} \tag{3-64}$$

式(3-64)为递推计算公式，其中 $\sum_p$ 由上一步计算给出，因此给定初值后，就可以进行迭代计算。

利用式(3-62)可以计算两个雅可比矩阵：

$$\Delta_p \boldsymbol{f} = \Delta_p(\boldsymbol{f}^{\mathrm{T}}) = \begin{bmatrix} \dfrac{\partial \boldsymbol{f}}{\partial x} & \dfrac{\partial \boldsymbol{f}}{\partial y} & \dfrac{\partial \boldsymbol{f}}{\partial \theta} \end{bmatrix} = \begin{bmatrix} 1 & 0 & -\Delta s \sin(\theta + \Delta\theta / 2) \\ 0 & 1 & \Delta s \cos(\theta + \Delta\theta / 2) \\ 0 & 0 & 1 \end{bmatrix} \tag{3-65}$$

$$\begin{aligned} \Delta_{rl} \boldsymbol{f} \sum_\Delta &= \begin{bmatrix} \dfrac{\partial \boldsymbol{f}}{\partial \Delta s_r} & \dfrac{\partial \boldsymbol{f}}{\partial \Delta s_l} \end{bmatrix} \\ &= \begin{bmatrix} \dfrac{1}{2}\cos\left(\theta + \dfrac{\Delta\theta}{2}\right) - \dfrac{\Delta s}{2b}\sin\left(\theta + \dfrac{\Delta\theta}{2}\right) & \dfrac{1}{2}\cos\left(\theta + \dfrac{\Delta\theta}{2}\right) + \dfrac{\Delta s}{2b}\sin\left(\theta + \dfrac{\Delta\theta}{2}\right) \\ \dfrac{1}{2}\sin\left(\theta + \dfrac{\Delta\theta}{2}\right) + \dfrac{\Delta s}{2b}\cos\left(\theta + \dfrac{\Delta\theta}{2}\right) & \dfrac{1}{2}\sin\left(\theta + \dfrac{\Delta\theta}{2}\right) - \dfrac{\Delta s}{2b}\cos\left(\theta + \dfrac{\Delta\theta}{2}\right) \\ \dfrac{1}{b} & -\dfrac{1}{b} \end{bmatrix} \end{aligned} \tag{3-66}$$

建立了误差模型后，可以计算误差随时间变化的结果，如图 3-26 所示。由图中可以看出，机器人直线运动时，y 方向不确定性的增长比前进方向，即 x 方向更快，当机器人圆周运动时，垂直于运动的不确定性增长比运动方向快。

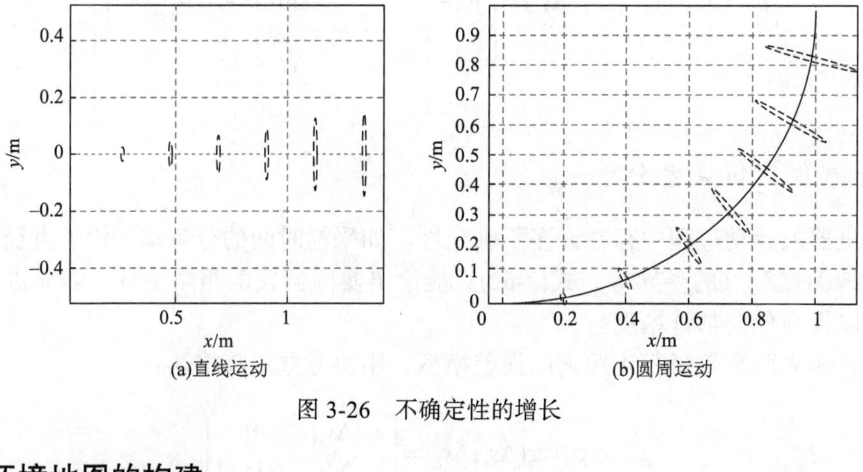

图 3-26　不确定性的增长

3.3.2　环境地图的构建

环境地图的表示方法与机器人的位置描述方法密切相关，位置表示的准确性会受到地图表示准确性的限制。构建环境地图时，必须考虑下面几个因素：

(1) 地图的精度必须匹配机器人需要达到目标位置的精度；

(2) 地图的精度必须匹配机器人传感器的测量能力；

(3) 尽量降低地图表示的复杂性，降低存储量和计算量。

1. 连续地图的表示方法

连续地图是对环境的一种精确描述方法，在移动机器人应用中，只需要二维的连续地图即可，描述地图需要的存储量正比于环境中物体的密度。如何减少对存储量的需求，是地图构建的关键技术。

图 3-27 表示对环境地图的几种表示方法，图 3-27(a)表示真实地图，图 3-27(b)用简单的几何图形表示物体及其在图中的位置，可以有效节省存储空间，也便于与简单的几何特征提取相匹配，图 3-27(c)将环境划分为栅格，栅格的尺寸要与机器人的尺寸相匹配，保证机器人定位的有效性，图 3-27(d)将环境进一步抽象为由部分节点组成的拓扑图，使地图的描述更为简化，要与机器人需完成的任务相匹配。

连续地图表示的优点在于与真实环境的匹配和机器人定位的准确性，但也趋于向选择性和抽象性发展，虽然与真实环境相比失去了保真度，但确实能够使存储和计算得到简化。

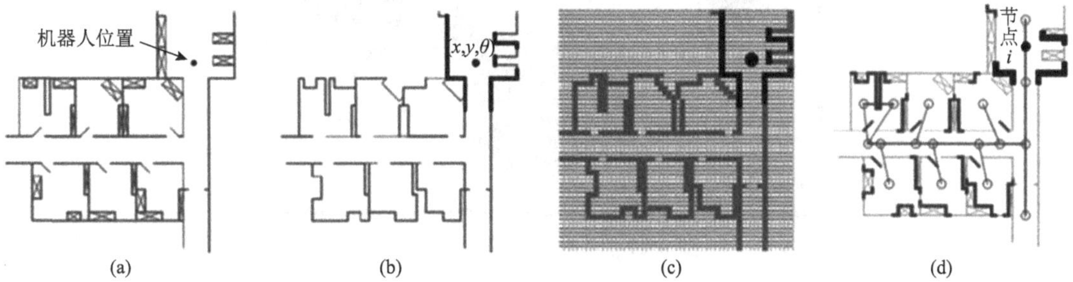

图 3-27　连续地图的表示方法

2. 连续地图的简化方法

有多种地图的简化表示方法在机器人中得到应用，下面介绍几种常用的连续地图简化方法。

1) 固定栅格分解方法

如图 3-28 所示，将连续的机器人工作环境按固定栅格进行分解，变成离散近似，是当前最普通的地图表示技术，其中白色栅格表示机器人可运动的自由空间，黑色栅格表示该空间被物体占用，相当于机器人运动的障碍物，该表示方法称为占有栅格表示法，具有很好的实用价值，因为可以直接用机器人测距传感器实现环境地图的构建。

固定栅格分解方法有两个主要缺点：一个是存储量随环境规模的增大而增长；另一个是当栅格尺寸过大时，窄的通道可能被丢失。

2) 环境自适应栅格分解方法

环境自适应栅格分解方法也称 4 叉树分解方法，如图 3-29 所示，首先将机器人工作环境分解为 4 个相同的矩形，如果某个矩形内没有出现障碍物，则该矩形范围不需要再分解，如果某个矩形内出现障碍物，则需要将该矩形再次分解为 4 个矩形，按照上述规律递归处理，直到分解的矩形尺寸达到最小栅格尺寸。

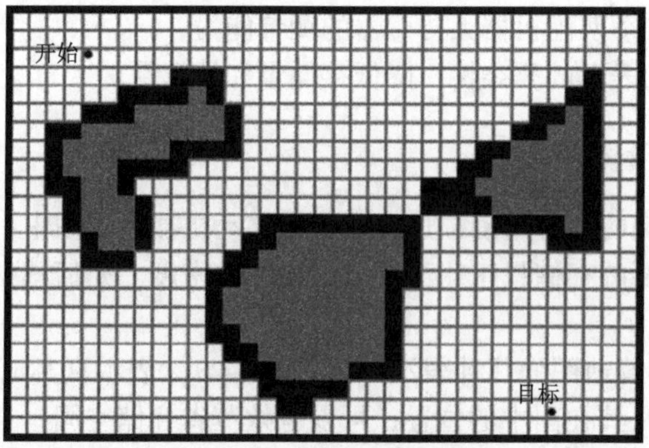

图 3-28　固定栅格分解

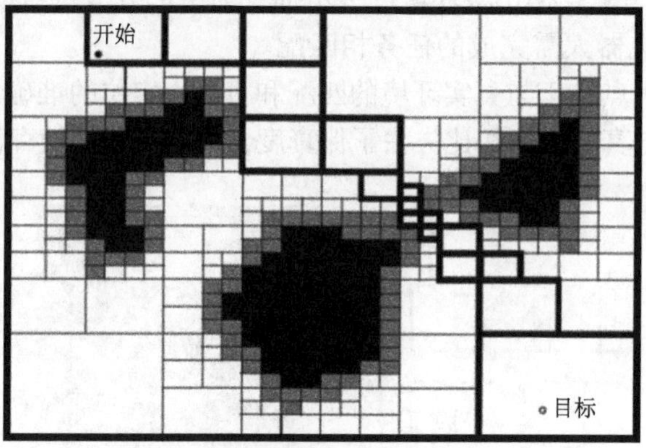

图 3-29　环境自适应栅格分解

3) *精确单元分解方法*

如图 3-30 所示，在环境地图中用规则的几何形状描述障碍物，根据多边形障碍物的边界对环境地图进行分解，得到多个自由空间节点，机器人在自由空间节点的位置并不重要，重要的是分析机器人从一个自由空间节点到其他自由空间节点的运动能力。

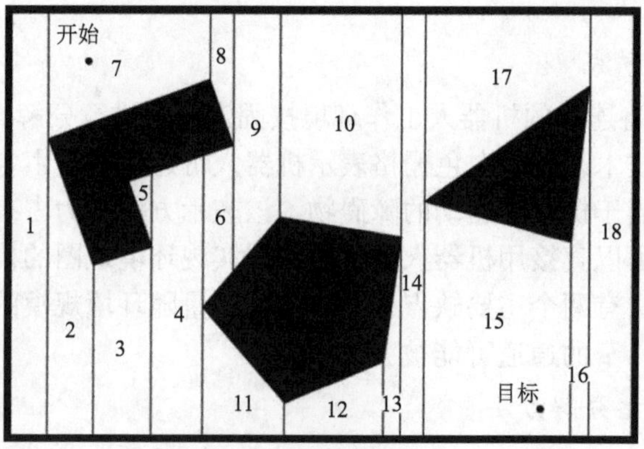

图 3-30　精确单元分解

4) *拓扑分解方法*

拓扑分解主要关心两个因素：关键节点和节点间的连接，关键节点表示地图中所关心的区域，节点间的连接表示节点间可行的路径，图 3-31 为办公区的拓扑地图。拓扑分解方法避免了对环境特征的直接测量，而注重与机器人定位直接相关的环境特征。

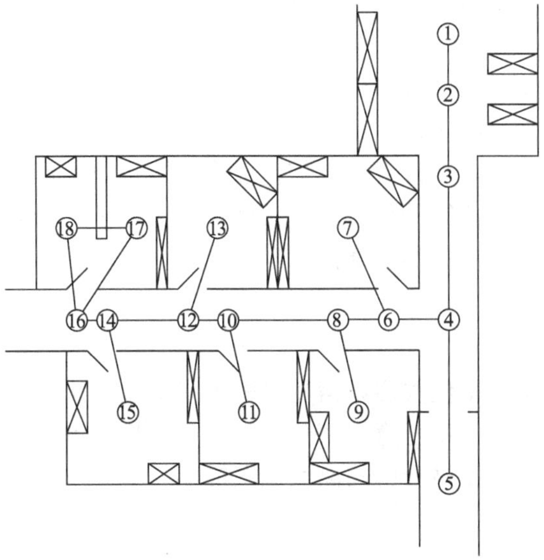

图 3-31　拓扑分解

3.3.3　基于地图的自主定位

3.3.1 节介绍的里程仪定位算法可直接应用于基于地图的自主定位，例如，从一个地图上精确的初始位置开始，利用里程仪实现机器人运动的跟踪，并实现在地图上的定位。但由于里程仪存在累计误差，还必须借助于外部环境感知传感器信息对机器人定位的不确定性进行修正，以消除或减小累计误差。

1. 定位的信任度表示

由于里程仪累计误差的存在，其在地图上的定位结果会存在偏差，所以必然面临着定位结果信任度的问题，或可信度的问题，可以用概率值或概率分布的工具进行分析。

参考图 3-27 所示的地图构建形式，图 3-32 描述了几种定位信任度的表示方法，图 3-32(a)以概率分布的形式表示了连续地图上机器人单点定位的信任度，称为单位置假设信任度；图 3-32(b)同样以概率分布的形式

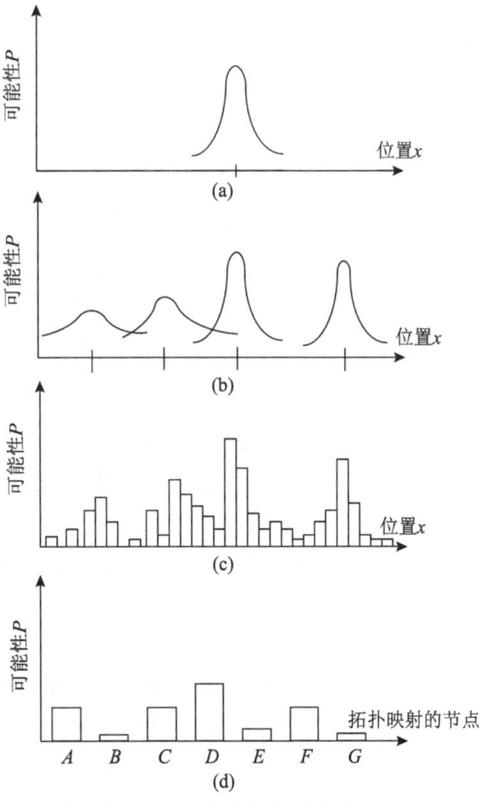

图 3-32　定位的信任度

表示了连续地图上机器人可能处于多个位置的信任度，称为多位置假设信任度；图 3-32(c)以概率的形式表示了在栅格地图上机器人处于某个栅格的概率，属于多位置假设信任度；图 3-32(d)以概率的形式给出了在拓扑分解地图上机器人处于某一节点的概率，属于多位置假设信任度。

机器人在地图中定位的信任度可以选取单位置假设信任度和多位置假设信任度的表示方法，其中单位置假设信任度直接假设了机器人的位置，减少了位置的任意性，有利于简化机器人的认知和决策过程。多位置假设信任度表示了机器人可能位置的集合，以概率或概率分布的形式描述了各个位置的信任度，其优点是强调了机器人定位的不确定性，缺点是显然增加了机器人认知和决策的复杂性。

2. 马尔可夫定位

马尔可夫定位方法属于多位置假设信任度的概率定位方法，需要对机器人工作空间的每个位置计算信任度，可以采用任意概率分布函数，即将所有可能位置进行概率排序，因为计算量较大，因而适用于栅格分解的离散地图描述。

1) 贝叶斯公式

概率论中，用 $p(A)$ 表示事件 A 发生的概率，也称为事件 A 的先验概率，用 $p(A/B)$ 表示在事件 B 发生的条件下事件 A 发生的概率，也称为事件 A 的条件概率，或称为后验概率。

根据贝叶斯定理，事件 A 和事件 B 同时发生的概率等于在事件 A 发生的条件下 B 发生的概率乘以事件 A 发生的概率，或等于在事件 B 发生的条件下 A 发生的概率乘以事件 B 发生的概率，即

$$p(A \wedge B) = p(A/B)p(B) = p(B/A)p(A) \tag{3-67}$$

可以导出计算 $p(A/B)$ 的贝叶斯公式：

$$p(A/B) = \frac{p(B/A)p(A)}{p(B)} \tag{3-68}$$

2) 马尔可夫定位方法

马尔可夫定位方法分为两个步骤：基于里程仪位置估计的栅格位置信任度更新和基于环境感知传感器测量信息的栅格位置信任度更新，简称动作更新和感知更新。

动作更新是利用里程仪信息计算地图上每个栅格位置的信任度，即每个栅格位置的先验概率 $p(l)$，其中 l 表示栅格位置(location)信息，根据马尔可夫假设，先验概率的算法为

$$p(l) = p(l_t / o_t) = \int p(l_t / l_{t-1}, o_t) p(l_{t-1}) \mathrm{d}l_{t-1} \tag{3-69}$$

式中，l_{t-1}, l_t 分别表示机器人动作前和动作后的可能位置；o_t 为里程仪的输出结果。由于机器人动作后所有栅格位置信任度与动作前所有栅格位置信任度和里程仪输出相关，即由于里程仪输出信息的不确定性，动作后的所有栅格位置可以由动作前的所有栅格位置在相同的里程仪输出条件下到达，因此总的概率是动作前信任度状态中每个位置对动作后每个位置信任度贡献的总和，也可以表达为离散形式：

$$p(l) = p(l_t / o_t) = \sum_i p(l_t / l_{t-1}, o_t) p(l_{t-1}) \tag{3-70}$$

式(3-70)的计算与采用的误差模型相关，例如，差动移动机器人采用高斯分布误差模型，利用式(3-62)可以计算出机器人由动作前的位置到达动作后位置的真实值μ，利用式(3-64)可以计算出标准偏差σ，因此各个位置的分布代表了分配给该位置的概率，利用这一概率可计算式(3-70)。

感知更新是在机器人动作后，利用环境感知传感器的测量信息更新计算机器人动作后所有栅格位置的信任度，即机器人动作后所有栅格位置的后验概率$p(l/i)$，其中i表示环境感知传感器获得的信息，用于改善机器人动作后栅格位置的信任度状态，提高机器人定位的准确性。

根据贝叶斯公式(3-68)，后验概率的计算公式为

$$p(l/i) = \frac{p(i/l)p(l)}{p(i)} \tag{3-71}$$

式中，$p(i/l)$的计算是关键，其含义是在某个位置通过环境感知传感器能够感知该位置环境特征的概率，是确认位置准确性的一个度量，也是提高后验概率准确度的重要因素。需设计计算模型，一个可实现的建模策略是查阅机器人的地图，给定关于机器人环境感知传感器感知的几何形状和地图环境的知识，用以识别环境感知传感器读取每个可能地图位置的概率。不同位置的环境特征是否丰富和环境感知传感器的特性决定了$p(i/l)$计算的难易程度。

式(3-71)中，$p(i)$表示地图中各个位置存在地图几何特征的概率，是与特定位置无关的，在感知更新过程中可认为是常数，因此在后验概率计算中也可以去除。

前面已经说过，多位置假设信任度的优点是强调了机器人定位的不确定性，但缺点是明显的，即增加了机器人认知和决策的复杂性，如果采用固定栅格地图表示方法，大量的栅格位置需要进行可信度概率计算，如果采用环境自适应栅格地图表示方法或者拓扑地图表示方法，则计算量可以大大降低。另外，为了降低计算的复杂性，也可以采用随机采样的方法，如粒子群算法和蒙特卡罗算法等，位置采样过程可用位置的先验概率值加权，在概率密度函数的局部峰值处产生更多的采样点，但这种随机采样的方法降低了马尔可夫定位方法的完备性，可能造成定位的失败。

最后一点需要说明的是，马尔可夫定位可以从任何未知的初始位置开始定位，这一点非常重要，因为马尔可夫定位过程不是仅仅依赖里程仪的位置估算，还有利用环境感知传感器的感知更新过程。如果机器人与环境发生了严重碰撞，使里程仪的位置估算产生了很大偏差，经过感知更新过程，仍然能够实现较为准确的定位。

3. 卡尔曼滤波定位

卡尔曼滤波定位属于多传感器融合问题，机器人具有多种定位能力的传感器，每个传感器采用单位置假设信任度，具有不同的误差模型，卡尔曼滤波器能够以最优的方式融合各传感器的测量结果，得到更为准确的位置估计。卡尔曼滤波算法是以高斯白噪声误差模型为基础的，定位过程必须以已知的初始位置为起点，可以应用于连续地图和离散地图定

位。与马尔可夫定位相比，卡尔曼滤波定位更加简单、有效。

1) 卡尔曼滤波静态估计

首先来看一下简单融合的例子，考虑机器人具有超声波和激光两种测距传感器，显然激光测距传感器会提供更准确的定位信息，但像玻璃墙等环境对激光是透明的，同样会引起测量误差。假定机器人不动，l_1, l_2 分别为超声波和激光两种测距传感器的定位信息，其误差模型均为零均值的高斯白噪声，方差分别为 σ_1^2, σ_2^2，如图 3-33 中虚线所示。

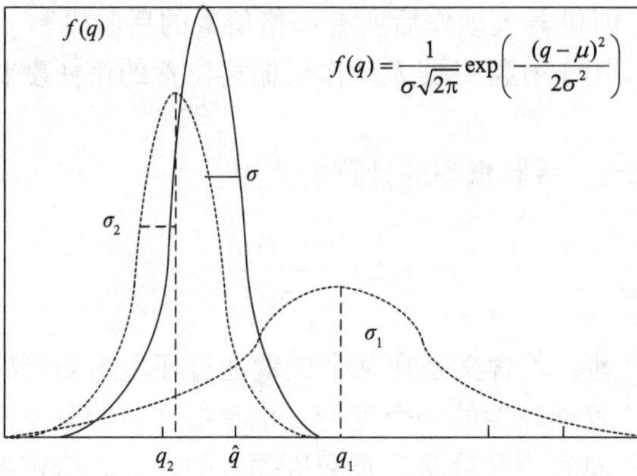

图 3-33　融合结果

可以采用加权最小二乘法进行融合，即

$$J=\sum_{i=1}^{2} w_i(\hat{l}-l_i)^2 \tag{3-72}$$

式中，$\hat{l}$ 为融合后的位置最优估计；w_i 为对两个传感器误差的加权。为了得到最小误差，有

$$\frac{\partial J}{\partial \hat{l}}=0 \;\;\Rightarrow\;\; \hat{l}=\frac{\sum_{i=1}^{2} w_i l_i}{\sum_{i=1}^{2} w_i} \tag{3-73}$$

如果选取权值为 $w_i=1/\sigma_i^2$，即误差越大权值越小，则得优化后的位置估计：

$$\hat{l}=\frac{\sigma_2^2}{\sigma_1^2+\sigma_2^2}l_1+\frac{\sigma_1^2}{\sigma_1^2+\sigma_2^2}l_2,\quad \sigma^2=\frac{\sigma_1^2\sigma_2^2}{\sigma_1^2+\sigma_2^2} \tag{3-74}$$

优化后的定位估计结果如图 3-35 中实线所示，合成后的方差 σ^2 比每个传感器单独测量的方差 σ_i^2 都小。

式(3-74)也可以写成如下形式：

$$\hat{l}=l_1+\frac{\sigma_1^2}{\sigma_1^2+\sigma_2^2}(l_2-l_1) \tag{3-75}$$

式(3-75)又可以写成卡尔曼滤波器的形式：

$$\hat{x}_{k+1}=\hat{x}_k+K_{k+1}(z_{k+1}-\hat{x}_k) \tag{3-76}$$

式中，$K_{k+1}=\sigma_k^2/(\sigma_k^2+\sigma_z^2)$, $\sigma_k^2=\sigma_1^2$, $\sigma_z^2=\sigma_2^2$。

式(3-76)表明在时刻 $k+1$ 的状态最优估计 $\hat{x}_{k+1}$ 等于前一时刻的状态最优估计值 $\hat{x}_k$ 加上最优权值 K_{k+1} 乘以新的观测值 z_{k+1} 与前一时刻估计值 $\hat{x}_k$ 的差，此时状态 $\hat{x}_{k+1}$ 的方差更新为

$$\sigma_{k+1}^2=\sigma_k^2-K_{k+1}\sigma_z^2 \tag{3-77}$$

2) 卡尔曼滤波动态估计

下面考虑机器人移动状态下的卡尔曼滤波定位估计，假设在时刻 k 和 $k+1$ 之间，机器人的运动速度为

$$\frac{\mathrm{d}x}{\mathrm{d}t}=u+w \tag{3-78}$$

式中，w 表示速度的不确定性。

从 k 时刻开始，如果该时刻的方差 σ_k^2, σ_w^2 已知，则 $k+1$ 时刻的位置状态和不确定性更新为

$$\hat{x}_{k'}=\hat{x}_k+u(t_{k+1}-t_k),\quad \sigma_{k'}^2=\sigma_k^2+\sigma_w^2(t_{k+1}-t_k) \tag{3-79}$$

式中，t_k, t_{k+1} 表示时刻 k 和 $k+1$ 对应的时间；$\hat{x}_{k'}$ 表示在时刻 $k+1$ 位置状态的估计值，并有 $t_{k'}=t_{k+1}$。

接下来要用新的观测值 z_{k+1} 对 $\hat{x}_{k'}$ 进行融合优化，得到融合优化后的位置估计 $\hat{x}_{k+1}$：

$$\begin{aligned}
&\hat{x}_{k+1}=\hat{x}_{k'}+K_{k+1}(z_{k+1}-\hat{x}_{k'})=[\hat{x}_k+u(t_{k+1}-t_k)]+K_{k+1}[z_{k+1}-\hat{x}_k-u(t_{k+1}-t_k)]\\
&K_{k+1}=\frac{\sigma_{k'}^2}{\sigma_{k'}^2+\sigma_z^2}=\frac{\sigma_k^2+\sigma_w^2(t_{k+1}-t_k)}{\sigma_k^2+\sigma_w^2(t_{k+1}-t_k)+\sigma_z^2}
\end{aligned} \tag{3-80}$$

3) 卡尔曼滤波定位算法

从前面的分析可以看出，卡尔曼滤波器的主要思想是首先利用系统的状态方程对系统新的状态进行预测，然后利用观测方程对状态预测的结果进行修正，达到优化估计的目的，即

最优估计=预测值+(卡尔曼增益)×(观测值−预测值)

以离散系统为例，设系统的状态方程和观测方程为

$$\begin{aligned}
&\boldsymbol{x}_{k+1}=\boldsymbol{\Phi}_{k+1,k}\boldsymbol{x}_k+\boldsymbol{\Gamma}_{k+1,k}\boldsymbol{u}_k+\boldsymbol{w}_k\\
&\boldsymbol{z}_k=\boldsymbol{H}_k\boldsymbol{x}_k+\boldsymbol{v}_k
\end{aligned} \tag{3-81}$$

式中，$\boldsymbol{\Phi}_{k+1,k}$ 为状态转移矩阵；$\boldsymbol{\Gamma}_{k+1,k}$ 为控制矩阵；$\boldsymbol{H}_k$ 为观测矩阵；$\boldsymbol{w}_k, \boldsymbol{v}_k$ 分别表示状态和观测的不确定性。卡尔曼最优估计为

$$\begin{aligned}
&\hat{\boldsymbol{x}}_{k+1/k+1}=\hat{\boldsymbol{x}}_{k+1/k}+\boldsymbol{K}_{k+1}(z_{k+1}-\boldsymbol{H}_{k+1}\hat{\boldsymbol{x}}_{k+1/k})\\
&\hat{\boldsymbol{x}}_{k+1/k}=\boldsymbol{\Phi}_{k+1,k}\hat{\boldsymbol{x}}_{k/k}+\boldsymbol{\Gamma}_{k+1,k}\boldsymbol{u}_k\\
&\boldsymbol{K}_{k+1}=\boldsymbol{P}_{k+1/k}\boldsymbol{H}_{k+1}^{\mathrm{T}}(\boldsymbol{H}_{k+1}\boldsymbol{P}_{k+1/k}\boldsymbol{H}_{k+1}^{\mathrm{T}}+\boldsymbol{R}_{k+1})^{-1}\\
&\boldsymbol{P}_{k+1/k}=\boldsymbol{\Phi}_{k+1}\boldsymbol{P}_{k/k}\boldsymbol{\Phi}_{k+1,k}^{\mathrm{T}}+\boldsymbol{Q}_k\\
&\boldsymbol{P}_{k+1/k+1}=(\boldsymbol{I}-\boldsymbol{K}_{k+1}\boldsymbol{H}_{k+1})\boldsymbol{P}_{k+1/k}
\end{aligned} \tag{3-82}$$

式中，$\boldsymbol{Q}_k,\boldsymbol{R}_{k+1}$ 分别为预测值和观测值的方差；$\hat{\boldsymbol{x}}_{k+1/k}$ 为状态预报；$\hat{\boldsymbol{x}}_{k+1/k+1}$ 为最优估计；$\boldsymbol{K}_{k+1}$ 为卡尔曼增益；$\boldsymbol{P}_{k+1/k}$ 为预测误差的方差矩阵；$\boldsymbol{P}_{k+1/k+1}$ 为估计方差矩阵。

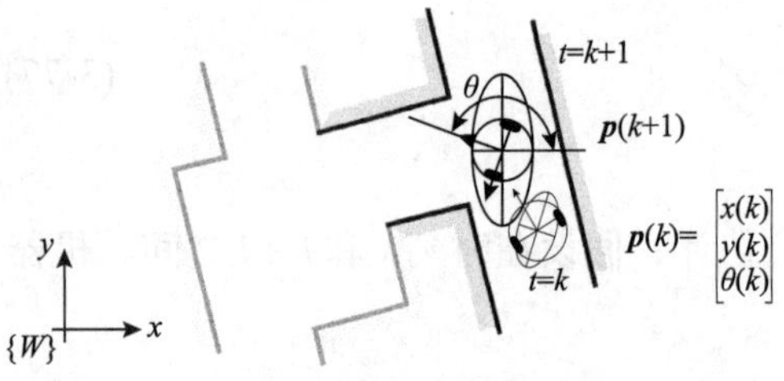

图 3-34 位置的动作更新

以差动移动机器人为例，卡尔曼滤波定位同样可以分为动作更新和感知更新两个阶段。其中动作更新阶段是利用机器人运动学方程通过内部传感器测量轮子转速实现机器人位置状态预测，即基于里程仪的自主定位，其定位结果和不确定性用式(3-62)和式(3-64)进行估算，如图 3-34 所示，根据机器人前一时刻的位置和轮子驱动的模式可以估算机器人下一时刻的位置，椭圆范围表示下一时刻位置估算的不确定性。

卡尔曼滤波定位感知更新过程是在新的机器人位置，利用外部环境感知传感器感知外部环境，即提取环境特征，并与环境地图进行匹配，实现定位的观测，进而利用卡尔曼滤波器修正预测与观测之间的差别，提高定位的信任度。图 3-35 是以比较简单的直线特征提取为基础的观测结果，首先利用激光测距传感器得到距离点云，利用式(3-58)所示的最小二乘法提取直线特征并实现分割，即以里程仪估计的新位置为依据，得到多条直线的观测结果：

$$z_j(k+1) = {}^R\begin{bmatrix} \alpha_j \\ r_j \end{bmatrix} \tag{3-83}$$

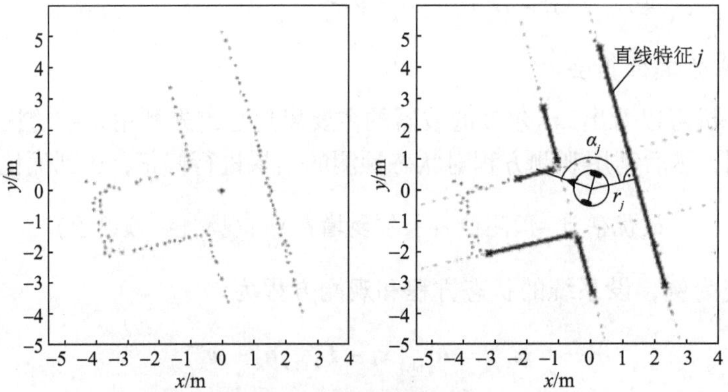

图 3-35 位置的感知更新

观测到的直线在已知的地图坐标系中有准确的描述，即 ${}^W[\alpha_i \ r_i]^{\mathrm{T}}$，将其变化到机器人本体坐标系，得到观测的估计值：

$$\hat{z}_i(k+1) = {}^R\begin{bmatrix} \alpha_i \\ r_i \end{bmatrix} = \begin{bmatrix} {}^W\alpha_i - {}^W\hat{\theta}(k+1/k) \\ {}^W r_i - ({}^W\hat{x}(k+1/k)\cos{}^W\alpha_i + {}^W\hat{y}(k+1/k)\sin{}^W\alpha_i) \end{bmatrix} \tag{3-84}$$

误差传递的雅可比矩阵为

$$\nabla\hat{z}_i=\begin{bmatrix}\dfrac{\partial\alpha_i}{\partial\hat{x}} & \dfrac{\partial\alpha_i}{\partial\hat{y}} & \dfrac{\partial\alpha_i}{\partial\hat{\theta}}\\ \dfrac{\partial r_i}{\partial\hat{x}} & \dfrac{\partial r_i}{\partial\hat{y}} & \dfrac{\partial r_i}{\partial\hat{\theta}}\end{bmatrix}=\begin{bmatrix}0 & 0 & -1\\ -\cos{}^W\alpha_i & -\sin{}^W\alpha_i & 0\end{bmatrix} \tag{3-85}$$

式(3-84)的计算结果还必须与式(3-83)的直接观测结果进行匹配以确定观测估计结果的有效性并消除不匹配的特征。如图 3-36 所示，可以采用直线间的欧氏距离作为匹配标准，当 $z_j(k+1)$ 和 $\hat{z}_i(k+1)$ 中的直线间的欧氏距离小于一定阈值时，认为实现了直线特征的匹配，将大于阈值的直线特征作为不匹配特征加以消除。最后可利用里程仪定位结果式(3-62)的 $\boldsymbol{p}'$ 和观测估计结果式(3-84)的 $\hat{z}_i(k+1)$ 实现卡尔曼滤波定位。

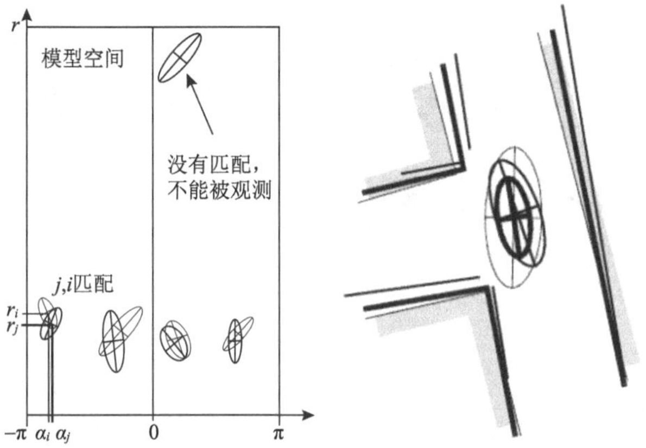

图 3-36 观测匹配与最优估计

3.3.4 自主地图的构建

前面介绍的定位技术要依靠已知的环境地图，当机器人工作在未知的环境中时，就需要机器人能够利用自身的传感器获得环境的信息自主构建合适的地图，并实现自主定位。这一技术称作同时定位和地图构建(simultaneous localization and mapping，SLAM)。

1. 随机地图构建技术

SLAM 技术面临的挑战是机器人定位和地图构建之间的交互，即机器人的定位需要地图特征的信息，构建地图特征时又是基于机器人所在位置的，二者的不确定性对 SLAM 问题会造成影响。因此要考虑位置估计和地图特征的相关性，这种相关的地图称为随机地图。

随机地图不仅要有人为构建的已知地图的特征，更重要的是，赋予随机地图中特征的概率信任度，或称为随机特征，随机地图可表示为

$$M=\{\hat{z}_i,\textstyle\sum_i,c_i\mid 1\leqslant i\leqslant n\} \tag{3-86}$$

式中，$\hat{z}_i$ 表示随机特征；$\sum_i$ 表示随机特征的协方差；c_i 表示随机特征的可信度因子，取值为 0～1。其中 $\sum_i$ 仍然可以用误差传递的方法进行计算，有的文献建议 c_i 按如下公式计算：

$$c_i = 1 - e - \left(\frac{n_s}{a} - \frac{n_u}{b}\right) \tag{3-87}$$

式中，a,b 定义了学习和遗忘率；n_s,n_u 分别是 k 时刻被匹配的和不可观测的次数。

随机地图构建的流程如图 3-37 所示，由于地图特征位置和机器人位置具有强相关性，因此重要的一步是在各周期更新所有的相关性，即机器人-特征的相关性和特征-机器人的相关性，用于决策预测和观测是否匹配。

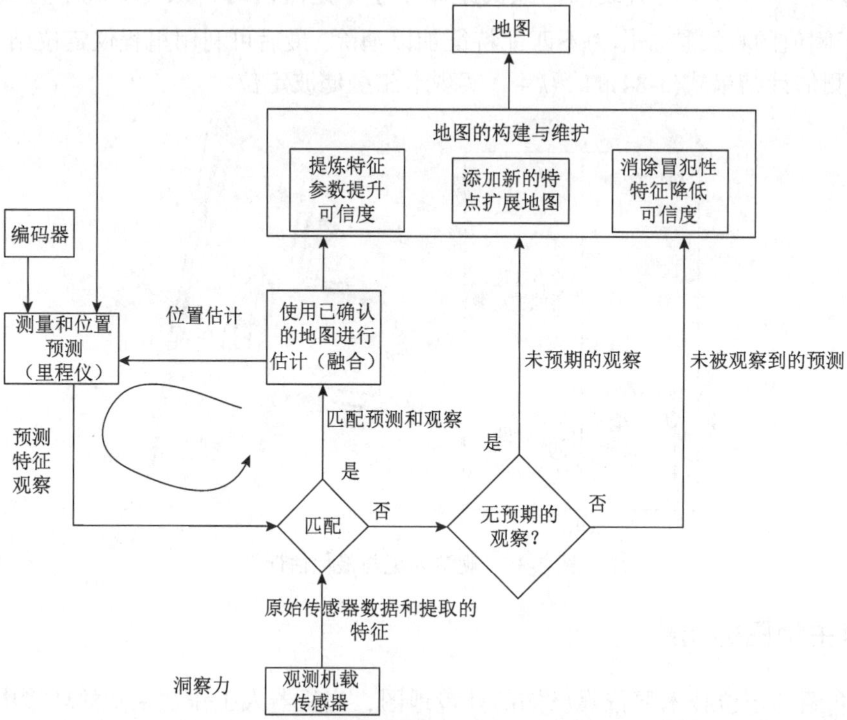

图 3-37　随机地图构建架构

在估计的特征位置和观测的特征位置进行匹配时会产生三种匹配结果：第一种结果是估计的特征位置和观测的特征位置相匹配，表示特征存在，c_i 值会增大；第二种结果是观测到新的特征，但在估计的特征中没有出现，是预测与观测不匹配的一种形式，则需要将观测到的新特征添加到地图中，从而满足特征匹配；第三种结果是估计的特征位置并没有通过传感器信息观测到，也是一种不匹配的结果，则 c_i 值会降低，表明特征存在的可能性降低，当低到一定程度时，可将该特征在地图中删除，提高地图的准确性。

2. 其他地图构建技术

固定栅格分解的地图表示以及由此产生的占有栅格的自主地图构建方法在移动机器人中得到普遍应用，机器人可利用激光测距传感器的测量结果与机器人自身的位置相结合，直接将离散栅格单元判断为要么被障碍物占有，要么表示自由空间。

图 3-38(a)表示利用占有栅格法自主构建的地图，最为简单的方法是地图构建过程中，在每个栅格设置一个计数器，初值均设为零，表明均为自由空间，在机器人当前位置用激

光测距传感器扫描周围环境，如果某一个障碍物的距离值与某一栅格匹配，或称被测距“击中”，则栅格计数值加 1，机器人位置更新后，重复这一工作，当测量位置超过一定数量时，所有栅格的计数值随之增加，若计数值超过某一阈值，则可认为该栅格被障碍物占有，否则为自由栅格。

由于机器人位置估计和提取环境特征的不确定性的双重影响，以及远距离栅格被近距离障碍物遮挡造成测量滞后等现象的影响，自主构建的地图会积累较大的误差，虽然不会影响机器人的定位，但与真实环境相比会存在较大的差别，如图 3-38(b)所示，还需进一步校正和优化才能得到相对准确的环境地图。

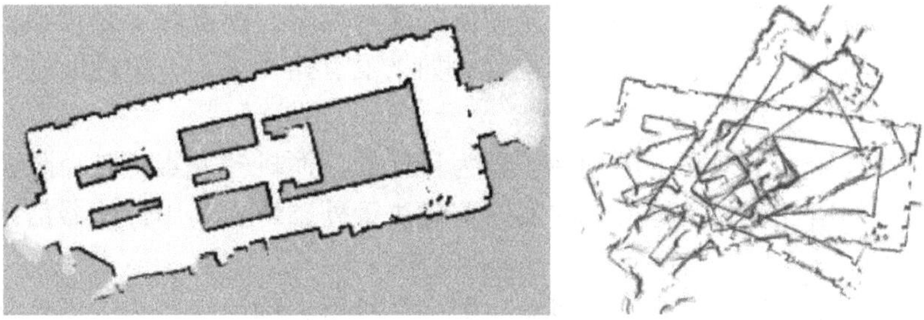

(a)　(b)

图 3-38　占有栅格法构建的地图

SLAM 面临的一个难点问题是闭环的或环状的环境，例如，图 3-38 中由四个走廊构成一个矩形，构成闭环的环境，假如机器人绕矩形运动一周回到原点，存在同一个位置、不同时刻构建的地图是否具有一致性的问题，或者机器人能否正确判断回到了已构建的地图环境中的问题，因此存在全局一致性地图的概念，或时-空一致性地图的概念。

针对闭环的环境问题，有学者提出了不同的改进方法，例如，占有栅格法中，采用小范围局部地图和大范围全局地图相结合的方式，其出发点是认为，机器人里程仪在局部范围内的定位和传感器特征提取均具有较好的准确性，因此能够保证地图的全局一致性；又如，有学者提出用拓扑地图环境表示方法自主构建地图，主要考虑拓扑地图能够采用更加抽象、更加重要的特征描述，从而可以避免大量无关紧要的信息，能够提高地图的全局一致性。

SLAM 存在的另一个难点问题是动态环境的影响，如仓库环境、人员聚集的环境，此时可以通过调整随机构图过程中环境特征信任度因子 c_i 的方式减小动态障碍物的影响，或者采用局部占有栅格和全局占有栅格相结合的方式，机器人总是用最新的局部栅格地图更新全局栅格地图。

上述全局一致性地图构建方法都是基于距离测量传感器信息的，地图构建方法与传感器的环境感知能力是密切相关的，尤其随着机器视觉对环境感知能力的增强，地图构建的方法和手段更加丰富。

3.4　规划与导航

机器人导航技术属于机器人的认知问题，其目的是自主决策和任务执行，实现更高级别的目标。导航技术要求机器人必须解决路径规划和避碰决策两大难题，其中路径规划属于全局战略性的问题求解能力，即在给定环境地图和地图中的一个目标位置，机器人能够自主搜索出一条从当前位置到达目标位置的最优路径；避碰决策属于局部战术性的问题求解能力，机器人利用自身传感器实时感知环境的变化，避免与障碍物或动态目标发生碰撞，势必要调整机器人的轨迹，但也必须重新规划路径以达到目标位置。

3.4.1　机器人的导航能力

机器人的导航能力包括路径规划和避碰决策两个方面，依赖于机器人的机动能力和传感器的环境感知能力。

路径规划和避碰决策可视为相对甚至相反的两种策略，但实际上是相辅相成的，如果没有避碰决策，机器人将无法达到目标位置；如果没有路径规划，单纯的避碰决策也无法驱使机器人达到目标位置。

另外，路径规划是以地图上的理想位置为目标的，而机器人实施路径跟踪的过程中是以达到目标位置的信任度为目标的，除实时避碰决策外，还要利用传感器信息提高达到目标位置的信任度。

机器人的导航能力涉及完备性的概念，即一个机器人称为完备的，当且仅当对于所有导航环境，如初始信任度、地图、目标等，若至少存在一条能够到达目标信任度状态的轨迹，则机器人能够搜索出该轨迹并达到目标信任度状态。否则，机器人是非完备的。实际中，即使存在可行的到达目标的轨迹，机器人也无法实现该轨迹，可能存在多方面的原因，如地图栅格不够细致、决策算法产生死循环等，即在表示和推理层面上，降低复杂性会牺牲完备性。因此在全局规划和局部规划过程中如何兼顾完备性也是机器人导航能力的重要体现。

3.4.2　全局路径规划

全局路径规划的目标是在已知的环境地图中给定起始点和终止点，机器人能够在地图中自动搜索出一条无碰撞的最优路线，涉及可行路径的描述、优化搜索两个方面的基本问题，可以是离线的、非实时过程。

1. 路径规划的基本假设

机械臂技术的应用是早于移动机器人技术应用的，机械臂路径规划技术可作为移动机器人路径规划技术的参考。

机械臂的路径规划是基于构型空间(configuration space)完成的，构型是指机械臂各关节处于自由空间的位置和姿态，是关节变量的函数，当遍历关节变量所有可能的取值后，即可得到机械臂的构型空间，也可称为机械臂的工作空间。当构型空间中存在障碍物时，构型空间被分为两部分，一部分空间被障碍物占有，称为障碍物空间，其余的构型空间为自由空间，则机械臂路径规划过程可在自由空间内搜索出避碰路径。如图 3-39 所示，以两关节机械臂为例，图 3-39(a)表示在工作空间存在障碍物时想从起始点运动到目标点，图 3-39(b)表示机械臂的构型空间，其中灰色区域表示障碍物空间，白色区域表示自由空间，则可在自由空间中搜索出无碰撞路径。整个路径规划规程只与运动学相关，与动力学无关。

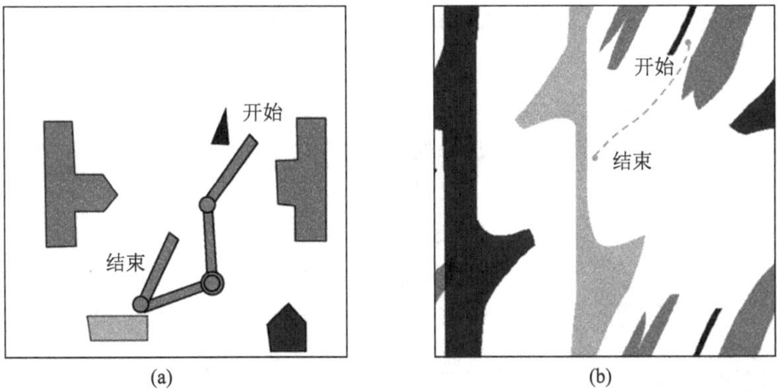

图 3-39　机械臂的构型空间

将该方法用于移动机器人时，由于移动机器人的运动自由度小于机械臂的运动自由度，路径规划问题相比之下变得简单。但也存在一个难点问题，例如，差动移动机器人具有非完整约束特点，限制了其构型空间速度的连续性，因此必须做一定的假设，以保证该方法的可行性，即假设机器人具有完整约束，考虑到差动移动机器人可以停下来转动，这样就放弃了速度的连续性，使得构型空间搜索方法能够适用于移动机器人。

接下来可进一步假设移动机器人为一个点，忽略机器人的结构尺寸，这样机器人在二维平面空间的描述变得更为简单，可以简化路径规划算法。为了与真实环境匹配，必须将障碍物根据机器人的结构尺寸进行膨胀。

有了以上假设，就可以基于简化的机器人模型和相应的构型空间，设计路径规划算法。

2. 路径规划的基本方法

路径规划大都是基于离散地图的，适用于路径规划的离散地图分解方式主要有三种：道路图分解方式、单元图分解方式和势场法分解方式，以此为基础形成三种常用的路径规划方法。

1) 道路图路径规划

道路图也称路线图，可在地图中按照一些能够实现安全路径规划的规则，用曲线或直线直接构建连通的道路，形成道路网络，然后将机器人的初始位置和目标位置连接到道路网络中，搜索机器人可以从初始位置到达目标位置的可行路径。

道路图建立以避碰为主要目标，主要考虑障碍物的位置，常用的有可视性道路图、Voronoi 道路图和随机道路图等方法，前两种方法皆具有完备性，随机采样方法不保证完备性。

(1) 可视性道路图。

如图 3-40 所示，将障碍物简化为多边形描述，首先选择所有障碍物的多边形顶点，将机器人的初始位置和目标位置也看成顶点，在所有顶点中，用直线连接可视的一对顶点作为可行道路，也是两点间最短的道路，其中多边形的边也认为是可行道路，这样可以形成道路网络。

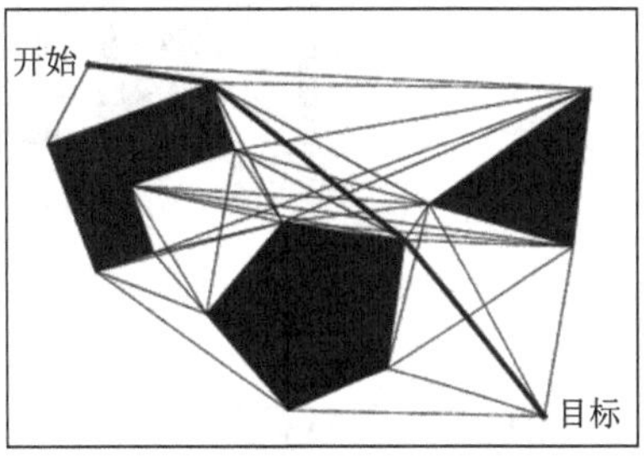

图 3-40　可视性道路图

建立好道路网络后，就可以用后面将介绍的最优路径搜索算法搜索出从起始点到目标点的最短路径。

该方法的优点是道路最短也比较简单，但缺点也很明显，其一是在障碍物密集的环境中效率较低，其二是可行道路必须接近障碍物，降低了安全性。

(2) Voronoi 道路图。

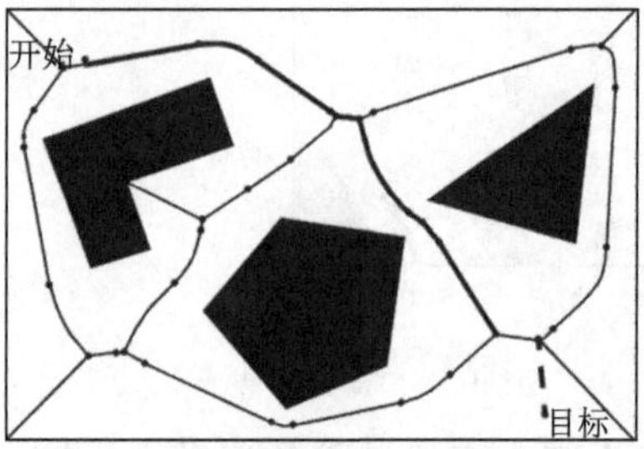

图 3-41 Voronoi 道路图

如图 3-41 所示，对自由空间中的每一个点，计算该点距离邻近障碍物的距离，以反函数的形式将这一距离等效成距离机器人工作平面的高度，即离障碍物越近，高度越高，反之高度越低，即用高度值可以衡量该点接近障碍物的程度。将工作环境边界也看成障碍物，当自由空间的某一点接近多个障碍物时，其高度值为距多个障碍物高度值的叠加。这样，在与多个障碍物等距离的点，它的高度值取最大值，在自由空间中，这些取得高度最大值的点构成山脊的形状，由此构成了 Voronoi 道路图。当障碍物以多边形表示时，道路图由直线和抛物线组成。

以 Voronoi 道路图为基础搜索出的最优路径倾向于使机器人与障碍物之间的距离最大化，提高了执行过程中的安全性，但是以牺牲最短路径为代价的。

(3) 随机道路图。

随机采样方法是在搜索图中随机生成一些节点，并删除被障碍物占据的节点，然后连接相邻节点，同样删除连线中存在障碍物的连线，这样随机生成道路搜索图，可实现可行路径的搜索。其优点是可以减少搜索节点的数量，缺点是效率低，且不能保证路径是最优的。

例 3-5 随机道路图(probabilistic road map，PRM)如图 3-42 所示。增加随机节点数可以增加节点覆盖面积并提高搜索成功率，但要求随机节点均匀分布。另外，由随机节点连线形成的道路过多，可通过距离阈值的设置，减小道路距离从而减少道路数量，如图 3-42(b)所示，节点数量越多、连接距离越短，找到可行路径的机会就越大。

彩图 3-42

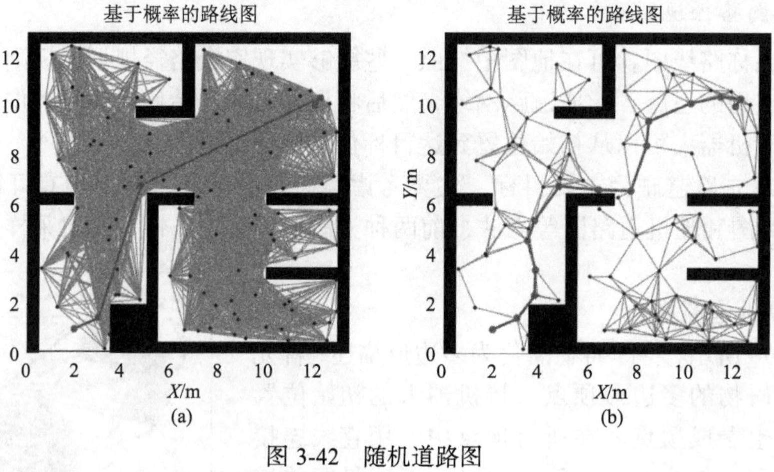

图 3-42 随机道路图

2) 单元图路径规划

单元图路径规划可分为基于栅格分解的方法和随机树生成方法。

(1) 基于栅格分解的方法。

将环境地图进行单元分解的方法如 3.3.2 节所述，主要有固定栅格分解方法、环境自适应栅格分解方法、精确单元分解方法和拓扑分解方法，分别如图 3-28～图 3-31 所示，自由单元之间可以构成单元连通图，以精确单元分解方法为例，图 3-43(a)为精确单元分解结果，由连通单元构成单元连通图，如图 3-43(b)所示。

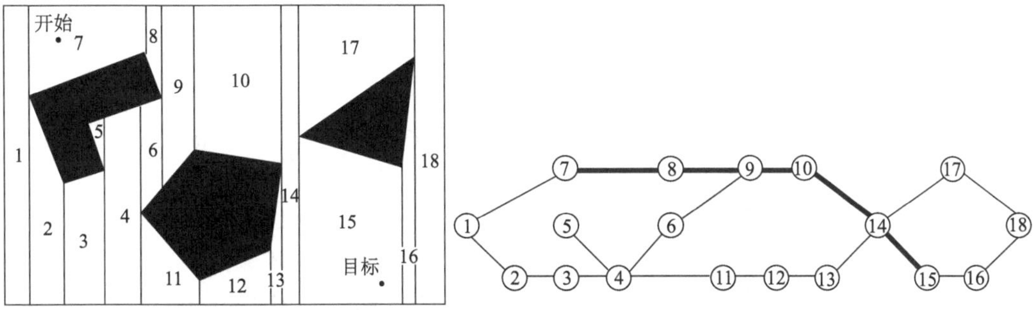

(a)精确单元分解　　(b)单元连通图

图 3-43　单元分解与连通图

以单元连通图为基础，通过最优路径搜索算法可以搜索到连接起始点和目标点之间的最优路径。该方法强调机器人从某一自由单元走向邻近自由单元的能力，而机器人在自由单元中的位置无关紧要。

基于栅格分解的方法是更常用的方法，其最大的优点是计算复杂性低，既不依赖于环境的疏密，也不依赖于障碍物形状的复杂性。其缺点是由于栅格不精确的性质，狭窄的道路可能丢失，因而降低了完备性。

(2) 随机树生成方法。

随机采样方法也可以从起始点开始，通过随机生成单个采样节点，随机引领搜索节点扩张的方向朝目标节点扩张，实现可行路径搜索。

例 3-6　快速扩展随机树(rapidly exploring random tree，RRT)方法。

如图 3-44(a)所示，大的圆点为起始点，大的椭圆点为目标点，从起始点开始，随机生成单个节点 X_{rand}，如小空心圆点所示，在起始点和随机点连线方向按一定距离步长生成扩展节点，如小实心圆点所示。图 3-44(b)中，再次随机生成单个节点，并在已扩展的所有节点中选择离随机节点最近的节点 X_{near}，同样在 X_{near} 和 X_{rand} 连线方向按一定距离步长生成扩展节点 X_{new}，如果 X_{near} 与 X_{new} 之间存在障碍物，则放弃新的扩展节点 X_{new}，如图 3-44(c)所示，如此不断循环，直到由随机节点引领的新的扩展节点与目标节点接近时，搜索过程结束并获得可行路径，如图 3-44(d)所示。

RRT 方法得到的搜索路径不能保证最优，而且在障碍物较多或狭窄通道环境下搜索效率大大降低。

例 3-7　双向 RRT 方法。

双向 RRT 方法将快速扩展随机树方法从起始点和目标点两个方向同时进行，如图 3-45 所示，即由一个随机节点引领起始点和目标点两个方向同时扩展新的生成节点，当从两个方向扩展的新的生成节点接近或重合时，实现有效路径的搜索，可以提高搜索效率。

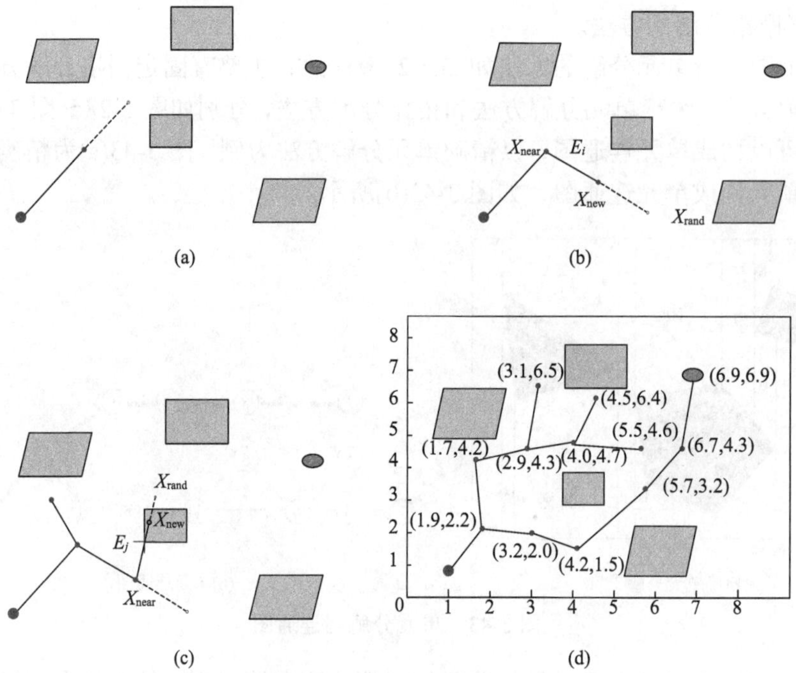

图 3-44　快速扩展随机树

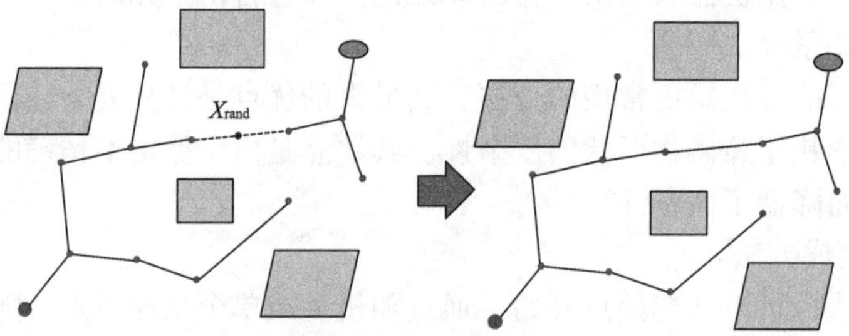

图 3-45　双向 RRT

3）势场法路径规划

在机器人的环境地图上建立一个势场，由目标位置产生的引力场和障碍物的斥力场叠加形成，即目标位置对机器人具有吸引作用，障碍物对机器人产生排斥作用，二者的综合会使机器人无碰撞地到达目标位置。

引力场可定义为一个抛物线函数：

$$U_{\text{att}}(l)=\frac{1}{2}k_{\text{att}}\rho_{\text{goal}}^2(l)=\frac{1}{2}k_{\text{att}}\left\|l-l_{\text{goal}}\right\|^2(l) \tag{3-88}$$

式中，l 为地图中的某一位置；l_{goal} 为目标位置；ρ_{goal} 为两个位置间的欧氏距离；k_{att} 为正的比例因子。可以看出地图中的位置离目标位置越远，对机器人的吸引势场越强，越接近目标位置强度越弱，到达目标位置后强度变为零。

斥力场可定义成下面的函数：

$$U_{\text{rep}}(l)=\begin{cases}k_{\text{rep}}\left(\dfrac{1}{\rho(l)}-\dfrac{1}{\rho_0}\right)^2, & \rho(l)\leqslant\rho_0\\ 0, & \rho(l)\geqslant\rho_0\end{cases}\tag{3-89}$$

式中，ρ_0 为障碍物的影响距离；$\rho(l)$ 表示某一位置距障碍物的最小距离；k_{rep} 为正的比例因子。可见机器人越靠近障碍物斥力场强度越强，当机器人远离障碍物时，障碍物不影响机器人的运动。

人工势场可定义为

$$U(l)=U_{\text{att}}(l)+U_{\text{rep}}(l)\tag{3-90}$$

假设人工势场是可微函数，在人工势场的作用下可产生作用在机器人上的力：

$$\begin{aligned}&F(l)=-\nabla U(l)=-\nabla U_{\text{att}}(l)-\nabla U_{\text{rep}}(l)\\&\nabla U_{\text{att}}(l)=-k_{\text{att}}(l-l_{\text{goal}})\\&\nabla U_{\text{rep}}(l)=\begin{cases}k_{\text{rep}}\left(\dfrac{1}{\rho(l)}-\dfrac{1}{\rho_0}\right)\dfrac{1}{\rho^2(l)}\dfrac{l-l_{\text{obstacle}}}{\rho(l)}, & \rho(l)\leqslant\rho_0\\ 0, & \rho(l)\geqslant\rho_0\end{cases}\end{aligned}\tag{3-91}$$

人工势场法把机器人处理成在人工势场影响下的一个点，像球滚下山一样，机器人跟随着场运动，势场平滑地引导机器人趋向目标位置，如图 3-46 所示。

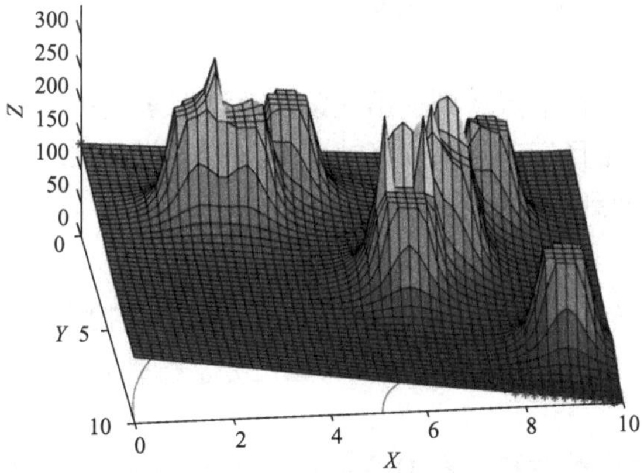

图 3-46　人工势场法

人工势场法在应用中具有两个方面的局限性：一个是根据障碍物的形状和大小会出现局部极小位置；另一个是当障碍物是凹的时，可能产生几个最小距离值 $\rho(l)$ 同时存在的情况，导致机器人在离障碍物最近的两个点来回震荡。以上两点不足使该方法可能失去完备性。

值得注意的是，人工势场法不仅可以作为路径规划方法，也可以作为机器人的控制策略，机器人在根据地图定位的基础上，计算在该位置势场的梯度，以决定下一步的动作。

3. 最优路径搜索算法

搜索算法是机器人路径规划的重要步骤，因为栅格地图是常用的环境表示方法，所以下面以栅格地图为例，介绍最优路径搜索算法，这也是当前的热点研究和应用领域。

1) 盲目搜索算法

盲目搜索是指在不具有环境任何信息的条件下，按固定的步骤进行搜索，典型的方法有深度优先和广度优先搜索算法。

(1) 深度优先搜索算法。

以深度为优先搜索策略，其流程如下：

① 建立待搜索节点列表，将起始节点放入列表中；

② 如果列表为空，表明已无待搜索节点，则退出搜索并提示搜索失败；

③ 如果列表为非空，则取列表中头部第一个节点作为搜索节点，并将该节点在列表中删除；

④ 如果搜索节点为目标节点，则退出搜索并提示搜索成功；

⑤ 如果搜索节点不是目标节点，则将搜索节点的子节点放入待搜索节点列表的头部，强调深度优先搜索，返回到第②步继续搜索。

(2) 广度优先搜索算法。

以广度为优先搜索策略，其流程如下：

① 建立待搜索节点列表，将起始节点放入列表中；

② 如果列表为空，表明已无待搜索节点，则退出搜索并提示搜索失败；

③ 如果列表为非空，则取列表中头部第一个节点作为搜索节点，并将该节点在列表中删除；

④ 如果搜索节点为目标节点，则退出搜索并提示搜索成功；

⑤ 如果搜索节点不是目标节点，则将搜索节点的子节点放入待搜索节点列表的尾部，强调广度优先搜索，返回到第②步继续搜索。

2) 启发式搜索算法

启发式搜索是利用环境可应用的信息建立启发函数进行搜索，能够尽量减少不必要的搜索，提高搜索效率。启发式搜索算法具有明显优势，得到越来越广泛的应用。

(1) Dijkstra 搜索算法。

Dijkstra 搜索算法是由荷兰科学家 Dijkstra 于 1959 年提出的，由栅格地图可以构成由自由节点组成的连通图，Dijkstra 搜索算法可以从一个节点(起始节点)搜索出到其余各节点(包含目标节点)的最短路径。

如图 3-47 所示，假设节点 D 为起始节点，首先建立两个数组 U 和 S，数组 U 记录了起始节点到未搜索各节点的路径代价，如图 3-47(a)中所有节点均未搜索，无穷路径代价表示起始节点与该节点不直接相连，数组 S 记录了已搜索的节点和路径代价，如图 3-47(a)中只有起始节点。然后在数组 U 中选择路径代价最小的节点，并将该节点移入数组 S 中，在此基础上，对数组 U 中的节点路径代价进行修正，如图 3-47(b)中 C 节点的路径代价最小，将其移入数组 S 中，因此数组 U 中节点 B、F 的路径代价需要修正。上述过程循环进行，如图 3-47(c)～(g)所示，直到数组 U 为空，则最终的数组 S 表示了从起始节点到各节点的最短路径代价。

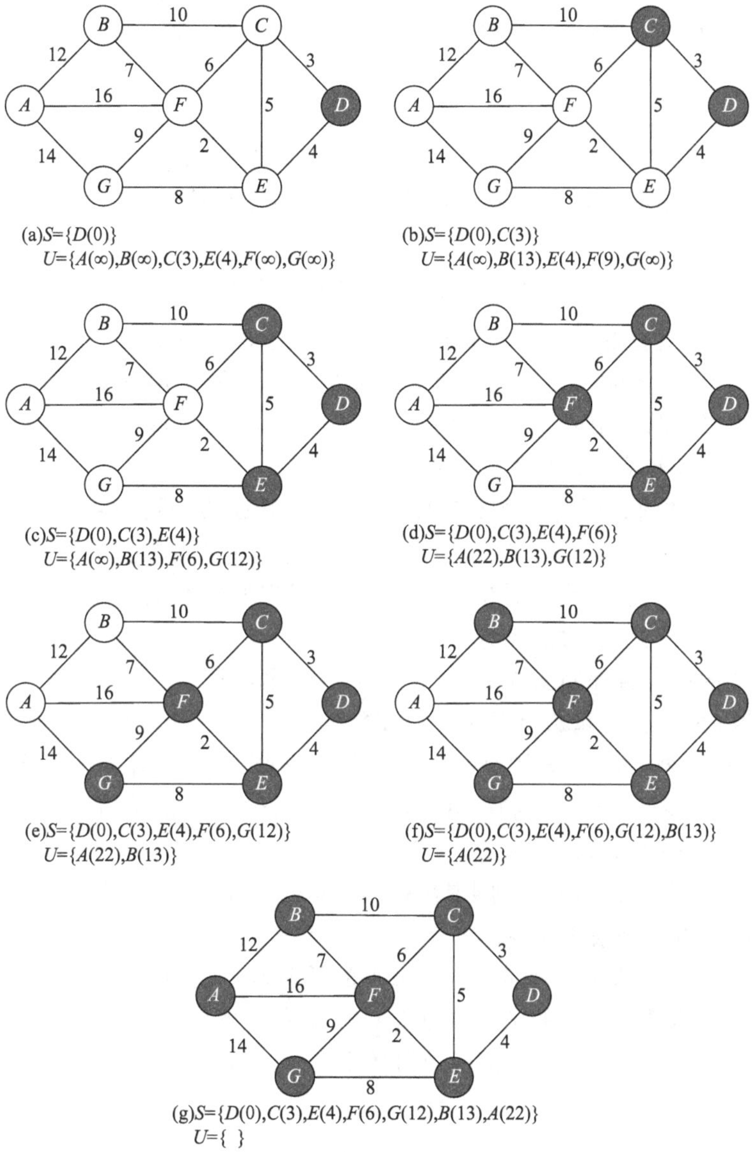

(a)S={D(0)}
U={A(∞),B(∞),C(3),E(4),F(∞),G(∞)}

(b)S={D(0),C(3)}
U={A(∞),B(13),E(4),F(9),G(∞)}

(c)S={D(0),C(3),E(4)}
U={A(∞),B(13),F(6),G(12)}

(d)S={D(0),C(3),E(4),F(6)}
U={A(22),B(13),G(12)}

(e)S={D(0),C(3),E(4),F(6),G(12)}
U={A(22),B(13)}

(f)S={D(0),C(3),E(4),F(6),G(12),B(13)}
U={A(22)}

(g)S={D(0),C(3),E(4),F(6),G(12),B(13),A(22)}
U={ }

图 3-47　Dijkstra 搜索算法

Dijkstra 搜索算法还需要第三个数组记录每个节点的父节点，才能得到从起始节点到达每个节点的最优路径，如图 3-47(b)中，节点 F 的路径代价的计算是基于 C 节点到达 F 节点的，因此 F 节点的父节点是 C 节点，在图 3-47(c)中，F 节点的路径代价进一步优化，其基础是从 E 节点到达 F 节点，因此需要将 F 节点的父节点调整为 E 节点。

Dijkstra 搜索算法的主要特点是以起始节点为中心向外层层扩展，相当于广度优先搜索，直到扩展到目标节点，由于其遍历计算的节点较多，所以效率低。

(2) A*搜索算法。

启发式搜索的关键是代价函数的设计，例如，Dijkstra 搜索算法只用了两个相连节点的路径代价，而没有涉及启发信息的设计，A*搜索算法于 1968 年提出，在 A*搜索算法中采用了启发信息，即代价函数由已经付出的代价和将要付出的代价两部分组成：

$$f(n)=g(n)+h(n) \tag{3-92}$$

式中，$g(n)$为从起始节点n_s到当前节点n之间的最小代价函数，通常用最短距离代替，表示已经付出的代价；$h(n)$为从当前节点n到目标节点n_g的最短距离，表示将要付出的代价，体现了搜索过程的启发信息，是对未生成的路径做某种经验性的估计。$f(n)$则定义了机器人从初始节点n_s经过节点n到达目标节点n_g的路径的最短距离估计值。由于启发信息的应用，与 Dijkstra 搜索算法相比，A*搜索算法大大提高了搜索效率。

在应用 A*搜索算法时，启发代价函数只能采用估计值$h'(n)$，如采用当前节点到目标节点的曼哈顿距离或欧氏距离，二者均小于或等于实际距离，即$h'(n)\leqslant h(n)$，$h'(n)$越接近于$h(n)$，则搜索效率越高，即搜索的节点数越少。

应用 A*搜索算法时，还需建立 OPEN 表和 CLOSED 表两张表来记录节点信息。其中 OPEN 表用来管理所有已生成而未扩展的节点，并将这些节点根据代价函数的大小进行排序，搜索过程中，每次进行重复时从 OPEN 表中优先取代价函数最小的节点加以扩展。CLOSED 表用来管理已扩展过的节点。

A*搜索算法的搜索过程如图 3-48 所示，搜索流程如下：

① 建立 OPEN 表，将起始节点放入 OPEN 表中；

② 如果 OPEN 表为空，表明已无待搜索节点，则退出搜索并提示搜索失败；

③ 如果 OPEN 表为非空，则取 OPEN 表中启发函数值最小的节点作为搜索节点，并将该节点在 OPEN 表中删除，放入 CLOSED 表中；

④ 如果搜索节点为目标节点，则退出搜索并提示搜索成功，根据搜索节点的父节点指针可追踪至起始节点得到最优路径；

⑤ 如果搜索节点不是目标节点，且该节点的子节点不在 OPEN 表和 CLOSED 表中(否则放弃子节点)，则将搜索节点的子节点放入 OPEN 表中并调整子节点的父节点指针，计算 OPEN 表中所有节点的启发函数并按函数值从小到大进行排序，强调最优路径搜索，返回到第②步继续搜索。

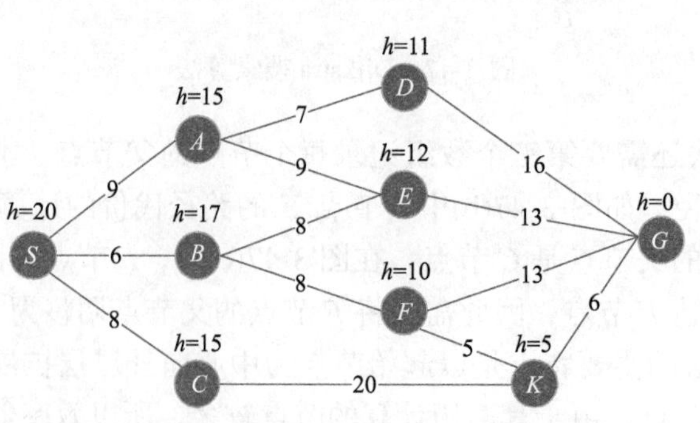

(a)节点连接图，起始节点为S，目标节点为G

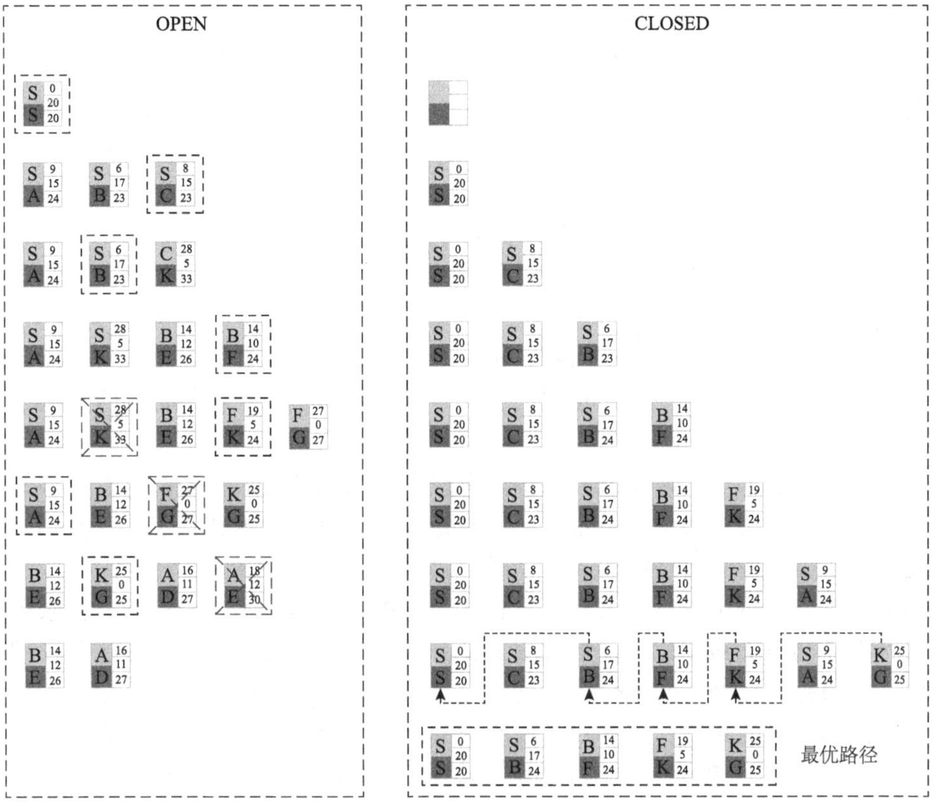

(b)搜索过程

图 3-48　A*搜索算法的搜索过程

A*搜索算法在实际应用中存在两个主要问题，一个是搜索的最优路径的平滑性问题，如图 3-49(a)所示，搜索出的路径由每个栅格的中心点的连线构成，平滑性较差，该问题可以通过最优路径上的点的可视性得以优化，即将可视的点直接相连，如图 3-49(b)所示，认为可视的点间无障碍约束，可以按照此方法进行多次优化。进一步解决平滑性的途径是 2010 年提出的 Hybrid A*搜索算法，该算法考虑了机器人的运动学约束，即满足机器人运动的最大曲率约束，如图 3-49(c)所示。

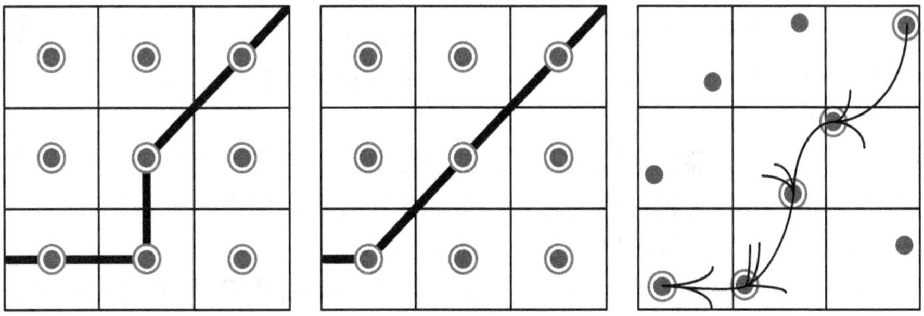

(a)A*搜索路径　(b)可视性优化路径　(c)Hybrid A*搜索路径

图 3-49　最优路径优化

A*搜索算法的另一个主要问题是搜索效率仍然较低，只能用于非实时的静态路径规划，无法满足动态环境下的避碰路径规划需求，为此 2004 年又提出了 LPA*(lifelong planning A*)搜索算法，动态环境会改变最优路径的路径代价，LPA*可根据 $g(n)$ 代价的一致性来判断环境的变化，并启动再次规划，因为发生变化后的环境与最初的环境地图信息相差不大，可以采用增量式搜索，利用先前存储信息来提高二次、三次及以后的搜索效率。

(3) D*搜索算法。

D*搜索算法于 1994 年提出，也称为 Dynamic A*搜索算法，与 A*搜索的方向相反，是从目标节点向起始节点搜索，其基础是贝尔曼的动态规划原理，动态规划所依据的基本原理是不变嵌入原理和最优性原理。

首先将搜索问题看成多级决策问题，不变嵌入原理的含义是：为解决一个特定的最优决策问题，可把原问题嵌入一系列相似的但易于求解的问题中，就是把多级决策过程代换成一系列单级决策过程。

贝尔曼的最优性原理的含义是：在一个多级决策问题中的最优决策具有这样的性质，不管初始级、初始状态和初始决策是什么，当把其中的任何一级和状态再作为初始级和初始状态时，余下的决策对此必定构成一个最优决策。

D*搜索算法包含两个过程：第一个过程相当于静态环境最优路径搜索，搜索出从起始节点到目标节点的最优路径；第二个过程是动态环境下的再规划，即当最优路径中出现新的障碍时，从目标节点到新的障碍的最优路径不会受到影响，新的障碍只会影响机器人当前位置到新的障碍间的路径，这样新的搜索空间会有效减小，从而提高搜索效率。

D*搜索算法与 LPA*搜索算法具有相同的思路，因此可以将 LPA*搜索算法中动态环境判断的思想应用于 D*搜索算法，便形成了 2005 年提出的 D* Lite 搜索算法，该算法成功应用于“机遇号”和“勇气号”火星探测机器人。

3.4.3 局部路径规划

虽然 D*搜索算法和 LPA*搜索算法能够将全局路径规划和局部路径规划合二为一，也成为机器人路径规划的主流发展方向，但一些成熟的局部路径规划方法仍有很好的应用价值，也是智能机器人的一个热点研究方向。

1. 位置空间的局部路径规划

局部路径规划主要用于动态避碰，在机器人执行全局优化路径的过程中，当全局地图不完备或出现突发动态障碍物时，需要进行实时避碰规划。位置空间的局部路径规划适用于静态障碍物的场合。

目前有几种成熟的局部路径规划方法，如 Bug 算法、局部动态窗方法等，其中基于人工势场的路径规划方法具有较好的实时性，可以直接应用于局部路径规划。

例 3-8 VFF(virtual force field，虚拟力场)方法。

如图 3-50 所示，在机器人移动过程中，可利用占有栅格法通过测距传感器快速测量到障碍物，形成障碍物被测量的次数直方图栅格，由此可形成障碍物对机器人的排斥力 F_r，目标点对机器人形成吸引力 F_a，吸引力和排斥力的合力方向为机器人的运动方向。其缺点同样是在通过一道门时或在狭窄的走廊环境条件下效果不佳。

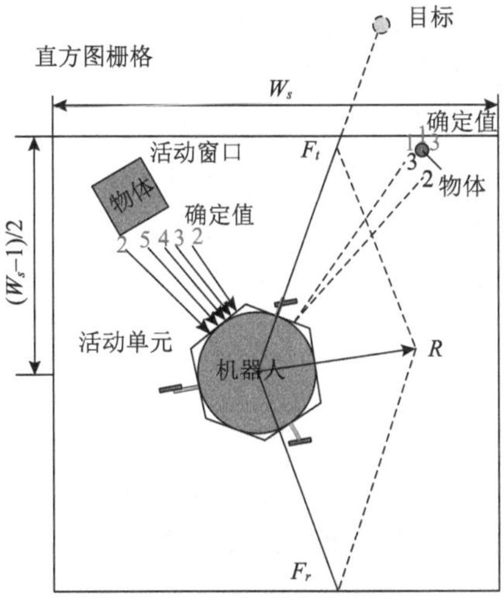

图 3-50　VFF 局部路径规划方法

在利用占有栅格法通过测距传感器快速测量到障碍物，形成障碍物被测量的次数直方图栅格后，也可以基于栅格地图直接搜索机器人安全趋向目标点的运动方向。

例 3-9　VFH(vector field histogram，向量场直方图)方法。

图 3-51(a)表示存在 A、B、C 三个障碍物的机器人工作环境，VFH 方法首先采用与 VFF 方法相同的手段，由距离测量传感器信息获得二维直角坐标位置的障碍物直方图栅格，如图 3-51(b)所示，每个栅格都包含一个数字，代表机器人移动过程中障碍物被距离测量传感器测量到的次数，数字越大，代表该栅格被障碍物占有的可能性越大。

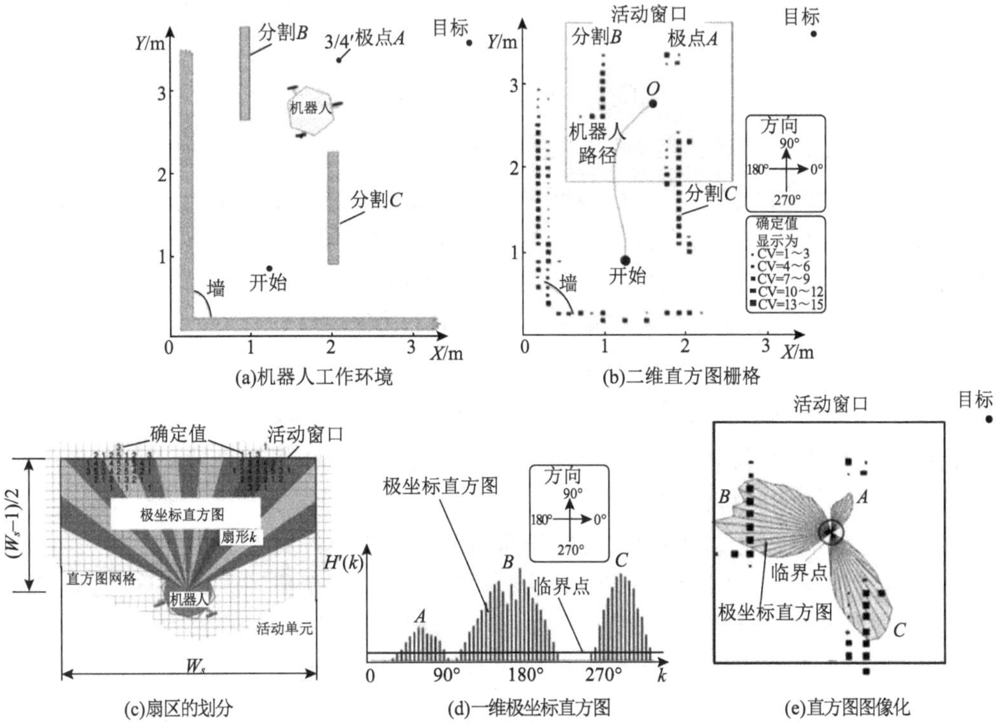

图 3-51　VFH 局部路径规划方法

其次，将机器人 360°工作环境以一定角度划分为若干小的扇区，如图 3-51(c)所示，扇区角度可根据障碍物环境复杂度确定，保证机器人有充分的安全运动方向，或根据机器人尺寸确定，统计每个扇区内所包含的所有栅格被测量到次数的总和，可得到以方向角度为横坐标、以测量次数总和为纵坐标的极坐标直方图，如图 3-51(d)所示，或以图像化表示，如图 3-51(e)所示。当总和超过一定阈值时，便可认为该扇区存在障碍物，是机器人运动的不安全区域，总和低于一定阈值的扇区为机器人运动的安全区域。

最后，根据扇区方向直方图，在安全运动区域内，实现机器人运动方向的优化决策，使式(3-93)所示的代价函数最小：

$$G = a \cdot \text{target\_direction} + b \cdot \text{previous\_direction} + c \cdot \text{wheel\_orientation} \tag{3-93}$$

代价函数中考虑了目标点相对于机器人的方向、机器人当前的方向以及机器人轮子的转动方向，利用系数 a,b,c 对三者进行加权，目标是以最短时间、最少能量趋向目标点。

2. 速度空间的局部路径规划

当环境中存在运动障碍时，位置空间的局部路径规划的难度将增加，此时可考虑速度空间的局部路径规划方法。

速度障碍(velocity obstacle，VO)算法于 1998 年提出，速度障碍定义了一个速度集合，如果机器人的速度在这个集合内，机器人将和运动的障碍物发生碰撞，当机器人的速度在这个集合外时，机器人和运动障碍物将不会发生碰撞。

如图 3-52(a)所示，假设机器人和障碍物是圆形的，半径分别为 r_A, r_B，速度分别为 $\boldsymbol{v}_A, \boldsymbol{v}_B$，为了计算 VO，首先将障碍物 B 映射到机器人 A 的配置空间中，即将机器人简化为一质点 $\hat{A}$，障碍物以半径 $r_A + r_B$ 膨胀为 $\hat{B}$，然后定义碰撞锥(collision cone)为 $\hat{A}, \hat{B}$ 之间发生碰撞的相对速度集合：

$$\text{CC}_{AB} = \{\boldsymbol{v}_{A,B} \mid \lambda_{A,B} \cap \hat{B} = \varnothing\} \tag{3-94}$$

式中，$\boldsymbol{v}_{A,B} = \boldsymbol{v}_A - \boldsymbol{v}_B$，为机器人与障碍物之间的相对速度；$\lambda_{A,B}$ 为相对速度的方向。即碰撞锥为与障碍物 $\hat{B}$ 边缘相切的两条速度线所包围的区域，如图 3-52(a)中上边区域，如果机器人相对于障碍物的速度位于这个锥内，将导致机器人和障碍物发生碰撞。

相对于机器人 A 的绝对速度空间，将障碍物 B 的速度 $\boldsymbol{v}_B$ 与式(3-94)集合中的每个速度相加，即可得到机器人的速度障碍，如图 3-52(a)中下边区域：

$$\text{VO} = \text{CC}_{AB} \oplus \boldsymbol{v}_B \tag{3-95}$$

式中，$\oplus$ 是闵可夫斯基求和符号，定义为 $A \oplus B = \{a + b \mid a \in A, b \in B\}$。

在机器人避碰规划过程中，只要机器人的速度选择在 VO 集合之外，将保证不会发生碰撞，此外还要选择朝向目标的速度。

VO 算法解决了机器人和障碍物之间的避碰问题，当机器人和机器人之间进行避碰决策时，如果两个机器人采用同样的 VO 算法，可以想象，两个机器人的速度选择均受到各自 VO 和朝向目标的双重约束，两个机器人的运动将出现抖动现象，为此相互速度障碍(reciprocal velocity obstacle，RVO)算法于 2008 年被提出，其基本思想是每个机器人选择的避碰速度为其当前速度和另一机器人 VO 之外速度的平均值，即 $\text{RVO} = \text{CC}_{AB} \oplus \dfrac{\boldsymbol{v}_A + \boldsymbol{v}_B}{2}$，如

图 3-52(b)所示，可以想象，每个机器人只承担各自 VO 1/2 的防碰撞任务即可。

此外，VO 和 RVO 的定义取决于图 3-52(a)中碰撞锥的定义，即由机器人相对速度方向及与障碍物 $\hat{B}$ 左、右相切两个约束条件定义，2009 年又有人提出有限时间速度障碍(finite time velocity obstacle，FVO)的概念，又增加了两个约束条件，即有限的时间间隔和一致的速度方向，使速度障碍的定义更加细致，如图 3-52(c)所示。

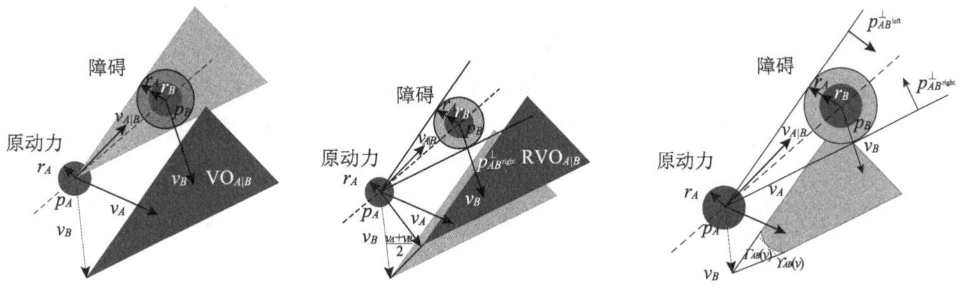

(a)VO　　(b)RVO　　(c)FVO

图 3-52　速度障碍

还有其他一些局部路径规划的实用研究成果，例如，动态窗口方法、曲率速度方法都是在速度空间实现局部路径规划的，动态窗口方法是在机器人当前位置，通过机器人可能的线速度和角速度的组合，确定机器人在一个采样周期间隔内可到达位置区域的动态窗口，并根据动态窗口与障碍物之间的关系实现机器人的运动决策；曲率速度方法定义机器人轨迹的曲率为 ω / v，障碍物的位置与尺寸限制了机器人轨迹的曲率，以此为约束条件可实现机器人的局部路径规划。

3.5　体 系 结 构

移动机器人为了实现智能导航任务，需要一个通用的软件架构，实现感知、定位、认知、控制等智能行为，这一通用的软件架构也可以结合特定的机器人需求实现定制设计。

3.5.1　基于时间和控制的分解技术

机器人的各种智能行为在时间维度上和控制功能维度上是有区别的，这也是机器人结构设计的基础。

1. 基于时间的分解技术

机器人的各种智能行为在时间维度上是有所区别的，主要的区分在于各种行为对于实时性的需求上，主要区分为战略层面的离线智能行为、战术层面的准实时智能行为和实时性要求较高的执行层面的智能行为，如图 3-53 所示。

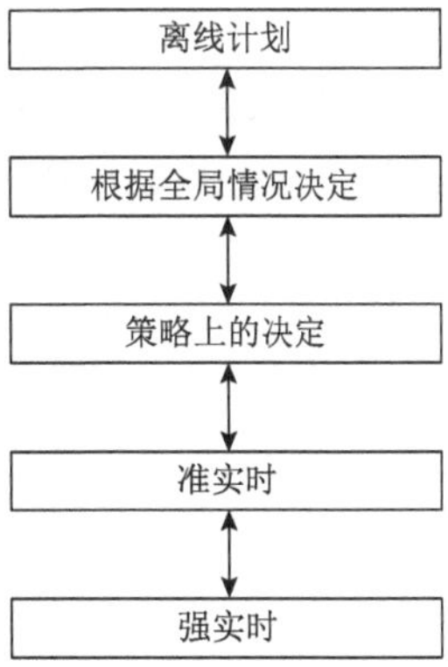

图 3-53　智能行为的时间分解

全局路径规划属于战略层面的智能行为，在机器人工作环境已知的条件下，对机器人的任务执行做一个长期的任务规划和路径规划，不要求实时性，可离线进行；实现避碰的局部路径规划和在未知环境下的SLAM等智能行为属于战术层面的准实时智能行为，需满足一定的时间约束，取决于任务需求和软硬件能力的限制；机器人运动闭环控制属于实时性要求较高的执行层面的智能行为，一般要求具有较高的带宽。

机器人传感器信息采集与处理行为则介于离线、准实时和实时三者之间，如图3-53所示，随着智能行为层次的上移，传感器的响应时间趋向增加。传感器的响应时间可以用时间深度的概念加以度量，时间深度以当前时刻向前和向后两个方向度量时间，分别定义为时间范围和时间记忆，时间范围用于描述向前的时间范围，即传感器得到预期输出需要的处理时间，时间记忆用于描述向后的时间范围，即传感器得到预期输出需要的传感器历史信息。底层的实时控制要求传感器在两个方向上的时间深度都很小，高层次的慎思决策过程则需要在两个方向上具有更长的时间深度。

2. 基于控制的分解技术

机器人的控制也分为多种行为模块分支，如速度和方向控制、轨迹跟踪控制、障碍物避碰控制等，基于控制的分解技术用于确定多种行为控制模块的控制输出以何种方式合成为机器人的综合运动，由此生成的机器人结构大体分为串联结构和并联结构。

串联结构如图3-54所示，多种行为控制模块相互串联形成闭环，图中模块r代表机器人实体和环境，其输入为最终合成的机器人各自由度的运动指令，其输出为所有传感器对环境的感知结果，并作为所有行为模块的输入。该结构的优点是机器人总体行为具备可预见性和可验证性，因为每个模块的输入依赖于上游模块的输出，机器人的总体行为是清晰的。

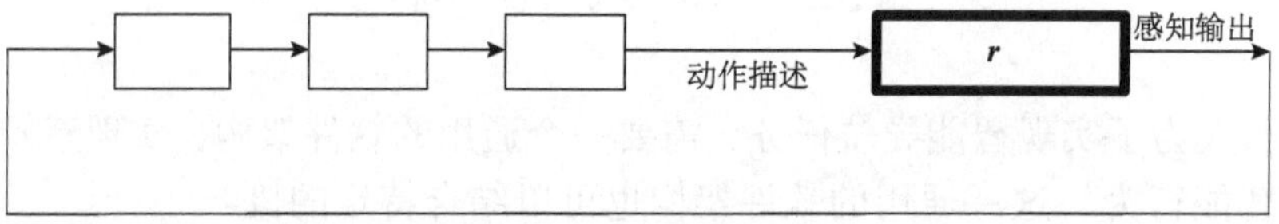

图3-54　串联结构

并联结构如图3-55所示，多种行为控制模块是并联的关系，因此必然要引入一个综合模块n，将并联模块的输出综合为机器人各自由度的运动指令。

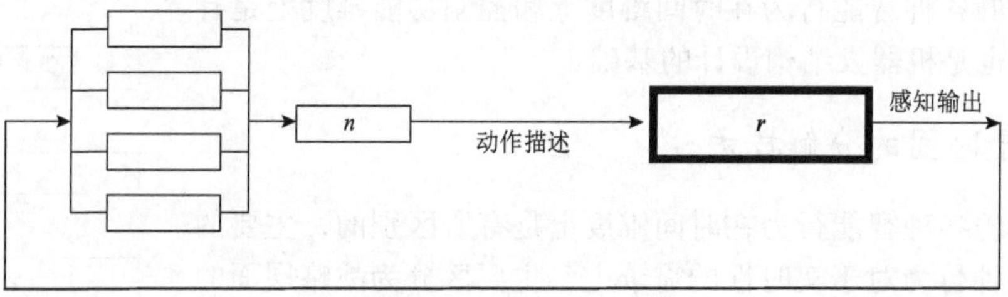

图3-55　并联结构

最简单的综合方法是通过行为开关进行切换，使机器人在任意时刻只响应一个行为控制模块的输出，如轨迹跟踪和避碰两种控制行为，当检测到的障碍物距离机器人超过一定距离时，机器人响应轨迹跟踪行为控制指令，当小于一定距离时，机器人响应避碰行为控制指令。但该方法存在严重不足，如果行为开关切换比较频繁，机器人的整体行为将变差，甚至会不稳定。另一种综合方法是采用行为融合方法，例如，将轨迹跟踪行为控制指令和避碰行为控制指令都转换为机器人的速度向量，然后采用矢量相加的方式形成机器人的综合速度指令。行为融合方法比行为切换方法更实用，具有仿生学的特点，但融合难度较大，同样会造成机器人整体行为变差，整体行为的验证也非常困难。

3.5.2　分层机器人结构

一种通用的分层机器人结构是基于时间分解技术而设计的，如图 3-56 所示。最上层的路径规划层利用所有传感器感知信息非实时地完成战略层的决策，最下层以并联融合模式完成多种行为的实时闭环控制，介于上、下层之间的是执行层，完成上、下层之间的信息转换以及一些战术层面的决策任务，包括根据路径规划结果激活和抑制行为控制模块、执行过程中处理系统的安全和故障以及启动局部路径再规划等功能。

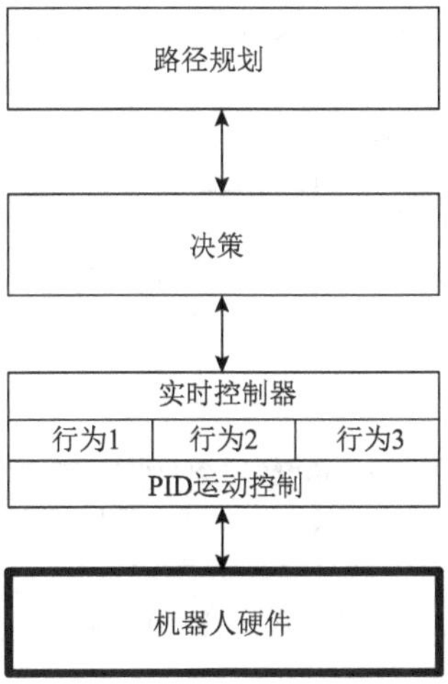

图 3-56　通用分层机器人结构

其中路径规划层和执行层是机器人结构设计的关键。对于简单的机器人应用，如工厂或仓库应用的机器人，环境相对固定，路径规划可离线进行，因此机器人结构中可取消路径规划层。对于复杂环境应用的机器人，执行层的战术决策负担加重，需应对各种突发状况，尤其是准实时的路径重新规划计算量负担较重，一种有效的解决方案是情景规划(episodic planning)机器人结构，如图 3-57 所示，路径规划层和执行层相互配合，执行层根据传感器感知信息构建局部地图，并触发路径规划层的算法实现准实时局部路径规划，进而实现机器人的实时行为控制。

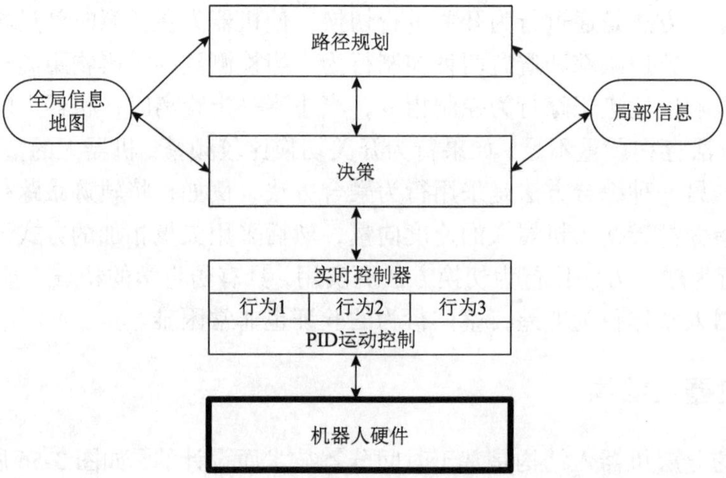

图 3-57　情景规划机器人结构

可见，机器人的结构设计主要取决于全局和局部路径规划方法的快速计算能力，在这一方面，人工势场法和动态规划 D^*搜索算法等具有明显优势，如果能够胜任准实时甚至实时计算，则路径规划层和执行层可合二为一，一个快速的全局决策层可以取代路径规划层的功能，如图 3-58 所示，是机器人结构设计努力的方向。

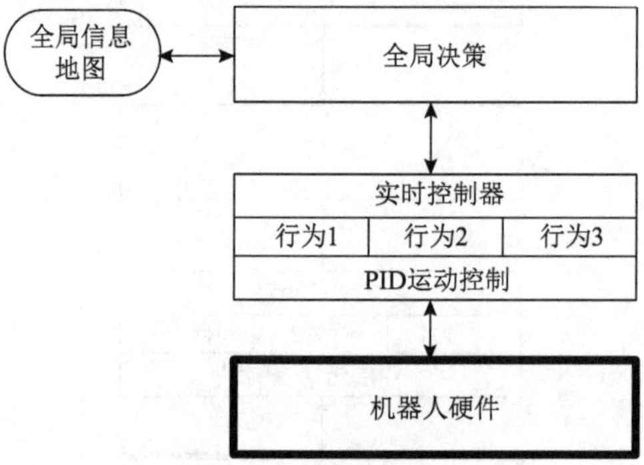

图 3-58　集成结构

第 4 章　图像处理技术与应用

本章主要介绍图像及图像处理方面的基础理论和常用算法，包括机器视觉技术概述、相机模型的建立和参数标定、基于图像的特征提取、基于单目和双目相机的目标位置与姿态测量等基本理论和算法，为后续机器视觉在机器人中的应用奠定坚实的基础。

4.1　图像处理技术

光谱中的一段频率范围称为可见光，即人眼可以感知的部分，如图 4-1 所示，人类主要是利用视觉感知世界，即当光辐射能量照在物体上时，经过它的反射或透射，或由发光物体本身发出的光能量，在人的视觉器官中重现出物体的视觉信息。图像是人类获取信息的一个重要来源，有研究表明，人类约有 70%的信息是通过人眼获取的，但只通过眼睛获取是不够的，还需要将图像传输到大脑，去理解图像、理解环境。

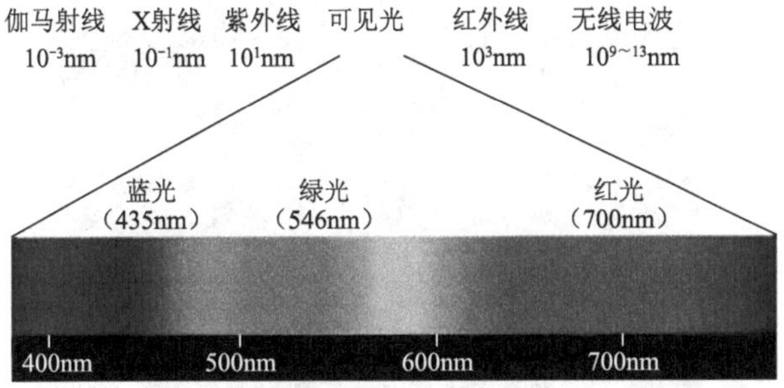

图 4-1　光谱图

彩图 4-1

4.1.1　数字图像

根据人眼的成像原理，人们通过光学成像原理研制出相机，并通过几十年的努力发展成当今的高性能数字相机，可以获取环境的数字图像，在智能机器人技术中也扮演着越来越重要的角色。

1. 黑白数字图像

环境光通过针孔镜头投射到相机成像平面上，成像平面由光电传感器阵列组成，光电传感器将光的强度转化成电能信号，由内部处理器将电能信号转换为数字信号，并将传感器阵列数据以数组的形式存储在计算机中，数组的每一个元素称为像素，元素数值代表图像的亮度或灰度信息，如图 4-2 所示。

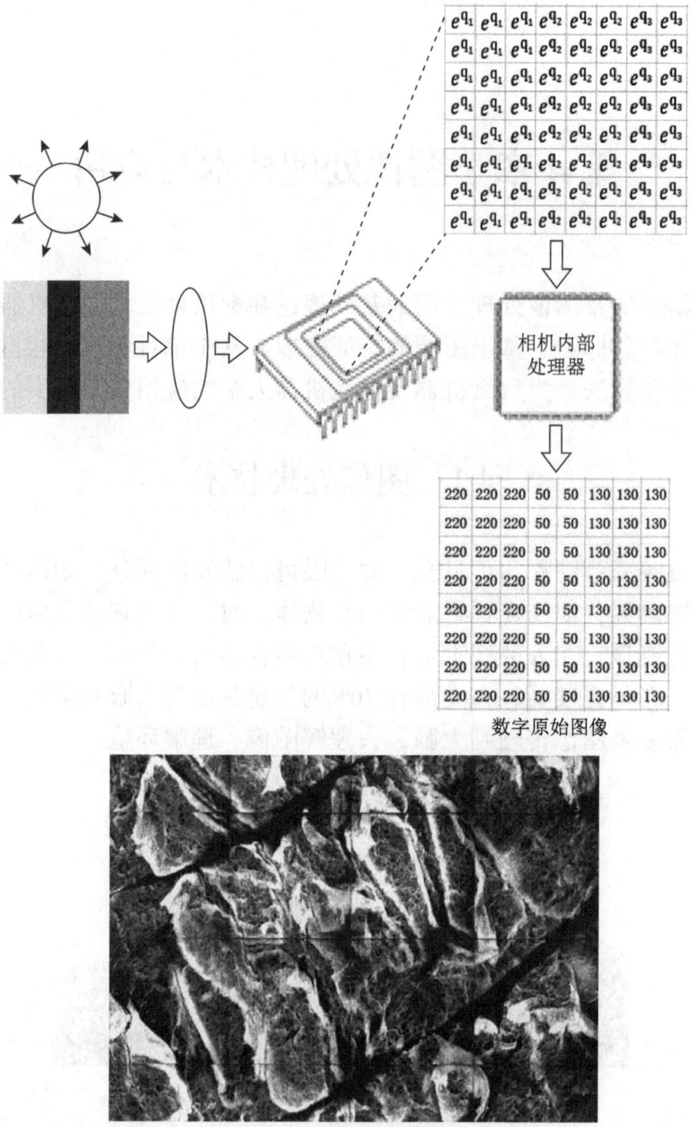

图 4-2　黑白数字图像

2. 彩色数字图像

可见光的波长范围为 380～780nm，包含了红、橙、黄、绿、青、蓝、紫等几种单色光，如果任意选择三种独立的单色光，就可以按不同的比例混合成日常生活中可能出现的各种颜色，这三种单色光称为三基色光。光学中的三基色为红、绿、蓝，因为人眼对 RGB 三色最为敏感，由此产生的彩色图像为 RGB 彩色图像，是目前运用范围最广的颜色系统之一。

彩色相机首先可采用 R、G、B 三种单色光对应波长范围的分光镜或滤光片过滤出三种单色光，然后采用与黑白相机相同的成像原理，采用三组光电传感器阵列得到对应三种颜色的强度图像，最后将三种基色按一定比例混合得到最终的彩色数字图像，如图 4-3 所示。

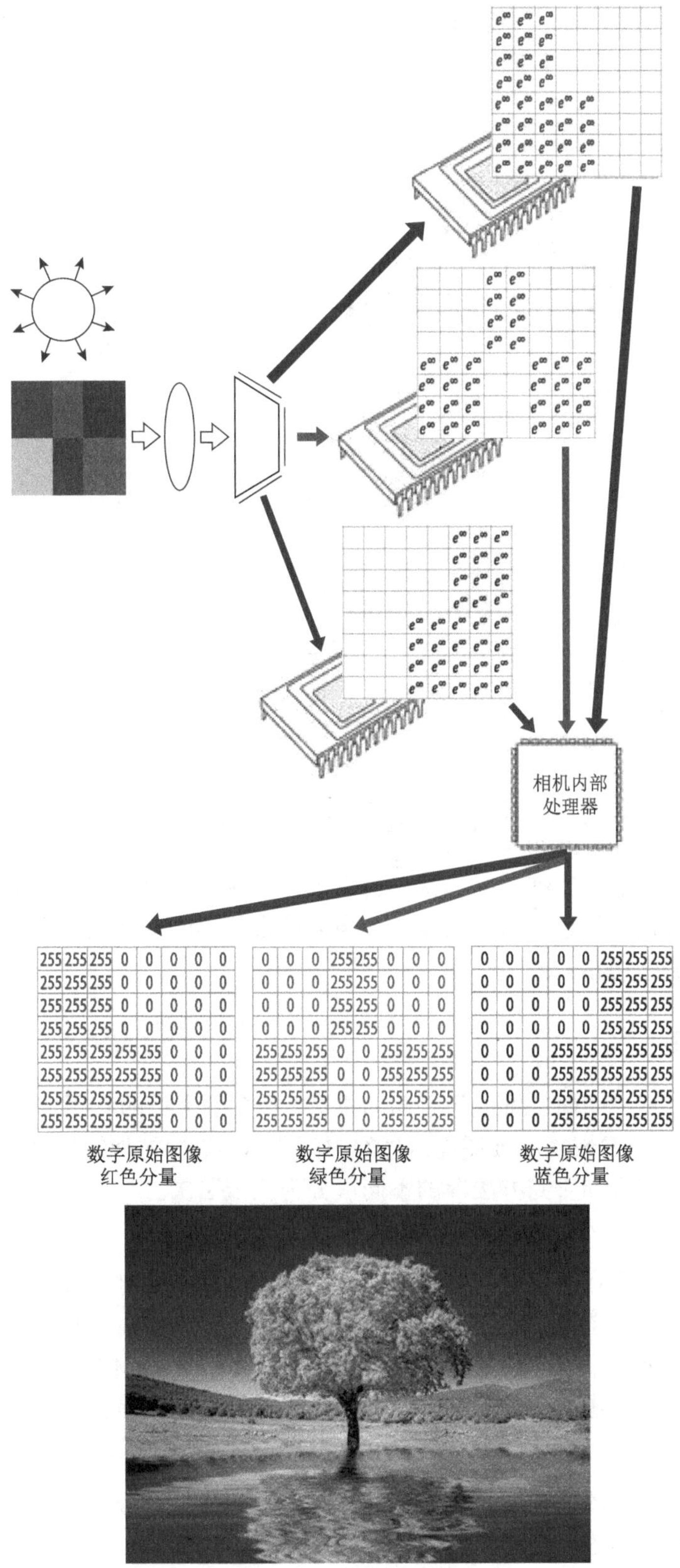

彩图 4-3

图 4-3　多通道彩色数字图像

为了降低相机成本，也可以采用一组光电传感器阵列实现，但必须与 Bayer 发明的 Bayer 滤光片结合，如图 4-4 所示。

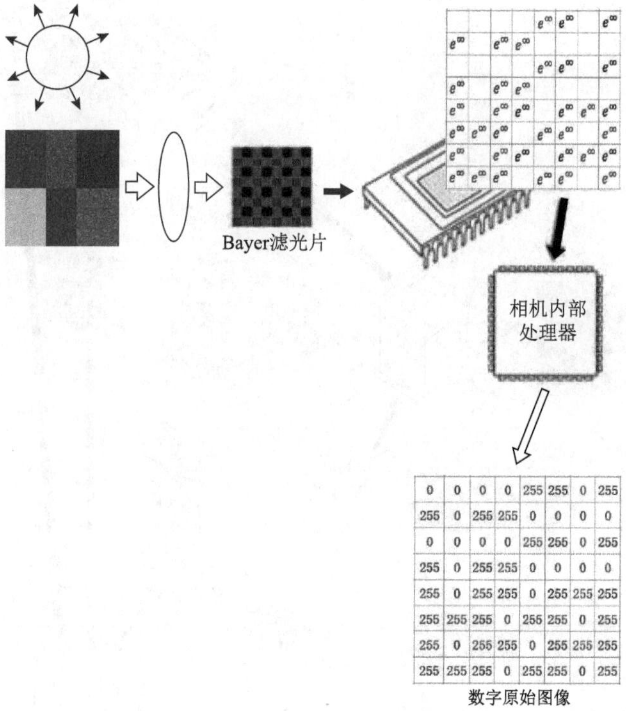

彩图 4-4

图 4-4　单通道彩色数字图像

这样每个像素只能产生红、绿、蓝三色当中一种颜色的值，但是在输出时，所有像素都应该具有三种颜色的信息，这可以通过与当前像素相邻的不同颜色像素插值获得，但图像质量与插值算法密切相关。

4.1.2　图像技术

图像是三维环境空间向二维成像平面的投影，包含了大量的有用信息。图像技术(图像工程)就是利用二维图像恢复三维环境信息的一门技术，在广义上是各种与图像有关的技术的总称，根据抽象程度和研究方法等的不同可分为三个层次。

1) 图像处理

图像处理着重强调在图像之间进行的变换，主要目标是要对图像进行各种加工以改善图像的视觉效果，或对图像进行压缩编码，减少存储空间或传输时间。

图像处理的主要技术内容包括：图像采集、获取及存储；图像重建；图像变换、滤波、增强、恢复、校正；图像压缩编码；图像数字水印和信息隐藏等。

2) 图像分析

图像分析主要是对图像中感兴趣的目标进行检测和测量，获得它们的客观信息，从而建立对图像和目标的描述，是从图像到数据的过程。

图像分析的主要技术内容包括：边缘检测、图像分割；目标表达、描述、测量；目标颜色、形状、纹理、空间、运动信息；目标检测、提取、跟踪、识别和分类；人脸和器官检测、定位与识别等。

3) 图像理解

图像理解的重点是在图像分析的基础上，进一步研究图像中各目标的性质和它们之间的相互联系，并通过对图像内容含义的理解得出对原来客观场景的解释，从而指导和规划行动。

图像理解的主要技术内容包括：序列图像配准、匹配、融合、镶嵌，3D 表示、建模、重构、场景恢复、测量，图像感知、解释、推理，基于内容的图像和视频检索，图像伺服控制等。

图像技术是一门系统地研究各门图像理论、技术和应用的新的交叉学科，其研究进展与人工智能、神经网络、遗传算法、模糊逻辑等有密切的联系。

4.2　相机模型与参数标定

相机模型描述了三维空间的点与二维成像平面上相应的像点之间的几何关系，与相机的物理参数相关，通过大量三维空间的已知点与相应的像点，求取相机物理参数的过程称为相机的标定。

4.2.1　相机模型

如果忽略光的波的特性，将光看成在同类介质中直线传播的光线，则可将相机模型简化为小孔成像模型，如图 4-5 所示。

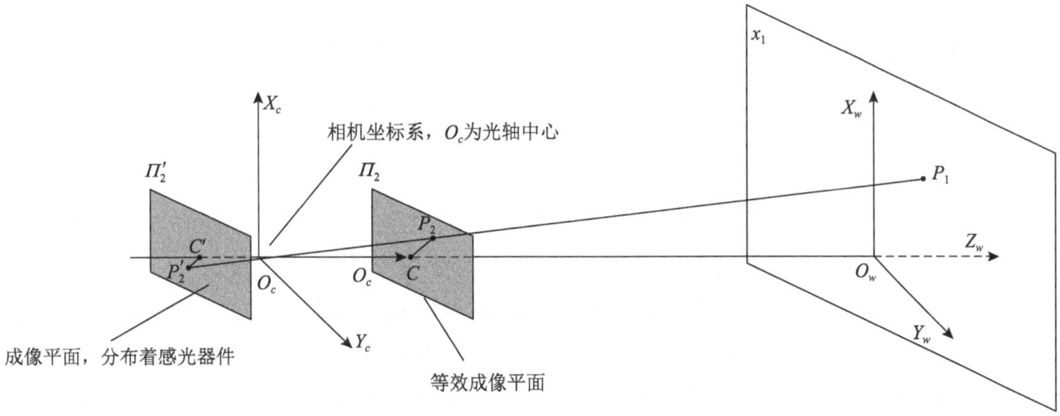

图 4-5　小孔成像模型

图 4-5 中 O_c 点为相机的小孔，也称为相机的光心，物体在成像平面上的像是倒实像，像与原物体相比比例缩小，上下、左右方向相反。在相机成像平面上的倒实像转换成数字图像时，对图像进行放大，并将图像的方向进行转换，使其与原物体的上下和左右方向相同，可以认为成像平面 Π_2' 等效成等效成像平面 Π_2，成像平面 Π_2 的正像到数字图像的转换等效成放大环节。

1. 相关坐标系的定义

1) 相机坐标系 O_c - $X_cY_cZ_c$

相机坐标系的原点取为相机的光心 O_c 处，Z_c 轴为过 O_c 点垂直于成像平面的直线，为相机的光轴，指向视场方向，X_c,Y_c 轴分别与成像平面的水平方向和垂直方向平行，如图 4-5 所示。

2) 图像像素坐标系 O_0 - uv

数字图像是以像素阵列组成的矩形。在图像像素坐标系内，其原点位于图像的左上角 O_0，(u,v) 分别表示该像素在数组中的行、列位置，是以像素为单位的坐标，如图 4-6 所示。

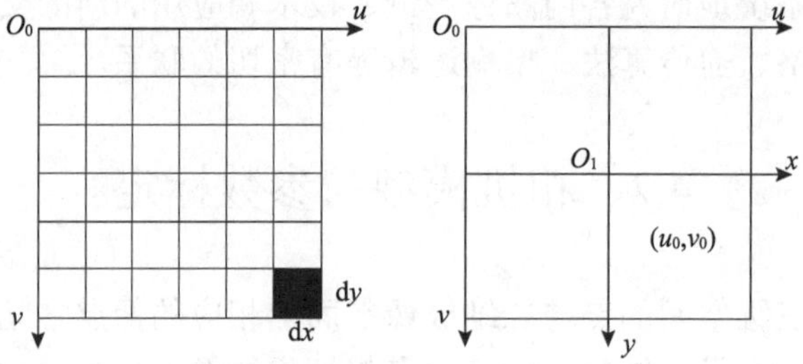

图 4-6　图像像素坐标系

3) 图像物理坐标系 O_1 - xy

如图 4-6 所示，原点位于相机光轴与成像平面的交点 O_1 处，其像素坐标为 (u_0,v_0)，x 轴指向取图像像素坐标沿水平增加的方向，y 轴指向取图像像素坐标沿垂直增加的方向。x,y 分别与相机坐标系的 X_c,Y_c 轴平行。

4) 世界坐标系 O_w - $X_wY_wZ_w$

在外界环境中任意选取，作为其他坐标系旋转、平移变化的一个基准，是一个参考坐标系。

2. 相机的内参数模型

前面说过图像是三维环境空间向二维成像平面的投影，三维环境空间可以相对相机坐标系描述，如三维环境空间的任一点 P，在相机坐标系中的位置为 $[x_c,y_c,z_c]^{\mathrm{T}}$，$P$ 点在成像平面上的投影点的坐标在图像像素坐标系中描述为 $[u\ v]^{\mathrm{T}}$，则 $[x_c\ y_c\ z_c]^{\mathrm{T}}$ 与 $[u\ v]^{\mathrm{T}}$ 之间的关系称为相机的内参数模型(intrinsic model)，这是因为二者的关系只涉及相机的内在固有参数。

我们无法直接建立二者之间的关系，必须借助于成像平面上的投影点在图像物理坐标系中的坐标 $[x\ y\ f]^{\mathrm{T}}$，其中 f 为相机的焦距，表示相机坐标系原点到图像物理坐标系原点之间的距离。

由于相机坐标系与图像物理坐标系的三个轴都是平行的，因此根据相似原理直接得到 $[x_c\ y_c\ z_c]^{\mathrm{T}}$ 与 $[x\ y\ f]^{\mathrm{T}}$ 的投影关系或投影变换：

$$\frac{x_c}{z_c}=\frac{x}{f},\quad \frac{y_c}{z_c}=\frac{y}{f} \tag{4-1}$$

写成矩阵形式为

$$\begin{bmatrix} x \\ y \\ 1 \end{bmatrix} = \begin{pmatrix} f & 0 & 0 \\ 0 & f & 0 \\ 0 & 0 & 1 \end{pmatrix} \begin{bmatrix} x_c / z_c \\ y_c / z_c \\ 1 \end{bmatrix} \Rightarrow z_c \begin{bmatrix} x \\ y \\ 1 \end{bmatrix} = \begin{pmatrix} f & 0 & 0 \\ 0 & f & 0 \\ 0 & 0 & 1 \end{pmatrix} \begin{bmatrix} x_c \\ y_c \\ z_c \end{bmatrix} \tag{4-2}$$

接下来根据图像物理坐标系和图像像素坐标系的定义，建立 $[x\ y\ f]^{\mathrm{T}}$ 与 $[u\ v]^{\mathrm{T}}$ 的变换关系。设每个像素在图像物理坐标系 x, y 方向的宽度分别为 $\mathrm{d}x, \mathrm{d}y$，即 $\alpha_x = 1/\mathrm{d}x, \alpha_y = 1/\mathrm{d}y$ 分别表示 x, y 方向单位长度所能容纳的实际像素的个数。则有

$$u = \frac{x}{\mathrm{d}x} + u_0 = \alpha_x x + u_0, \quad v = \frac{y}{\mathrm{d}y} + v_0 = \alpha_y y + v_0 \tag{4-3}$$

写成矩阵形式为

$$\begin{bmatrix} u \\ v \\ 1 \end{bmatrix} = \begin{bmatrix} 1/\mathrm{d}x & 0 & u_0 \\ 0 & 1/\mathrm{d}y & v_0 \\ 0 & 0 & 1 \end{bmatrix} \begin{bmatrix} x \\ y \\ 1 \end{bmatrix} = \begin{bmatrix} \alpha_x & 0 & u_0 \\ 0 & \alpha_y & v_0 \\ 0 & 0 & 1 \end{bmatrix} \begin{bmatrix} x \\ y \\ 1 \end{bmatrix} \tag{4-4}$$

式(4-4)也称为仿射变换，用于实现成像平面中像点在物理坐标系和像素坐标系间的转换。

将式(4-2)代入式(4-4)中，可得相机的内参数模型：

$$\begin{bmatrix} u \\ v \\ 1 \end{bmatrix} = \begin{bmatrix} k_x & 0 & u_0 \\ 0 & k_y & v_0 \\ 0 & 0 & 1 \end{bmatrix} \begin{bmatrix} x_c / z_c \\ y_c / z_c \\ 1 \end{bmatrix} = \boldsymbol{M}_{\mathrm{in}} \begin{bmatrix} x_c / z_c \\ y_c / z_c \\ 1 \end{bmatrix} \tag{4-5}$$

式中，$k_x = \alpha_x f, k_y = \alpha_y f$ 分别表示 x, y 轴方向的放大系数；把四个和相机镜头有关的固有参数称作相机的内参数；$\boldsymbol{M}_{\mathrm{in}}$ 称为内参数矩阵。

如果不考虑放大系数 k_x, k_y 的差异，构成相机内参数模型的只有 3 个参数，称为相机的 3 参数模型：

$$\begin{bmatrix} u \\ v \\ 1 \end{bmatrix} = \begin{bmatrix} k & 0 & u_0 \\ 0 & k & v_0 \\ 0 & 0 & 1 \end{bmatrix} \begin{bmatrix} x_c / z_c \\ y_c / z_c \\ 1 \end{bmatrix} = \boldsymbol{M}_{\mathrm{in}} \begin{bmatrix} x_c / z_c \\ y_c / z_c \\ 1 \end{bmatrix} \tag{4-6}$$

在考虑放大系数的差异与耦合作用的情况下，构成的相机内参数模型具有 5 个参数，称为相机的 5 参数模型：

$$\begin{bmatrix} u \\ v \\ 1 \end{bmatrix} = \begin{bmatrix} k_x & k_s & u_0 \\ 0 & k_y & v_0 \\ 0 & 0 & 1 \end{bmatrix} \begin{bmatrix} x_c / z_c \\ y_c / z_c \\ 1 \end{bmatrix} = \boldsymbol{M}_{\mathrm{in}} \begin{bmatrix} x_c / z_c \\ y_c / z_c \\ 1 \end{bmatrix} \tag{4-7}$$

式中，k_s 表示 x, y 轴的耦合放大系数。

由射影几何原理可知，同一个图像点可以对应若干个不同的空间点，内参数模型推导过程中，成像平面上的成像点坐标为$[x\ y\ f]^{\mathrm{T}}$，即$z=f$，当取$z=1$时，所对应的平面称为焦距归一化成像平面，在焦距归一化成像平面上成像点的坐标为$[x_{1_c}\ y_{1_c}\ 1]^{\mathrm{T}}$。

利用焦距归一化成像平面上的成像点坐标和光轴中心点，可以确定景物点所在的空间直线：

$$\boldsymbol{e}=\frac{1}{\sqrt{x_{1_c}^2+y_{1_c}^2+1}}\begin{bmatrix}x_{1_c}\\ y_{1_c}\\ 1\end{bmatrix} \tag{4-8}$$

3. 相机的内参数非线性模型

工业制造技术和安装工艺会使相机图像出现一定量的非线性畸变偏差，使得理想的小孔成像模型并不存在，而且离光心越远的位置，畸变越严重，相机的几何畸变主要分为径向畸变和切向畸变，如图 4-7(a)所示。

径向畸变以主点为中心沿着半径向外扩散，主点处的畸变为 0，如图 4-7(b)所示。这种畸变可以用$r=0$处的泰勒级数近似表示，其中r表示投影点到主点的径向距离：

$$\begin{aligned}x_{\text{undistort}}&=x(1+k_1r^2+k_2r^4+k_3r^6)\\ y_{\text{undistort}}&=y(1+k_1r^2+k_2r^4+k_3r^6)\end{aligned} \tag{4-9}$$

式中，k_1～k_3表示畸变参数。

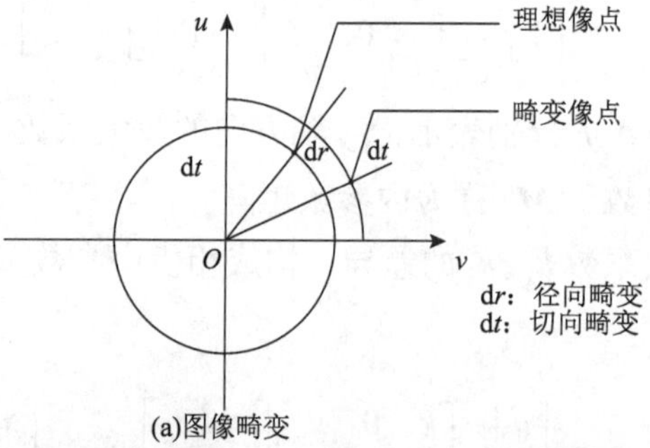

(a)图像畸变

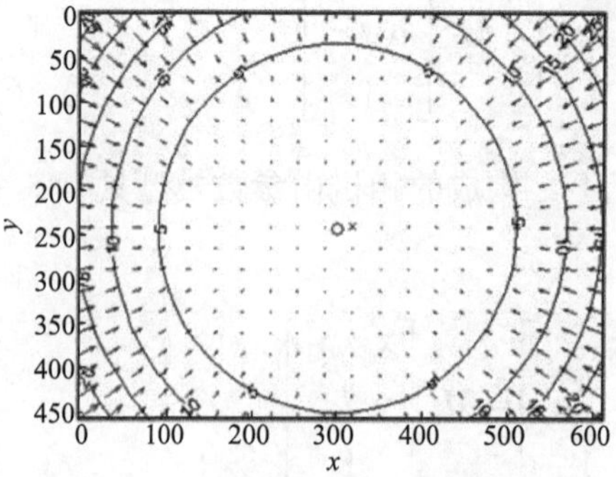

(b)径向畸变分布

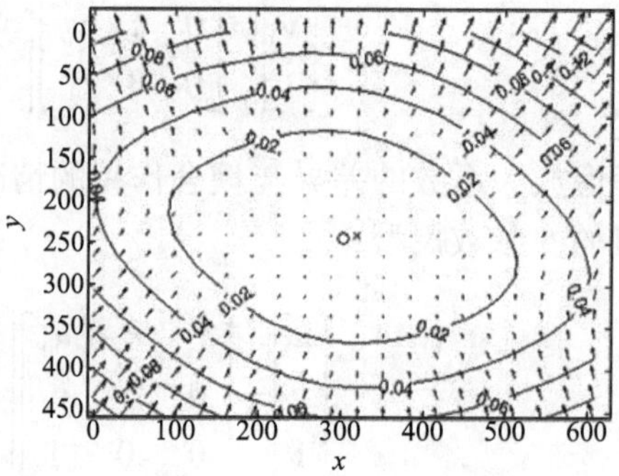

(c)切向畸变分布

图 4-7　图像非线性畸变

切向畸变是由于透镜中心所在平面与成像平面不平行而产生的，其分布基本上沿主对角线对称，如图 4-7(c)所示。切向畸变可以用另外两个畸变参数 p_1, p_2 来描述：

$$
\begin{aligned}
x_{\text{undistort}} &= x + [2p_1 y + p_2(r^2 + 2x^2)] \\
y_{\text{undistort}} &= y + [2p_2 x + p_1(r^2 + 2y^2)]
\end{aligned}
\tag{4-10}
$$

随镜头制作工艺提高，畸变可忽略不计，但非线性畸变模型仍可用于广角镜头和鱼眼镜头等高度非线性的图像建模与校正。

4. 相机的外参数模型

相机的外参数模型(extrinsic model)是景物坐标系或称世界坐标系在相机坐标系中的描述，如图 4-8 所示，即坐标系 $O_w\text{-}X_wY_wZ_w$ 在坐标系 $O_c\text{-}X_cY_cZ_c$ 中的表示，设 P 点相对世界坐标系的位置为 $[x_w\ y_w\ z_w]^{\mathrm{T}}$、相对相机坐标系的位置为 $[x_c\ y_c\ z_c]^{\mathrm{T}}$，则相机的外参数模型可用齐次变换矩阵表示为

$$
\begin{bmatrix} x_c \\ y_c \\ z_c \\ 1 \end{bmatrix} = \begin{bmatrix} n_x & o_x & a_x & p_x \\ n_y & o_y & a_y & p_y \\ n_z & o_z & a_z & p_z \\ 0 & 0 & 0 & 1 \end{bmatrix} \begin{bmatrix} x_w \\ y_w \\ z_w \\ 1 \end{bmatrix} = \begin{bmatrix} \boldsymbol{R} & \boldsymbol{p} \\ \boldsymbol{0} & 1 \end{bmatrix} \begin{bmatrix} x_w \\ y_w \\ z_w \\ 1 \end{bmatrix} = {}^{c}\boldsymbol{M}_w \begin{bmatrix} x_w \\ y_w \\ z_w \\ 1 \end{bmatrix}
\tag{4-11}
$$

式中，$\boldsymbol{R}, \boldsymbol{p}$ 分别表示世界坐标系与相机坐标系之间的旋转矩阵和平移向量，也称为相机模型的外参数；${}^{c}\boldsymbol{M}_w$ 表示相机的外参数矩阵。

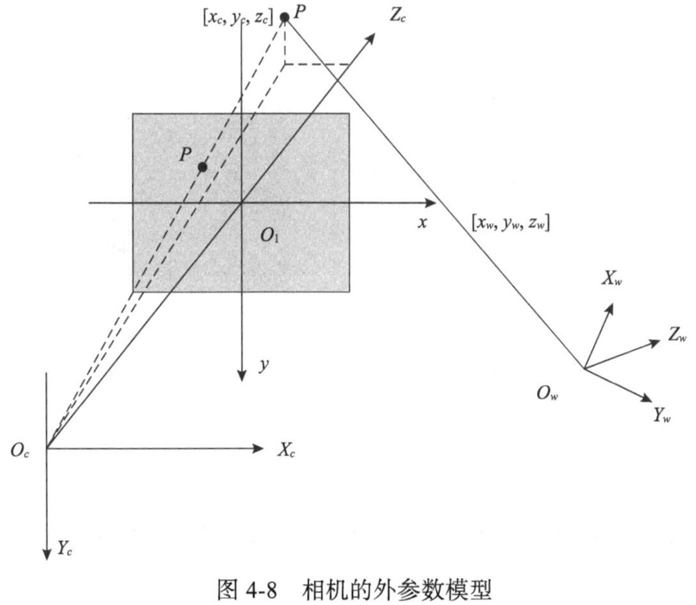

图 4-8　相机的外参数模型

4.2.2　参数标定

将相机内参数模型式(4-5)与外参数模型式(4-11)结合，可以得到世界坐标系中的三维空

间点投影到二维图像点之间的对应关系：

$$z_c\begin{bmatrix}u\\v\\1\end{bmatrix}=\begin{bmatrix}k_x&0&u_0&0\\0&k_y&v_0&0\\0&0&0&1\end{bmatrix}\begin{bmatrix}\boldsymbol{R}&\boldsymbol{p}\\\boldsymbol{0}&1\end{bmatrix}\begin{bmatrix}x_w\\y_w\\z_w\\1\end{bmatrix}=\boldsymbol{M}_{\text{in}}\,{}^{c}\boldsymbol{M}_w\begin{bmatrix}x_w\\y_w\\z_w\\1\end{bmatrix}=\boldsymbol{M}\begin{bmatrix}x_w\\y_w\\z_w\\1\end{bmatrix}\tag{4-12}$$

式中，$\boldsymbol{M}$ 称为相机投影矩阵。

相机标定的目的是利用给定的 3D 空间物体的特征点坐标$[x_w\ y_w\ z_w]^{\mathrm{T}}$和与其对应的 2D 图像像素坐标$[u\ v]^{\mathrm{T}}$，来求取相机的投影矩阵 $\boldsymbol{M}$，进而获得相机的内、外参数，包括 k_x,k_y,u_0,v_0 等内参数和 $\boldsymbol{R},\boldsymbol{p}$ 等外参数。另外，对于非线性畸变较严重的相机，还需要标定 k_1,k_2,k_3,p_1,p_2 等非线性参数。

1. 直接线性标定方法

直接线性变换(DLT)算法是 1971 年提出来的，直到 1987 年形成改进型线性标定算法，由于算法简单，得到了广泛的应用。DLT 算法的优点在于算法速度快，但是它没有考虑相机镜头的畸变问题，且最终的结果对噪声很敏感，比较适用于长焦距小畸变的镜头标定。

从相机模型式(4-12)可以看出，只要已知足够的三维空间点坐标和对应的图像像素坐标，则可直接算出相机参数，足够的空间点坐标可以通过立体靶标或标定模板提供，图 4-9(a)为立体靶标，其上特征点的世界坐标可以精确测量，图 4-9(b)为相机采集的靶标图像，特征点的像素坐标可以通过图像处理算法获得。

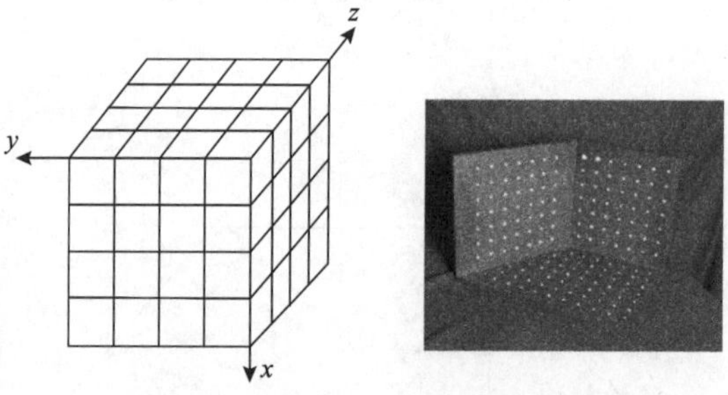

图 4-9　立体靶标及靶标图像

1) 投影矩阵的求取

设相机投影矩阵为 $\boldsymbol{M}=\begin{bmatrix}m_{11}&m_{12}&m_{13}&m_{14}\\m_{21}&m_{22}&m_{23}&m_{24}\\m_{31}&m_{32}&m_{33}&m_{34}\end{bmatrix}$，通过式(4-12)可得

$$\begin{aligned}z_c u&=m_{11}x_w+m_{12}y_w+m_{13}z_w+m_{14}\\z_c v&=m_{21}x_w+m_{22}y_w+m_{23}z_w+m_{24}\\z_c&=m_{31}x_w+m_{32}y_w+m_{33}z_w+m_{34}\end{aligned}\tag{4-13}$$

对式(4-13)消去 z_c，得

$$\begin{cases} m_{11}x_w + m_{12}y_w + m_{13}z_w + m_{14} - m_{31}x_w u - m_{32}y_w u - m_{33}z_w u = m_{34}u \\ m_{21}x_w + m_{22}y_w + m_{23}z_w + m_{24} - m_{31}x_w v - m_{32}y_w v - m_{33}z_w v = m_{34}v \end{cases} \tag{4-14}$$

写成矩阵形式：

$$\begin{bmatrix} x_w & y_w & z_w & 1 & 0 & 0 & 0 & 0 & -ux_w & -uy_w & -uz_w \\ 0 & 0 & 0 & 0 & x_w & y_w & z_w & 1 & -vx_w & -vy_w & -vz_w \end{bmatrix} \begin{bmatrix} m_{11}/m_{34} \\ \vdots \\ m_{14}/m_{34} \\ m_{21}/m_{34} \\ \vdots \\ m_{24}/m_{34} \\ m_{31}/m_{34} \\ m_{32}/m_{34} \\ m_{33}/m_{34} \end{bmatrix} = \begin{bmatrix} u \\ v \end{bmatrix} \tag{4-15}$$

因此，三维空间一个特征点可以提供两个方程，对于 n 个特征点，可以得到 $2n$ 个方程构成的方程组：

$$\begin{bmatrix} x_{w1} & y_{w1} & z_{w1} & 1 & 0 & 0 & 0 & 0 & -u_1x_{w1} & -u_1y_{w1} & -u_1z_{w1} \\ 0 & 0 & 0 & 0 & x_{w1} & y_{w1} & z_{w1} & 1 & -v_1x_{w1} & -v_1y_{w1} & -v_1z_{w1} \\ & & & & & \vdots & & & & & \\ x_{wn} & y_{wn} & z_{wn} & 1 & 0 & 0 & 0 & 0 & -u_nx_{wn} & -u_ny_{wn} & -u_nz_{wn} \\ 0 & 0 & 0 & 0 & x_{wn} & y_{wn} & z_{wn} & 1 & -v_nx_{wn} & -v_ny_{wn} & -v_nz_{wn} \end{bmatrix} \begin{bmatrix} m_{11}/m_{34} \\ \vdots \\ m_{14}/m_{34} \\ m_{21}/m_{34} \\ \vdots \\ m_{24}/m_{34} \\ m_{31}/m_{34} \\ m_{32}/m_{34} \\ m_{33}/m_{34} \end{bmatrix} = \begin{bmatrix} u_1 \\ v_1 \\ \vdots \\ u_n \\ v_n \end{bmatrix} \tag{4-16}$$

式(4-16)可简写为

$$\boldsymbol{Am}' = \boldsymbol{B}, \quad \boldsymbol{m}' = \boldsymbol{m} / m_{34} \tag{4-17}$$

式中，$\boldsymbol{A}, \boldsymbol{B}$ 分别为三维空间特征点坐标和对应的二维图像像素坐标组成的测量矩阵和向量，是已知的；$\boldsymbol{m}'$ 为投影矩阵元素组成的参数向量，是待求的。

由于三维空间特征点坐标和对应的二维图像像素坐标的测量都存在噪声，因此对于式(4-17)，可以采用最小二乘法求取优化解。

取二次型准则函数：

$$J(\boldsymbol{m}') = (\boldsymbol{B} - \boldsymbol{Am}')^{\mathrm{T}}(\boldsymbol{B} - \boldsymbol{Am}') \tag{4-18}$$

最优解为

$$\frac{\partial J(\boldsymbol{m}')}{\partial \boldsymbol{m}'} = 0 \quad \Rightarrow \quad \hat{\boldsymbol{m}}' = (\boldsymbol{A}^{\mathrm{T}}\boldsymbol{A})^{-1}\boldsymbol{A}^{\mathrm{T}}\boldsymbol{B} \tag{4-19}$$

2) 相机模型参数的求取

将外参数矩阵和投影矩阵改写为

$$
{}^{c}\boldsymbol{M}_{w}=\begin{pmatrix}\boldsymbol{R} & \boldsymbol{p}\\ \boldsymbol{0} & 1\end{pmatrix}=\begin{bmatrix}\boldsymbol{r}_1^{\mathrm{T}} & p_x\\ \boldsymbol{r}_2^{\mathrm{T}} & p_y\\ \boldsymbol{r}_3^{\mathrm{T}} & p_z\\ \boldsymbol{0} & 1\end{bmatrix},\quad \boldsymbol{M}=\begin{bmatrix}\boldsymbol{m}_1^{\mathrm{T}} & m_{14}\\ \boldsymbol{m}_2^{\mathrm{T}} & m_{24}\\ \boldsymbol{m}_3^{\mathrm{T}} & m_{34}\end{bmatrix} \tag{4-20}
$$

则有

$$
\begin{bmatrix}\boldsymbol{m}_1^{\mathrm{T}} & m_{14}\\ \boldsymbol{m}_2^{\mathrm{T}} & m_{24}\\ \boldsymbol{m}_3^{\mathrm{T}} & m_{34}\end{bmatrix}=\begin{bmatrix}k_x & 0 & u_0 & 0\\ 0 & k_y & v_0 & 0\\ 0 & 0 & 1 & 0\end{bmatrix}\begin{bmatrix}\boldsymbol{r}_1^{\mathrm{T}} & p_x\\ \boldsymbol{r}_2^{\mathrm{T}} & p_y\\ \boldsymbol{r}_3^{\mathrm{T}} & p_z\\ \boldsymbol{0} & 1\end{bmatrix}=\begin{bmatrix}k_x\boldsymbol{r}_1^{\mathrm{T}}+u_0\boldsymbol{r}_3^{\mathrm{T}} & k_xp_x+u_0p_z\\ k_y\boldsymbol{r}_2^{\mathrm{T}}+v_0\boldsymbol{r}_3^{\mathrm{T}} & k_yp_y+v_0p_z\\ \boldsymbol{r}_3^{\mathrm{T}} & p_z\end{bmatrix} \tag{4-21}
$$

式(4-21)两边第三行、第一列元素相等，因此 $\boldsymbol{m}_3^{\mathrm{T}}=\boldsymbol{r}_3^{\mathrm{T}}$，由于旋转矩阵的列向量为单位向量，即 $\left\|\boldsymbol{m}_3^{\mathrm{T}}\right\|=\left\|\boldsymbol{r}_3^{\mathrm{T}}\right\|=1$，则由式(4-17)得

$$
\left\|\boldsymbol{m}_3'\right\|=\left\|\boldsymbol{m}_3\right\|/m_{34}\quad\Rightarrow\quad m_{34}=\frac{1}{\left\|\boldsymbol{m}_3'\right\|} \tag{4-22}
$$

利用旋转矩阵的单位正交矩阵性质，可以从投影矩阵中分解出相机的内参数和外参数。内参数为

$$
\begin{cases}k_x=\left\|\boldsymbol{m}_1\times\boldsymbol{m}_3\right\|\\ k_y=\left\|\boldsymbol{m}_2\times\boldsymbol{m}_3\right\|\\ u_0=\boldsymbol{m}_1^{\mathrm{T}}\boldsymbol{m}_3\\ v_0=\boldsymbol{m}_2^{\mathrm{T}}\boldsymbol{m}_3\end{cases} \tag{4-23}
$$

外参数为

$$
\begin{cases}\boldsymbol{r}_1=(\boldsymbol{m}_1-u_0\boldsymbol{m}_3)/k_x\\ \boldsymbol{r}_2=(\boldsymbol{m}_2-v_0\boldsymbol{m}_3)/k_y\\ \boldsymbol{r}_3=\boldsymbol{m}_3\end{cases},\quad\begin{cases}p_x=(m_{14}-u_0m_{34})/k_x\\ p_y=(m_{24}-v_0m_{34})/k_y\\ p_z=m_{34}\end{cases} \tag{4-24}
$$

2. 单应性矩阵标定方法

单应性矩阵标定方法也称为张正友标定方法，是张正友教授 1998 年提出的单平面棋盘格的相机标定方法。该方法克服了直接线性标定方法需要的高精度标定物的缺点，而仅需使用一个打印出来的棋盘格就可以，便于操作。

1) 单应性矩阵求取

如图 4-10 所示，采用棋盘格式标定模板，将世界坐标系原点设在模板左上角，X,Y 轴设置在标定模板内，对于所有特征角点有 $z_w=0$，将这一条件代入式(4-12)，得

$$z_c\begin{bmatrix}u\\v\\1\end{bmatrix}=\boldsymbol{M}\begin{bmatrix}x_w\\y_w\\0\\1\end{bmatrix}=\begin{pmatrix}h_{11}&h_{12}&h_{13}\\h_{21}&h_{22}&h_{23}\\h_{31}&h_{32}&h_{33}\end{pmatrix}\begin{bmatrix}x_w\\y_w\\1\end{bmatrix}=\boldsymbol{H}\begin{bmatrix}x_w\\y_w\\1\end{bmatrix} \tag{4-25}$$

则三维空间平面上的点与成像平面上的像素之间的关系用 3×3 矩阵 $\boldsymbol{H}$ 描述，称为单应性矩阵。单应性在计算机视觉领域是一个非常重要的概念，它在图像校正、图像拼接、相机位姿估计、视觉 SLAM 等领域有非常重要的作用。

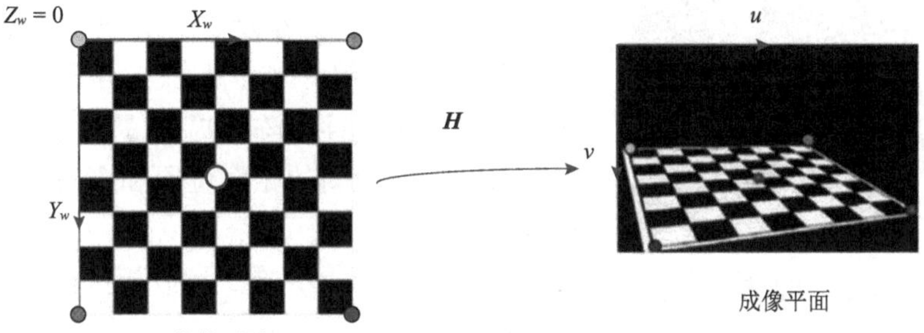

图 4-10 棋盘格式标定模板

采用与直接线性标定方法相同的计算方法，对于一个已知的模板特征角点坐标和相应的图像像素坐标，代入式(4-25)，得

$$\begin{aligned}z_c u&=h_{11}x_w+h_{12}y_w+h_{13}\\z_c v&=h_{21}x_w+h_{22}y_w+h_{23}\\z_c&=h_{31}x_w+h_{32}y_w+h_{33}\end{aligned} \tag{4-26}$$

对式(4-26)消去 z_c：

$$\begin{aligned}x_wh_{11}+y_wh_{12}+h_{13}-ux_wh_{31}-uy_wh_{32}-uh_{33}=0\\x_wh_{21}+y_wh_{22}+h_{23}-vx_wh_{31}-vy_wh_{32}-vh_{33}=0\end{aligned} \tag{4-27}$$

设 $\boldsymbol{h}=(h_{11}\ h_{12}\ h_{13}\ h_{21}\ h_{22}\ h_{23}\ h_{31}\ h_{32}\ h_{33})^{\mathrm{T}}$，则有

$$\begin{aligned}(x_w\ y_w\ 1\ 0\ \ 0\ \ 0\ -ux_w\ -uy_w\ -u)\boldsymbol{h}=0\\(0\ \ 0\ \ 0\ x_w\ y_w\ 1\ -vx_w\ -vy_w\ -v)\boldsymbol{h}=0\end{aligned} \tag{4-28}$$

同样一个特征角点提供两个等式方程，由于式(4-25)为齐次变换，其第三行存在齐次坐标的一个约束条件，因此单应性矩阵有 8 个独立元素，有 4 个特征角点即可得到足够的方程实现对矩阵 $\boldsymbol{H}$ 的估计。如果有更多的特征角点，还可用最小二乘法实现优化估计。

2) 通过单应性矩阵求解相机内外参数

根据单应性矩阵的定义，单应性矩阵可以表示为

$$\boldsymbol{H}=\begin{bmatrix}k_x & 0 & u_0\\ 0 & k_y & v_0\\ 0 & 0 & 1\end{bmatrix}\begin{bmatrix}r_{11} & r_{21} & p_x\\ r_{12} & r_{22} & p_y\\ r_{13} & r_{23} & p_z\end{bmatrix}=\boldsymbol{M}_{\text{in}}[\boldsymbol{r}_1\ \boldsymbol{r}_2\ \boldsymbol{p}]=[\boldsymbol{h}_1\ \boldsymbol{h}_2\ \boldsymbol{h}_3] \tag{4-29}$$

由式(4-29)可得 $\boldsymbol{r}_1=\boldsymbol{M}_{\text{in}}^{-1}\boldsymbol{h}_1$，$\boldsymbol{r}_2=\boldsymbol{M}_{\text{in}}^{-1}\boldsymbol{h}_2$，由于 $\boldsymbol{r}_1,\boldsymbol{r}_2$ 是旋转矩阵的两个列向量，因此向量长度均为 1，且相互间投影为零：

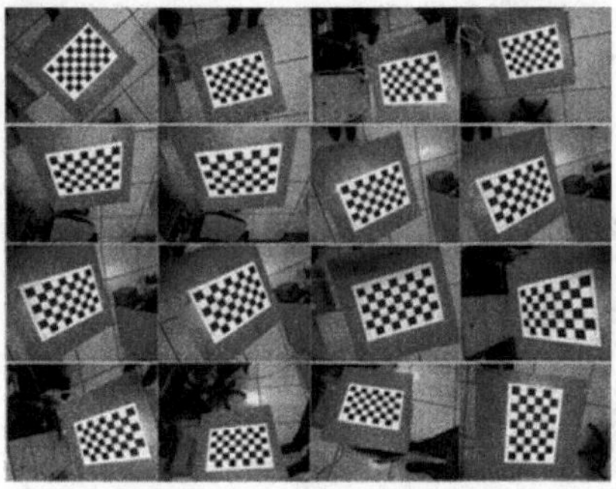

图 4-11　模板位姿调整

$$\begin{aligned}&\boldsymbol{r}_1\boldsymbol{r}_2=\boldsymbol{r}_1^{\text{T}}\boldsymbol{r}_2=\boldsymbol{h}_1^{\text{T}}\boldsymbol{M}_{\text{in}}^{-\text{T}}\boldsymbol{M}_{\text{in}}^{-1}\boldsymbol{h}_2=0\\ &\boldsymbol{r}_1^{\text{T}}\boldsymbol{r}_1=\boldsymbol{r}_2^{\text{T}}\boldsymbol{r}_2=\boldsymbol{h}_1^{\text{T}}\boldsymbol{M}_{\text{in}}^{-\text{T}}\boldsymbol{M}_{\text{in}}^{-1}\boldsymbol{h}_1=\boldsymbol{h}_2^{\text{T}}\boldsymbol{M}_{\text{in}}^{-\text{T}}\boldsymbol{M}_{\text{in}}^{-1}\boldsymbol{h}_2=1\end{aligned} \tag{4-30}$$

利用式(4-30)，在对矩阵 $\boldsymbol{H}$ 实现估计的基础上，可以求解相机的内参数，如果采用 5 参数相机模型，则需要三组单应性矩阵，提供 6 个方程，可通过改变相机与标定模板间的相对位置和姿态获得，如图 4-11 所示。

采用式(4-7)所示的 5 参数相机模型，定义中间矩阵 $\boldsymbol{B}$：

$$\boldsymbol{B}=\boldsymbol{M}_{\text{in}}^{-\text{T}}\boldsymbol{M}_{\text{in}}^{-1}=\begin{pmatrix}B_{11} & B_{12} & B_{13}\\ B_{21} & B_{22} & B_{23}\\ B_{31} & B_{32} & B_{33}\end{pmatrix}$$

$$=\begin{pmatrix}\dfrac{1}{k_x^2} & -\dfrac{k_s}{k_x^2k_y} & \dfrac{v_0k_s-u_0k_y}{k_x^2k_y}\\ -\dfrac{k_s}{k_x^2k_y} & \dfrac{k_s^2}{k_x^2k_y^2}+\dfrac{1}{k_y^2} & -\dfrac{k_s^2(v_0k_s-u_0k_y)}{k_x^2k_y^2}-\dfrac{v_0}{k_y^2}\\ \dfrac{v_0k_s-u_0k_y}{k_x^2k_y} & -\dfrac{k_s^2(v_0k_s-u_0k_y)}{k_x^2k_y^2}-\dfrac{v_0}{k_y^2} & \dfrac{(v_0k_s-u_0k_y)^2}{k_x^2k_y^2}+\dfrac{v_0^2}{k_y^2}+1\end{pmatrix} \tag{4-31}$$

由式(4-31)可以看到，$\boldsymbol{B}$ 为对称矩阵，设 $\boldsymbol{b}=[B_{11}\ B_{12}\ B_{22}\ B_{13}\ B_{23}\ B_{33}]^{\text{T}}$，可推导出：

$$\boldsymbol{h}_i^{\text{T}}\boldsymbol{B}\boldsymbol{h}_j=\boldsymbol{V}_{ij}^{\text{T}}\boldsymbol{b}=0 \tag{4-32}$$

式中，$\boldsymbol{h}_i=[\boldsymbol{h}_{i1}\ \boldsymbol{h}_{i2}\ \boldsymbol{h}_{i3}]$，$\boldsymbol{V}_{ij}=[\boldsymbol{h}_{i1}\boldsymbol{h}_{j1}\ \ \boldsymbol{h}_{i1}\boldsymbol{h}_{j2}+\boldsymbol{h}_{i2}\boldsymbol{h}_{j1}\ \ \boldsymbol{h}_{i2}\boldsymbol{h}_{j2}\ \ \boldsymbol{h}_{i3}\boldsymbol{h}_{j1}+\boldsymbol{h}_{i1}\boldsymbol{h}_{j3}\ \ \boldsymbol{h}_{i3}\boldsymbol{h}_{j2}+\boldsymbol{h}_{i2}\boldsymbol{h}_{j3}\ \ \boldsymbol{h}_{i3}\boldsymbol{h}_{j3}]^{\text{T}}$。则式(4-30)所示的约束方程可改写为

$$\begin{bmatrix}\boldsymbol{V}_{12}^{\text{T}}\\ \boldsymbol{V}_{11}^{\text{T}}-\boldsymbol{V}_{22}^{\text{T}}\end{bmatrix}\boldsymbol{b}=\boldsymbol{V}\boldsymbol{b}=0 \tag{4-33}$$

式中，$\boldsymbol{V}$为已知矩阵，则可利用式(4-33)解出向量$\boldsymbol{b}$，进而利用式(4-31)求解出相机的内参数。

由式(4-25)可得

$$z_c\begin{bmatrix}u\\v\\1\end{bmatrix}=\boldsymbol{H}\begin{bmatrix}x_w\\y_w\\1\end{bmatrix} \Rightarrow \begin{bmatrix}u\\v\\1\end{bmatrix}=\frac{1}{z_c}\boldsymbol{H}\begin{bmatrix}x_w\\y_w\\1\end{bmatrix}=\lambda\boldsymbol{H}\begin{bmatrix}x_w\\y_w\\1\end{bmatrix} \tag{4-34}$$

可见，三维特征点坐标与相应的像素坐标变换中存在一个比例因子λ，或称为缩放因子，因此在求解相机外参数时需考虑缩放因子，此时式(4-30)所示的约束等式变为$\lambda\boldsymbol{h}_1^{\mathrm{T}}\boldsymbol{M}_{\mathrm{in}}^{-\mathrm{T}}\boldsymbol{M}_{\mathrm{in}}^{-1}\boldsymbol{h}_1=\lambda\boldsymbol{h}_2^{\mathrm{T}}\boldsymbol{M}_{\mathrm{in}}^{-\mathrm{T}}\boldsymbol{M}_{\mathrm{in}}^{-1}\boldsymbol{h}_2=1$，则有

$$\lambda=\frac{1}{\boldsymbol{h}_1^{\mathrm{T}}\boldsymbol{M}_{\mathrm{in}}^{-\mathrm{T}}\boldsymbol{M}_{\mathrm{in}}^{-1}\boldsymbol{h}_1}=\frac{1}{\boldsymbol{h}_2^{\mathrm{T}}\boldsymbol{M}_{\mathrm{in}}^{-\mathrm{T}}\boldsymbol{M}_{\mathrm{in}}^{-1}\boldsymbol{h}_2} \tag{4-35}$$

在此基础上，可利用式(4-29)，解出相机的外参数：

$$\begin{cases}\boldsymbol{r}_1=\dfrac{1}{\lambda}\boldsymbol{M}_{\mathrm{in}}^{-1}\boldsymbol{h}_1\\ \boldsymbol{r}_2=\dfrac{1}{\lambda}\boldsymbol{M}_{\mathrm{in}}^{-1}\boldsymbol{h}_2\\ \boldsymbol{r}_3=\boldsymbol{r}_1\times\boldsymbol{r}_2\\ \boldsymbol{p}=\dfrac{1}{\lambda}\boldsymbol{M}_{\mathrm{in}}^{-1}\boldsymbol{h}_3\end{cases} \tag{4-36}$$

3) 最大似然估计

在上述相机内外参数求取过程中需要多个单应性矩阵，单应性矩阵求解过程需要用到三维特征点坐标和对应像素点坐标的测量，这些测量结果一定含有噪声，虽然单应性矩阵求解过程可以利用更多数据实现最小二乘线性回归优化，但相机内外参数的计算是基于理论求解的，仍需要进一步优化。

最小二乘法以估计值与观测值的差的平方和作为损失函数，其目标是最合理的参数估计量应该使得估计模型能最好地拟合样本数据。与其不同的是，极大似然法则以最大化目标值的似然概率函数为目标函数，即最合理的参数估计量应该使得从模型中抽取n组样本观测值的概率最大，也就是概率分布函数或者说是似然函数最大。显然，这是从不同原理出发的两种参数估计方法，若假设概率分布函数满足正态分布函数的特性，则在线性回归问题中，最大似然估计和最小二乘估计是等价的，也就是说估计结果是相同的，但是原理和出发点完全不同。

设采集了n幅包含棋盘格的图像进行标定，每个棋盘格图像有m个角点，对应棋盘格坐标系的M个角点。当得到相机内、外参数估计值后，则通过M个角点的世界坐标和相机模型可计算出投影点的像素坐标：

$$\bar{\boldsymbol{m}}_{ij}=\boldsymbol{M}_{\mathrm{in}}[\boldsymbol{R}\ \boldsymbol{p}]\boldsymbol{M}_{ij} \tag{4-37}$$

式中，$\boldsymbol{M}_{ij}$ 代表第 i 幅图像上第 j 个角点的世界坐标；$\bar{\boldsymbol{m}}_{ij}$ 表示用预估的相机参数 $\boldsymbol{M}_{\text{in}}, \boldsymbol{R}, \boldsymbol{p}$ 算出的角点像素坐标，如果相机参数不准确，则 $\bar{\boldsymbol{m}}_{ij}$ 与直接测量的角点坐标 $\boldsymbol{m}_{ij}$ 之间存在随机误差，设其概率密度函数满足正态分布：

$$f(\boldsymbol{m}_{ij})=\frac{1}{2\pi}\mathrm{e}^{\frac{-(\bar{\boldsymbol{m}}(\boldsymbol{M}_{\text{in}},\boldsymbol{R}_i,\boldsymbol{p}_i,\boldsymbol{M}_{ij})-\boldsymbol{m}_{ij})^2}{\sigma^2}} \tag{4-38}$$

采用所有角点的联合概率密度函数作为似然函数：

$$L(\boldsymbol{M}_{\text{in}},\boldsymbol{R}_i,\boldsymbol{p}_i,\boldsymbol{M}_{ij})=\prod_{i=1,j=1}^{n,m} f(\boldsymbol{m}_{ij})=\frac{1}{2\pi}\mathrm{e}^{\frac{-\sum\limits_{i=1}^{n}\sum\limits_{j=1}^{m}(\bar{\boldsymbol{m}}(\boldsymbol{M}_{\text{in}},\boldsymbol{R}_i,\boldsymbol{p}_i,\boldsymbol{M}_{ij})-\boldsymbol{m}_{ij})^2}{\sigma^2}} \tag{4-39}$$

让 L 取得极大值，即 $\sum\limits_{i=1}^{n}\sum\limits_{j=1}^{m}(\bar{\boldsymbol{m}}(\boldsymbol{M}_{\text{in}},\boldsymbol{R}_i,\boldsymbol{p}_i,\boldsymbol{M}_{ij})-\boldsymbol{m}_{ij})^2$ 取极小值，该式是非线性的，属于非线性最小二乘优化问题，待优化的参数有相机内模型参数、外模型旋转矩阵和平移向量，其中内模型参数和外模型的平移向量可直接在初值的小邻域范围内更新寻优，但旋转矩阵不能对矩阵元素进行寻优，因为寻优结果不能保证旋转矩阵单位正交的性质，需采用欧拉角或四元素的旋转矩阵模型进行寻优，可采用 L-M(Levenberg-Marquardt)非线性优化算法进行求解。

4) L-M 非线性优化算法

非线性最小二乘优化问题是对式(4-40)表示的加权二次型误差模型进行参数寻优：

$$\boldsymbol{f}(\boldsymbol{x})=\frac{1}{2}\sum_i \Delta z_i(\boldsymbol{x})^{\mathrm{T}}\boldsymbol{W}_i\Delta z_i(\boldsymbol{x}) \quad , \quad \Delta z_i(\boldsymbol{x})=\bar{z}_i-z_i(\boldsymbol{x}) \tag{4-40}$$

式中，$\boldsymbol{x}$ 为待优化的模型参数向量；$\bar{z}_i$ 为利用模型参数对输出的预测值；$z_i(\boldsymbol{x})$ 为输出的测量值；$\boldsymbol{W}_i$ 为加权矩阵，一般采用测量的协方差矩阵进行加权。

高斯-牛顿给出了基于二阶泰勒级数的简化模型计算方法：

$$\begin{gathered}
f(\boldsymbol{x}+\delta\boldsymbol{x})\approx f(\boldsymbol{x})+\boldsymbol{g}^{\mathrm{T}}\delta\boldsymbol{x}+\frac{1}{2}\delta\boldsymbol{x}^{\mathrm{T}}\boldsymbol{H}\delta\boldsymbol{x}\\
\boldsymbol{g}\triangleq\frac{\mathrm{d}\boldsymbol{f}}{\mathrm{d}\boldsymbol{x}}=\Delta z^{\mathrm{T}}\boldsymbol{W}\boldsymbol{J},\quad \boldsymbol{J}=\frac{\mathrm{d}z}{\mathrm{d}\boldsymbol{x}}\\
\boldsymbol{H}\triangleq\frac{\mathrm{d}^2\boldsymbol{f}}{\mathrm{d}\boldsymbol{x}^2}=\boldsymbol{J}^{\mathrm{T}}\boldsymbol{W}\boldsymbol{J}+\sum_i(\Delta z^{\mathrm{T}}\boldsymbol{W})\frac{\mathrm{d}^2 z_i}{\mathrm{d}\boldsymbol{x}^2}
\end{gathered} \tag{4-41}$$

考虑到预测误差 $\Delta z_i(\boldsymbol{x})$ 一般较小，而且模型近似线性，即 $\mathrm{d}^2 z_i/\mathrm{d}\boldsymbol{x}^2\approx 0$，因此 Hessian 矩阵可简化为 $\boldsymbol{H}=\boldsymbol{J}^{\mathrm{T}}\boldsymbol{W}\boldsymbol{J}$。

利用最小二乘思想可以求得模型参数向量的更新量(步长)：

$$\frac{\mathrm{d}}{\mathrm{d}\boldsymbol{x}}\boldsymbol{f}(\boldsymbol{x}+\delta\boldsymbol{x})\approx\boldsymbol{H}\delta\boldsymbol{x}+\boldsymbol{g}=0 \quad\Rightarrow\quad \delta\boldsymbol{x}=-\boldsymbol{H}^{-1}\boldsymbol{g} \tag{4-42}$$

即得到高斯-牛顿优化算法，$(\boldsymbol{J}^{\mathrm{T}}\boldsymbol{W}\boldsymbol{J})\delta\boldsymbol{x}=-\boldsymbol{J}^{\mathrm{T}}\boldsymbol{W}\Delta\boldsymbol{z}$，对于二次型函数，一次迭代即可收敛，对于一般的解析函数，迭代 5～6 次即可收敛。

高斯-牛顿算法的不足是存在局部极小问题，而且步长过大会影响预测精度。搜索过程沿着局部负梯度方向或者 Hessian 矩阵的负曲率方向可以解决局部极小问题，同时有效控制步长可以得到理想的预测性能，步长过小会影响收敛速度，步长过大会影响预测精度。为此 Levenberg 和 Marquardt 提出了阻尼牛顿方法：

$$(\boldsymbol{J}^{\mathrm{T}}\boldsymbol{W}\boldsymbol{J}+\lambda\boldsymbol{I})\delta\boldsymbol{x}=-\boldsymbol{J}^{\mathrm{T}}\boldsymbol{W}\Delta\boldsymbol{z} \tag{4-43}$$

式中，λ 为权重因子或阻尼因子，当 λ 取值很大时，式(4-43)变为一阶梯度搜索，即 $\delta\boldsymbol{x}\propto-\boldsymbol{g}$，当 λ 取值较小时，式(4-43)变为牛顿二阶搜索，通过调整 λ 的值可以调整步长，以得到满意的预测性能。可见，L-M 非线性优化算法介于柯西梯度下降法和高斯-牛顿算法之间，即如果下降太快，使用较小的 λ，使之更接近高斯-牛顿算法，如果下降太慢，使用较大的 λ，使之更接近柯西梯度下降法。

5) 径向畸变估计

张正友标定方法只关注了影响最大的径向畸变，在实际情况下，径向畸变较小，所以可以用主点周围的泰勒级数展开的前几项进行描述，式(4-9)是在图像物理坐标系下描述的，若在图像像素坐标系下描述，而且只取前三项，则

$$\begin{aligned}u'&=u+(u-u_0)[k_1(x^2+y^2)+k_2(x^2+y^2)^2]\\v'&=v+(v-v_0)[k_1(x^2+y^2)+k_2(x^2+y^2)^2]\end{aligned} \tag{4-44}$$

式中，u',v' 为实际畸变后的特征角点像素坐标，可直接从图像中得到；u,v 为理想无畸变的特征角点像素坐标，可通过已标定的相机模型和特征角点世界坐标计算得到；x,y 为与 u,v 对应的特征角点图像物理坐标，也可以通过相机模型计算得到；k_1,k_2 为待标定的非线性参数。

将式(4-44)写成矩阵形式：

$$\begin{pmatrix}(u-u_0)(x^2+y^2) & (u-u_0)(x^2+y^2)^2\\(v-v_0)(x^2+y^2) & (v-v_0)(x^2+y^2)^2\end{pmatrix}\begin{bmatrix}k_1\\k_2\end{bmatrix}=\begin{bmatrix}u'-u\\v'-v\end{bmatrix}\Rightarrow\ \boldsymbol{D}\boldsymbol{k}=\boldsymbol{d} \tag{4-45}$$

式中，$\boldsymbol{D},\boldsymbol{d}$ 为通过测量和计算得到的已知矩阵和向量，可通过最小二乘法求出 $\boldsymbol{k}$：

$$\boldsymbol{k}=(\boldsymbol{D}^{\mathrm{T}}\boldsymbol{D})^{-1}\boldsymbol{D}^{\mathrm{T}}\boldsymbol{d} \tag{4-46}$$

相机线性和非线性参数可进一步利用极大似然法进行优化，即使 $\sum_{i=1}^{n}\sum_{j=1}^{m}(\bar{\boldsymbol{m}}(\boldsymbol{M}_{\mathrm{in}},k_1,k_2,\boldsymbol{R}_i,\boldsymbol{p}_i,\boldsymbol{M}_{ij})-\boldsymbol{m}_{ij})^2$ 取极小值。

3. 基于消失点的相机自标定

自标定技术的研究始于 20 世纪 90 年代，迄今为止提出了各种理论框架与算法，使得在场景未知和相机任意运动的一般情况下的相机标定成为可能。基于几何变换的自标定方

法得到研究者最多的关注，即将射影几何、仿射几何、欧氏几何相对应的变换系统地引入计算机视觉中。

1) 欧氏变换、相似变化、仿射变换与射影变换

欧氏(Euclidean)变换也称等距变换，是平移变换和旋转变换的复合，保持了向量的长度和夹角，相当于我们把一个刚体原封不动地进行移动或旋转，不改变它自身的样子，三维空间欧氏变换群定义为

$$\mathrm{SE}(3)=\left\{\boldsymbol{T}=\begin{bmatrix}\boldsymbol{R} & \boldsymbol{t}\\ \boldsymbol{0}^{\mathrm{T}} & 1\end{bmatrix}\in\mathbf{R}^{4\times4}\mid \boldsymbol{R}\in\mathrm{SO}(3),\boldsymbol{t}\in\mathbf{R}^{3}\right\} \tag{4-47}$$

相似(similarity)变换是等距变换与均匀缩放的复合，保证了刚体变换后的体积比不变，三维空间相似变换群定义为

$$\mathrm{Sim}(3)=\left\{\boldsymbol{T}=\begin{bmatrix}s\boldsymbol{R} & \boldsymbol{t}\\ \boldsymbol{0}^{\mathrm{T}} & 1\end{bmatrix}\in\mathbf{R}^{4\times4}\mid \boldsymbol{R}\in\mathrm{SO}(3),\boldsymbol{t}\in\mathbf{R}^{3}\right\} \tag{4-48}$$

仿射(affine)变换是平移变换和非均匀变换的复合，即 $\boldsymbol{T}=\begin{bmatrix}\boldsymbol{A} & \boldsymbol{t}\\ \boldsymbol{0}^{\mathrm{T}} & 1\end{bmatrix}$，$\boldsymbol{A}$ 是可逆矩阵，并不要求是正交矩阵。刚体通过仿射变换后形状会发生改变，但平行线仍然保持平行。

射影(projective)变换也称透视变换，是当图像中的点用齐次坐标表示后对应的仿射变换，即 $\boldsymbol{T}=\begin{bmatrix}\boldsymbol{A} & \boldsymbol{t}\\ \boldsymbol{v}^{\mathrm{T}} & v\end{bmatrix}$，射影变换后的不变量是重合关系和长度的交比。

从欧氏变换到相似变换、仿射变换和射影变换，随着变换层级的提高，失真度越来越严重，不变性质越来越少，变换矩阵的自由度越来越高。

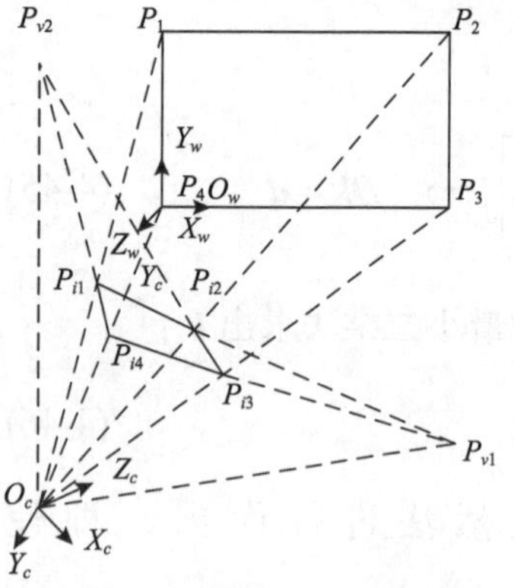

图 4-12 消失点原理

2) 基于消失点的自标定原理

在欧氏空间中相互平行的直线永不相交，但在射影空间中相互平行的直线会相交于无穷远处，交点在成像平面上的投影点即为消失点，则根据相机的模型有

$$\lambda_1 p_v=\boldsymbol{A}[\boldsymbol{R}\mid t]p_{v\infty} \tag{4-49}$$

如图 4-12 所示，由 P_1～P_4 四个点构成一个长方形，当相机的光轴与长方形的平面不垂直时，长方形的图像的对边不再平行，由此可以求出消失点的图像坐标。设 P_1～P_4 的像点的像素坐标分别为 $(u_1,v_1),(u_2,v_2),(u_3,v_3),(u_4,v_4)$，两个消失点的像素坐标分别为 $(u_{v1},v_{v1}),(u_{v2},v_{v2})$，则可建立直线方程，以第一个消失点为例，有

$$\frac{u_1-u_2}{u_{v1}-u_2}=\frac{v_1-v_2}{v_{v1}-v_2},\quad \frac{u_4-u_3}{u_{v1}-u_3}=\frac{v_4-v_3}{v_{v1}-v_3} \tag{4-50}$$

联立求解两个方程，可求出消失点的图像坐标，同理可求得第二个消失点的图像坐标。

如果三维空间中有两组正交的平行线，如图 4-12 中的长方形，由于光心与消失点的连线与形成该消失点的空间平行线是平行的，所以光心与两个消失点的连线也必然是正交的，两条线的投影为零，即

$$\lambda \boldsymbol{p}_{v1} = \boldsymbol{A}[\boldsymbol{R} \mid \boldsymbol{t}]\boldsymbol{p}_{v1\infty}, \quad \lambda \boldsymbol{p}_{v2} = \boldsymbol{A}[\boldsymbol{R} \mid \boldsymbol{t}]\boldsymbol{p}_{v2\infty} \quad \Rightarrow \quad \boldsymbol{p}_{v1}^{\mathrm{T}}\boldsymbol{A}^{-\mathrm{T}}\boldsymbol{A}^{-1}\boldsymbol{p}_{v2} = 0 \tag{4-51}$$

式(4-51)提供了相机内模型的一个约束方程，即一对正交的消失点提供一个约束方程，当存在多对正交的消失点时，便可求出相机内模型 $\boldsymbol{A}$ 。

3) 基于相机运动的自标定

对于空间的点特征，通过相机的纯平移运动即可得到空间的直线特征，对于空间的两个特征点，即可得到空间的一组平行线，由此得到一个消失点。如图 4-13 所示，当相机做纯平移运动时，空间点 P 的图像坐标会发生变化，分别为 I_1, I_2 。按照 I_2 在成像平面 F_2 上的坐标，在成像平面 F_1 上标出其位置 I_2'。光心 O_1,O_2 的连线与成像平面 F_1 的交点 e_1 为消失点。

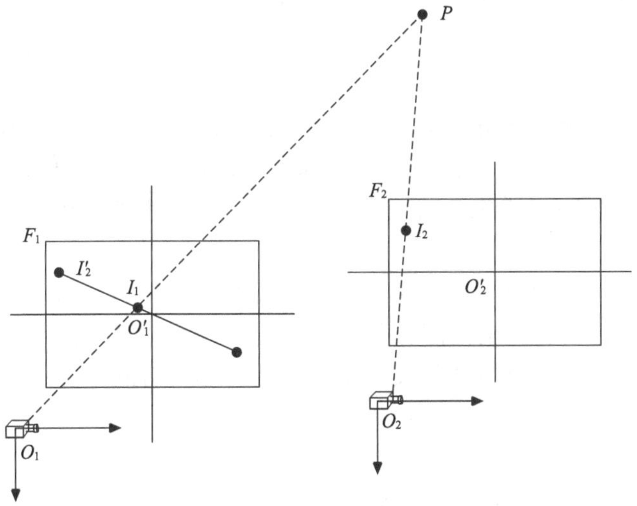

图 4-13　基于相机运动的自标定

相机光心的运动可以通过机器人运动控制器得到，这样控制机器人平台做三次相互正交的平移运动，即可求得三个消失点的坐标，利用式(4-51)可以求得相机内模型。

4.3　图像处理常用算法

4.3.1　图像平滑处理算法

图像在获取和传输过程中会受到各种噪声的干扰，使图像质量下降，图像噪声可大致分为两种：一种是幅值基本相同、出现的位置随机的椒盐噪声；另一种是位置基本固定、幅值随机分布的随机噪声，如幅值概率密度函数符合高斯分布的高斯噪声。为了抑制噪声、

提高图像质量，要对图像进行平滑处理，也称为图像滤波或图像模糊化，就是在尽量保留图像细节特征的条件下对图像噪声进行抑制。

1. 均值滤波

均值滤波是典型的线性滤波方法，它是指在图像上对目标像素给一个模板，一般为3×3的模板，该模板包括了它周围的邻近像素，即以目标像素为中心的周围8个像素，再用模板中的全体像素的平均值来代替原来的像素值。

均值滤波本身存在着固有的缺陷，一方面噪声成分也放入平均计算之中，所以输出受到了噪声的影响，另一方面它不能很好地保护图像细节，在图像去噪的同时破坏了图像的细节部分，从而使图像变得模糊，例如，图像中的边缘特征也被模糊了。均值滤波对高斯噪声表现较好，对椒盐噪声表现较差。

在对图像应用滤波器进行过滤时，边界问题是一个需要处理的问题。一般来说，有3种处理方法：①不做边界处理，在对图像进行滤波时，滤波器没有作用到图像的四周，因此图像的四周没有发生改变；②对图像的边界做扩展，在扩展边界中填充0；③对图像的边界做扩展，在扩展边界中填充距离最近的像素的值。

2. 中值滤波

中值滤波是一种非线性平滑技术，它将每一像素点的灰度值设置为该点某邻域窗口内的所有像素点灰度值的中值，也就是将中心像素点的值用所有像素值的中间值(不是平均值)替换。例如，采用模板将所包含的9像素值按照从小到大的顺序排列，其中第5像素的值即为中间值。

中值滤波通过选择中间值可以避免图像孤立噪声点的影响，因此输出几乎不受噪声的影响，而且对椒盐噪声有良好的滤除作用，特别是在滤除噪声的同时，能够保护信号的边缘，使之不被模糊，这些优良特性是线性滤波方法所不具有的，但对高斯噪声表现较差。

3. 高斯滤波

高斯滤波是一种线性平滑滤波，是对整幅图像进行加权平均的过程，每一像素点的值，都由其本身和邻域内的其他像素值经过加权平均后得到，具体操作是：用一个模板(或称卷积核、掩模)扫描图像中的每一像素，用模板确定的邻域内像素的加权平均灰度值去替代模板中心像素点的值，适用于消除高斯噪声。

像素的加权值来自高斯函数，例如，以q为中心的窗口中，某点p的权重G_s为

$$G(x,y)=\frac{1}{2\pi\sigma^2}\mathrm{e}^{-\frac{x^2+y^2}{2\sigma^2}} \quad\Rightarrow\quad G_s=\frac{1}{2\pi\sigma^2}\mathrm{e}^{-\frac{\|p-q\|^2}{2\sigma^2}} \tag{4-52}$$

则高斯滤波器的输出可表示为

$$\mathrm{GF}=\frac{1}{W_q}\sum_{p\in S}G_s * I_p \tag{4-53}$$

式中，W_q 为滤波窗口内所有像素点权重的总和，用于权重的归一化；S 为滤波窗口内所有像素点的集合；I_p 为滤波窗口内 p 像素点的像素值；符号 $*$ 表示卷积运算。

以下是常用的高斯滤波器模板：

$$\frac{1}{16}\begin{pmatrix}1&2&1\\2&4&2\\1&2&1\end{pmatrix}_{\sigma=1},\quad \frac{1}{84}\begin{bmatrix}1&2&3&2&1\\2&5&6&5&2\\3&6&8&6&3\\2&5&6&5&2\\1&2&3&2&1\end{bmatrix}_{\sigma=2},\quad \frac{1}{365}\begin{bmatrix}1&2&4&5&4&2&1\\2&6&9&11&9&6&2\\4&9&15&18&15&9&4\\5&11&18&21&18&11&5\\4&9&15&18&15&9&4\\2&6&9&11&9&6&2\\1&2&4&5&4&2&1\end{bmatrix}_{\sigma=3}$$

以 $\sigma=1$ 模板为例，卷积结果为

$$\mathrm{GF}=\frac{1}{W_q}\sum_{p\in S}G_s*I_p=\frac{1}{16}\begin{pmatrix}1&2&1\\2&4&2\\1&2&1\end{pmatrix}_{\sigma=1}*\begin{pmatrix}a&b&c\\d&e&f\\g&h&i\end{pmatrix}=\frac{1}{16}\mathrm{sum}\left[\begin{pmatrix}a&2b&c\\2d&4e&2f\\g&2h&i\end{pmatrix}\right]$$

式中，sum 函数是将矩阵的所有元素求和，即用滤波器的输出值 GF 取代原中心像素点的值 e。

高斯函数具有以下重要特征。

(1) 二维高斯函数具有旋转对称性，意味着高斯滤波器在后续边缘检测中不会偏向任一方向。

(2) 高斯函数是单值函数，因为边缘是一种图像局部特征，所以如果平滑运算对离算子中心很远的像素点仍然有很大作用，则平滑运算会使图像失真。

(3) 高斯函数的傅里叶变换频谱是单瓣的，这一性质是高斯函数傅里叶变换等于高斯函数本身这一事实的直接推论。所希望的图像特征(如边缘)既含低频分量，又含高频分量，高斯函数傅里叶变换的单瓣意味着平滑图像不会被不需要的高频信号所污染，同时保留了大部分所需信号。

(4) 高斯滤波器的宽度是由参数 σ 表征的，通过调节 σ，可在图像特征过分模糊(过平滑)与平滑图像中由噪声和细纹理引起的不希望突变量(欠平滑)之间折中。

(5) 由于高斯函数的可分离性，二维高斯函数卷积可分两步实现，先将图像与一维高斯函数卷积，然后将卷积结果与方向垂直的相同一维高斯函数再次卷积。

4. 双边滤波

双边滤波是一种非线性的滤波方法，是结合图像的空间邻近度和像素值相似度的一种折中处理，即在高斯滤波考虑距离权重项 G_s 的基础上，加入了像素值权重项 G_r：

$$G_s=\frac{1}{2\pi\sigma^2}\mathrm{e}^{-\frac{\|p-q\|^2}{2\sigma^2}},\quad G_r=\frac{1}{2\pi\sigma^2}\mathrm{e}^{-\frac{\|I_p-I_q\|^2}{2\sigma^2}} \tag{4-54}$$

则总的权重为 G_sG_r，滤波器输出为

$$\mathrm{BF}=\frac{1}{W_q}\sum_{p\in S}G_s(p)G_r(p)*I_p \tag{4-55}$$

双边滤波同时考虑了空域信息和灰度相似性，即对相似的像素赋予较高的权重，对不相似的像素赋予较小的权重，这样能够达到保留边缘信息同时去除噪声的目的。

4.3.2 基于阈值分割的二值化图像处理算法

阈值分割法可以说是图像处理中的经典方法，它利用图像中要提取的目标与背景在灰度上的差异，通过设置阈值把像素级分成若干类，从而实现目标与背景的分离。

1. 二值化处理

阈值分割的有效手段是图像的二值化处理，即当像素的灰度值在某一设定阈值以上或以下时，赋予对应的输出图像的像素为白色(255)或黑色(0)：

$$g(x,y)=\begin{cases}255, & f(x,y)\geqslant T\\ 0, & f(x,y)<T\end{cases}\quad \text{或}\quad g(x,y)=\begin{cases}255, & f(x,y)\leqslant T\\ 0, & f(x,y)>T\end{cases} \tag{4-56}$$

式中，$f(x,y),g(x,y)$ 分别为处理前和处理后的图像在 (x,y) 处像素的灰度值；T 为设定阈值。

根据图像情况，有时需要提取两个阈值之间的部分，即双阈值二值化处理：

$$g(x,y)=\begin{cases}255, & T_1\leqslant f(x,y)\leqslant T_2\\ 0, & \text{其他}\end{cases} \tag{4-57}$$

二值化方法可直接应用于灰度图像，对于彩色图像，也可以转换成灰度图像进行处理，如 RGB 彩色图像可以转换为亮度和色差信号：

$$\begin{aligned}Y&=0.3R+0.59G+0.11B\\ C_1&=R-Y=0.7R-0.59G-0.11B\\ C_2&=B-Y=-0.3R-0.59G+0.89B\end{aligned} \tag{4-58}$$

式中，亮度信息 Y 可以等效于灰度图像。

2. 阈值的确定

阈值可以根据需要处理的图像的先验知识通过人工经验进行选择，但应用一些分析工具和算法辅助确定阈值更具有准确性和实用性。

1) 灰度直方图方法

灰度直方图是关于灰度级分布的函数，是对图像中灰度级分布的统计。灰度直方图是将数字图像中的所有像素，按照灰度值的大小，统计其出现的频率。灰度直方图的横坐标

为灰度图像 0～255 的灰度值，纵坐标表示每个灰度等级下图像中具有相同灰度等级的像素点数量占灰度图像总像素数的比例。

图 4-14(a)为一粒种子图片 G 分量构成的灰度图，图 4-14(c)为对图 4-14(a)统计的灰度直方图，可见直方图中存在两个峰值，左侧高的峰值表示图像中暗色像素点数占的比重较大，代表了背景颜色，右侧峰值表示稍亮一些的像素点数也占有一定比例，代表了种子目标。如果将阈值设定为两个峰值之间的凹点，取 $T=50$，则得到图 4-14(b)所示的二值图像，实现了目标与背景的分离。

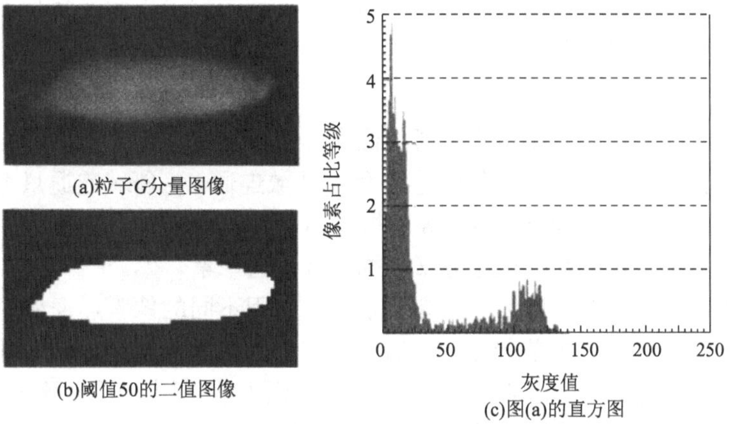

图 4-14　基于直方图的阈值确定

由于灰度直方图中的随机波动，两个峰值及其间的最小点难以确定，此时可以将直方图与一个一维高斯滤波器进行卷积平滑，并逐渐增大 σ 值，直到得到两个确定的最大值和其间的唯一最小值，以此确定阈值。

2) 最大类间差分法

最大类间差分法由日本学者 OTSU 于 1979 年提出。该方法将图像分成背景和目标两部分，设被阈值 T 分离后的区域 1 和区域 2 占整个图像的面积比分别为 θ_1,θ_2，整幅图像、区域 1 和区域 2 的平均灰度分别为 μ,μ_1,μ_2，则有

$$\mu=\mu_1\theta_1+\mu_2\theta_2 \tag{4-59}$$

同一区域常常具有灰度相似的特性，不同区域之间表现为具有灰度差异，可用区域间的方差描述：

$$\sigma^2=\theta_1(\mu_1-\mu)^2+\theta_2(\mu_2-\mu)^2 \tag{4-60}$$

被分割的两区域间的方差达到最大时，$T=\max[\sigma^2]$，被认为是两区域的最佳分离状态，由此确定阈值。

3) 动态阈值分割

不均匀的照明对阈值分割结果会造成影响，因为难以找到一个固定的阈值实现理想的分割。此时，可以采用均值、中值或高斯滤波器平滑处理以当前像素为中心的窗口内的图像并计算窗口内的平均灰度值，作为背景灰度值的估计，通过将图像与其局部背景灰

度值进行比较实现二值化，称为动态阈值分割处理，该方法常被用来检测某一物体上的缺陷。

平滑滤波器的尺寸决定了能被分割出来的目标的尺寸，一般情况下滤波器的宽度必须大于被识别目标的宽度，即滤波器的尺寸越大，则滤波后的结果越能更好地代表局部背景，但在多目标场合，滤波器尺寸会受到相邻目标的限制。

3. 二值图像的应用

通过对图像的阈值分割可以将感兴趣的目标从背景中分离出来，获得二值图像，通过进一步的处理可获得目标的更多信息。

1) 提取连通区域

我们感兴趣的目标是由一些相互连通的像素集合而成的，为了能够计算出连通区域，首先定义像素连通的概念，分为 4 邻域连通和 8 邻域连通，4 邻域连通只考虑当前像素与其上、下、左、右 4 个相邻像素连通，8 邻域连通是对 4 邻域连通的扩展，将当前像素的对角线上的 4 个相邻像素也看成连通像素，构成 8 连通像素。

在连通区域计算过程中，目标前景和背景需要采用不同的像素连通概念，否则计算的结果与实际不符。图 4-15(a)中前景为一条直线，将背景分割为两个区域，此时前景和背景可采用相同的像素连通概念，但对于图 4-15(b)、(c)则不能采用相同的概念，如图 4-15(b)，直线姿态有所变化，若同时采用 8 邻域连通概念，则产生 1 个前景连通区域和 1 个背景连通区域，若同时采用 4 邻域连通概念，则产生 2 个前景连通区域和 2 个背景连通区域，都是与事实不符的，图 4-15(c)中，若采用相同的概念，则无法识别目标中的洞，必须采用背景 4 邻域连通前景 8 邻域连通的概念。

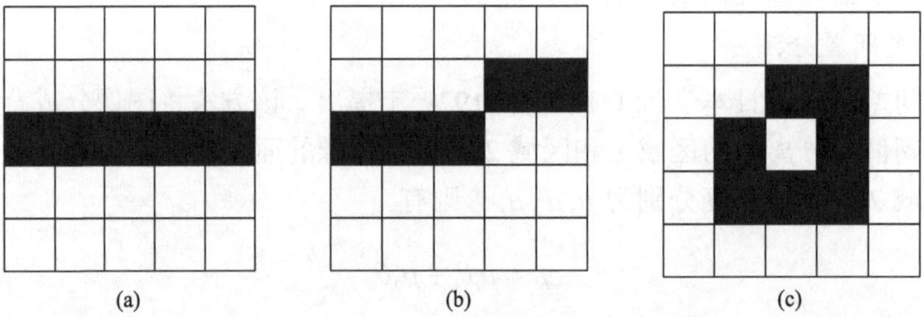

图 4-15　连通区域

在有了像素连通概念的基础上，可采用路径搜索算法计算连通区域，如经典的深度优先搜索等。

2) 区域形态学处理

经阈值分割的二值图像中经常包含一些不想要的干扰，也会影响提取的连通区域的准确性，形态学提供了一组有用的算法，通过二值图像的形态变换提高连通区域的质量。

形态学主要用来处理前景目标区域 R，需要选择一个结构元素 S，结构元素的选择可以是任意的，一般为较小的图像，如小十字星或小正方形等。结构元素可以看作一个卷积模板，区别在于卷积是以算术运算为基础的，而形态学是以集合运算为基础的，但两者的处理过程是相似的。结构元素的形状就决定了这种运算所提取的信号的形状信息，形态学处理是在前景目标区域中移动一个结构元素，然后将结构元素与目标区域图像进行交、并等集合运算。

(1) 膨胀。

利用结构元素 S 对目标区域 R 进行膨胀，记作 $R \oplus S$ ，逻辑运算为

$$R \oplus S = \{z \mid (\hat{S})_z \cap R \neq \varnothing\} \tag{4-61}$$

式中，z 表示含背景的整幅图像的所有像素的位置物理坐标；$(\hat{S})_z$ 表示结构元素原点位置位于 z 时的图像。式(4-61)表明当 $(\hat{S})_z$ 与 R 有公共的交集时，即至少有一个像素是重叠的，所有满足式(4-61)的点 z 所构成的集合为 S 对 R 膨胀的结果。其实现步骤如下：

① 用结构元素 S 的中心位置扫描整幅图像的每一个像素；

② 在扫描的当前位置，用结构元素 S 的图像与目标区域 R 的图像做“与”操作；

③ 如果逻辑运算结果为 0，则置当前扫描位置的像素值为 255，表示背景灰度，否则为 0，表示目标灰度。

膨胀的结果如图 4-16 所示，显然目标被膨胀了一圈，因此得名。

(2) 腐蚀。

利用结构元素 S 对目标区域 R 进行腐蚀，记作 $R \ominus S$ ，逻辑运算为

$$R \ominus S = \{z \mid (S)_z \subseteq R\} \tag{4-62}$$

即当 S 的原点平移至 z 点时 S 能够完全包含在 R 中，则所有满足该条件的 z 点构成的集合为 S 对 R 的腐蚀图像，如图 4-16 所示，就像被剥掉了一层，故此得名。

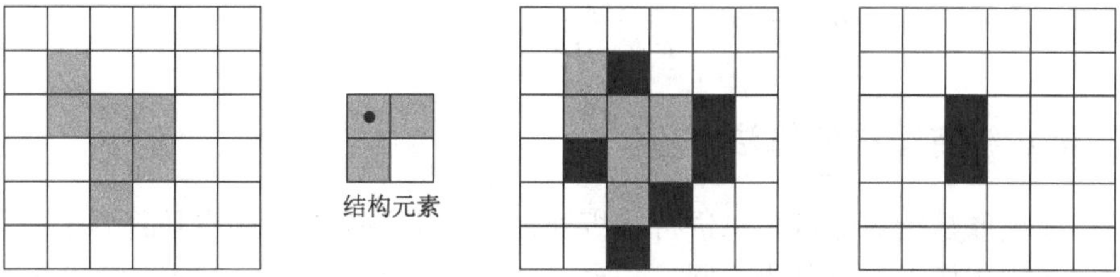

图 4-16　膨胀与腐蚀

(3) 开运算与闭运算。

开运算和闭运算都是由腐蚀和膨胀复合而成的，其中开运算是用 S 先对 R 进行腐蚀然后再对 R 进行膨胀，闭运算是用 S 先对 R 进行膨胀然后再对 R 进行腐蚀。

一般来说，开运算可以使图像的轮廓变得光滑，还能使狭窄的连接断开和消除细毛刺；闭运算同样可以使轮廓变得光滑，但与开运算相反，它通常能够弥合狭窄的间断，填充小的孔洞。

(4) 亚像素精度阈值分割。

采用插值的方式(如双线性插值)，扩大数据集，再进行阈值分割，这样就得到了亚像素精度的阈值分割。

3) 计算连通区域的位置、尺寸和方位

连通区域确定后，可以利用区域特征计算区域的位置、尺寸和方位。

区域的矩是描述区域的重要特征，当 $p \geqslant 0, q \geqslant 0$ 时，(p,q) 阶矩被定义为

$$m_{p,q} = \sum_{(x,y)\in R} x^p y^q \tag{4-63}$$

显然 $m_{0,0}$ 就是区域的面积，也就是区域内的像素点数，矩除以面积就得到归一化的矩：

$$n_{p,q} = \frac{1}{m_{0,0}} \sum_{(x,y)\in R} x^p y^q \tag{4-64}$$

利用归一化的矩就可以得到区域的重心 $(n_{1,0}, n_{0,1})$，可以用来描述区域的位置。

相对于区域重心的矩是不随区域的位置变化而变化的，也称为中心矩，可用来描述区域的方位和范围，其定义为

$$\mu_{p,q} = \frac{1}{m_{0,0}} \sum_{(x,y)\in R} (x - n_{1,0})^p (y - n_{0,1})^q \tag{4-65}$$

假设区域可用椭圆或矩形边框代替，则其长轴 r_1、短轴 r_2 以及长轴与水平轴的夹角 θ 可以用式(4-66)计算得到，即代表了区域的范围和方位：

$$\begin{aligned} r_1 &= \sqrt{2(\mu_{2,0} + \mu_{0,2} + \sqrt{(\mu_{2,0} - \mu_{0,2})^2 + 4\mu_{1,1}^2})} \\ r_2 &= \sqrt{2(\mu_{2,0} + \mu_{0,2} - \sqrt{(\mu_{2,0} - \mu_{0,2})^2 + 4\mu_{1,1}^2})} \\ \theta &= \frac{1}{2}\arctan\frac{2\mu_{1,1}}{\mu_{0,2} - \mu_{2,0}} \end{aligned} \tag{4-66}$$

4.3.3 图像边缘特征提取算法

图像特征提取是指对图像信息进行分析处理，决定每个图像的点是否属于一个图像特征，其结果是把图像上的点分为不同的子集，这些子集可能是孤立的点、连续的曲线或者连续的区域。

特征提取是图像处理中的一个初级运算，得到的结果也称为底层特征，即可从图像直接提取的特征，将底层特征再经过模型的逐层提取，就可以得到中层特征，介于底层特征与语义特征之间，如实现目标的识别，最后经过目标的分类，形成语义特征，直接与语义实现关联，如人脸分类、表情分类等。

本节只介绍底层边缘特征的提取算法，图像边缘特征是后续目标分割、识别与分类的重要基础。

1. 边缘提取

4.3.2 节介绍的阈值分割法会受到光照的影响，使阈值难以确定，我们希望得到更加鲁棒的分割算法，描述目标边界的鲁棒性更好的方法是将边界视为图像中的边缘，为此需设

计图像边缘特征提取算法。

在二维图像中，边缘可用一个二维曲线 $s(t)=(x(t),y(t))$ 描述，被定义为图像中若干个点，如图 4-17 所示，这些点的方向导数在垂直于边缘的方向上是局部最大的。

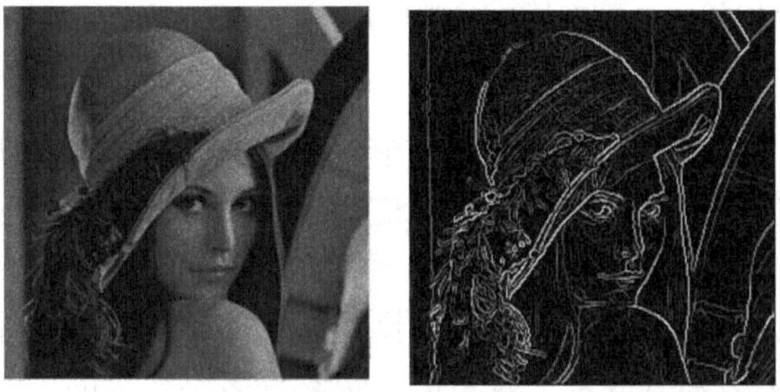

图 4-17　边缘提取

在实际边缘提取过程中，边缘曲线是未知的，也就无法确定垂直于边缘的方向，但垂直于边缘的方向恰恰可以由图像的梯度向量 $\nabla f=(\partial f/\partial x,\partial f/\partial y)$ 算出，由梯度向量指出图像函数 $f=(x,y)$ 的最速上升方向。

1) 图像梯度向量的计算

可以采用离散位置灰度值的差分来计算偏导数：

$$\partial f(i,j)/\partial x=\frac{1}{2}(f_{i+1,j}-f_{i-1,j}),\quad \partial f(i,j)/\partial y=\frac{1}{2}(f_{i,j+1}-f_{i,j-1}) \tag{4-67}$$

式(4-67)所示偏导数的计算可等效为两个线性滤波器，可被视为两个卷积掩码：

$$\frac{1}{2}(1\quad 0\quad -1),\quad \frac{1}{2}\begin{pmatrix}1\\0\\-1\end{pmatrix} \tag{4-68}$$

偏导数计算过程必须进一步抑制噪声，可以通过 4.3.1 节介绍的图像平滑处理算法实现，则梯度向量的计算涉及两种卷积：用于平滑处理的滤波器的卷积和用于求导的滤波器的卷积，根据卷积的特性，可以将两个卷积计算合二为一，即 $(f*h)'=f*h'$，式中 h 为平滑滤波器，可见对图像平滑后再求导与先对平滑滤波器求导再与图像卷积是等效的，可将 h' 视为一个边缘滤波器。

考虑实际应用中对处理时间的限制，滤波器掩码应该尽可能小，通常选 3×3，则 3×3 边缘滤波器 h' 可用如下形式表示：

$$h_x'=\begin{pmatrix}1&0&-1\\a&0&-a\\1&0&-1\end{pmatrix},\quad h_y'=\begin{pmatrix}1&a&1\\0&0&0\\-1&-a&-1\end{pmatrix} \tag{4-69}$$

式中，a 为比例因子，当取 $a=2$ 时得到的边缘滤波器称为 Sobel 滤波器，在垂直于导数的方向上执行一个近似于高斯平滑的处理，该滤波器被实验验证了是一种效果较好的滤波器，并具有各向同性的优点，因此具有旋转不变性。当然当前对滤波器的研究仍很活跃。

利用边缘滤波器，可计算出图像上所有点的梯度向量：

$$G_x = f * h_x', G_y = f * h_y' \quad \Rightarrow \quad G = \sqrt{G_x^2 + G_y^2}, \quad \theta = \arctan(G_y / G_x) \tag{4-70}$$

式中，G 为梯度向量的幅度；θ 为梯度向量的方向。

2) 边缘点的提取

我们知道在数学上函数的一阶导数取极值的条件是二阶导数为零，即可通过二阶导数过零点得到边缘点，但图像边缘提取的实际应用中并不计算二阶导数，一方面是由于需要更长的计算时间，另一方面是对噪声更加敏感，实际应用中采用阈值分割的方法实现。

在阈值分割法中，如果阈值选择过高，则边缘可能被割裂成若干段，如果阈值选择过低，虽然能保证边缘不被割裂成若干段，但会包含许多不相干的边缘。因此 Canny 边缘检测算法中提出双阈值分割算法，即采用一个高阈值和一个低阈值来区分边缘像素点：如果像素点梯度幅值大于高阈值，则被认为是强边缘点；如果像素点梯度幅值小于高阈值、大于低阈值，则标记为弱边缘点；如果像素点梯度幅值小于低阈值，则标记为非边缘点而被抑制掉。

3) 非极大值抑制

非极大值抑制是边缘检测的重要步骤，用以消除边缘检测带来的杂散效应。非极大值抑制是一种边缘稀疏技术，其作用在于“瘦”边。

由于基于阈值分割的边缘检测结果大于像素的宽度，因此需对分割出的区域进行骨架化处理，方法是对每个边缘像素点，沿其正、负梯度方向上各选择两个最邻近的像素点，然后比较当前边缘点和最邻近像素点的梯度幅值，如果当前边缘点的梯度幅值大于邻近像素点的梯度幅值，则保留该边缘点，否则该边缘点将被抑制。

2. 边缘特征拟合算法

前面介绍了通过阈值分割和边缘提取算法可以得到由边界点组成的边缘，接下来还要通过边缘特征拟合手段，将大量图像边缘点数据拟合成直线、圆等几何基元，即将边缘自动分割成多个部分，每个部分都有相对应的几何基元，这样将大量的边缘点数据进行几何基元符号化描述，可以充分地简化数据量。

1) 基于基元方程的拟合算法

首先建立基元方程，为了由一系列已知点 (x_i, y_i) 来拟合出基元方程，可以通过使这些点到基元方程的距离的平方和最小化来实现。

对于直线拟合，点到直线方程的距离的平方和为

$$J = \sum_{i=1}^{n} (\alpha x_i + \beta y_i + \gamma)^2 \tag{4-71}$$

对于以上方程，可采用线性最小二乘法使 J 极小得到拟合的线性方程。

对于圆拟合，点到圆方程的距离的平方和为

$$J=\sum_{i=1}^{n}\left(\sqrt{(x_i-\alpha)^2+(y_i-\beta)^2}-\rho\right)^2 \tag{4-72}$$

式中，(α,β) 是圆心；ρ 是圆的半径。这是一个非线性最优化问题，可采用 L-M 非线性优化算法实现优化。

2) Hough 变换方法

Hough 变换是实现边缘特征提取的一种有效方法，其基本思想是将测量空间的一点变换到参量空间的一条曲线，而具有同一参量特征的点变换后在参量空间中相交，通过判断交点处的积累程度来完成特征曲线的检测，其实质是实现图像空间具有一定关系的像素点的聚类。

以直线检测为例，直线方程可描述为 $y=kx+b$，其中斜率和截距 k,b 为直线的参量，测量空间是以 (x,y) 为坐标的平面，参量空间是以 (k,b) 为坐标的平面，因此测量空间的一条直线在参量空间为一个参量固定的点，测量空间的一个点在参量空间表示为一条直线，因为过测量空间的一个点 (x_0,y_0) 可有一簇参量空间直线 $y_0=kx_0+b$，所以表示参量空间的一条直线。因此对于测量空间的 n 个点，如 n 个边缘点，在参量空间对应着 n 条直线，如果参量空间的 n 条直线相交，则说明测量空间的 n 个点在一条直线上，该直线的参量就是参量空间 n 条直线相交点的坐标。

但上述参量空间存在严重不足，无法表示测量空间斜率为无穷大的直线，如 $x=c$，因此，Hough 提出在测量空间采用极坐标直线方程的形式，则可得出 Hough 变换公式：

$$\begin{cases}x=\rho\cos\theta\\ y=\rho\sin\theta\end{cases} \Rightarrow \begin{cases}x\cos\theta=\rho\cos^2\theta\\ y\sin\theta=\rho\sin^2\theta\end{cases} \Rightarrow x\cos\theta+y\sin\theta=\rho \tag{4-73}$$

这样参量空间以 (ρ,θ) 为坐标，测量空间的点对应参量空间的一条曲线，避免了参量空间表示能力的不足，如图 4-18 所示，测量空间的三个点对应于参量空间的三条曲线，如果测量空间的三个点在一条直线上，则参量空间的三条曲线交于一点，交点的坐标即为测量空间直线的极坐标参量。

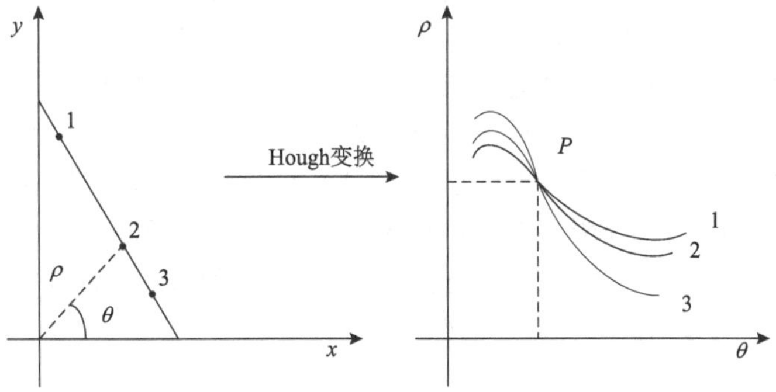

图 4-18　直线 Hough 变换

Hough 变换检测直线的步骤如下。

(1) 将参量空间 (ρ,θ) 离散化为 $m\times n$ 个单元，并为每个单元设置一个累加器，构成累加器矩阵 $\boldsymbol{A}(m\times n)$，初值均设为零。

(2) 将测量空间每个边缘点坐标代入 Hough 变换方程式(4-73)，得到对应于边缘点的关于(ρ,θ)的参量空间曲线方程。

(3) 针对每个参量空间曲线方程，将离散化的n个θ值代入曲线方程计算出相应的m个ρ值，根据每一组(ρ,θ)的取值，在累加器矩阵$\boldsymbol{A}(m\times n)$对应的累加器加 1，即完成一次投票。为了减少计算量，可沿每个边缘点梯度向量方向上选取一定的角度范围简化该步骤的计算。

(4) 当所有边缘点都完成计算后，得到最终的累加器矩阵，并设定一个阈值，将矩阵中小于该阈值的单元清零，即认为这些点并不对应测量空间的直线。

(5) 查找累加器矩阵中累加值最大的点，记录该点的(ρ,θ)值，然后将该累加值清零，继续查找并记录下一个累加器最大的值，直到累加器矩阵中所有的累加值都为零，记录的这些点即对应了检测到的边缘直线特征。

从上述步骤可见，影响 Hough 变换计算速度的主要因素有参量空间的维数及离散化程度、边缘点的数量、累加器阈值的取值，其中第一个因素最为重要。例如，当用 Hough 变换检测圆特征时，圆方程为$(x-a)^2+(y-b)^2=r^2$，即参量空间的维数为 3，对应于参量空间的一个圆锥，测量空间的一个圆对应于参量空间一簇圆锥相交的一个点。若在三维空间进行投票累计，需要的时间和空间都是庞大的，会严重影响实用性。

4.3.4 图像点特征提取算法

图像中的点特征也是非常重要的，对图像的理解和分析有很重要的作用，如用于相机标定模板的角点特征。如果能够检测到图像中不随光照、姿态等因素变化而变化的固定的特征点，如像太阳、月亮、卫星等一样，则它们可成为机器人自主定位的有效信息。点特征提取算法有很多种，本节主要介绍最常用的 Harris 角点检测和 SIFT 特征点检测两种方法。

1. Harris 角点特征提取算法

角点通常被定义为两条边的交点，更严格地说，角点的局部邻域应该具有两个不同区域的不同方向的边界。在图像中，角点的特点是在其领域的各个方向上，其灰度梯度变化都是显著的，灰度的平坦区域不会有角点，因为每个点在各个方向的梯度变化均很小，边缘线上也不会有角点，因为在边缘线上只有垂直于边缘的方向才有梯度的显著变化，只有在多条边缘线相交的点上才出现角点，因为在多个方向上会出现灰度梯度的显著变化。

根据上面对角点特性的分析，Harris 在 1988 年提出一种角点检测的方法，其基本思想是使用一个固定窗口在图像上进行任意方向的滑动，然后比较滑动前与滑动后窗口中所有像素点灰度的变化程度，用如下函数描述：

$$E(u,v)=\sum_{(x,y\in W)}w(x,y)[I(x+u,y+v)-I(x,y)]^2 \tag{4-74}$$

式中，$w(x,y)$是窗口函数，一般取7×7像素点的窗口；(u,v)是窗口在(x,y)方向的偏移量。窗口函数用于对窗口内每个像素点的灰度变化加权，加权值可全为 1，或由以窗口中心为原点、$\sigma=2$的二维高斯分布确定，$E(u,v)$描述了局部灰度的变化程度，也可称为灰度自相关函数。如果窗口在任意方向上滑动，都存在较大的灰度变化，则可认为移动前的窗口内存在角点。

对 $I(x+u,y+v)$ 利用泰勒级数展开：

$$I(x+u,y+v) \approx I(x,y)+I_x u+I_y v+O(u^2,v^2) \tag{4-75}$$

忽略高次项并代入式(4-74)，得

$$\begin{aligned} E(u,v) &= \sum_{(x,y\in W)} w(x,y)[I_x u+I_y v]^2 = \sum_{(x,y\in W)} w(x,y)[u^2 I_x^2 + 2uvI_xI_y + v^2 I_y^2] \\ &= \begin{bmatrix} u & v \end{bmatrix} \left(\sum_{(x,y\in W)} w(x,y) \begin{pmatrix} I_x^2 & I_xI_y \\ I_xI_y & I_y^2 \end{pmatrix} \right) \begin{bmatrix} u \\ v \end{bmatrix} = \begin{bmatrix} u & v \end{bmatrix} \boldsymbol{M} \begin{bmatrix} u \\ v \end{bmatrix} \end{aligned} \tag{4-76}$$

式中，I_x,I_y 分别为窗口内每个像素点 (x,y) 沿 x,y 方向的灰度梯度，可利用式(4-69)所示的 Sobel 算子计算，进而得到矩阵 $\begin{pmatrix} I_x^2 & I_xI_y \\ I_xI_y & I_y^2 \end{pmatrix}$，可以理解为灰度均值为零的灰度协方差矩阵，再利用窗口函数对该矩阵进行高斯平滑，最终得到 $\boldsymbol{M}$ 矩阵。因此 $E(u,v)$ 为一个二次项函数，代表一个椭圆。

Harris 角点检测的初衷是根据 $E(u,v)$ 的大小进行角点的判断，然而仅通过 $\boldsymbol{M}$ 矩阵的特性就可以实现角点的判断，即 I_x,I_y 均较大的像素点为角点，均较小的像素点不是角点，一个大、一个小的像素点为边缘。上述判断可以转化为对 $\boldsymbol{M}$ 矩阵特征值的判断，因为特征值代表了椭圆 $E(u,v)$ 的长轴和短轴，因此两种判断方法是等效的。

为此，Harris 定义了一个角点响应函数：

$$R = \det(\boldsymbol{M}) - k(\mathrm{trace}(\boldsymbol{M}))^2 = \lambda_1\lambda_2 - k(\lambda_1+\lambda_2)^2 \tag{4-77}$$

式中，λ_1,λ_2 为 $\boldsymbol{M}$ 矩阵的特征值，根据特征值的大小就可以直接判断角点是否存在，即如果两个特征值均较大，则表示存在角点，如果均较小则代表平坦区域，不存在角点，如果一个大、一个小，且小的特征值比较小，则表示存在边缘，不存在角点。上述判断也直接体现在 R 值的大小上，即 R 值越大表示存在角点的可能性越大，反之则可能性越小，这样就可以设定一个阈值实现判断。R 值的大小还取决于参数 k，设 $\lambda_1 \geqslant \lambda_2 \geqslant 0, \lambda_2=\alpha\lambda_1$，$0 \leqslant \alpha \leqslant 1$，则 $R=\lambda_1^2(\alpha-k(1+\alpha)^2)$，假设 $R \geqslant 0$，则有 $0 \leqslant k \leqslant \alpha/(1+\alpha)^2 \leqslant 0.25$，对于较小的 α 值，$R \approx \lambda_1^2(\alpha-k), \alpha<k$，可见增大 k 的值，可降低角点检测的灵敏度，减少被检测角点的数量，减小 k 的值，可增加角点检测的灵敏度，增加角点检测的数量，k 的经验取值为 0.05～0.5。

最后图像上所有的像素点都对应一个 R 值，形成一个 R 值矩阵，需要设定一个 R 的阈值，将矩阵中小于该阈值的单元清为零，表示该像素位置不是角点，提高阈值则角点数量变少，反之则角点数量变多。为了提高角点检测的准确性，对 R 值矩阵还要进行非最大值抑制，方法参见 4.3.3 节“边缘提取”部分。最后 R 值矩阵中不为零的元素的行、列值所对应的像素位置均为检测出的角点位置。

Harris 角点检测方法借助于微分运算，因此具有对亮度和对比度的变化不灵敏的优点，同时式(4-76)所示的椭圆旋转不改变特征值的大小，因此也具有旋转不变性的优点，但采用的窗口是不变的，因此不具有尺度不变性，即如果图像进行了缩放，则检测的角点位置也随之变化。

2. SIFT 特征提取算法

SIFT(scale invariant feature transform，尺度不变特征变换)是一种图像局部特征点提取算法，由加拿大学者 David G. Lowe 于 1999 年提出，2004 年加以完善。该算法是图像特征描述方面当之无愧的伟大成就，后续许多人对该算法进行了改进，诞生了一系列变种。

与角点特征相比，SIFT 特征更加抽象，要通过以下四个步骤实现特征点的检测。

1) 尺度空间的极值检测

(1) LoG 与 DoG。

在边缘和角点检测的分析中，我们知道边缘或角点会出现在像素点灰度一阶导数变化最大或者二阶导数过零的位置，二者是等价的。

无论一阶导数还是二阶导数的计算都是针对高斯平滑后的图像 $G(x,y,\sigma)*I(x,y)$，对二维空间，简单实用的二阶导数计算方法是拉普拉斯算子 $\nabla^2=\partial^2/\partial x^2+\partial^2/\partial y^2$，将它作用在高斯图像上得到高斯拉普拉斯：

$$\mathrm{LoG}\triangleq\nabla^2(G*I)=(\nabla^2 G)*I \tag{4-78}$$

即高斯拉普拉斯算子等价于先对高斯函数求二阶导数，然后再与图像进行卷积。

当用高斯拉普拉斯算子进行边缘检测时，可用高斯拉普拉斯图像的过零点进行判断，但当用高斯拉普拉斯算子进行斑点检测时，两个边缘响应进行了叠加，要用高斯拉普拉斯图像的极值加以判断，如图 4-19 所示。

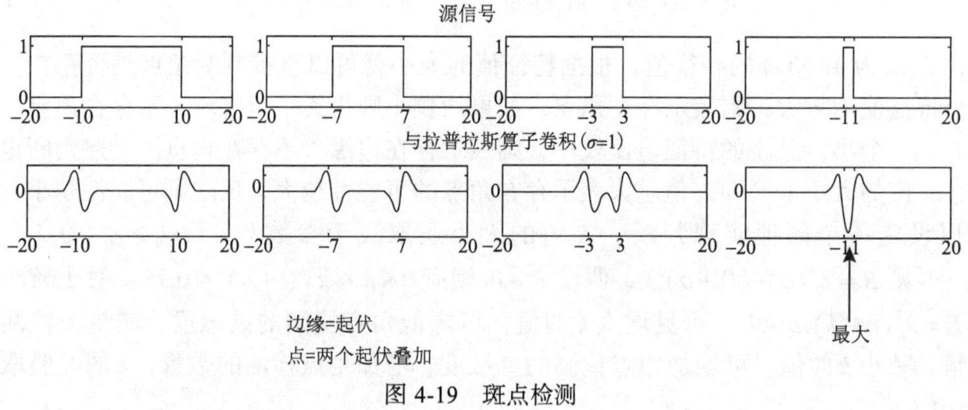

图 4-19 斑点检测

虽然 LoG 能够较好地检测到图像中的特征点，但其运算量过大，实际中通常用高斯差分 DoG 进行近似计算：

$$\mathrm{DoG}\triangleq[G(x,y,k\sigma)-G(x,y,\sigma)]*I(x,y) \tag{4-79}$$

即将相邻的两个高斯尺度空间的图像相减就得到了 DoG 的响应图像。

LoG 与 DoG 的关系如下：

$$\nabla^2 G = \frac{x^2+y^2-2\sigma^2}{2\pi\sigma^6}\mathrm{e}^{-\frac{x^2+y^2}{2\sigma^2}}, \quad \frac{\partial G}{\partial \sigma} = \frac{x^2+y^2-2\sigma^2}{2\pi\sigma^5}\mathrm{e}^{-\frac{x^2+y^2}{2\sigma^2}} \tag{4-80}$$

因此有 $\partial G/\partial\sigma = \sigma\nabla^2 G$，由导数的定义：

$$\frac{\partial G}{\partial \sigma} = \lim_{\Delta\sigma\to 0}\frac{G(x,y,\sigma+\Delta\sigma)-G(x,y,\sigma)}{\Delta\sigma} \approx \frac{G(x,y,k\sigma)-G(x,y,\sigma)}{k\sigma-\sigma} \tag{4-81}$$

因此 $G(x,y,k\sigma)-G(x,y,\sigma)\approx(k-1)\sigma^2\nabla^2 G$，即可用 DoG 近似计算 LoG。

(2) 尺度空间。

为了得到 DoG 图像，先要构建高斯尺度空间，高斯平滑中 σ 称为尺度空间因子，其中 σ 取不同的值便得到不同尺度下的高斯图像，不同尺度下的高斯图像构成了高斯尺度空间。

SIFT 特征检测中采用金字塔形式的高斯尺度空间，如图 4-20 所示，高斯金字塔由多组构成，如组 1、组 2 等，其中最下面一组的图像尺寸与原图像尺寸一致或将原图像插值成 2 倍尺寸，往上每一组的图像是通过对相邻下面一组图像降采样(每隔两个像素抽取一个像素)得到的，图像尺寸相对减小，依次处理得到高斯金字塔，金字塔的每组又由具有相同尺寸的多层图像组成，同一组中每一层图像的高斯尺度是不一样的。

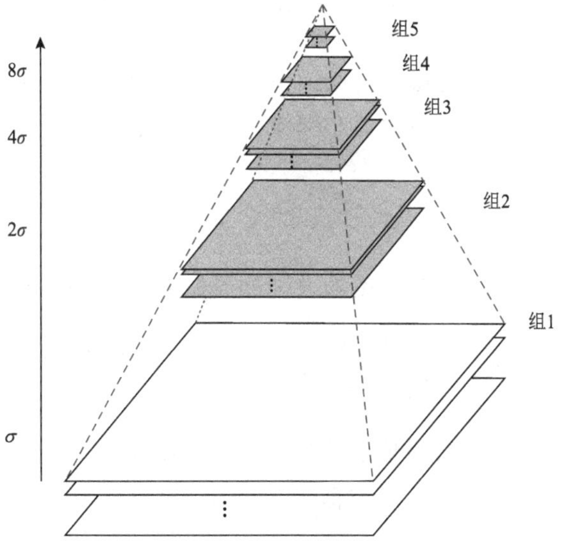

图 4-20 高斯尺度空间

高斯金字塔的组与组之间、层与层之间的高斯尺度是连续的，保证了尺度空间的连续性。设高斯金字塔的每组有 3 层，相应的尺度分别为 σ、$k\sigma$、$k^2\sigma$，即相邻组的初始层的尺度相差 2 倍，取 $k=2^{1/3}$，利用 k 值在每一组继续使用高斯模糊生成 3 层高斯图像，其结果是在每一组共有 6 层高斯图像，以第 1 组为例，其尺度分别为 σ、$k\sigma$、$k^2\sigma$、$k^3\sigma$、$k^4\sigma$、$k^5\sigma$，其中倒数第 3 层的尺度为 $k^3\sigma=(2^{1/3})^3\sigma=2\sigma$，对其降采样即得到上一组即第 2 组第 1 层的高斯图像，同理可得到第 2 组的 6 层高斯图像，其尺度分别为 2σ、$2k\sigma$、$2k^2\sigma$、$2k^3\sigma$、$2k^4\sigma$、$2k^5\sigma$，以此类推，可以得到尺度连续的高斯金字塔。

(3) 极值检测。

对高斯金字塔的每组 6 层高斯图像相邻层进行差分，可以得到每组 5 层的 DoG 图像，取中间的 3 层用于检测 DoG 空间的极值，即搜索所有尺度空间的 DoG 图像，通过高斯微分函数来识别潜在的对尺度不变的特征点。如图 4-21 所示，在同一组内，取中间一层 DoG 图像，对于除了边缘的所有像素点，取其同一尺度空间的相邻的 8 个像素点以及上下相邻尺度空间 DoG 图像同一位置的相邻的 9 个像素点，共计 26 个像素点的 DoG 值进行比较，如果该像素点的值是相比较的 26 个像素点中的极大值，则可认为该像素点为一个特征点。

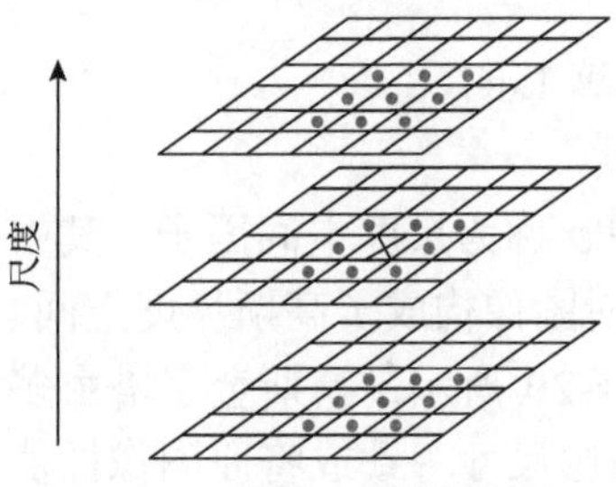

图 4-21　DoG 空间极值搜索

构建尺度空间的目的是检测出在不同的尺度下都存在的特征点，大尺度下的特征表示了概貌特征，小尺度下的特征表示了细节特征，即在尺度空间下，提高了计算机视觉特征提取的能力，更加接近人眼的识别能力，但也使检测到的特征更加抽象。

2) 极值点的优化

极值点优化的目的是去除不符合要求的极值点，不符合要求的极值点包含两类：一类是极值点的灰度梯度值偏小，可能由噪声产生；另一类是由图像边缘产生的极值点，二者都是不稳定的。

对于第一类极值点，可以直接进行阈值过滤，由于 DoG 图像极值点的位置是离散的，为了更加准确地定位极值点，在极值点小邻域内设计一个泰勒二次展开的连续插值函数：

$$D(x)=D+\frac{\partial D^{\mathrm{T}}}{\partial x}\Delta x+\frac{1}{2}\Delta x^{\mathrm{T}}\frac{\partial^2 D}{\partial x^2}\Delta x \tag{4-82}$$

令连续插值函数的导数为零，可求得更加准确的极值点位置的梯度值：

$$\Delta x=-\frac{\partial^2 D^{-1}}{\partial x^2}\frac{\partial D}{\partial x} \quad\Rightarrow\quad D(\hat{x})=D+\frac{1}{2}\frac{\partial D^{\mathrm{T}}}{\partial x}\hat{x} \tag{4-83}$$

设定阈值 T，若 $|D(\hat{x})|\geqslant T$，则选极值点为特征点，否则删除掉，一般取 $T=0.03$。

对于第二类极值点，可以采用类似于 Harris 角点的判断方法，取 Hessian 矩阵 $\boldsymbol{H}=\begin{pmatrix} D_{xx} & D_{yx} \\ D_{xy} & D_{yy} \end{pmatrix}$ 的特征值进行判断。设特征值 $\lambda_1\geqslant\lambda_2\geqslant 0,\lambda_1=\alpha\lambda_2$，则

$$\frac{\mathrm{trace}(\boldsymbol{H})^2}{\det(\boldsymbol{H})}=\frac{(\lambda_1+\lambda_2)^2}{\lambda_1\lambda_2}=\frac{(\alpha\lambda_2+\lambda_2)^2}{\alpha\lambda_2^2}=\frac{(\alpha+1)^2}{\alpha} \tag{4-84}$$

式(4-84)在两个特征值相等时最小，并随 α 的增大而增大，为此设定一个阈值 T_α，当 $\frac{\mathrm{trace}(\boldsymbol{H})^2}{\det(\boldsymbol{H})}<\frac{(T_\alpha+1)^2}{T_\alpha}$ 时，选择极值点为特征点，否则删除掉，一般取 $T_\alpha=10$。

3) 求取极值点的主方向

为实现特征的旋转不变性，要为 2)得到的所有极值点定义一个主方向，通过极值点邻

域像素点的特征分布特性确定。

主方向的计算方法如下，以特征点为中心，以 $3\times1.5\sigma$ 为半径的区域内，计算所有邻近像素点的梯度向量：

$$\begin{aligned}&L(x,y)=G(x,y,\sigma)*I(x,y)\\&m(x,y)=\sqrt{[L(x+1,y)-L(x-1,y)]^2+[L(x,y+1)-L(x,y-1)]^2}\\&\theta(x,y)=\arctan\frac{L(x,y+1)-L(x,y-1)}{L(x+1,y)-L(x-1,y)}\end{aligned}\tag{4-85}$$

式中，m 为梯度幅值；θ 为梯度方向；σ 为特征点的尺度。可见，极值点的尺度越大，高斯图像越模糊，需要的相邻点的数量越多。然后将极值点的 360°方向范围划分为 10 个扇区，统计每个扇区内邻近像素点梯度方向与扇区角度范围相同的像素点的个数，并以扇区角度为横坐标、以扇区内像素点的梯度幅值求和作为纵坐标，构建直方图，最后取梯度幅值求和最大的扇区角度作为极值点的主方向。

直方图可能存在多个峰值，将大于最大值 80%的扇区角度同样认为是极值点的主方向，代表了不同的极值点，相当于极值点的复制，即具有相同的特征点位置和尺度，只是主方向不同。至此，图像中的极值点已检测完毕，每个极值点有三个信息：位置、尺度和方向，每一个极值点确定了 SIFT 特征区域。

4) 特征点的描述

通过上述步骤得到了所有 SIFT 特征区域，对特征点的描述不但包含极值点，也包括极值点周围对其有贡献的像素点，使 SIFT 特征具有更多的不变特性。如图 4-22 所示，在特征点周围取 16×16 窗口，将其划分为 16 个 4×4 的子窗口，每个子窗口对应一个 SIFT 特征的种子点，按与极值点主方向相同的求取方法求取每个种子点的梯度方向直方图，不同的是将 360°的方向划分为 8 个扇区，即每个扇区 45°，这样得到种子点 8 个方向区间的梯度强度信息，那么对应 16 个种子点，就有 $16\times8=128$ (个)梯度强度信息，构成 128 维的 SIFT 特征向量，用于描述 SIFT 特征。

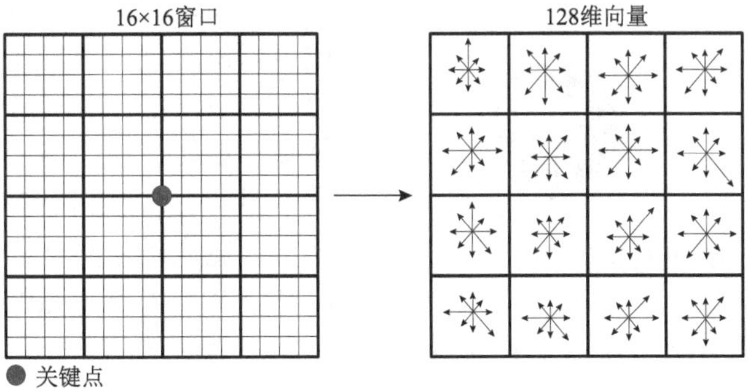

图 4-22　SIFT 特征描述

在特征点周围取 16×16 的窗口前，还必须经过重要的一步，即将图像的坐标旋转为特征点的主方向，以确保旋转不变性，变换后的像素坐标为

$$x'=x\cos\theta-y\sin\theta,\quad y'=x\sin\theta+y\cos\theta\tag{4-86}$$

旋转前的像素窗口要更大一些，可按16×16的窗口 45°旋转时的最大对角线计算，并通过插值得到旋转后的16×16像素窗口。

最后还要将 SIFT 特征向量进行归一化处理，可以进一步去除光照变化的影响：

$$l_j = \frac{w_j}{\sqrt{\sum_{i=1}^{128} w_i}}, \quad j = 1,2,\cdots,128 \tag{4-87}$$

式中，w_j 为归一化前的特征向量元素；l_j 为归一化后的特征向量元素。

4.3.5 运动与光流特征提取

利用记录的图像序列可以实现运动目标的检测，主要有帧间差分法、背景差分法、光流法和运动能量法。帧间差分法原理简单、计算量小，能够快速检测出场景中的运动目标，但却不能够很好地分割运动对象，不利于进一步的对象识别与分析；背景差分法是将当前帧每个像素与背景图像逐一比较，能够较完整地提取目标点，却又对光照和外部条件造成的动态场景变化过于敏感；光流法的计算比较复杂，优点是能够检测出独立运动的对象，不需要预先知道场景的任何信息，而且可以应用于背景整体运动的情况；运动能量法适合于复杂变化的环境，能消除背景中振动的像素，但也不能精确地分割出对象。

1. 运动与光流

光流法的基本原理是通过图像速度向量的差异来检测目标，图像速度向量的概念是将速度向量分配给图像中的每一个点，在图像上形成速度向量场。如果环境中的目标以某一速度运动，则会在图像速度向量场中有所体现，如果能估计出图像速度向量场的变化，则可通过成像原理得到目标的运动速度。

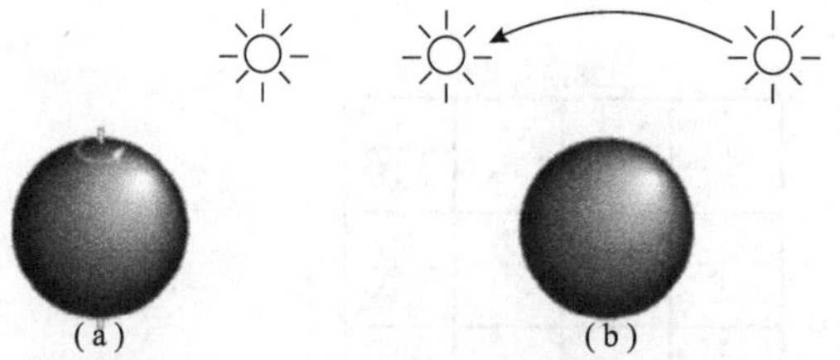

图 4-23　光流分析的错误模式

可以想象图像速度向量场的变化可以体现在图像亮度模式的变化上，光流的概念就是图像亮度模式变化的表现运动。因此可以说光流就对应于图像速度向量场。但这一假设也会出现错误，图 4-23(a)中球体具有旋转速度，但图像亮度模式是不变的，图 4-23(b)中球体静止不动、光源在运动，会造成图像亮度模式的变化。上述情况都会产生光流与图像速度向量场错误的对应关系。因此，需要建立一些假设条件，避免上述错误的发生。

2. 光流约束方程与求解

光流概念的出现可追溯到 20 世纪 50 年代，以心理学实验为基础，提出从二维成像平面的光流场可以恢复三维空间运动的假设，直到 1981 年，Horn 和 Schunck 才真正提出了有效的光流计算方法，其主要思想是根据一些假设条件，建立了光流约束方程，成为光流法发展的基石。

假设 4-1　首先假设两个相邻图像帧之间的时间间隔足够小，以至于可以认为两帧图像的亮度模式是不变的。

根据假设 4-1，可以得到

$$I(x+\delta x, y+\delta y, t+\delta t)=I(x+u\delta t, y+v\delta t, t+\delta t)=I(x,y,t) \tag{4-88}$$

式中，δt 为两个相邻图像帧之间的时间间隔；$u(x,y), v(x,y)$ 分别为图像速度向量场在点 (x,y) 的 x 方向和 y 方向的速度分量。

假设 4-2　图像亮度的变化相对于图像坐标是连续的。

根据假设 4-2，可以将式(4-88)进行泰勒级数展开以进行简化：

$$I(x,y,t)+\delta x\frac{\partial I}{\partial x}+\delta y\frac{\partial I}{\partial y}+\delta t\frac{\partial I}{\partial t}+\text{h.o.t}=I(x,y,t) \tag{4-89}$$

当 $\delta t \to 0$ 时，忽略式(4-89)中的高次项，可得

$$\frac{\partial I}{\partial x}\frac{\mathrm{d}x}{\mathrm{d}t}+\frac{\partial I}{\partial y}\frac{\mathrm{d}y}{\mathrm{d}t}+\frac{\partial I}{\partial t}=0 \tag{4-90}$$

式中，令 $u=\mathrm{d}x/\mathrm{d}t, v=\mathrm{d}y/\mathrm{d}t, I_x=\partial I/\partial x, I_y=\partial I/\partial y, I_t=\partial I/\partial t$，则得到

$$I_x u+I_y v+I_t=0 \tag{4-91}$$

式(4-91)为光流约束方程，I_t 表示图像灰度在时间上的变化率；I_x, I_y 表示图像灰度在空间上的变化率。

只有一个光流约束方程是不能求解两个速度分量的,因此进一步提出第三个假设条件。

假设 4-3　空间一致性假设，即相邻像素的运动是相似的，因此所有像素的整体光流是平滑的。

根据假设 4-3，可以建立平滑约束项，并使之极小化：

$$E_s=\iint\left[\left(\frac{\partial u}{\partial x}\right)^2+\left(\frac{\partial u}{\partial y}\right)^2+\left(\frac{\partial v}{\partial x}\right)^2+\left(\frac{\partial v}{\partial y}\right)^2\right]\mathrm{d}x\mathrm{d}y \tag{4-92}$$

根据光流约束方程，也必须保证光流误差极小化：

$$E_c=\iint\left(I_x u+I_y v+I_t\right)^2\mathrm{d}x\mathrm{d}y \tag{4-93}$$

于是对光流场的求解可转化为对如下问题的求解：

$$\iint\left\{\left(I_x u+I_y v+I_t\right)^2+\lambda\left[\left(\frac{\partial u}{\partial x}\right)^2+\left(\frac{\partial u}{\partial y}\right)^2+\left(\frac{\partial v}{\partial x}\right)^2+\left(\frac{\partial v}{\partial y}\right)^2\right]^2\right\}\mathrm{d}x\mathrm{d}y=\min \tag{4-94}$$

上述问题可以理解为全局微分法，可采用牛顿-高斯迭代法求解：

$$\begin{cases} \dfrac{\partial J}{\partial u} = 0 \Rightarrow I_x^2 u + I_x I_y v = -\lambda^2 \nabla u - I_x I_t \\ \dfrac{\partial J}{\partial v} = 0 \Rightarrow I_y^2 v + I_x I_y u = -\lambda^2 \nabla v - I_y I_t \end{cases} \tag{4-95}$$

$$u_{m+1} = \bar{u}_m - \frac{I_x(I_x\bar{u}_m + I_y\bar{v}_m + I_t)}{\lambda^2 + I_x^2 + I_y^2}, \quad v_{m+1} = \bar{v}_m - \frac{I_y(I_x\bar{u}_m + I_y\bar{v}_m + I_t)}{\lambda^2 + I_x^2 + I_y^2} \tag{4-96}$$

同样在 1981 年，Lucas 和 Kanada 基于以上同样的假设，提出了更加简单实用的光流求解方法，通过选定一个图像窗口，在窗口内的每个像素点都可以建立一个光流约束方程，可理解为局部微分法：

$$\begin{bmatrix} I_{x1} & I_{y1} \\ \vdots & \vdots \\ I_{xn} & I_{yn} \end{bmatrix} \begin{bmatrix} u \\ v \end{bmatrix} = \begin{bmatrix} I_{t1} \\ \vdots \\ I_{tn} \end{bmatrix} \Rightarrow \boldsymbol{A} \begin{bmatrix} u \\ v \end{bmatrix} = \boldsymbol{b} \tag{4-97}$$

于是便可求得速度向量的最小二乘解：

$$\begin{bmatrix} u \\ v \end{bmatrix} = (\boldsymbol{A}^{\mathrm{T}}\boldsymbol{A})^{-1}\boldsymbol{A}^{\mathrm{T}}\boldsymbol{b} = \begin{bmatrix} \sum_i I_{xi}^2 & \sum_i I_{xi} I_{yi} \\ \sum_i I_{xi} I_{yi} & \sum_i I_{yi}^2 \end{bmatrix}^{-1} \begin{bmatrix} -\sum_i I_{xi} I_{ti} \\ -\sum_i I_{yi} I_{ti} \end{bmatrix} \tag{4-98}$$

式中，图像灰度在空间上和时间上的变化率可通过式(4-99)求解：

$$\begin{aligned} I_x &= \frac{1}{4\Delta x}[(I_{i+1,j,k} + I_{i+1,j,k+1} + I_{i+1,j+1,k} + I_{i+1,j+1,k+1}) - (I_{i,j,k} + I_{i,j,k+1} + I_{i,j+1,k} + I_{i,j+1,k+1})] \\ I_y &= \frac{1}{4\Delta y}[(I_{i+1,j,k} + I_{i,j+1,k+1} + I_{i+1,j+1,k} + I_{i+1,j+1,k+1}) - (I_{i,j,k} + I_{i,j,k+1} + I_{i+1,j,k} + I_{i+1,j,k+1})] \\ I_t &= \frac{1}{4\Delta t}[(I_{i,j+1,k} + I_{i,j+1,k+1} + I_{i+1,j,k+1} + I_{i+1,j+1,k+1}) - (I_{i,j,k} + I_{i,j+1,k} + I_{i+1,j,k} + I_{i+1,j+1,k})] \end{aligned} \tag{4-99}$$

L-K 方法同样需要满足速度变化慢和空间一致性的强约束条件，当目标运动速度较大时，约束条件难以成立。为此，有学者提出构建图像金字塔的解决方法，即根据原图像尺寸逐层减小图像尺寸，建立图像金字塔，随着图像尺寸的减小，相应图像中目标的运动速度也减小，直至满足约束条件，然后以小尺寸图像中估计出的目标运动速度作为初值，再逐层向尺寸增大的图像中实现速度迭代估计。

4.4　基于单目视觉的目标位姿测量常用算法

利用单台相机构成的单目视觉，在不同的条件下能够实现的位置测量有所不同。在与相机光轴中心线垂直的平面内，利用一幅图像可以实现平面内目标的二维位置测量，如果目标尺寸已知，则可利用一幅图像测量其三维坐标。在相机运动已知的条件下，利用运动前后的两幅图像中的可匹配图像点对，可以实现对任意空间点的三维位置测量(相当于双目测量)，在机器人的应用中具有重要作用。

4.4.1　平面目标位姿测量

1. 光轴垂直于测量平面的二维测量

将相机垂直于测量平面安装，建立相机坐标系 $O_c - X_cY_cZ_c$ 和测量平面坐标系 $O_w - X_wY_wZ_w$，如图 4-24 所示，测量平面坐标系原点选在光轴中心线与工作平面的交点处，则有 $\boldsymbol{R}=\boldsymbol{I}$, $\boldsymbol{p}=\begin{bmatrix}0 & 0 & d\end{bmatrix}^{\mathrm{T}}$。

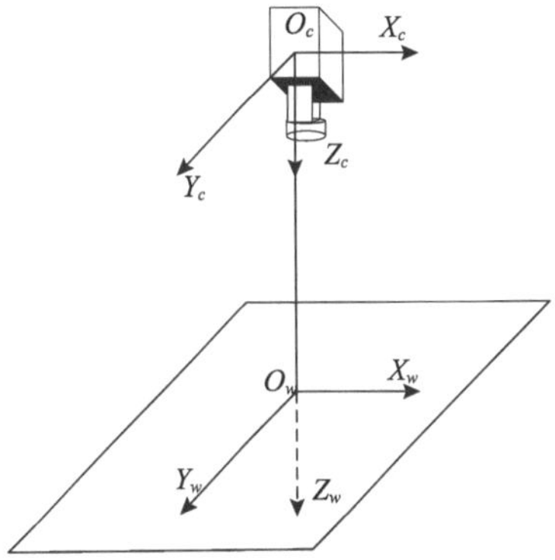

图 4-24　二维测量

当相机内外参数已知时，可以选择一个平面坐标已知的点作为参考点，则可利用平面上任意点的图像像素坐标计算出该点在测量平面坐标系中的位置。

根据相机模型有

$$z_c\begin{bmatrix}u\\v\\1\end{bmatrix}=\begin{bmatrix}k_x & 0 & u_0 & 0\\0 & k_y & v_0 & 0\\0 & 0 & 1 & 0\end{bmatrix}\begin{pmatrix}\boldsymbol{R} & \boldsymbol{p}\\\boldsymbol{0} & 1\end{pmatrix}\begin{bmatrix}x_w\\y_w\\z_w\\1\end{bmatrix}=\begin{bmatrix}k_x & 0 & u_0 & 0\\0 & k_y & v_0 & 0\\0 & 0 & 1 & 0\end{bmatrix}\begin{bmatrix}1 & 0 & 0 & 0\\0 & 1 & 0 & 0\\0 & 0 & 1 & d\\0 & 0 & 0 & 1\end{bmatrix}\begin{bmatrix}x_w\\y_w\\0\\1\end{bmatrix}$$

设测量平面内一个位置已知的点的坐标为 $\begin{bmatrix}x_{1w} & y_{1w} & 0\end{bmatrix}^{\mathrm{T}}$，其对应的图像像素坐标为 (u_1,v_1)，对于平面上的任意点，如果能够识别到其像素坐标 (u_i,v_i)，则可测量出该点的测量平面坐标 $\begin{bmatrix}x_{iw} & y_{iw} & 0\end{bmatrix}^{\mathrm{T}}$：

$$\begin{cases}x_{iw}=x_{1w}+(u_i-u_1)/k_{xd}\\y_{iw}=y_{1w}+(v_i-v_1)/k_{yd}\end{cases},\quad\begin{cases}k_{xd}=k_x/d\\k_{yd}=k_y/d\end{cases}\tag{4-100}$$

该方法也可用于测量平面不垂直于光轴中心线的场合，但需利用 4.2.2 节“单应性矩阵标定方法”部分的方法先标定出单应性矩阵，然后利用式(4-25)，由目标的像素坐标计算出目标的世界坐标，实现目标二维测量。

2. 基于单应性矩阵的二维测量

当相机光轴不垂直于测量平面时，在测量平面和相机位姿相对固定的情况下，存在单应性矩阵，形成成像平面的点与测量平面的点的一一对应关系，如果实现了单应性矩阵的标定，则可实现测量平面上的点的位置测量，单应性矩阵的标定方法可参见张正友标定方法。

4.4.2　三维目标位姿测量

1. 目标尺寸已知条件下的三维测量

如果在垂直于相机光轴中心线的平面内存在一目标，且该目标的面积已知，在目标的质心处建立与相机坐标系姿态一致的世界坐标系，如图 4-25 所示，如果目标边缘点的世界坐标和像素坐标均已知，则可求出目标质心相对相机坐标系的三维坐标 $\boldsymbol{p}=\left[p_x\ p_y\ p_z\right]^{\mathrm{T}}$。

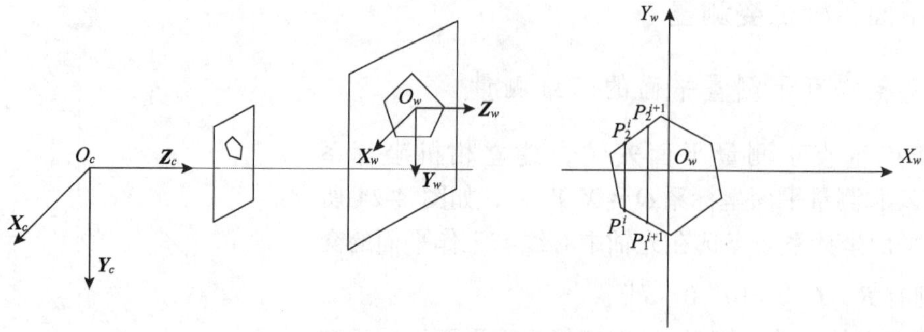

图 4-25　单目三维测量

根据相机的内模型，由已知的目标边缘点的像素坐标 (u_i,v_i)，可求得目标边缘点相对于相机坐标系的坐标 $\boldsymbol{p}_{ic}=\left[x_{ic}\ y_{ic}\ z_{ic}\right]^{\mathrm{T}}$：

$$x_{ic}=\frac{u_i-u_0}{k_x}z_{ic}=\frac{u_{di}}{k_x}z_{ic},\quad y_{ic}=\frac{v_i-v_0}{k_y}z_{ic}=\frac{v_{di}}{k_y}z_{ic} \tag{4-101}$$

目标边缘点相对于相机坐标系的坐标与相对于世界坐标系的坐标的关系为

$$x_{ic}=x_{iw}+p_x,\quad y_{ic}=y_{iw}+p_y,\quad z_{ic}=p_z \tag{4-102}$$

将目标沿 X_w 轴分成 N 份，每一份近似为一个矩形，其中第 i 个矩形的四个顶点分别记为 $P_1^i,P_2^i,P_1^{i+1},P_2^{i+1}$，则目标的面积可近似为

$$S=\sum_{i=1}^{N}(P_{2y}^i-P_{1y}^i)(P_{1x}^{i+1}-P_{1x}^i) \tag{4-103}$$

将式(4-101)、式(4-102)代入式(4-103)，得

$$S=\left[\sum_{i=1}^{N}(v_{d2}^i-v_{d1}^i)(u_{d1}^{i+1}-u_{d1}^i)\right]\frac{p_z^2}{k_xk_y}=\frac{S_1}{k_xk_y}p_z^2 \tag{4-104}$$

式中，S_1 为目标在图像上的面积，由式(4-104)可得

$$p_z=\sqrt{k_xk_yS/S_1} \tag{4-105}$$

进一步由式(4-101)、式(4-102)，可计算出 p_x,p_y：

$$p_x=\frac{u_{dj}}{k_x}p_z-x_{jw},\quad p_y=\frac{v_{dj}}{k_y}p_z-y_{jw} \tag{4-106}$$

该方法多用于球类目标的视觉测量以及视觉伺服过程中对目标深度的估计。

2. 基于 PnP 的三维测量

PnP(perspective-n-point)问题就是已知 n 个三维空间点的世界坐标和相应的图像像素坐标，求解相机相对于世界坐标系的位置和姿态的问题，由 Fischler 等于 1981 年提出。该任务在采用模板进行相机标定的过程中已经实现，如 DLT(direct linear transform)算法，是一种 3D-2D 求解方法，即需要大量的 3D 空间位置已知的点和相应的 2D 像素坐标，而 PnP 算法立足于通过目标上少量的已知点实现目标位姿的测量，当 $n<3$ 时，无法求出相机的外参数，因此 PnP 问题的研究主要针对 P3P、P4P 和 P5P 开展，本节主要介绍比较成熟的 P3P、共面 P4P、EPnP(efficient PnP)几种算法。

1) P3P 算法

P3P 算法首先根据已知 3 个空间点的世界坐标系 3D 坐标和相应的像素坐标计算出 3 个空间点相对于相机坐标系的 3D 坐标，然后根据空间点的世界坐标系坐标和相机坐标系坐标计算相机坐标系与世界坐标系的位姿关系，是一种 3D-3D 求解方法。

(1) 空间已知点相机坐标系坐标的计算。

如图 4-26 所示，P_1,P_2,P_3 为空间位置已知的点，即相对于世界坐标系的位置 $\boldsymbol{P}_i^w$ 是已知的，每两点间的距离 a,b,c 是已知的，每个点的像素坐标 (u_i,v_i) 可由图像获得，O 点为相机坐标系原点，P_i 点相对于相机坐标系的坐标为 $\boldsymbol{P}_i^c=d_i\boldsymbol{e}_i$，为待求的未知量，其中 d_i 为 O 点到 P_i 点的距离，$\boldsymbol{e}_i$ 为 O 点指向 P_i 点位置向量的单位向量。

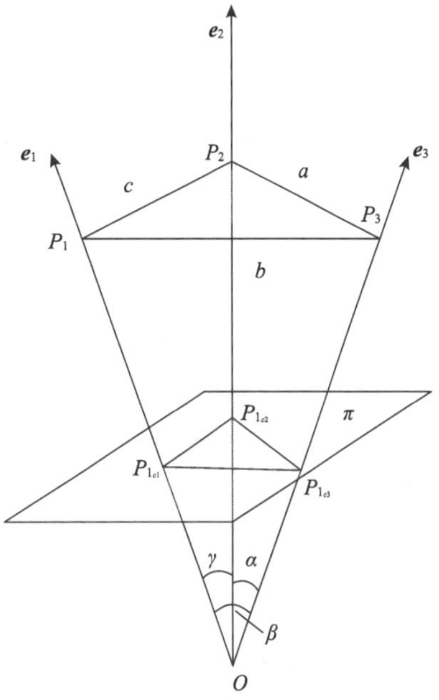

图 4-26　PnP 相机坐标系坐标计算

由像素坐标 (u_i,v_i) 可求出 P_i 点在相机焦距归一化成像平面上的坐标：

$$\begin{bmatrix} x_{1_{ic}} \\ y_{1_{ic}} \\ 1 \end{bmatrix} = \begin{bmatrix} k_x & 0 & u_0 \\ 0 & k_y & v_0 \\ 0 & 0 & 1 \end{bmatrix}^{-1} \begin{bmatrix} u_i \\ v_i \\ 1 \end{bmatrix} \tag{4-107}$$

则单位向量为

$$\boldsymbol{e}_i = \frac{1}{\sqrt{x_{1_{ic}}^2 + y_{1_{ic}}^2 + 1}} \begin{bmatrix} x_{1_{ic}} \\ y_{1_{ic}} \\ 1 \end{bmatrix} \tag{4-108}$$

如图 4-26 所示，定义 α,β,γ 为单位向量之间的夹角，则根据向量标量积定义，得

$$\cos\alpha = \boldsymbol{e}_2^{\mathrm{T}}\boldsymbol{e}_3,\quad \cos\beta = \boldsymbol{e}_1^{\mathrm{T}}\boldsymbol{e}_3,\quad \cos\gamma = \boldsymbol{e}_1^{\mathrm{T}}\boldsymbol{e}_2 \tag{4-109}$$

在三角形 OP_1P_2,OP_1P_3,OP_2P_3 中，由三角形余弦定理可得

$$
\begin{aligned}
d_2^2 + d_3^2 - 2d_2 d_3 \cos\alpha &= a^2 \\
d_1^2 + d_3^2 - 2d_1 d_3 \cos\beta &= b^2 \\
d_1^2 + d_2^2 - 2d_1 d_2 \cos\gamma &= c^2
\end{aligned} \tag{4-110}
$$

设 $d_2 = xd_1, d_3 = yd_1$，代入式(4-110)可得

$$
d_1^2 = \frac{a^2}{x^2 + y^2 - 2xy\cos\alpha} = \frac{b^2}{1 + y^2 - 2y\cos\beta} = \frac{c^2}{x^2 + 1 - 2x\cos\gamma} \tag{4-111}
$$

由式(4-111)的第二个和第三个等式，可得

$$
x^2 = 2xy\cos\alpha - \frac{2a^2}{b^2} y\cos\beta + \frac{a^2 - b^2}{b^2} y^2 + \frac{a^2}{b^2} = 2x\cos\gamma - \frac{2c^2}{b^2} y\cos\beta + \frac{c^2}{b^2} y^2 + \frac{c^2 - b^2}{b^2} \tag{4-112}
$$

由式(4-112)的第二个等式，可解得

$$
x = \frac{\dfrac{a^2 - b^2 - c^2}{b^2} y^2 + 2\cos\beta \dfrac{c^2 - a^2}{b^2} y + \dfrac{a^2 + b^2 - c^2}{b^2}}{2(\cos\gamma - y\cos\alpha)} \tag{4-113}
$$

将 x 代入式(4-110)中的第二个等式，得到关于 y 的多项式：

$$
a_4 y^4 + a_3 y^3 + a_2 y^2 + a_1 y + a_0 = 0 \tag{4-114}
$$

式中，系数为

$$
\begin{aligned}
a_0 &= \left(\frac{a^2 + b^2 - c^2}{b^2} \right)^2 - \frac{4a^2}{b^2} \cos^2\gamma \\
a_1 &= 4\left(-\frac{a^2 + b^2 - c^2}{b^2} \frac{a^2 - c^2}{b^2} \cos\beta + \frac{2a^2}{b^2} \cos^2\gamma \cos\beta + \frac{a^2 - b^2 + c^2}{b^2} \cos\alpha \cos\gamma \right) \\
a_2 &= 2\left[\left(\frac{a^2 - c^2}{b^2} \right)^2 - 1 - 4\left(\frac{a^2 + c^2}{b^2} \right) \cos\alpha \cos\beta \cos\gamma + 2\left(\frac{a^2 - c^2}{b^2} \right) \cos^2\alpha + 2\left(\frac{a^2 + c^2}{b^2} \right)^2 \cos^2\beta \right. \\
&\quad \left. + 2\left(\frac{b^2 - a^2}{b^2} \right) \cos^2\gamma \right] \\
a_3 &= 4\left[-\left(\frac{a^2 - b^2 - c^2}{b^2} \right)\left(\frac{a^2 - c^2}{b^2} \right) \cos\beta + \frac{4c^2}{b^2} \cos^2\alpha \cos\beta + \left(\frac{a^2 - b^2 + c^2}{b^2} \right) \cos\alpha \cos\gamma \right] \\
a_4 &= \left(\frac{a^2 - b^2 - c^2}{b^2} \right)^2 - \frac{4c^2}{b^2} \cos^2\alpha
\end{aligned}
$$

求解式(4-114)可得 y，将其代入式(4-113)可得 x，将 x, y 代入式(4-111)可得 d_i，根据 $d_i, \boldsymbol{e}_i$，可求得 P_i 点相对于相机坐标系的坐标 $\boldsymbol{P}_i^c$。

上述求解过程存在多解问题，最多有四组解，一直是 P3P 问题研究的一个重要方向。为了能够得到唯一解，也需要增加第 4 个已知的空间点对多解进行验证，一般可采用以下两种方法。

① 在 4 个点中任取 3 个点，形成多种组合，对每一个组合计算出相对位姿，然后取多种组合得到的相同的一组解作为唯一解，该方法计算过程复杂。

② 用第 4 个空间点作为验证点，利用多组位姿解和相机内模型分别将该点投影到成像平面上，然后取投影的像素坐标与实际的像素坐标一致的位姿解作为唯一解。

(2) 相机相对世界坐标系位姿的计算。

一般情况下，目标上的空间点坐标的选取是可以在设计过程中精确确定的，即可以用于确定世界坐标系的中心位置 $\boldsymbol{P}^w_{\text{center}}=\sum_{i=1}^{3}\omega_i\boldsymbol{P}^w_i$ ，式中 ω_i 可在设计空间点时精确得到。用同样的 ω_i 值，可以得到空间点在相机坐标系的中心位置 $\hat{\boldsymbol{P}}^c_{\text{center}}=\sum_{i=1}^{3}\omega_i\hat{\boldsymbol{P}}^c_i$ ，由此可以得到两个坐标系之间的位置关系。

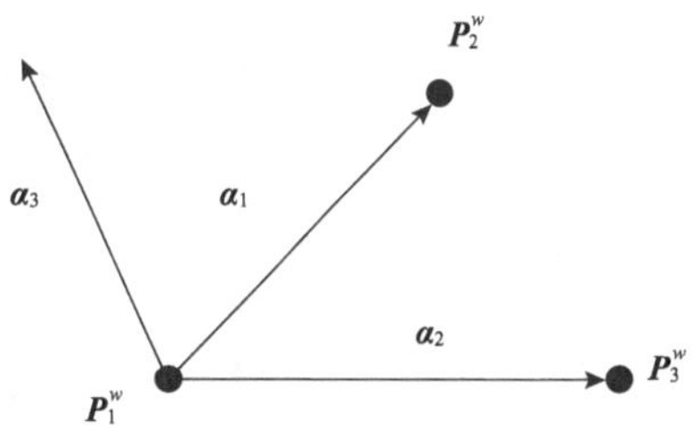

图 4-27　向量的定义

如图 4-27 所示，在世界坐标系中定义空间向量：

$$\boldsymbol{\alpha}_1=\boldsymbol{P}^w_1\boldsymbol{P}^w_2,\quad \boldsymbol{\alpha}_2=\boldsymbol{P}^w_1\boldsymbol{P}^w_3,\quad \boldsymbol{\alpha}_3=\boldsymbol{\alpha}_1\times\boldsymbol{\alpha}_2 \tag{4-115}$$

利用相同的方法，在相机坐标系中定义向量：

$$\boldsymbol{\beta}_1=\hat{\boldsymbol{P}}^c_1\hat{\boldsymbol{P}}^c_2,\quad \boldsymbol{\beta}_2=\hat{\boldsymbol{P}}^c_1\hat{\boldsymbol{P}}^c_3,\quad \boldsymbol{\beta}_3=\boldsymbol{\beta}_1\times\boldsymbol{\beta}_2 \tag{4-116}$$

利用以上向量的定义，即可求得相机坐标系相对于世界坐标系的旋转矩阵：

$$\boldsymbol{\beta}_i={}^w_c\boldsymbol{R}\boldsymbol{\alpha}_i,\quad \boldsymbol{A}=[\boldsymbol{\alpha}_1\ \boldsymbol{\alpha}_2\ \boldsymbol{\alpha}_3],\boldsymbol{B}=[\boldsymbol{\beta}_1\ \boldsymbol{\beta}_2\ \boldsymbol{\beta}_3]\ \Rightarrow\ {}^w_c\boldsymbol{R}=\boldsymbol{B}\boldsymbol{A}^{-1} \tag{4-117}$$

2) 共面 P4P 算法

对于共面的 P4P 问题存在唯一解，对于不共面的 P4P 问题，在一定充分条件下有 2～5 个可行解，最多五个。共面的 P4P 问题于 1989 年提出，其基本思想源于直接线性变换算法。

首先利用位置已知的三个点构建一个参考坐标系 O_r - $X_rY_rZ_r$ ，如图 4-28 所示，可选三个点中像素坐标 u 最小的点作为参考坐标系原点 O_r ，像素坐标 u 最小的点和最大的点的连线作为 X_r 轴，并指向 u 最大的点，当 u 相同时，可根据像素坐标 v 进行选择，通过第三个点向 X_r 轴作垂线并平移至原点位置作为 Y_r 轴，指向第三个点方向，利用右手法则确定 Z_r 轴。

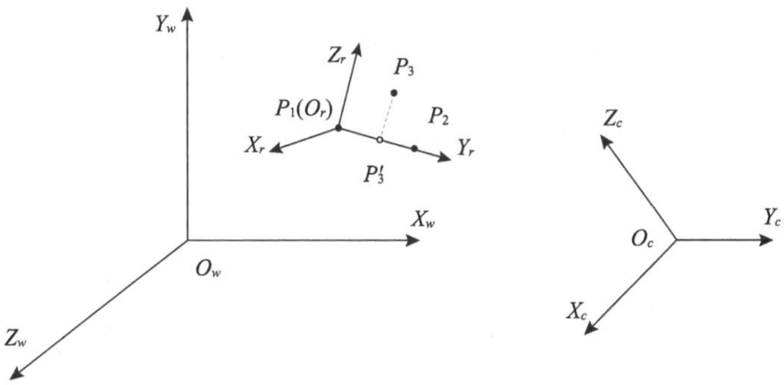

图 4-28　参考坐标系的定义

由于参考坐标系的原点在世界坐标系中是确定的，参考坐标系的轴与世界坐标系的轴之间的夹角也容易确定，因此参考坐标系与世界坐标系之间的变换关系 ${}^{r}\boldsymbol{M}_{w}$ 便容易确定，因此相机坐标系和世界坐标系之间的变换关系为

$$
{}^{c}\boldsymbol{M}_{w} = {}^{c}\boldsymbol{M}_{r}\,{}^{r}\boldsymbol{M}_{w} \tag{4-118}
$$

那么，相机坐标系相对世界坐标系位姿计算的关键就是求解相机坐标系与参考坐标系之间的变换关系 ${}^{c}\boldsymbol{M}_{r}$ 的问题。建立参考坐标系有两个好处：一是三个点在 Z_r 轴的位置分量为零，可以简化计算；二是可以把参考坐标系理解为目标本体坐标系，则可直接实现目标相对相机坐标系的位姿测量。

将 ${}^{c}\boldsymbol{M}_{r}$ 表示为 ${}^{c}\boldsymbol{M}_{r} = \begin{bmatrix} {}^{c}\boldsymbol{n}_{r} & {}^{c}\boldsymbol{o}_{r} & {}^{c}\boldsymbol{a}_{r} & {}^{c}\boldsymbol{p}_{r} \\ 0 & 0 & 0 & 1 \end{bmatrix}$，则根据相机外参数模型有

$$
\boldsymbol{P}_{ic} = {}^{c}\boldsymbol{M}_{r}\boldsymbol{P}_{ir} \quad \Rightarrow \quad \begin{cases} x_{ic} = {}^{c}n_{rx}x_{ir} + {}^{c}o_{rx}y_{ir} + {}^{c}p_{rx} \\ y_{ic} = {}^{c}n_{ry}x_{ir} + {}^{c}o_{ry}y_{ir} + {}^{c}p_{ry} \\ z_{ic} = {}^{c}n_{rz}x_{ir} + {}^{c}o_{rz}y_{ir} + {}^{c}p_{rz} \end{cases} \tag{4-119}
$$

根据图像透视关系，$\boldsymbol{P}_{ic}$ 在相机焦距归一化成像平面上的坐标为

$$
x_{1_{ic}} = x_{ic} / z_{ic}, \quad y_{1_{ic}} = y_{ic} / z_{ic} \tag{4-120}
$$

将式(4-119)代入式(4-120)，得

$$
\begin{cases} x_{ir}\,{}^{c}n_{rx} + y_{ir}\,{}^{c}o_{rx} - x_{1_{ic}}x_{ir}\,{}^{c}n_{rz} - x_{1_{ic}}y_{ir}\,{}^{c}o_{rz} + {}^{c}p_{rx} - x_{1_{ic}}\,{}^{c}p_{rz} = 0 \\ x_{ir}\,{}^{c}n_{ry} + y_{ir}\,{}^{c}o_{ry} - y_{1_{ic}}x_{ir}\,{}^{c}n_{rz} - y_{1_{ic}}y_{ir}\,{}^{c}o_{rz} + {}^{c}p_{ry} - y_{1_{ic}}\,{}^{c}p_{rz} = 0 \end{cases} \tag{4-121}
$$

对于 n 个已知的空间点，可以得到 $2n$ 个方程，写成矩阵的形式为

$$
\boldsymbol{A}_1\boldsymbol{H}_1 + \boldsymbol{A}_2\boldsymbol{H}_2 = 0 \tag{4-122}
$$

式中

$$
\boldsymbol{H}_1 = \begin{bmatrix} {}^{c}n_{rx} & {}^{c}n_{ry} & {}^{c}n_{rz} \end{bmatrix}^{\mathrm{T}}, \quad \boldsymbol{H}_2 = \begin{bmatrix} {}^{c}o_{rx} & {}^{c}o_{ry} & {}^{c}o_{rz} & {}^{c}p_{rx} & {}^{c}p_{ry} & {}^{c}p_{rz} \end{bmatrix}^{\mathrm{T}}
$$

$$
\boldsymbol{A}_1 = \begin{bmatrix} x_{1r} & 0 & -x_{1_{1c}}x_{1r} \\ 0 & x_{1r} & -y_{1_{1c}}x_{1r} \\ \vdots & \vdots & \vdots \\ x_{nr} & 0 & -x_{1_{nc}}x_{1r} \\ 0 & x_{nr} & -y_{1_{nc}}x_{1r} \end{bmatrix}_{2n\times 3}, \quad \boldsymbol{A}_2 = \begin{bmatrix} y_{1r} & 0 & -x_{1_{1c}}y_{1r} & 1 & 0 & -x_{1_{1c}} \\ 0 & y_{1r} & -y_{1_{1c}}y_{1r} & 0 & 1 & -y_{1_{1c}} \\ \vdots & \vdots & \vdots & \vdots & \vdots & \vdots \\ y_{nr} & 0 & -x_{1_{nc}}y_{1r} & 1 & 0 & -x_{1_{nc}} \\ 0 & y_{nr} & -y_{1_{nc}}y_{1r} & 0 & 1 & -y_{1_{nc}} \end{bmatrix}_{2n\times 6}
$$

构造代价函数 $\min J = \left\| \boldsymbol{A}_1\boldsymbol{H}_1 + \boldsymbol{A}_2\boldsymbol{H}_2 \right\|^2$，将式(4-122)的求解问题转化为优化问题，但存在 $\left\| \boldsymbol{H}_1 \right\| = 1$ 的约束条件，采用拉格朗日乘子法，将代价函数改为

$$\min J = \|A_1 H_1 + A_2 H_2\|^2 + \lambda(1 - \|H_1\|^2) \tag{4-123}$$

可解得

$$\begin{cases} BH_1 = \lambda H_1, \quad B = A_1^T A_1 - A_1^T A_2 (A_2^T A_2)^{-1} A_2^T A_1 \\ H_2 = -(A_2^T A_2)^{-1} A_2^T A_1 \mathbf{H}_1 \end{cases} \tag{4-124}$$

利用 H_1, H_2 的解可得到相机相对于参考坐标系的外参数。

如果只有 3 个已知的空间点，则 A_2 是方阵，使 $B = 0$，即方程式(4-124)无法求解，当存在 4 个已知的空间点时，方程可实现求解，即 P4P 问题：对于 4 个共面已知点，如果任意 3 点不共线，则利用内参数已知的相机采集的一幅图像，可以计算相机相对于世界坐标系的位姿。

P4P 问题的解不能保证旋转矩阵为单位正交矩阵，如果存在多个已知的空间点，则可利用递推最小二乘法求解精确的外参数。

3) EPnP 算法

直观上讲可利用的对应点越多，位姿求解的精度就会越高，但计算复杂度也会越来越高。EPnP 算法是在 2009 年提出的，该方法随着点数的增加，计算复杂度仅线性增加。

EPnP 算法将 n 个空间点的世界坐标系坐标表示为 4 个不共面的虚拟控制点的加权和，求出 4 个控制点在相机坐标系的坐标后，可以实现相机位姿的估计。

(1) 空间点的控制点加权和表示。

设 n 个空间点在世界坐标系和相机坐标系的坐标分别为 $p_i^w, i = 1,2,\cdots,n$ 和 $p_i^c, i = 1,2,\cdots,n$。如果能够选择 4 个控制点(control point)，其在世界坐标系和相机坐标系的坐标分别为 $c_j^w, c_j^c, j = 1,2,3,4$，则空间点的世界坐标系坐标可以表示为控制点世界坐标系坐标的加权和：

$$p_i^w = \sum_{j=1}^{4} \alpha_{ij} c_j^w, \quad \sum_{j=1}^{4} \alpha_{ij} = 1 \tag{4-125}$$

式中，α_{ij} 称为空间点的重心坐标(barycentric coordinates)，且在满足 4 个控制点不共面的前提下是唯一确定的。

在重心坐标满足 $\sum_{j=1}^{4} \alpha_{ij} = 1$ 的约束条件下，空间点的相机坐标系坐标也可以同样表示为控制点相机坐标系坐标的加权和：

$$p_i^c = [R \quad t]\begin{bmatrix} p_i^w \\ 1 \end{bmatrix} = [R \quad t]\begin{bmatrix} \sum_{j=1}^{4} \alpha_{ij} c_j^w \\ \sum_{j=1}^{4} \alpha_{ij} = 1 \end{bmatrix} = \sum_{j=1}^{4} \alpha_{ij} [R \quad t]\begin{bmatrix} c_j^w \\ 1 \end{bmatrix} = \sum_{j=1}^{4} \alpha_{ij} c_j^c \tag{4-126}$$

由式(4-125)可得

$$\begin{bmatrix} \boldsymbol{p}_i^w \\ 1 \end{bmatrix} = \begin{bmatrix} c_1^w & c_2^w & c_3^w & c_4^w \\ 1 & 1 & 1 & 1 \end{bmatrix} \begin{bmatrix} \alpha_{i1} \\ \alpha_{i2} \\ \alpha_{i3} \\ \alpha_{i4} \end{bmatrix} = \boldsymbol{C} \begin{bmatrix} \alpha_{i1} \\ \alpha_{i2} \\ \alpha_{i3} \\ \alpha_{i4} \end{bmatrix} \Rightarrow \begin{bmatrix} \alpha_{i1} \\ \alpha_{i2} \\ \alpha_{i3} \\ \alpha_{i4} \end{bmatrix} = \boldsymbol{C}^{-1} \begin{bmatrix} \boldsymbol{p}_i^w \\ 1 \end{bmatrix} \tag{4-127}$$

(2) 控制点的选择。

式(4-127)表明重心坐标的计算与控制点的选择相关，原则上控制点的选取只要满足矩阵 $\boldsymbol{C}$ 可逆即可，EPnP 算法中第 1 个控制点选在空间点的中心：

$$\boldsymbol{c}_1^w = \frac{1}{n}\sum_{i=1}^{n} \boldsymbol{p}_i^w \tag{4-128}$$

其他 3 个控制点按主元分析(principal element analysis，PCA)方法选择，目的是提高算法的稳定性。首先将空间点去中心化，得到下面的矩阵：

$$\boldsymbol{A} = \begin{bmatrix} \boldsymbol{p}_1^{w^{\mathrm{T}}} - \boldsymbol{c}_1^{w^{\mathrm{T}}} \\ \vdots \\ \boldsymbol{p}_n^{w^{\mathrm{T}}} - \boldsymbol{c}_1^{w^{\mathrm{T}}} \end{bmatrix} \tag{4-129}$$

记矩阵 $\boldsymbol{A}^{\mathrm{T}}\boldsymbol{A}$ 的特征值为 $\lambda_{c,i}, i=1,2,3$，对应的特征向量为 $\boldsymbol{v}_{c,i}, i=1,2,3$，则其他 3 个控制点按式(4-130)选择：

$$\boldsymbol{c}_j^w = \boldsymbol{c}_1^w + \lambda_{c,j-1}^{\frac{1}{2}} \boldsymbol{v}_{c,j-1}, \quad j=2,3,4 \tag{4-130}$$

(3) 求解控制点相机坐标系坐标。

假设相机的内模型已知，对于每一个空间点，有

$$s\begin{bmatrix} u_i \\ v_i \\ 1 \end{bmatrix} = \begin{bmatrix} k_x & 0 & u_0 \\ 0 & k_y & v_0 \\ 0 & 0 & 1 \end{bmatrix} \boldsymbol{p}_i^c = \begin{bmatrix} k_x & 0 & u_0 \\ 0 & k_y & v_0 \\ 0 & 0 & 1 \end{bmatrix} \sum_{j=1}^{4} \alpha_{ij} \boldsymbol{c}_j^c = \begin{bmatrix} k_x & 0 & u_0 \\ 0 & k_y & v_0 \\ 0 & 0 & 1 \end{bmatrix} \sum_{j=1}^{4} \alpha_{ij} \begin{bmatrix} x_j^c \\ y_j^c \\ z_j^c \end{bmatrix} \tag{4-131}$$

式中，$\begin{bmatrix} x_j^c & y_j^c & z_j^c \end{bmatrix}^{\mathrm{T}}, j=1,2,3,4$ 即为待求的控制点相机坐标系坐标。

将式(4-131)消去比例因子 s，可以得到两个线性方程：

$$\begin{aligned} &\sum_{j=1}^{4} (\alpha_{ij} k_x x_j^c + \alpha_{ij}(u_0 - u_i) z_j^c) = 0 \\ &\sum_{j=1}^{4} (\alpha_{ij} k_y y_j^c + \alpha_{ij}(v_0 - v_i) z_j^c) = 0 \end{aligned} \tag{4-132}$$

n 个空间点将提供 $2n$ 个方程 $\boldsymbol{M}_{2n\times 12}\boldsymbol{x}_{12\times 1} = 0$：

$$\begin{bmatrix} \alpha_{11}k_x & 0 & \alpha_{11}(u_0-u_1) & \cdots & \alpha_{14}k_x & 0 & \alpha_{14}(u_0-u_1) \\ 0 & \alpha_{11}k_y & \alpha_{11}(v_0-v_1) & \cdots & 0 & \alpha_{14}k_y & \alpha_{14}(v_0-v_1) \\ \vdots & \vdots & \vdots & & \vdots & \vdots & \vdots \\ \alpha_{n1}k_x & 0 & \alpha_{n1}(u_0-u_n) & \cdots & \alpha_{n4}k_x & 0 & \alpha_{n4}(u_0-u_n) \\ 0 & \alpha_{n1}k_y & \alpha_{n1}(v_0-v_n) & \cdots & 0 & \alpha_{n4}k_y & \alpha_{n4}(v_0-v_n) \end{bmatrix} \begin{bmatrix} x_1^c \\ y_1^c \\ z_1^c \\ \vdots \\ x_4^c \\ y_4^c \\ z_4^c \end{bmatrix} = 0 \tag{4-133}$$

求解该方程可得到控制点的相机坐标系坐标 $\boldsymbol{x}$，为参数矩阵 $\boldsymbol{M}$ 的零空间：

$$\boldsymbol{x} = \sum_{i=1}^{N} \beta_i \boldsymbol{v}_i \tag{4-134}$$

式中，$\boldsymbol{v}_i$ 为矩阵 $\boldsymbol{M}^{\mathrm{T}}\boldsymbol{M}$ 对应 0 奇异值的奇异向量；N 表示 0 奇异值的个数，取值为 0～4；β_i 为待求解的系数，可根据控制点之间的距离约束求解：

$$\left\|\boldsymbol{c}_i^c - \boldsymbol{c}_j^c\right\|^2 = \left\|\boldsymbol{c}_i^w - \boldsymbol{c}_j^w\right\|^2 \quad \Rightarrow \quad \left\|\sum_{k=1}^{N} \beta_k \boldsymbol{v}_k^{[i]} - \sum_{k=1}^{N} \beta_k \boldsymbol{v}_k^{[j]}\right\|^2 = \left\|\boldsymbol{c}_i^w - \boldsymbol{c}_j^w\right\|^2 \tag{4-135}$$

N 的值不同，待求解系数的个数也不同。

以根据式(4-135)近似求解的值 β_i 为初值，可进一步利用高斯-牛顿算法进行优化，优化的目标函数为

$$\mathrm{Error}(\beta) = \sum_{(i,j)\mathrm{s.t.}i<j} \left\|\boldsymbol{c}_i^c - \boldsymbol{c}_j^c\right\|^2 = \left\|\boldsymbol{c}_i^w - \boldsymbol{c}_j^w\right\|^2 \tag{4-136}$$

(4) 相机位姿估计。

空间点的世界坐标系坐标 $\boldsymbol{p}_i^w, i=1,2,\cdots,n$ 已知，通过上述步骤也可求出空间点的相机坐标系坐标 $\boldsymbol{p}_i^c = \sum_{j=1}^{4} \alpha_{ij}\boldsymbol{c}_j^c, i=1,2,\cdots,n$ 。设相机坐标系相对于世界坐标系的位姿用旋转矩阵 $\boldsymbol{R}$ 和平移向量 $\boldsymbol{t}$ 表示，则对每一个空间点，满足：

$$\boldsymbol{p}_i^w = \boldsymbol{R}\boldsymbol{p}_i^c + \boldsymbol{t} \tag{4-137}$$

相机位姿估计的目标是求解 $\boldsymbol{R},\boldsymbol{t}$，使得所有空间点的相机坐标系坐标经旋转和平移后，与其世界坐标系坐标的距离最短，即使式(4-138)所示的误差函数最小：

$$\min_{\boldsymbol{R},\boldsymbol{t}} \sum_{i=1}^{n} \|\boldsymbol{e}\|_2^2 = \min_{\boldsymbol{R},\boldsymbol{t}} \sum_{i=1}^{n} \left\|\boldsymbol{p}_i^w - (\boldsymbol{R}\boldsymbol{p}_i^c + \boldsymbol{t})\right\|_2^2 \tag{4-138}$$

首先计算空间点在不同坐标系下的中心坐标：

$$\boldsymbol{p}_0^w = \frac{1}{n}\sum_{i=1}^{n} \boldsymbol{p}_i^w, \quad \boldsymbol{p}_0^c = \frac{1}{n}\sum_{i=1}^{n} \boldsymbol{p}_i^c \tag{4-139}$$

然后对误差函数进行变换：

$$\begin{aligned}\sum_{i=1}^{n}\|\boldsymbol{e}\|_2^2&=\sum_{i=1}^{n}\left\|\boldsymbol{p}_i^w-(\boldsymbol{R}\boldsymbol{p}_i^c+\boldsymbol{t})-\boldsymbol{p}_0^w+\boldsymbol{p}_0^w-\boldsymbol{R}\boldsymbol{p}_0^c+\boldsymbol{R}\boldsymbol{p}_0^c\right\|_2^2\\&=\sum_{i=1}^{n}\left\|\boldsymbol{p}_i^w-\boldsymbol{p}_0^w-\boldsymbol{R}(\boldsymbol{p}_i^c-\boldsymbol{p}_0^c)+\boldsymbol{p}_0^w-\boldsymbol{R}\boldsymbol{p}_0^c-\boldsymbol{t}\right\|_2^2\end{aligned}\tag{4-140}$$

设 ${}^w\boldsymbol{p}_i'=\boldsymbol{p}_i^w-\boldsymbol{p}_0^w$，${}^c\boldsymbol{p}_i'=\boldsymbol{p}_i^c-\boldsymbol{p}_0^c$ 为空间点去中心化的坐标，则有

$$\begin{aligned}\sum_{i=1}^{n}\|\boldsymbol{e}\|_2^2&=\sum_{i=1}^{n}\left(\left\|{}^w\boldsymbol{p}_i'-\boldsymbol{R}\,{}^c\boldsymbol{p}_i'\right\|^2+\left\|\boldsymbol{p}_0^w-\boldsymbol{R}\boldsymbol{p}_0^c-\boldsymbol{t}\right\|^2+2({}^w\boldsymbol{p}_i'-\boldsymbol{R}\,{}^c\boldsymbol{p}_i')(\boldsymbol{p}_0^w-\boldsymbol{R}\boldsymbol{p}_0^c-\boldsymbol{t})\right)\\&=\sum_{i=1}^{n}\left\|{}^w\boldsymbol{p}'-\boldsymbol{R}\,{}^c\boldsymbol{p}_i'\right\|^2+n\left\|\boldsymbol{p}_0^w-\boldsymbol{R}\boldsymbol{p}_0^c-\boldsymbol{t}\right\|^2\end{aligned}\tag{4-141}$$

观察式(4-141)中的第一行，最后一项为 0，中间一项与 i 无关，而且对于任意的 $\boldsymbol{R}$，都可以找到 $\boldsymbol{t}$ 使该项为 0，第一项仅与 $\boldsymbol{R}$ 相关，因此可以先优化 $\boldsymbol{R}$，使该项最小：

$$\begin{aligned}J&=\arg\min_{\boldsymbol{R}}\sum_{i=1}^{n}\left\|{}^w\boldsymbol{p}_i'-\boldsymbol{R}\,{}^c\boldsymbol{p}_i'\right\|^2=\arg\min_{\boldsymbol{R}}\sum_{i=1}^{n}({}^w\boldsymbol{p}_i'^{\mathrm{T}}\,{}^w\boldsymbol{p}_i'+{}^c\boldsymbol{p}_i'^{\mathrm{T}}\boldsymbol{R}^{\mathrm{T}}\boldsymbol{R}\,{}^c\boldsymbol{p}_i'-2\,{}^w\boldsymbol{p}_i'^{\mathrm{T}}\boldsymbol{R}\,{}^c\boldsymbol{p}_i')\\&=\arg\min_{\boldsymbol{R}}\sum_{i=1}^{n}(-2\,{}^w\boldsymbol{p}_i'^{\mathrm{T}}\boldsymbol{R}\,{}^c\boldsymbol{p}_i')\\&=\arg\max_{\boldsymbol{R}}\sum_{i=1}^{n}({}^w\boldsymbol{p}_i'^{\mathrm{T}}\boldsymbol{R}\,{}^c\boldsymbol{p}_i')=\arg\max_{\boldsymbol{R}}\sum_{i=1}^{n}(\mathrm{trace}({}^w\boldsymbol{p}_i'^{\mathrm{T}}\boldsymbol{R}\,{}^c\boldsymbol{p}_i'))\\&=\arg\max_{\boldsymbol{R}}\mathrm{trace}\sum_{i=1}^{n}(\boldsymbol{R}({}^w\boldsymbol{p}_i'^{\mathrm{T}}\,{}^c\boldsymbol{p}_i'))=\arg\max_{\boldsymbol{R}}\mathrm{trace}(\boldsymbol{R}\boldsymbol{H})\end{aligned}\tag{4-142}$$

式中，矩阵 $\boldsymbol{H}$ 的计算方法为

$$\boldsymbol{H}=\boldsymbol{A}^{\mathrm{T}}\boldsymbol{B},\quad \boldsymbol{A}=\begin{bmatrix}(\boldsymbol{p}_1^w-\boldsymbol{p}_0^w)^{\mathrm{T}}\\(\boldsymbol{p}_2^w-\boldsymbol{p}_0^w)^{\mathrm{T}}\\\vdots\\(\boldsymbol{p}_n^w-\boldsymbol{p}_0^w)^{\mathrm{T}}\end{bmatrix},\ \boldsymbol{B}=\begin{bmatrix}(\boldsymbol{p}_1^c-\boldsymbol{p}_0^c)^{\mathrm{T}}\\(\boldsymbol{p}_2^c-\boldsymbol{p}_0^c)^{\mathrm{T}}\\\vdots\\(\boldsymbol{p}_n^c-\boldsymbol{p}_0^c)^{\mathrm{T}}\end{bmatrix}\tag{4-143}$$

可采用对矩阵 $\boldsymbol{H}$ 的奇异值分解(singular value decomposition，SVD)方法求得 $\boldsymbol{R}$，满足 $\arg\max_{\boldsymbol{R}}\mathrm{trace}(\boldsymbol{R}\boldsymbol{H})$。

对于任一方阵 $\boldsymbol{A}_{m\times m}$，存在正交矩阵 $\boldsymbol{Q}$，可实现对矩阵 $\boldsymbol{A}$ 的特征值分解(eigenvalue decomposition，EVD)：

$$\boldsymbol{A}=\boldsymbol{Q}\boldsymbol{\Sigma}\boldsymbol{Q}^{\mathrm{T}},\quad \boldsymbol{Q}\boldsymbol{Q}^{\mathrm{T}}=1\tag{4-144}$$

式中，$\boldsymbol{\Sigma}$ 为对角阵，对角元素为矩阵 $\boldsymbol{A}$ 的特征值；$\boldsymbol{Q}$ 是由特征值对应的特征向量构成的矩阵。

对于非方阵 $\boldsymbol{A}_{m\times n}$，无法实现特征值分解，但可实现奇异值分解：

$$\boldsymbol{A}_{m\times n}=\boldsymbol{U}\boldsymbol{\Sigma}\boldsymbol{V}^{\mathrm{T}},\quad \boldsymbol{U}\in\boldsymbol{R}^{m\times m},\quad \boldsymbol{V}\in\boldsymbol{R}^{n\times n},\quad \boldsymbol{\Sigma}\in\boldsymbol{R}^{m\times n},\quad \boldsymbol{U}\boldsymbol{U}^{\mathrm{T}}=\boldsymbol{V}\boldsymbol{V}^{\mathrm{T}}=\mathbf{I}\tag{4-145}$$

式中，$\boldsymbol{U},\boldsymbol{V}$ 是正交矩阵；矩阵 $\boldsymbol{\Sigma}$ 是对角阵，对角线上的元素称为奇异值，因此该变换称为奇异值分解。

由于矩阵 $\boldsymbol{AA}^{\mathrm{T}}$ 和 $\boldsymbol{A}^{\mathrm{T}}\boldsymbol{A}$ 分别为 $m\times m$ 和 $n\times n$ 方阵，将式(4-145)代入，得

$$\begin{aligned}\boldsymbol{AA}^{\mathrm{T}} &= \boldsymbol{U\Sigma V}^{\mathrm{T}}\boldsymbol{V\Sigma}^{\mathrm{T}}\boldsymbol{U}^{\mathrm{T}} = \boldsymbol{U\Sigma\Sigma}^{\mathrm{T}}\boldsymbol{U}^{\mathrm{T}}\\ \boldsymbol{A}^{\mathrm{T}}\boldsymbol{A} &= \boldsymbol{V\Sigma}^{\mathrm{T}}\boldsymbol{U}^{\mathrm{T}}\boldsymbol{U\Sigma V}^{\mathrm{T}} = \boldsymbol{V\Sigma\Sigma}^{\mathrm{T}}\boldsymbol{V}^{\mathrm{T}}\end{aligned} \tag{4-146}$$

式(4-146)为两个方阵的特征值分解结果，由此可见，正交矩阵 $\boldsymbol{U}$ 对应于矩阵 $\boldsymbol{AA}^{\mathrm{T}}$ 的特征向量矩阵，正交矩阵 $\boldsymbol{V}$ 对应于矩阵 $\boldsymbol{A}^{\mathrm{T}}\boldsymbol{A}$ 的特征向量矩阵，而且特征值和奇异值满足 $\sigma_i=\sqrt{\lambda_i}$ 。

将 $\boldsymbol{H}$ 的 SVD 结果代入式(4-142)，并由 $\mathrm{trace}(\boldsymbol{AB})=\mathrm{trace}(\boldsymbol{BA})$ ，得

$$\arg\max_{\boldsymbol{R}}\mathrm{trace}(\boldsymbol{RH})=\arg\max_{\boldsymbol{R}}\mathrm{trace}(\boldsymbol{RU\Sigma V}^{\mathrm{T}})=\arg\max_{\boldsymbol{R}}\mathrm{trace}(\boldsymbol{V}^{\mathrm{T}}\boldsymbol{RU\Sigma}) \tag{4-147}$$

设 $\boldsymbol{R}'=\boldsymbol{V}^{\mathrm{T}}\boldsymbol{RU}$ ，由于 $\boldsymbol{V}^{\mathrm{T}},\boldsymbol{R},\boldsymbol{U}$ 均为正交矩阵，因此 $\boldsymbol{R}'$ 也是正交矩阵，于是

$$\arg\max_{\boldsymbol{R}}\mathrm{trace}(\boldsymbol{V}^{\mathrm{T}}\boldsymbol{RU\Sigma})=\arg\max_{\boldsymbol{R}'}\mathrm{trace}(\boldsymbol{R}'\boldsymbol{\Sigma})=\arg\max_{\boldsymbol{R}'}(r'_{11}\sigma_1+r'_{22}\sigma_2+r'_{33}\sigma_3) \tag{4-148}$$

式中，r'_{11},r'_{22},r'_{33} 为矩阵 $\boldsymbol{R}'$ 的对角线元素，应满足 $-1<r'_{11},r'_{22},r'_{33}<1$ ，且互不相关，因此式(4-148)只有当 $r'_{11}=r'_{22}=r'_{33}=1$ 时取得最大值，即 $\boldsymbol{R}'$ 为单位矩阵时，式(4-148)取得最大值，于是

$$\boldsymbol{V}^{\mathrm{T}}\boldsymbol{RU}=\boldsymbol{R}'=\boldsymbol{I}\quad\Rightarrow\quad\boldsymbol{R}=\boldsymbol{VU}^{\mathrm{T}} \tag{4-149}$$

将求得的 $\boldsymbol{R}$ 代入 $\boldsymbol{p}_0^w=\boldsymbol{R}\boldsymbol{p}_0^c+\boldsymbol{t}$ ，可求得平移向量 $\boldsymbol{t}$ ：

$$\boldsymbol{t}=\boldsymbol{p}_0^w-\boldsymbol{R}\boldsymbol{p}_0^c \tag{4-150}$$

3. 基于消失点的位姿测量

对于笛卡儿空间的两条平行线，当相机的光轴与其不垂直时，图像中的两条直线不再平行，其交点称为消失点，如图 4-29 所示，$P_1\sim P_4$ 点构成一矩形目标，图像中的四边形不再是矩形，两组平行边在图像中产生两个相交点 P_{v1},P_{v2} ，即两个消失点，该消失点蕴含了相机与矩形目标的位置与姿态关系，通过消失点的计算可实现相机相对于矩形目标的位姿测量。实际环境中存在大量的矩形目标，在机器人自主导航环境中也存在平行的车道线，因此基于消失点的测量方法具有很好的实用性。

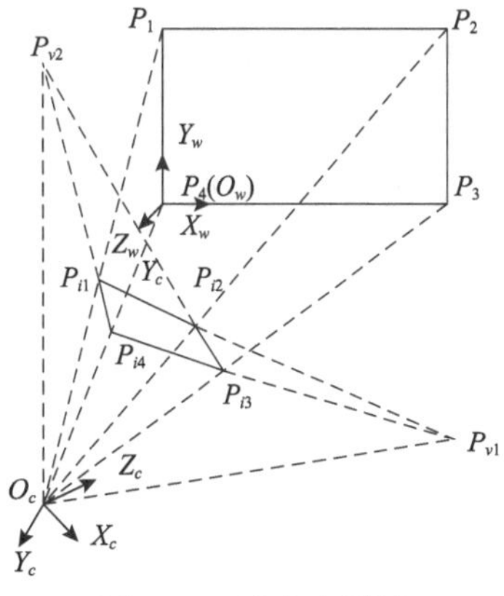

图 4-29　消失点测量

1) 姿态测量

设 P_1,P_2,P_3,P_4 为矩形目标的 4 个顶点，其对应的图像点为 $P_{i1},P_{i2},P_{i3},P_{i4}$ ，像素坐标为 $(u_{i1},v_{i1})\sim(u_{i4},v_{i4})$ ，如图 4-29 所示，在 P_4 点处建立世界坐标系，目标是求取相机坐标系相对于世界坐标系的姿态矩阵 ${}^c\boldsymbol{R}_w=\left[{}^c\boldsymbol{n}_w\ \ {}^c\boldsymbol{o}_w\ \ {}^c\boldsymbol{a}_w\right]$。

首先计算消失点的像素坐标，图像中直线 $P_{i1}P_{i2},P_{i3}P_{i4}$ 的方程为

$$\frac{u_{i1}-u_{i2}}{u_{v1}-u_{i2}}=\frac{v_{i1}-v_{i2}}{v_{v1}-v_{i2}},\quad \frac{u_{i4}-u_{i3}}{u_{v1}-u_{i3}}=\frac{v_{i4}-v_{i3}}{v_{v1}-v_{i3}} \tag{4-151}$$

联立求解两个直线方程可得消失点的像素坐标：

$$\begin{aligned} u_{v1} &= (u_{i3}-u_{i2})[u_{i1}(v_{i4}-v_{i1})-v_{i1}(u_{i4}-u_{i1})] \\ &\quad -\frac{(u_{i4}-u_{i1})[u_{i2}(v_{i3}-v_{i2})-v_{i2}(u_{i3}-u_{i2})]}{(u_C-u_B)(v_D-v_A)}-(u_{i4}-u_{i1})(v_{i3}-v_{i2}) \\ v_{v1} &= (v_{i3}-v_{i2})[u_{i1}(v_{i4}-v_{i1})-v_{i1}(u_{i4}-u_{i1})] \\ &\quad -\frac{(v_{i4}-v_{i1})[u_{i2}(v_{i3}-v_{i2})-v_{i2}(u_{i3}-u_{i2})]}{(u_{i3}-u_{i2})(v_{i4}-v_{i1})}-(u_{i4}-u_{i1})(v_{i3}-v_{i2}) \end{aligned} \tag{4-152}$$

同理可求得另一个消失点的像素坐标：

$$\begin{aligned} u_{v2} &= (u_{i4}-u_{i3})[u_{i2}(v_{i1}-v_{i2})-v_{i2}(u_{i1}-u_{i2})] \\ &\quad -\frac{(u_{i1}-u_{i2})[u_{i3}(v_{i4}-v_{i3})-v_{i3}(u_{i4}-u_{i3})]}{(u_{i4}-u_{i3})(v_{i1}-v_{i2})}-(u_{i1}-u_{i2})(v_{i4}-v_{i3}) \\ v_{v2} &= (v_{i4}-v_{i3})[u_{i2}(v_{i1}-v_{i2})-v_{i2}(u_{i1}-u_{i2})] \\ &\quad -\frac{(v_{i1}-v_{i2})[u_{i3}(v_{i4}-v_{i3})-v_{i3}(u_{i4}-u_{i3})]}{(u_{i4}-u_{i3})(v_{i1}-v_{i2})}-(u_{i1}-u_{i2})(v_{i4}-v_{i3}) \end{aligned} \tag{4-153}$$

在此基础上，可以求得两个消失点在相机焦距归一化成像平面上的坐标：

$$\begin{bmatrix} x_{1_{vic}} \\ y_{1_{vic}} \\ 1 \end{bmatrix}=\begin{pmatrix} k_x & 0 & u_0 \\ 0 & k_y & v_0 \\ 0 & 0 & 1 \end{pmatrix}^{-1}\begin{bmatrix} u_{vi} \\ v_{vi} \\ 1 \end{bmatrix} \tag{4-154}$$

事实上，直线 O_cP_{v1} 平行于直线 P_1P_2 和 P_3P_4，因为只有三条平行线在图像中投影才能相交于一点，因此 $\begin{bmatrix} x_{1_{v1c}} & y_{1_{v1c}} & 1 \end{bmatrix}^{\mathrm{T}}$ 既是 P_{v1} 在相机坐标系中的位置向量，又是世界坐标系 X 轴的方向向量，同样 $\begin{bmatrix} x_{1_{v2c}} & y_{1_{v2c}} & 1 \end{bmatrix}^{\mathrm{T}}$ 既是 P_{v2} 在相机坐标系中的位置向量，又是世界坐标系 Y 轴的方向向量。将其归一化为单位向量，就可得到世界坐标系在相机坐标系中的 X,Y 轴分量，二者叉乘得到旋转矩阵的 Z 轴分量，即

$$\begin{aligned} {}^c\boldsymbol{n}_w &= \frac{1}{\sqrt{x_{1_{v1c}}^2+y_{1_{v1c}}^2+1}}\begin{bmatrix} x_{1_{v1c}} \\ y_{1_{v1c}} \\ 1 \end{bmatrix} \\ {}^c\boldsymbol{o}_w &= \frac{1}{\sqrt{x_{1_{v2c}}^2+y_{1_{v2c}}^2+1}}\begin{bmatrix} x_{1_{v2c}} \\ y_{1_{v2c}} \\ 1 \end{bmatrix} \\ {}^c\boldsymbol{a}_w &= {}^c\boldsymbol{n}_w \times {}^c\boldsymbol{o}_w \end{aligned} \tag{4-155}$$

2) 位置测量

上述的姿态求取过程并不需要矩形目标的4个顶点在世界坐标系的位置信息，但位置求取过程必须要已知矩形上任意一点的位置坐标，可以是除P_4点以外的其他顶点或矩形内的其他任意点，将位置已知的点记为P_5，则在世界坐标系内，向量$\overrightarrow{P_4P_5}$为已知的，通过旋转变换将该向量描述到相机坐标系，然后通过归一化得到单位向量，同时通过P_4,P_5的图像像素坐标可以求得在焦距归一化成像平面上的坐标，进而可求得向量$\overrightarrow{O_cP_4}$，$\overrightarrow{O_cP_5}$在相机坐标系的单位向量，利用向量标量积可计算出三个向量中两两之间的夹角，即为三角形$O_cP_4P_5$的三个角，而该三角形的一个边P_4P_5的长度是已知的，则利用三角形正弦定理可求得其中一个边O_cP_4的长度，由该长度和单位向量$\overrightarrow{O_cP_4}$可以确定世界坐标系原点P_4在相机坐标系中的位置，即实现了位置测量。

4.5 基于双目视觉的目标位姿测量常用算法

图像是三维空间向二维空间的投影，三维空间的目标点在焦距固定的二维图像空间可以得到唯一的像点，反过来由二维图形空间的像点却无法确定三维空间目标点的位置，只能确定通过目标点的三维空间的一条直线，即该直线上所有的点都对应于同一个像点。

如果在两个不同的位置安装了两台相机，而三维空间的目标点位于两台相机的公共视野内，即两台相机能够同时获得该目标点的像点，则两台相机可同时确定通过目标点的三维空间的两条直线，解两条直线的交点即可得到目标点的三维空间位置，这就是双目视觉测量的基本思想。由此思想出发，可以利用更多的相机实现更精确的三维空间测量，但涉及位姿标定、空间变换等复杂的计算过程，但双目视觉测量可以通过相机的简单布局大大简化计算过程，已成为视觉测量的一种重要手段。

通过单目相机的运动产生两个视点，同样可以构成双目视觉，在移动机器人运动导航中具有重要的应用。

4.5.1 对极几何原理

对极几何(epipolar geometry)是建立双目视觉系统模型的理论基础，如图4-30(a)所示，两个相机的视点位置为C_l,C_r，空间点P在两个相机的图像点的像素坐标分别为$\boldsymbol{I}_l,\boldsymbol{I}_r$，归一化成像平面上的物理坐标分别为$\boldsymbol{x}_l,\boldsymbol{x}_r$，由空间点$P$和相机的两个视点$C_l,C_r$构成的平面称为对极平面，相机的两个视点的连线与两个成像平面的交点e_l,e_r称为对极点，对极平面与两个成像平面相交的直线称为对极线。

由图4-30(b)可知，当在左侧图像中有一目标成像点后，便可确定空间的一条直线，空间目标点则在这条直线上，当该直线上任意一点投影到右侧相机时，成像点一定在右侧相机的极线上，反之亦然，即存在极线约束，这样匹配点的搜索过程便从平面搜索简化为极线搜索，有效提高了搜索效率。

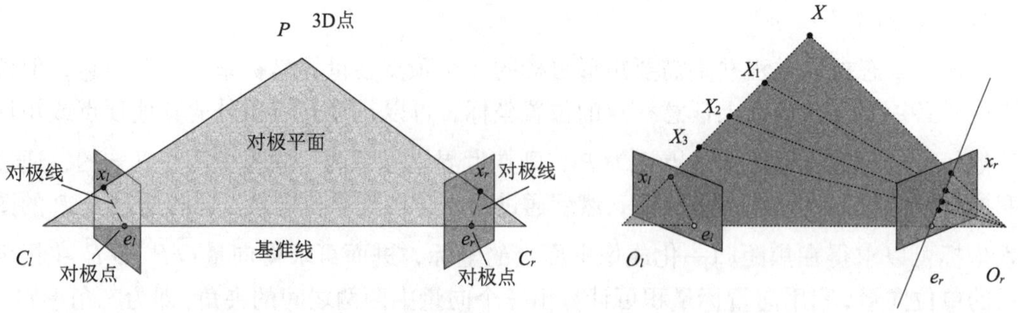

图 4-30　对极几何原理

设空间点 P 相对于两个相机坐标系的位置向量分别为 $\boldsymbol{P}_{cl},\boldsymbol{P}_{cr}$，两个相机坐标系的相对旋转矩阵和平移向量分别为 $\boldsymbol{R},\boldsymbol{t}$，两个相机的比例因子 s 和内参数矩阵 $\boldsymbol{A}$ 相同，则根据相机模型有

$$s\boldsymbol{I}_l=\boldsymbol{A}\boldsymbol{P}_{cl},\quad s\boldsymbol{I}_r=\boldsymbol{A}\boldsymbol{P}_{cr}=\boldsymbol{A}(\boldsymbol{R}\boldsymbol{P}_{cl}+\boldsymbol{t}) \tag{4-156}$$

将像点在两个相机归一化成像平面上的坐标代入式(4-156)，得

$$\boldsymbol{x}_l=\boldsymbol{A}^{-1}\boldsymbol{I}_l,\quad \boldsymbol{x}_r=\boldsymbol{A}^{-1}\boldsymbol{I}_r \quad\Rightarrow\quad s\boldsymbol{x}_r=s\boldsymbol{R}\boldsymbol{x}_l+\boldsymbol{t} \tag{4-157}$$

用向量 $\boldsymbol{t}$ 叉乘式(4-157)，即令 $\boldsymbol{t}_\times=\begin{bmatrix}0 & -t_z & t_y\\ t_z & 0 & -t_x\\ -t_y & t_x & 0\end{bmatrix}$，然后将等式两边同乘以 $\boldsymbol{x}_r^{\mathrm{T}}$，得

$$s\boldsymbol{t}_\times\boldsymbol{x}_r=s\boldsymbol{t}_\times\boldsymbol{R}\boldsymbol{x}_l+\boldsymbol{t}_\times\boldsymbol{t}\quad\Rightarrow\quad s\boldsymbol{x}_r^{\mathrm{T}}\boldsymbol{t}_\times\boldsymbol{x}_r=s\boldsymbol{x}_r^{\mathrm{T}}\boldsymbol{t}_\times\boldsymbol{R}\boldsymbol{x}_l\quad\Rightarrow\quad \boldsymbol{x}_r^{\mathrm{T}}\boldsymbol{t}_\times\boldsymbol{R}\boldsymbol{x}_l=0 \tag{4-158}$$

定义双目视觉系统的本质矩阵 $\boldsymbol{E}$ (essential matrix)，则有

$$\boldsymbol{E}\triangleq\boldsymbol{t}_\times\boldsymbol{R}\quad\Rightarrow\quad \boldsymbol{x}_r^{\mathrm{T}}\boldsymbol{E}\boldsymbol{x}_l=0 \tag{4-159}$$

可见本质矩阵 $\boldsymbol{E}$ 仅与相机的外参数相关，即仅与两个相机坐标系的相对位姿相关，建立了两个相机成像点在归一化成像平面上物理坐标之间的联系。

将成像点像素坐标代入式(4-158)，并定义双目视觉系统基础矩阵 $\boldsymbol{F}$ (fundamental matrix)，则有

$$\boldsymbol{I}_l^{\mathrm{T}}\boldsymbol{A}^{-\mathrm{T}}\boldsymbol{t}_\times\boldsymbol{R}\boldsymbol{A}^{-1}\boldsymbol{I}_r=0,\quad \boldsymbol{F}\triangleq\boldsymbol{A}^{-\mathrm{T}}\boldsymbol{t}_\times\boldsymbol{R}\boldsymbol{A}^{-1}\quad\Rightarrow\quad \boldsymbol{I}_l^{\mathrm{T}}\boldsymbol{F}\boldsymbol{I}_r=0 \tag{4-160}$$

可见基础矩阵 $\boldsymbol{F}$ 不仅与相机的外参数相关，也与相机的内参数相关，建立了两个相机成像点像素坐标的联系。

基础矩阵和本质矩阵代表了极线约束条件，即在一个图像中已知成像点坐标后，在另一个图像中的匹配点在一条直线上。

由式(4-159)、式(4-160)关于本质矩阵和基础矩阵的定义中可以看出，在两个图像中的匹配点图像坐标确定后，利用多对匹配点即可求出本质矩阵或基础矩阵，而不需要空间点

的位置信息和两个相机坐标系的相对位姿。

本质矩阵或基础矩阵在实际应用中可解决以下问题。

(1) 匹配点搜索问题，即本质矩阵或基础矩阵提供了极线约束条件。

(2) 相机运动估计问题，即在相机的两个视点获得一组匹配点后，可以求出本质矩阵或基础矩阵，本质矩阵中 $\boldsymbol{t}_{\times}$ 的秩为 2，对其进行奇异值分解，可以得到

$$\begin{aligned}&\boldsymbol{E}=\boldsymbol{t}_{\times}\boldsymbol{R}=\boldsymbol{U}\boldsymbol{S}\boldsymbol{V}^{\mathrm{T}},\quad \boldsymbol{S}=\begin{bmatrix}\sigma & 0 & 0\\ 0 & \sigma & 0\\ 0 & 0 & 0\end{bmatrix}=\sigma\begin{bmatrix}0 & -1 & 0\\ 1 & 0 & 0\\ 0 & 0 & 0\end{bmatrix}\begin{bmatrix}0 & 1 & 0\\ -1 & 0 & 0\\ 0 & 0 & 1\end{bmatrix}=\sigma\boldsymbol{A}\boldsymbol{B}\\&\boldsymbol{t}_{\times}=\sigma\boldsymbol{U}\boldsymbol{A}\boldsymbol{U}^{\mathrm{T}},\quad \boldsymbol{R}=\boldsymbol{U}\boldsymbol{B}\boldsymbol{V}^{\mathrm{T}}\end{aligned}\tag{4-161}$$

式(4-161)存在多解，$\boldsymbol{t}_2=-\boldsymbol{t}_1,\boldsymbol{R}=\boldsymbol{U}\boldsymbol{B}^{\mathrm{T}}\boldsymbol{V}^{\mathrm{T}}$ 也为方程的解。也可以采用以下解法：

$$\begin{aligned}&\boldsymbol{E}=\boldsymbol{t}_{\times}\boldsymbol{R}\ \Rightarrow\ \begin{bmatrix}\boldsymbol{e}_1^{\mathrm{T}}\\ \boldsymbol{e}_2^{\mathrm{T}}\\ \boldsymbol{e}_3^{\mathrm{T}}\end{bmatrix}=\begin{bmatrix}\boldsymbol{t}_1^{\mathrm{T}}\\ \boldsymbol{t}_2^{\mathrm{T}}\\ \boldsymbol{t}_3^{\mathrm{T}}\end{bmatrix}\boldsymbol{R}\\&\boldsymbol{A}=\left[\boldsymbol{e}_1\ \boldsymbol{e}_2\ \boldsymbol{e}_1\times\boldsymbol{e}_2\right],\quad \boldsymbol{B}=\left[\boldsymbol{t}_1\ \boldsymbol{t}_2\ \boldsymbol{t}_1\times\boldsymbol{t}_2\right]\ \Rightarrow\ \begin{cases}\boldsymbol{R}=\boldsymbol{B}\boldsymbol{A}^{-1}\\ \boldsymbol{t}_{\times}=\boldsymbol{E}\boldsymbol{R}^{\mathrm{T}}\end{cases}\end{aligned}\tag{4-162}$$

(3) 目标点的三维重建，即 SFM(structure from motion)问题，如果已知两个相机视点的相对位姿 $\boldsymbol{R},\boldsymbol{t}$ 及一组匹配点的归一化图像坐标 $\boldsymbol{x}_1,\boldsymbol{x}_2$，则有

$$s\boldsymbol{x}_1=s\boldsymbol{R}\boldsymbol{x}_2+\boldsymbol{t}\ \Rightarrow\ s\boldsymbol{x}_{1\times}\boldsymbol{R}\boldsymbol{x}_2+\boldsymbol{x}_{1\times}\boldsymbol{t}=0\tag{4-163}$$

利用式(4-163)可以计算出比例因子 s，即空间点相对相机坐标系的深度信息，进而可得空间点的三维坐标，该方法也称为三角化解算方法。

4.5.2　视差测量原理

两台相机最简单的布局是使两个相机的光轴平行、光心在同一垂直于光轴的平面内，保证两个成像平面共面，如图 4-31 所示，两个相机光心之间的距离称为双目相机的基线长度 B，且基线位于两个平行光轴构成的平面内，此时，极线与基线平行，极点在无穷远处。

根据相机布局，左、右两个相机的坐标系姿态相同，位置沿 X 方向相差基线长度 B，假设空间任意一点 P 在两个相机坐标系中的坐标分别为 $P(x_{c1},y_{c1},z_{c1})$ 和 $P(x_{c2},y_{c2},z_{c2})$，是双目视觉测量的目标，则有

$$z_{c1}=z_{c2}=z,\quad B=x_{c1}-x_{c2}\tag{4-164}$$

式中，z 为空间点离相机的距离，也称为深度。

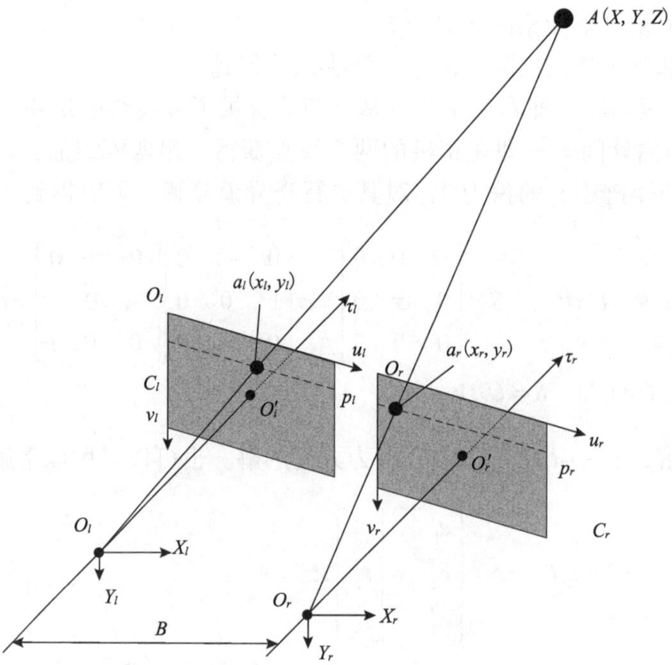

图 4-31　双目视觉测量

设空间点在两个相机图像中的像素坐标分别为 $(u_{c1},v_{c1}),(u_{c2},v_{c2})$ ，其中 $v_{c1}=v_{c2}$ ，根据相机成像原理，令 $d_1=u_{c1}-u_0$, $d_2=u_{c2}-u_0$ ，有

$$\frac{x_{c1}}{z_{c1}}=\frac{u_{c1}-u_0}{f_1}=\frac{d_1}{f_1},\frac{x_{c2}}{z_{c2}}=\frac{u_{c2}-u_0}{f_2}=\frac{d_2}{f_2} \quad \Rightarrow \quad x_{c1}=\frac{d_1}{f_1}z_{c1}, x_{c2}=\frac{d_2}{f_2}z_{c2} \tag{4-165}$$

将式(4-165)代入式(4-164)，得

$$B=x_{c1}-x_{c2}=\frac{d_1}{f_1}z_{c1}-\frac{d_2}{f_2}z_{c2}=\frac{d_1f_2z_{c1}-d_2f_1z_{c2}}{f_1f_2} \tag{4-166}$$

如果两个相机的内参数完全相同且已知，则有 $f_1=f_2=f$ ，代入式(4-166)得

$$z=fB/d, \quad d=d_1-d_2=u_{c1}-u_{c2} \tag{4-167}$$

式中， f,B 为已知参数； d 称为双目视觉系统的视差。可见由左右两个相机水平像素的视差可直接求得空间点的深度，因此称为视差测量原理。

将深度值 z 代入式(4-165)，可得空间点在两个相机坐标系中的坐标：

$$\begin{cases} x_{c1}=\dfrac{u_{c1}}{f}z \\ y_{c1}=\dfrac{v_{c1}}{f}z \\ z_{c1}=z=\dfrac{fB}{d} \end{cases}, \quad \begin{cases} x_{c2}=\dfrac{u_{c2}}{f}z \\ y_{c2}=\dfrac{v_{c2}}{f}z \\ z_{c2}=z=\dfrac{fB}{d} \end{cases} \tag{4-168}$$

由视差测量原理可知，深度信息与视差是成反比的，目标越接近于相机，则视差越大，深度测量精度越高，反之，深度测量精度越低。另外，视差还正比于基线的长度，因此深度测量精度也随着基线长度的增加而增加，但左右相机的公共视域会随着基线长度的增加而变小，即测量范围会变小。

根据视差测量原理还可以构建视差图，如图 4-32 所示，此为三维重建的基础。

图 4-32　视差图(深度图)

4.5.3　校正与立体匹配

1. 双目视觉标定与校正

双目视觉视差测量原理的前提条件是两幅图像的极线恰好在同一水平线上，即沿右边图像与左边图像像素坐标 v 相同的水平极线上进行，但当左右相机位置与姿态不同时，极线约束不再是水平直线，会造成匹配失败，因此，必须对两个相机的位置与姿态进行标定，并利用标定后的结果对右边图像进行校正，以保证极线约束为水平直线。

1) 双目视觉标定

双目相机标定方法与单目相机标定方法相同，但两个相机需采用同一个标定模板，即将同一标定模板放置在两个相机的公共视域内，同时标定出各自相对于模板世界坐标系的外参数，分别为 $\boldsymbol{R}_l,\boldsymbol{p}_l$ 和 $\boldsymbol{R}_r,\boldsymbol{p}_r$，对于世界坐标系中的一点 P，该点相对于两个相机坐标系的坐标分别为

$$\boldsymbol{P}_l=\boldsymbol{R}_l\boldsymbol{P}+\boldsymbol{p}_l,\quad \boldsymbol{P}_r=\boldsymbol{R}_r\boldsymbol{P}+\boldsymbol{p}_r \tag{4-169}$$

设左右相机之间的相对姿态和位置为 $\boldsymbol{R},\boldsymbol{p}$，则 P 点在两个相机坐标系的坐标可以通过 $\boldsymbol{P}_l=\boldsymbol{R}^{\mathrm{T}}(\boldsymbol{P}_r-\boldsymbol{p})$ 关联，由此可得标定结果：

$$\boldsymbol{R}=\boldsymbol{R}_r\boldsymbol{R}_l^{\mathrm{T}},\quad \boldsymbol{p}=\boldsymbol{p}_r-\boldsymbol{R}\boldsymbol{p}_l \tag{4-170}$$

2) 双目视觉校正

校正的目的就是将两个相机的图像重新投影，使二者位于相同的平面内，且实现基线对准。简单的方法是利用前面标定出的左右相机之间的相对姿态和位置 $\boldsymbol{R},\boldsymbol{p}$，将左边图像或者右边图像进行旋转，再进行平移，使左右相机坐标系重合，然后沿相机坐标系的 X 轴平移基线长度，即完成双目视觉的校正，如图 4-33 所示。

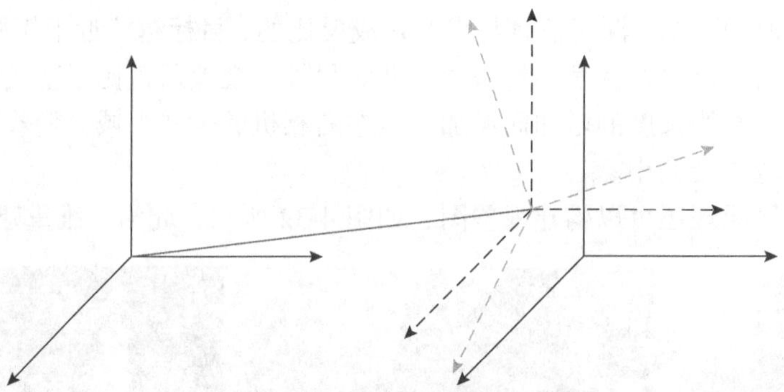

图 4-33　双目视觉校正

上述方法存在变换次数过多、公共视野变小的不足，Bouguet 校正算法很好地解决了这一问题。为了使两个相机的公共视野最大化，Bouguet 校正算法是使两个相机坐标系分别旋转 1/2 的角度，同样实现使两个相机的光轴平行，可通过旋转矩阵的等效轴-角旋转表示方法实现，即两个坐标系的任意姿态变换可以通过一个坐标系绕一个固定轴旋转一定角度实现。设固定轴的单位向量为 $\hat{\boldsymbol{K}}=[k_x\ k_y\ k_z]^{\mathrm{T}}$、旋转角度为 θ，则等效轴-角旋转矩阵为

$$\boldsymbol{R}=\begin{bmatrix} r_{11} & r_{12} & r_{13} \\ r_{21} & r_{22} & r_{23} \\ r_{31} & r_{32} & r_{33} \end{bmatrix}=\begin{bmatrix} k_x k_x v\theta + c\theta & k_x k_y v\theta - k_z s\theta & k_x k_z v\theta + k_y s\theta \\ k_x k_y v\theta + k_z s\theta & k_y k_y v\theta + c\theta & k_y k_z v\theta - k_x s\theta \\ k_x k_z v\theta - k_y s\theta & k_y k_z v\theta + k_x s\theta & k_z k_z v\theta + c\theta \end{bmatrix} \tag{4-171}$$

当左右相机坐标系旋转矩阵 $\boldsymbol{R}$ 已知时，可通过式(4-171)求反解得到旋转轴的角度和单位向量：

$$\theta=\arccos\left(\frac{r_{11}+r_{22}+r_{33}-1}{2}\right),\quad \hat{\boldsymbol{K}}=\frac{1}{2\sin\theta}\begin{bmatrix} r_{32}-r_{23} \\ r_{13}-r_{31} \\ r_{21}-r_{12} \end{bmatrix} \tag{4-172}$$

得到旋转轴和旋转角度后，两个相机坐标系可分别绕过坐标系原点的旋转轴旋转 1/2 的角度 $\theta/2$，一个正转 $\theta/2$ 一个反转 $-\theta/2$。通过上述旋转变换，同样保证了两个相机光轴的平行，且保证了公共视野最大化。

为保证两个相机的成像平面共面，Bouguet 校正算法将左右成像平面都投影到过当前两个相机组成的基线且垂直于相机光轴的公共平面内，在该平面上建立校正坐标系 $O_{\mathrm{rec}}\text{-}X_{\mathrm{rec}}Y_{\mathrm{rec}}Z_{\mathrm{rec}}$，校正坐标系三个轴的单位向量在相机坐标系的投影为

$$\boldsymbol{e}_1=\frac{\boldsymbol{p}}{\|\boldsymbol{p}\|},\quad \boldsymbol{e}_2=\frac{[-p_y\ p_x\ 0]^{\mathrm{T}}}{\sqrt{p_x^2+p_y^2}},\quad \boldsymbol{e}_3=\boldsymbol{e}_1\times\boldsymbol{e}_2 \tag{4-173}$$

则由投影向量可构成旋转矩阵 $\boldsymbol{R}_{\mathrm{rec}}$，代表两个相机坐标系相对于校正坐标系的姿态：

$$\boldsymbol{R}_{\mathrm{rec}}=\begin{bmatrix} \boldsymbol{e}_1^{\mathrm{T}} \\ \boldsymbol{e}_2^{\mathrm{T}} \\ \boldsymbol{e}_3^{\mathrm{T}} \end{bmatrix} \tag{4-174}$$

两个相机的成像平面乘以该矩阵实现向校正坐标系的投影，使得投影后的两个成像平

面的极线水平共线。

因此，Bouguet 校正算法共通过两次旋转变换实现了双目相机的立体校正，使变换次数最小化，如左右相机的变换分别为

$$\boldsymbol{R}_l' = \boldsymbol{R}_{\text{rec}} \cdot \boldsymbol{R}_{\hat{K}}(-\theta/2), \quad \boldsymbol{R}_r' = \boldsymbol{R}_{\text{rec}} \cdot \boldsymbol{R}_{\hat{K}}(\theta/2) \tag{4-175}$$

式中，$\boldsymbol{R}_l', \boldsymbol{R}_r'$ 分别表示对左右相机成像平面的两次旋转变换。

2. 立体匹配算法

立体匹配算法中重要的两个步骤是匹配基元的选取和相似度测量。匹配基元通常选为点特征或者面特征，其中点特征可选择角点特征、SIFT 特征等，优点是匹配的准确度高，缺点是特征点较为稀疏，因此实用性变差；面特征又称局部区域特征，可选取图像点邻域的一个窗口实现，实用性强，但匹配准确度不好把握，取决于相似度测量的结果。以面特征匹配方法为例，在左边图像上选择一个像素点，以该像素点为中心选择一定尺寸的窗口，进而在右边图像对应的极线上选择一个像素点，以该点为中心选择与左边图像一样大小的窗口，然后比较左、右图像两个窗口的相似度。

1) 基于距离测度的相似度检测

相似度的计算函数采用左、右两个窗口中所有对应像素点的灰度差的平方和(sum of squared difference，SSD)、绝对值和(sum of absolute difference，SAD)、零均值 SAD(zero-mean SAD，ZSAD)等算法：

$$\begin{aligned}
&\text{SSD:} \quad \sum_{(i,j)\in W} (I_l(u+i,v+j) - I_r(u+i+d,v+j))^2 \\
&\text{SAD:} \quad \sum_{(i,j)\in W} \left| I_l(u+i,v+j) - I_r(u+i+d,v+j) \right| \\
&\text{ZSAD:} \quad \sum_{(i,j)\in W} \left| (I_l(u+i,v+j) - \overline{I}_l(u,v)) - (I_r(u+i+d,v+j) - \overline{I}_l(u+d,v)) \right|
\end{aligned} \tag{4-176}$$

匹配的最佳位置点为距离函数最小处。

2) 基于相关测度的相似度检测

相似度的计算函数采用左、右两个窗口中所有对应像素点的相关性进行相似度检测，如归一化交叉相关(normalized cross-correlation，NCC)、零均值归一化交叉相关(zero-mean NCC，ZNCC)等函数：

$$\begin{aligned}
&\text{NCC:} \quad \frac{\sum_{(i,j)\in W} I_l(u+i,v+j) \cdot I_r(u+i+d,v+j)}{\sqrt{\sum_{(i,j)\in W} I_l^2(u+i,v+j) \cdot \sum_{(i,j)\in W} I_l^2(u+i+d,v+j)}} \\
&\text{ZNCC:} \quad \frac{\sum_{(i,j)\in W} (I_l(u+i,v+j) - \overline{I}_l(u,v)) \cdot (I_r(u+i+d,v+j) - \overline{I}_l(u+d,v))}{\sqrt{\sum_{(i,j)\in W} (I_l(u+i,v+j) - \overline{I}_l(u,v))^2 \cdot \sum_{(i,j)\in W} (I_l(u+i+d,v+j) - \overline{I}_l(u+d,v))^2}}
\end{aligned} \tag{4-177}$$

匹配的最佳位置点为相关函数最大处。

第5章　图像处理技术在机械臂中的应用

多关节机械臂具有可编程和高精度重复工作的能力，作为一种高效工具在许多工业领域取得成功的应用，如汽车制造、化工生产等行业。如果将图像处理技术与机械臂相结合，构成手眼系统，无疑会增强机械臂的自主能力和环境适应能力，如自主目标检测与相对位姿测量、图像伺服控制等，构成手眼系统应用的两大主流方向，不仅在工业生产中，在家政服务、医疗服务等也具有巨大的发展空间。

目前手眼系统主要有两种模式：一种是固定场景视觉系统，即 Eye-to-hand 模式；另一种是运动的视觉系统，即 Eye-in-hand 模式，如图 5-1 所示。其中 Eye-to-Hand 手眼系统中相机位姿固定，对于机械手识别与抓取的场合，其数学求解方法比较简单、系统效率高，适用于大范围工作空间的应用；Eye-in-hand 手眼系统将相机安装在机械臂末端，相对于机械臂的位姿关系固定，并随末端同步运动，更适用于图像伺服控制。另外，可将二者结合，更接近于人类手眼的协调，增强应用能力和水平。

(a) Eye-to-hand模式

(b) Eye-in-hand模式

图 5-1　手眼系统组成

5.1　手眼系统标定技术

手眼系统各负其责、协调工作必须在统一基准下实现，而手的基准是机械臂基坐标系，眼的基准是相机坐标系，求解两个基准坐标系的相对位姿关系的过程为手眼系统标定的技术内涵。

5.1.1　Eye-in-hand 手眼系统标定

Eye-in-hand 手眼系统将相机安装在机械臂末端，需要标定的是相机坐标系和末端坐标系之间的旋转和平移关系，要借助于标定模板实现标定。

1. 坐标系和变换矩阵定义

如图 5-2 所示，标定系统由 Eye-in-hand 手眼系统和标定模板组成，需要建立四个坐标系，包括机械臂基坐标系 $\{B\}$、机械臂末端坐标系 $\{E\}$、相机坐标系 $\{C\}$ 和标定模板坐标系 $\{T\}$。

在坐标系定义的基础上，进一步定义坐标系之间的变换矩阵。

${}_{E}^{B}\boldsymbol{T}$：表示机械臂末端坐标系到机械臂基坐标系之间的齐次变换矩阵。

${}_{C}^{E}\boldsymbol{T}$：表示相机坐标系到机械臂末端坐标系之间的齐次变换矩阵。

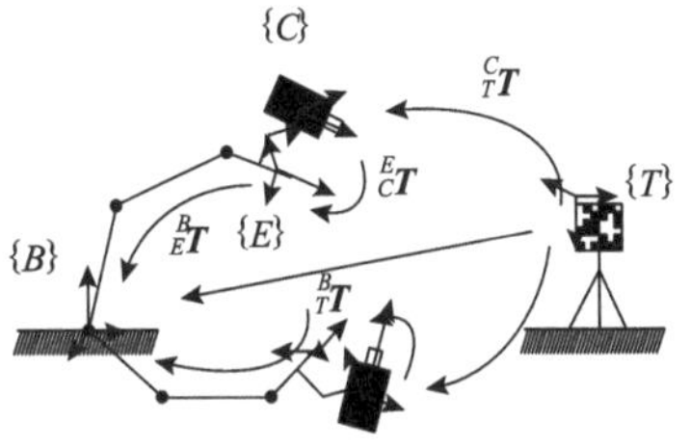

图 5-2　Eye-in-hand 手眼系统坐标系定义

${}_{T}^{C}\boldsymbol{T}$：表示标定模板坐标系到相机坐标系之间的齐次变换矩阵。

${}_{T}^{B}\boldsymbol{T}$：表示标定模板坐标系到机械臂基坐标系之间的齐次变换矩阵。

2. 变换方程的建立

如图 5-2 中，标定模板坐标系与机械臂基坐标系的变换可以通过两个途径获得：一是直接将模板坐标系描述到基坐标系，即 ${}_{T}^{B}\boldsymbol{T}$；二是将模板坐标系描述到相机坐标系，再描述到末端坐标系，最后描述到基坐标系，即 ${}_{E}^{B}\boldsymbol{T}\,{}_{C}^{E}\boldsymbol{T}\,{}_{T}^{C}\boldsymbol{T}$。由于两种获得方式等价，因此可以建立一个变换方程：

$$
{}_{T}^{B}\boldsymbol{T} = {}_{E}^{B}\boldsymbol{T}\,{}_{C}^{E}\boldsymbol{T}\,{}_{T}^{C}\boldsymbol{T} \tag{5-1}
$$

变换方程可用于未知变换的求解，一般情况下，n 个变换方程可求解 n 个未知变换。式(5-1)只有 1 个变换方程，只能用于 1 个未知变换的求解。例如，用标定模板实现精确定位，相当于模板坐标系到基坐标系的变换矩阵 ${}_{T}^{B}\boldsymbol{T}$ 是已知的，同时可利用第 4 章相机标定的方法求得模板坐标系到相机坐标系的变换矩阵 ${}_{T}^{C}\boldsymbol{T}$，利用第 2 章机械臂运动学方程建立的方法求得机械臂末端坐标系到机械臂基坐标系之间的变换矩阵 ${}_{E}^{B}\boldsymbol{T}$。因此式(5-1)中只有相机坐标系到机械臂末端坐标系之间的变换矩阵 ${}_{C}^{E}\boldsymbol{T}$ 是未知的，则可利用变换方程(5-1)实现未知变换的求解，即

$$
{}_{C}^{E}\boldsymbol{T} = {}_{E}^{B}\boldsymbol{T}^{-1}\,{}_{T}^{B}\boldsymbol{T}\,{}_{T}^{C}\boldsymbol{T}^{-1} \tag{5-2}
$$

如果标定模板放置于相机视域中的任意位置，这样可使标定过程简化，但也意味着变换 ${}_{T}^{B}\boldsymbol{T}$ 是未知的，则式(5-1)中存在 ${}_{T}^{B}\boldsymbol{T}$、${}_{C}^{E}\boldsymbol{T}$ 两个未知变换，1 个变换方程无法求解 2 个未知变换。在这种情况下，可以使机械臂末端移动到两个不同的位姿，但模板位置必须保持不动，如图 5-2 所示，这样可以获得 2 个变换等式，能够求解 2 个未知变换实现标定。

设机械臂末端移动前的位姿用 $i-1$ 表示，移动后的位姿用 i 表示，则可得机械臂末端移动前和移动后的两个变换等式：

$$
{}_{T}^{B}\boldsymbol{T} = {}_{E}^{B}\boldsymbol{T}_{i-1}\,{}_{C}^{E}\boldsymbol{T}\,{}_{T}^{C}\boldsymbol{T}_{i-1},\quad {}_{T}^{B}\boldsymbol{T} = {}_{E}^{B}\boldsymbol{T}_{i}\,{}_{C}^{E}\boldsymbol{T}\,{}_{T}^{C}\boldsymbol{T}_{i} \tag{5-3}
$$

由于模板和基座保持不动，因此 ${}_{T}^{B}\boldsymbol{T}$ 在机械臂移动前后保持不变，另外，相机与末端的相对位姿 ${}_{C}^{E}\boldsymbol{T}$ 同样保持不变，则有

$$ {}_{E}^{B}\boldsymbol{T}_{i}\,{}_{C}^{E}\boldsymbol{T}\,{}_{T}^{C}\boldsymbol{T}_{i} = {}_{E}^{B}\boldsymbol{T}_{i-1}\,{}_{C}^{E}\boldsymbol{T}\,{}_{T}^{C}\boldsymbol{T}_{i-1} \tag{5-4} $$

对式(5-4)进行化简，可得

$$ {}_{E}^{B}\boldsymbol{T}_{i-1}^{-1}\,{}_{E}^{B}\boldsymbol{T}_{i} = {}_{C}^{E}\boldsymbol{T}\,{}_{T}^{C}\boldsymbol{T}_{i-1}\,{}_{T}^{C}\boldsymbol{T}_{i}^{-1}\,{}_{C}^{E}\boldsymbol{T}^{-1} \tag{5-5} $$

设

$$ \begin{gathered} {}_{i-1}^{i}\boldsymbol{T}_{E} = {}_{E}^{B}\boldsymbol{T}_{i-1}^{-1}\,{}_{E}^{B}\boldsymbol{T}_{i} = \begin{bmatrix} {}_{i-1}^{i}\boldsymbol{R}_{E} & {}_{i-1}^{i}\boldsymbol{P}_{E} \\ \boldsymbol{0}^{\mathrm{T}} & 1 \end{bmatrix} \\ {}_{i-1}^{i}\boldsymbol{T}_{C} = {}_{T}^{C}\boldsymbol{T}_{i-1}\,{}_{T}^{C}\boldsymbol{T}_{i}^{-1} = \begin{bmatrix} {}_{i-1}^{i}\boldsymbol{R}_{C} & {}_{i-1}^{i}\boldsymbol{P}_{C} \\ \boldsymbol{0}^{\mathrm{T}} & 1 \end{bmatrix} \\ {}_{C}^{E}\boldsymbol{T} = \begin{bmatrix} {}_{C}^{E}\boldsymbol{R} & {}^{E}\boldsymbol{P}_{C} \\ \boldsymbol{0}^{\mathrm{T}} & 1 \end{bmatrix} \end{gathered} \tag{5-6} $$

式中，${}_{i-1}^{i}\boldsymbol{T}_{E}$，${}_{i-1}^{i}\boldsymbol{T}_{C}$ 分别表示机械臂运动前和运动后末端坐标系相对位姿的变化和相机坐标系相对位姿的变化。则式(5-5)简化为

$$ {}_{i-1}^{i}\boldsymbol{T}_{E} = {}_{C}^{E}\boldsymbol{T}\,{}_{i-1}^{i}\boldsymbol{T}_{C}\,{}_{C}^{E}\boldsymbol{T}^{-1} \tag{5-7} $$

将式(5-6)定义的齐次变换矩阵代入式(5-7)中，得

$$ \begin{bmatrix} {}_{i-1}^{i}\boldsymbol{R}_{E} & {}_{i-1}^{i}\boldsymbol{P}_{E} \\ \boldsymbol{0}^{\mathrm{T}} & 1 \end{bmatrix} = \begin{bmatrix} {}_{C}^{E}\boldsymbol{R} & {}^{E}\boldsymbol{P}_{C} \\ \boldsymbol{0}^{\mathrm{T}} & 1 \end{bmatrix} \begin{bmatrix} {}_{i-1}^{i}\boldsymbol{R}_{C} & {}_{i-1}^{i}\boldsymbol{P}_{C} \\ \boldsymbol{0}^{\mathrm{T}} & 1 \end{bmatrix} \begin{bmatrix} {}_{C}^{E}\boldsymbol{R}^{-1} & -{}^{E}\boldsymbol{P}_{C} \\ \boldsymbol{0}^{\mathrm{T}} & 1 \end{bmatrix} \tag{5-8} $$

展开并整理后，得到需要的变换方程：

$$ {}_{i-1}^{i}\boldsymbol{R}_{E} = {}_{C}^{E}\boldsymbol{R}\,{}_{i-1}^{i}\boldsymbol{R}_{C}\,{}_{C}^{E}\boldsymbol{R}^{-1} \tag{5-9} $$

$$ {}_{i-1}^{i}\boldsymbol{P}_{E} = -{}^{E}\boldsymbol{P}_{C}\,{}_{i-1}^{i}\boldsymbol{R}_{E} + {}_{C}^{E}\boldsymbol{R}\,{}_{i-1}^{i}\boldsymbol{P}_{C} + {}^{E}\boldsymbol{P}_{C} \tag{5-10} $$

3. 变换方程的求解

式(5-9)和式(5-10)是难以直接求解的，可采用如下步骤实现求解。

步骤 1： ${}_{i-1}^{i}\boldsymbol{R}_{E}$，${}_{i-1}^{i}\boldsymbol{P}_{E}$ 的求解。

机械臂末端在移动前和移动后的相对姿态 ${}_{i-1}^{i}\boldsymbol{R}_{E}$ 和相对位置 ${}_{i-1}^{i}\boldsymbol{P}_{E}$ 可表示为

$$ {}_{i-1}^{i}\boldsymbol{R}_{E} = {}_{i}^{E}\boldsymbol{R}_{B}\,{}_{i-1}^{B}\boldsymbol{R}_{E} = {}_{i}^{B}\boldsymbol{R}_{E}^{-1}\,{}_{i-1}^{B}\boldsymbol{R}_{E},\quad {}_{i-1}^{i}\boldsymbol{P}_{E} = {}^{i}\boldsymbol{P}_{E} - {}^{i-1}\boldsymbol{P}_{E} \tag{5-11} $$

式中，${}_{i-1}^{B}\boldsymbol{R}_{E}$，${}_{i}^{B}\boldsymbol{R}_{E}$ 分别为机械臂移动前和移动后末端相对基坐标系的姿态；${}^{i-1}\boldsymbol{P}_{E}$，${}^{i}\boldsymbol{P}_{E}$ 分别为机械臂移动前和移动后末端相对基坐标系的位置，均可直接由机械臂的运动学模型求解。

步骤 2：${}_{i-1}^{\ i}\boldsymbol{R}_C$，${}_{i-1}^{\ i}\boldsymbol{P}_C$ 的求解。

相机在机械臂移动前和移动后的相对姿态 ${}_{i-1}^{\ i}\boldsymbol{R}_C$ 和相对位置 ${}_{i-1}^{\ i}\boldsymbol{P}_C$ 可表示为

$$ {}_{i-1}^{\ i}\boldsymbol{R}_C = {}_{i}^{C}\boldsymbol{R}_T\ {}_{i-1}^{\ T}\boldsymbol{R}_C = {}_{i}^{T}\boldsymbol{R}_C^{-1}\ {}_{i-1}^{\ T}\boldsymbol{R}_C,\quad {}_{i-1}^{\ i}\boldsymbol{P}_C = {}_{i}^{T}\boldsymbol{P}_C - {}_{i-1}^{\ T}\boldsymbol{P}_C \tag{5-12} $$

式中，${}_{i-1}^{\ T}\boldsymbol{R}_C$，${}_{i}^{T}\boldsymbol{R}_C$ 分别为机械臂移动前和移动后相机坐标系相对于模板坐标系的姿态；${}_{i-1}^{\ T}\boldsymbol{P}_C$，${}_{i}^{T}\boldsymbol{P}_C$ 分别为机械臂移动前和移动后相机坐标系相对于模板坐标系的位置，可利用第 4 章介绍的相机标定方法求得。

步骤 3：等效旋转轴 ${}_{i-1}^{\ i}\hat{\boldsymbol{k}}_E$，${}_{i-1}^{\ i}\hat{\boldsymbol{k}}_C$ 和转角 θ_E,θ_C 的求解。

旋转矩阵 ${}_{i-1}^{\ i}\boldsymbol{R}_E$，${}_{i-1}^{\ i}\boldsymbol{R}_C$ 在步骤 1 和步骤 2 中已经求出，为已知矩阵，可通过坐标系绕过坐标系原点的某一等效旋转轴旋转一定角度描述，详见第 2 章，即

$$ {}_{i-1}^{\ i}\boldsymbol{R}_E = \mathrm{Rot}({}_{i-1}^{\ i}\hat{\boldsymbol{k}}_E,\theta_E),\quad {}_{i-1}^{\ i}\boldsymbol{R}_C = \mathrm{Rot}({}_{i-1}^{\ i}\hat{\boldsymbol{k}}_C,\theta_C) \tag{5-13} $$

以 ${}_{i-1}^{\ i}\boldsymbol{R}_E$ 为例，可描述为

$$ \begin{aligned} {}_{i-1}^{\ i}\boldsymbol{R}_E &= \begin{bmatrix} n_x & o_x & a_x & 0 \\ n_y & o_y & a_y & 0 \\ n_z & o_z & a_z & 0 \\ 0 & 0 & 0 & 1 \end{bmatrix} \\ &= \begin{bmatrix} k_{Ex}k_{Ex}v\theta_E + c\theta_E & k_{Ey}k_{Ex}v\theta_E - k_{Ez}s\theta_E & k_{Ez}k_{Ex}v\theta_E + k_{Ey}s\theta_E & 0 \\ k_{Ex}k_{Ey}v\theta_E + k_{Ez}s\theta_E & k_{Ey}k_{Ey}v\theta_E + c\theta_E & k_{Ez}k_{Ey}v\theta_E - k_{Ex}s\theta_E & 0 \\ k_{Ex}k_{Ez}v\theta_E - k_{Ey}s\theta_E & k_{Ey}k_{Ez}v\theta_E + k_{Ex}s\theta_E & k_{Ez}k_{Ez}v\theta_E + c\theta_E & 0 \\ 0 & 0 & 0 & 1 \end{bmatrix} \end{aligned} \tag{5-14} $$

式中，${}_{i-1}^{\ i}\hat{\boldsymbol{k}}_E = [k_{Ex}\quad k_{Ey}\quad k_{Ez}]^{\mathrm{T}}$；矩阵 $[n\ o\ a]$ 已知。利用式(5-14)可求解 θ_E 和 ${}_{i-1}^{\ i}\hat{\boldsymbol{k}}_E$：

$$ \theta_E = \arctan[\sqrt{(o_z - a_y)^2 + (a_x - n_z)^2 + (n_y - o_x)^2},(n_x + o_y + a_z - 1)] \tag{5-15} $$

$$ k_{Ex} = (o_z - a_y)/(2\sin\theta_E) \tag{5-16} $$

$$ k_{Ey} = (a_x - n_z)/(2\sin\theta_E) \tag{5-17} $$

$$ k_{Ez} = (n_y - o_x)/(2\sin\theta_E) \tag{5-18} $$

同理，可求出 θ_C 和 ${}_{i-1}^{\ i}\hat{\boldsymbol{k}}_C$。

步骤 4：${}_{C}^{E}\boldsymbol{R}$ 和 ${}^{E}\boldsymbol{P}_C$ 的求解。

由于相机和机械臂末端是固联的，二者在机械臂移动前和移动后的相对位姿关系保持不变，因此机械臂末端坐标系和相机坐标系的旋转轴和旋转角度具有如下关系：

$$ {}_{i-1}^{\ i}\hat{\boldsymbol{k}}_E = {}_{C}^{E}\boldsymbol{R}\ {}_{i-1}^{\ i}\hat{\boldsymbol{k}}_C,\quad \theta_E = \theta_C = \theta \tag{5-19} $$

式中，θ_E 和 θ_C 是否相等可用于判断标定结果的准确性；${}_{i-1}^{\ i}\hat{\boldsymbol{k}}_E$ 和 ${}_{i-1}^{\ i}\hat{\boldsymbol{k}}_C$ 可用于求解待标定的旋转矩阵 ${}_{C}^{E}\boldsymbol{R}$。

式(5-19)只提供了 3 个等式方程，无法实现旋转矩阵 9 个参数的求解，解决的方法是继续移动机械臂到一个新的位姿并保证标定模板在相机的视域里，新的位姿用 $i+1$ 表示，则用上述同样的方法可解得 ${}^{i+1}_{i}\hat{\boldsymbol{k}}_E$，${}^{i+1}_{i}\hat{\boldsymbol{k}}_C$，同样满足：

$$ {}^{i+1}_{i}\hat{\boldsymbol{k}}_E = {}^{E}_{C}\boldsymbol{R}\,{}^{i+1}_{i}\hat{\boldsymbol{k}}_C \tag{5-20} $$

由式(5-19)和式(5-20)，可得

$$ {}^{i}_{i-1}\hat{\boldsymbol{k}}_E \times {}^{i+1}_{i}\hat{\boldsymbol{k}}_E = {}^{E}_{C}\boldsymbol{R}({}^{i}_{i-1}\hat{\boldsymbol{k}}_C \times {}^{i+1}_{i}\hat{\boldsymbol{k}}_C) \tag{5-21} $$

即由向量积产生的向量 ${}^{i}_{i-1}\hat{\boldsymbol{k}}_E \times {}^{i+1}_{i}\hat{\boldsymbol{k}}_E$ 和 ${}^{i}_{i-1}\hat{\boldsymbol{k}}_C \times {}^{i+1}_{i}\hat{\boldsymbol{k}}_C$ 同样满足旋转关系 ${}^{E}_{C}\boldsymbol{R}$。

由式(5-19)～式(5-21)可产生 9 个等式，实现了旋转矩阵 ${}^{E}_{C}\boldsymbol{R}$ 的求解，得

$$ {}^{E}_{C}\boldsymbol{R} = [{}^{i}_{i-1}\hat{\boldsymbol{k}}_E \quad {}^{i+1}_{i}\hat{\boldsymbol{k}}_E \quad {}^{i}_{i-1}\hat{\boldsymbol{k}}_E \times {}^{i+1}_{i}\hat{\boldsymbol{k}}_E][{}^{i}_{i-1}\hat{\boldsymbol{k}}_C \quad {}^{i+1}_{i}\hat{\boldsymbol{k}}_C \quad {}^{i}_{i-1}\hat{\boldsymbol{k}}_C \times {}^{i+1}_{i}\hat{\boldsymbol{k}}_C]^{-1} \tag{5-22} $$

将求出的 ${}^{E}_{C}\boldsymbol{R}$ 代入式(5-22)，可解出 ${}^{E}\boldsymbol{P}_C$：

$$ {}^{E}\boldsymbol{P}_C = [{}^{i}_{i-1}\boldsymbol{P}_E - {}^{E}_{C}\boldsymbol{R}\ {}^{i}_{i-1}\boldsymbol{P}_C][\boldsymbol{I} - {}^{i}_{i-1}\boldsymbol{R}_E]^{-1} \tag{5-23} $$

式中，等式右边的矩阵均为已求出的已知矩阵。至此，完成了手眼系统的标定。

另外，为提高标定精度，可以移动机械臂到达更多的位姿以得到更多的变换方程，利用最小二乘法实现优化。

5.1.2 Eye-to-hand 手眼系统标定

Eye-to-hand 手眼系统标定方法基本上与 Eye-in-hand 手眼系统标定方法相同，不同的是相机和标定模板的位置发生了变化，如图 5-3 所示。坐标系的定义和 5.1.1 节相同，坐标系之间的变换矩阵定义发生了一定变化。

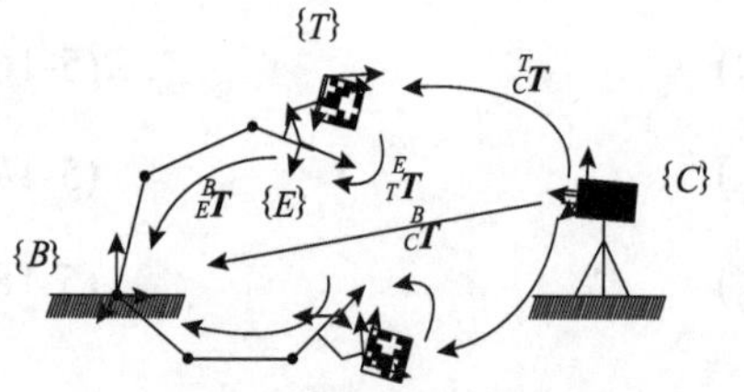

图 5-3　Eye-to-hand 手眼系统坐标系定义

${}^{B}_{E}\boldsymbol{T}$：表示机械臂末端坐标系到机械臂基坐标系之间的齐次变换矩阵。

${}^{E}_{T}\boldsymbol{T}$：表示标定模板坐标系到机械臂末端坐标系之间的齐次变换矩阵。

${}^{T}_{C}\boldsymbol{T}$：表示相机坐标系到标定模板坐标系之间的齐次变换矩阵。

${}^{B}_{C}\boldsymbol{T}$：表示相机坐标系到机械臂基坐标系之间的齐次变换矩阵。

如图 5-3 所示，变换方程变为

$$ {}^{B}_{C}\boldsymbol{T} = {}^{B}_{E}\boldsymbol{T}\,{}^{E}_{T}\boldsymbol{T}\,{}^{T}_{C}\boldsymbol{T} \tag{5-24} $$

式中，${}^{B}_{E}\boldsymbol{T}$ 同样可以通过运动学方程获得；${}^{T}_{C}\boldsymbol{T}$ 可以通过相机标定方法获得。如果标定模板相对于末端实现了精确定位，即 ${}^{E}_{T}\boldsymbol{T}$ 是已知的，则可利用变换方程(5-24)求出 ${}^{B}_{C}\boldsymbol{T}$，实现相机相对于基坐标系的位姿标定。

如果标定模板相对于末端的位姿 ${}_{T}^{E}\boldsymbol{T}$ 是未知的，则式(5-24)中存在 ${}_{C}^{B}\boldsymbol{T}$，${}_{T}^{E}\boldsymbol{T}$ 两个未知变换，此时，同样是使机械臂运动到两个不同的位姿，但相机位姿必须保持不动，这样可以获得 2 个变换方程：

$$ {}_{C}^{B}\boldsymbol{T} = {}_{E}^{B}\boldsymbol{T}_{i-1}\,{}_{T}^{E}\boldsymbol{T}\,{}_{C}^{T}\boldsymbol{T}_{i-1},\quad {}_{C}^{B}\boldsymbol{T} = {}_{E}^{B}\boldsymbol{T}_{i}\,{}_{T}^{E}\boldsymbol{T}\,{}_{C}^{T}\boldsymbol{T}_{i} \tag{5-25}$$

利用 2 个变换方程可以求得 2 个未知变换，其求解方法与 5.1.1 节基本相同，不再赘述。

5.2　基于视觉的机械臂运动学标定

前面介绍的手眼系统标定过程中末端相对于基坐标系的变换是直接用运动学方程求解的，运动学参数是机械臂运动学模型的关键要素，末端的定位精度取决于运动学参数的精度。机械臂出厂时会给用户提供运动学参数的名义值，然而由于制造公差、摆放误差、磨损、传输误差及环境变化等因素，运动学参数的实际值与其名义值可能存在偏差，因此运动学参数也需要进行标定。

运动学参数的标定一般分为三个步骤：建立运动学误差模型、末端位姿测量和运动学参数辨识。其中末端位姿测量需要采用精密的测量仪器，近年来由于视觉技术的发展，基于视觉的位姿测量方法成为一种趋势，如图 5-4 所示，具有简单易行、成本低的优点。

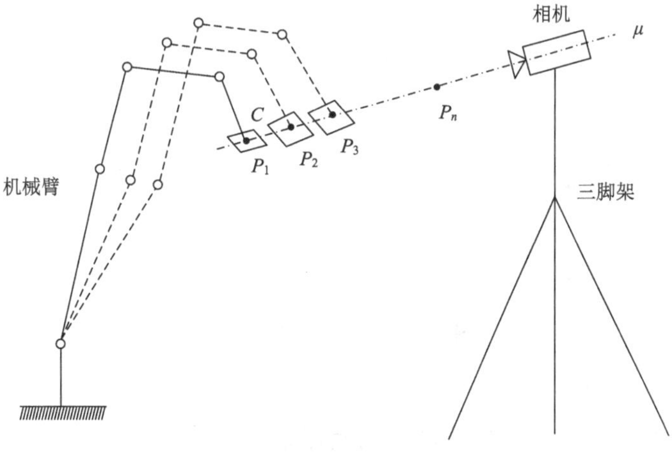

图 5-4　基于视觉的运动学标定

5.2.1　机械臂运动学误差模型

1. D-H 运动学模型的改进

在 2.1.2 节中介绍了基于 D-H 参数的运动学模型，用 4 个参数描述每一个连杆，用连杆长度 a_{i-1} 和连杆扭角 α_{i-1} 两个参数描述连杆自身，用连杆偏移 d_i 和连杆转角 θ_i 两个参数描述相邻连杆之间的连接。本节对 D-H 运动学模型进行以下两点改进。

1) 坐标系位置的改进

D-H 运动学模型中将连杆 i 的坐标系 $\{i\}$ 定义在自身关节轴 i 上，如图 5-5(a)所示，改进后，将连杆 i 的坐标系 $\{i\}$ 定义在自身关节轴 $i+1$ 上，这样原 D-H 运动学模型中连杆 i 的 4 个参数为 $a_{i-1},\alpha_{i-1},d_i,\theta_i$，改进后的模型中连杆 i 的 4 个参数为 $a_i,\alpha_i,d_i,\theta_i$，不会改变运动学模型的结果，这样相邻连杆间的位姿变换矩阵由式(2-19)改变为

$$
{}^{i-1}_{i}\boldsymbol{T}=\begin{bmatrix} c\theta_i & -s\theta_i & 0 & a_i \\ s\theta_i c\alpha_i & c\theta_i c\alpha_i & -s\alpha_i & -s\alpha_i d_i \\ s\theta_i s\alpha_i & c\theta_i s\alpha_i & c\alpha_i & c\alpha_i d_i \\ 0 & 0 & 0 & 1 \end{bmatrix} \tag{5-26}
$$

2) 坐标系定义的改进

D-H 运动学模型中，每个连杆的 4 个参数都是关于连杆坐标系 X 轴或 Z 轴进行旋转和平移运动的，如式(2-19)所示，其前提条件是关节轴的指向是准确的，但当相邻两个关节的轴平行时，两个平行轴的指向误差会带来相对于关节坐标系 Y 轴方向的旋转运动，这在 D-H 运动学模型中是无法描述的，也就无法实现标定。

为此，需对相邻关节轴平行的坐标系和相应的连杆参数进行改进，如图 5-5(b)所示，定义过坐标系 $\{i-1\}$ 的原点且垂直于关节轴 i 的平面，将该平面与关节轴 $i+1$ 的交点定义为坐标系 $\{i\}$ 的原点，坐标系 $\{i\}$ 的 Z 轴与关节轴 $i+1$ 的方向一致，X 轴的方向为坐标系 $\{i-1\}$ 原点指向坐标系 $\{i\}$ 原点的方向。

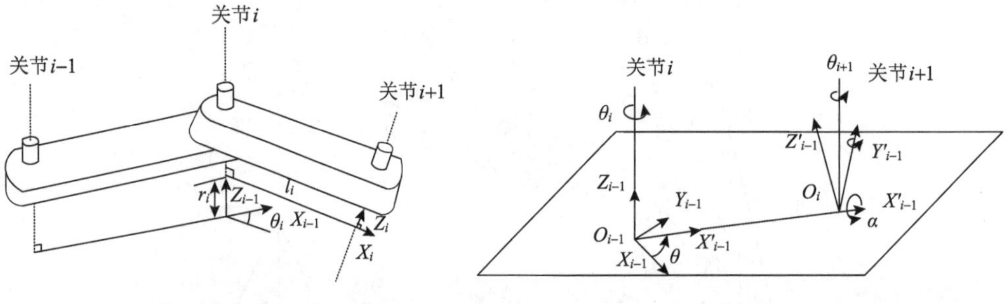

图 5-5　平行的相邻关节轴

坐标系的定义改进后，连杆参数 d_i 变为零可以舍弃，添加一个连杆轴转角参数 β_i，定义为绕 Y_i 轴从 Z_{i-1} 轴旋转到 Z_i 轴的角度，则相邻关节轴平行的连杆间的变换矩阵为

$$
{}^{i-1}_{i}\boldsymbol{T}=\begin{bmatrix} -s\alpha_i s\beta_i s\theta_i + c\beta_i c\theta_i & -s\theta_i c\alpha_i & s\alpha_i c\beta_i s\theta_i + s\beta_i c\theta_i & a_i c\theta_i \\ s\alpha_i s\beta_i c\theta_i + c\beta_i s\theta_i & c\theta_i c\alpha_i & -s\alpha_i c\beta_i c\theta_i + s\beta_i s\theta_i & a_i s\theta_i \\ -c\alpha_i s\beta_i & s\alpha_i & c\alpha_i c\beta_i & 0 \\ 0 & 0 & 0 & 1 \end{bmatrix} \tag{5-27}
$$

对于相邻连杆轴不平行的关节，仍采用式(5-26)描述相邻连杆的位姿变换。

2. 误差模型建立

对于 n 关节机械臂，共有 $4n$ 个关节参数，定义连杆参数向量 $\boldsymbol{\varphi}=\begin{bmatrix}\boldsymbol{\varphi}_1 & \boldsymbol{\varphi}_2 & \cdots & \boldsymbol{\varphi}_n\end{bmatrix}^{\mathrm{T}}$，对于关节轴平行的连杆，取 $\boldsymbol{\varphi}_i=\begin{bmatrix}a_i & \alpha_i & \theta_i & \beta_i\end{bmatrix}$，对于其他连杆，取 $\boldsymbol{\varphi}_i=\begin{bmatrix}a_i & d_i & \alpha_i & \theta_i\end{bmatrix}$。

设连杆参数名义值为 $\boldsymbol{\varphi}_i'$，实际值为 $\boldsymbol{\varphi}_i$，二者之间存在偏差 $\Delta\boldsymbol{\varphi}_i=\boldsymbol{\varphi}_i-\boldsymbol{\varphi}_i'$，则相邻连杆的坐标变换为

$$ {}^{i-1}_{i}\boldsymbol{T}={}^{i-1}_{i}\boldsymbol{T}'(\boldsymbol{\varphi}_i'+\Delta\boldsymbol{\varphi}_i)={}^{i-1}_{i}\boldsymbol{T}'+\Delta\,{}^{i-1}_{i}\boldsymbol{T} \tag{5-28}$$

式中，${}^{i-1}_{i}\boldsymbol{T}'$ 可理解为相邻连杆变换矩阵的名义值；$\Delta\,{}^{i-1}_{i}\boldsymbol{T}$ 为相邻连杆变换的误差矩阵，由参数误差 $\Delta\boldsymbol{\varphi}_i$ 产生，由误差传递原理，有

$$\Delta\,{}^{i-1}_{i}\boldsymbol{T}=\frac{\partial\,{}^{i-1}_{i}\boldsymbol{T}}{\partial\theta_i}\Delta\theta_i+\frac{\partial\,{}^{i-1}_{i}\boldsymbol{T}}{\partial d_i}\Delta d_i+\frac{\partial\,{}^{i-1}_{i}\boldsymbol{T}}{\partial a_i}\Delta a_i+\frac{\partial\,{}^{i-1}_{i}\boldsymbol{T}}{\partial\alpha_i}\Delta\alpha_i+\frac{\partial\,{}^{i-1}_{i}\boldsymbol{T}}{\partial\beta_i}\Delta\beta_i \tag{5-29}$$

可以将 $\Delta\,{}^{i-1}_{i}\boldsymbol{T}$ 表达如下：

$$\Delta\,{}^{i-1}_{i}\boldsymbol{T}={}^{i-1}_{i}\boldsymbol{T}\delta\,{}^{i-1}_{i}\boldsymbol{T} \tag{5-30}$$

式中，$\delta\,{}^{i-1}_{i}\boldsymbol{T}$ 可以理解为坐标系 $\{i\}$ 的名义位姿和实际位姿的误差，注意，此时 $\delta\,{}^{i-1}_{i}\boldsymbol{T}$ 是相对于坐标系 $\{i\}$ 描述的，其齐次变换可以用等效轴-角旋转矩阵形式表达，即将实际坐标系 $\{i\}$ 绕过其原点的轴 $\hat{\boldsymbol{K}}=[k_x\ k_y\ k_z]^{\mathrm{T}}$ 旋转 $\Delta\theta$ 角度并平移 $\boldsymbol{d}_i=[d_{i1}\ d_{i2}\ d_{i3}]^{\mathrm{T}}$ 后与其名义位姿重合，因此有

$$\delta\,{}^{i-1}_{i}\boldsymbol{T}=\begin{bmatrix} k_xk_xv\Delta\theta+c\Delta\theta & k_xk_yv\Delta\theta-k_zs\Delta\theta & k_xk_zv\Delta\theta+k_ys\Delta\theta & d_{i1}\\ k_xk_yv\Delta\theta+k_zs\Delta\theta & k_yk_yv\Delta\theta+c\Delta\theta & k_yk_zv\Delta\theta-k_xs\Delta\theta & d_{i2}\\ k_xk_zv\Delta\theta-k_ys\Delta\theta & k_yk_zv\Delta\theta+k_xs\Delta\theta & k_zk_zv\Delta\theta+c\Delta\theta & d_{i3}\\ 0 & 0 & 0 & 1\end{bmatrix} \tag{5-31}$$

假设 $\Delta\theta$ 较小，则 $\sin(\Delta\theta)\approx\Delta\theta,\cos(\Delta\theta)\approx1$，代入式(5-31)，$\delta\,{}^{i-1}_{i}\boldsymbol{T}$ 可近似表达为

$$\delta\,{}^{i-1}_{i}\boldsymbol{T}=\begin{bmatrix} 1 & -\delta_{i3} & \delta_{i2} & d_{i1}\\ \delta_{i3} & 1 & -\delta_{i1} & d_{i2}\\ -\delta_{i2} & \delta_{i1} & 1 & d_{i3}\\ 0 & 0 & 0 & 1\end{bmatrix} \tag{5-32}$$

式中，$\boldsymbol{d}_i=\begin{bmatrix}d_{i1} & d_{i2} & d_{i3}\end{bmatrix}^{\mathrm{T}}$ 为平移误差向量；$\boldsymbol{\delta}_i=\begin{bmatrix}\delta_{i1} & \delta_{i2} & \delta_{i3}\end{bmatrix}^{\mathrm{T}}$ 为旋转误差向量。

对于平行轴连杆，由式(5-27)可知 $\boldsymbol{d}_i$ 只是连杆参数 a_i,θ_i 的函数，$\boldsymbol{\delta}_i$ 是 $\alpha_i,\beta_i,\theta_i$ 的函数，因此由式(5-29)有

$$\boldsymbol{d}_i=\frac{\partial\,{}^{i-1}_{i}\boldsymbol{T}}{\partial\theta_i}\Delta\theta_i+\frac{\partial\,{}^{i-1}_{i}\boldsymbol{T}}{\partial a_i}\Delta a_i,\quad \boldsymbol{\delta}_i=\frac{\partial\,{}^{i-1}_{i}\boldsymbol{T}}{\partial\theta_i}\Delta\theta_i+\frac{\partial\,{}^{i-1}_{i}\boldsymbol{T}}{\partial\alpha_i}\Delta\alpha_i+\frac{\partial\,{}^{i-1}_{i}\boldsymbol{T}}{\partial\beta_i}\Delta\beta_i \tag{5-33}$$

将式(5-27)代入式(5-33)，可得

$$\begin{cases}\boldsymbol{d}_i=\boldsymbol{k}_i^1\Delta\theta_i+\boldsymbol{k}_i^2\Delta a_i\\ \boldsymbol{\delta}_i=\boldsymbol{k}_i^2\Delta\alpha_i+\boldsymbol{k}_i^3\Delta\beta_i+\boldsymbol{k}_i^4\Delta\theta_i\end{cases},\quad \begin{cases}\boldsymbol{k}_i^1=\begin{bmatrix}a_is\alpha_is\beta_i & a_ic\alpha_i & -a_is\alpha_ic\beta_i\end{bmatrix}^{\mathrm{T}}\\ \boldsymbol{k}_i^2=\begin{bmatrix}c\beta_i & 0 & s\beta_i\end{bmatrix}^{\mathrm{T}}\\ \boldsymbol{k}_i^3=\begin{bmatrix}0 & 1 & 0\end{bmatrix}^{\mathrm{T}}\\ \boldsymbol{k}_i^4=\begin{bmatrix}-c\alpha_is\beta_i & s\alpha_i & c\alpha_ic\beta_i\end{bmatrix}^{\mathrm{T}}\end{cases} \tag{5-34}$$

同理，对于其他连杆，可得

$$\begin{cases} \boldsymbol{d}_i = \boldsymbol{k}_i^1 \Delta\theta_i + \boldsymbol{k}_i^2 \Delta d_i + \boldsymbol{k}_i^3 \Delta a_i \\ \boldsymbol{\delta}_i = \boldsymbol{k}_i^2 \Delta\theta_i + \boldsymbol{k}_i^3 \Delta\alpha_i \end{cases}, \quad \begin{cases} \boldsymbol{k}_i^1 = \begin{bmatrix} 0 & a_i c\alpha_i & -a_i s\alpha_i \end{bmatrix}^{\mathrm{T}} \\ \boldsymbol{k}_i^2 = \begin{bmatrix} 0 & s\alpha_i & c\alpha_i \end{bmatrix}^{\mathrm{T}} \\ \boldsymbol{k}_i^3 = \begin{bmatrix} 1 & 0 & 0 \end{bmatrix}^{\mathrm{T}} \end{cases} \tag{5-35}$$

由相邻连杆的变换矩阵，可得机械臂的运动学方程：

$${}_n^0\boldsymbol{T} = \prod_{i=1}^{n}({}^{i-1}_{\ \ i}\boldsymbol{T}) = \prod_{i=1}^{n}({}^{i-1}_{\ \ i}\boldsymbol{T}' + \Delta{}^{i-1}_{\ \ i}\boldsymbol{T}) = {}_n^0\boldsymbol{T}' + \Delta_n^0\boldsymbol{T} \tag{5-36}$$

将式(5-36)展开，并忽略误差矩阵相乘的高次项，则 $\Delta_n^0\boldsymbol{T}$ 可简化为

$$\Delta_n^0\boldsymbol{T} = {}_n^0\boldsymbol{T}'\left[\sum_{i=1}^{n}\boldsymbol{U}_{i+1}^{-1}\delta{}^{i-1}\boldsymbol{T}_i\boldsymbol{U}_{i+1}\right] = {}_n^0\boldsymbol{T}'\delta_n^0\boldsymbol{T}$$

$$\boldsymbol{U}_{i+1} = \prod_{j=i+1}^{n}{}^{j-1}_{\ \ j}\boldsymbol{T}', \quad \delta_n^0\boldsymbol{T} = \begin{bmatrix} 1 & -\delta r_z & \delta r_y & \delta p_x \\ \delta r_z & 1 & -\delta r_x & \delta p_y \\ -\delta r_y & \delta r_x & 1 & \delta p_z \\ 0 & 0 & 0 & 1 \end{bmatrix} \tag{5-37}$$

注意，$\delta_n^0\boldsymbol{T}$ 是相对于末端坐标系描述的，其中 $\delta\boldsymbol{p}_e = \begin{bmatrix} \delta p_x & \delta p_y & \delta p_z \end{bmatrix}^{\mathrm{T}}$ 为机械臂运动学的位置误差，$\delta\boldsymbol{r}_e = \begin{bmatrix} \delta r_x & \delta r_y & \delta r_z \end{bmatrix}^{\mathrm{T}}$ 为机械臂运动学的姿态误差，具有如下形式：

$$\begin{bmatrix} \delta\boldsymbol{p}_e \\ \delta\boldsymbol{r}_e \end{bmatrix} = \begin{bmatrix} \boldsymbol{M}_\theta \\ \boldsymbol{R}_\theta \end{bmatrix}\Delta\boldsymbol{\theta} + \begin{bmatrix} \boldsymbol{M}_d \\ 0 \end{bmatrix}\Delta\boldsymbol{d} + \begin{bmatrix} \boldsymbol{M}_a \\ 0 \end{bmatrix}\Delta\boldsymbol{a} + \begin{bmatrix} \boldsymbol{M}_\alpha \\ \boldsymbol{R}_\alpha \end{bmatrix}\Delta\boldsymbol{\alpha} + \begin{bmatrix} \boldsymbol{M}_\beta \\ \boldsymbol{R}_\beta \end{bmatrix}\Delta\boldsymbol{\beta} \tag{5-38}$$

式中，矩阵 $\boldsymbol{M}_\theta, \boldsymbol{M}_d, \boldsymbol{M}_a, \boldsymbol{M}_\alpha, \boldsymbol{M}_\beta, \boldsymbol{R}_\theta, \boldsymbol{R}_\alpha, \boldsymbol{R}_\beta$ 是由名义运动学方程的旋转矩阵和位置向量分别对关节各参数求偏导数得到的，是关于连杆参数名义值和关节角度的函数，可通过机械臂的当前关节角度计算得到。

将式(5-38)写成雅可比矩阵形式：

$$\begin{bmatrix} \delta\boldsymbol{p}_e \\ \delta\boldsymbol{r}_e \end{bmatrix} = \begin{bmatrix} \boldsymbol{J}_P \\ \boldsymbol{J}_R \end{bmatrix}\Delta\boldsymbol{\varphi}, \quad \begin{bmatrix} \boldsymbol{J}_P \\ \boldsymbol{J}_R \end{bmatrix} = \begin{bmatrix} \boldsymbol{M}_\theta & \boldsymbol{M}_d & \boldsymbol{M}_a & \boldsymbol{M}_\alpha & \boldsymbol{M}_\beta \\ \boldsymbol{R}_\theta & 0 & 0 & \boldsymbol{R}_\alpha & \boldsymbol{R}_\beta \end{bmatrix} \tag{5-39}$$

式(5-39)为最终的运动学误差模型，描述了末端位姿误差与连杆参数误差之间的关系，如果末端位姿误差可以通过图像处理的方法求出，则可实现连杆参数误差的标定。

5.2.2 基于直线约束的运动学标定

如图 5-6 所示，在机械臂末端安装一个标定模板，在模板上选 1 个特征角点，在机械臂工作环境中固定安装一个相机，使机械臂末端标定模板处于相机视域内。

运动学标定的步骤如下。

步骤 1：将相机光轴看作机械臂末端工作空间的一条直线约束，在直线上选择一个已知点，通过机械臂各关节的运动控制，使末端标定模板的特征点与约束直线上的已知点重合，此时测得所有关节的关节角度。

步骤 2：根据步骤 1 测得的关节角度，利用连杆参数的名义值，计算机械臂运动学方程，可计算出标定模板特征点的名义位姿，再与约束直线上已知点的位姿求差，即可得到运动学位姿偏差。

步骤 3：可调整相机姿态产生多条约束直线，在每条直线上选择多个已知点，通过步骤 1 和步骤 2 可产生运动学位姿偏差的数据集，根据误差模型式(5-39)，利用优化算法求出连杆参数误差，实现运动学标定。

1. 特征点位姿的运动控制

通过机械臂运动使特征点运动到光轴约束直线上，采集模板位置图像，并根据第 4 章介绍的图像处理算法提取特征点的像素坐标(u_f, v_f)，如图 5-6(a)所示，像素坐标差$(u_f - u_0, v_f - v_0)$为特征点当前位置与期望位置的偏差。

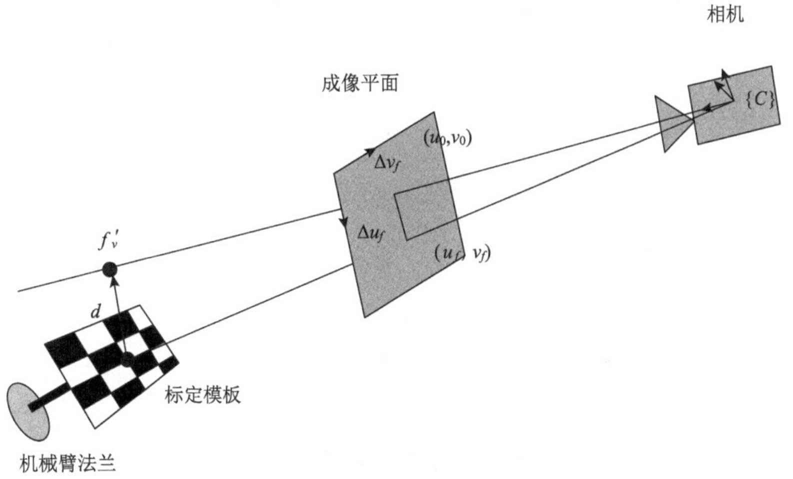

(a)运动控制原理

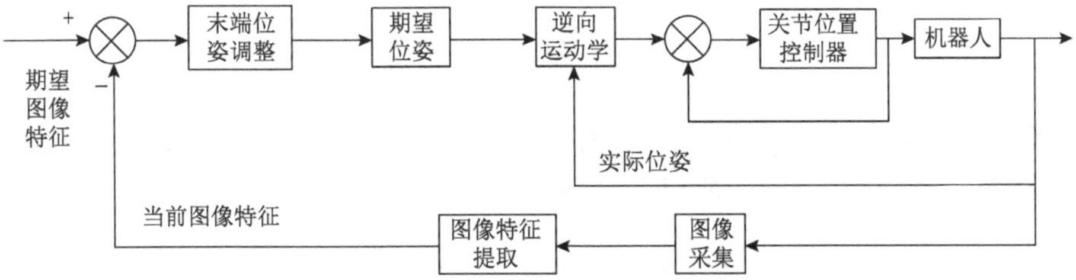

(b)运动控制系统组成

图 5-6　特征点运动控制

以像素坐标差为输入设计机械臂控制系统，如图 5-6(b)所示，控制器的内环为末端位姿控制环，通过各关节角度的闭环控制实现，可采用第 2 章介绍的控制器设计方法实现。控制器的外环为图像特征控制环，其输入为像素坐标差，输出为期望的末端位姿，目的是使特征点的像素坐标与光轴的像素坐标重合，即使 $(u_f,v_f)\to(u_0,v_0)$，图像特征控制环的详细设计方法详见 5.4 节。

2. 基于直线约束的运动学误差模型

首先要标定相机坐标系和机械臂基坐标系之间的位姿关系，可以通过 5.1.2 节介绍的手眼系统标定方法实现，由此可确定光轴直线约束方程，设其方向向量为 $\boldsymbol{\mu}$，标定过程需要多条约束直线，因此需要调整相机姿态得到 k 条光轴直线约束方程，描述为 $\boldsymbol{\mu}_k$。然后在每一条约束直线上选择 i 个不同的已知点，定义为 $P^{(i,k)}$，代表了第 k 条约束直线上的第 i 个已知点。采用点向式空间直线描述方式，已知点可表示为

$$\boldsymbol{P}^{(i,k)} = s^{(i,k)}\boldsymbol{\mu}_k + \boldsymbol{P}_c \tag{5-40}$$

式中，$\boldsymbol{P}_c$ 为相机在基坐标系中的位置，所有约束直线均过该点；$s^{(i,k)}$ 为已知点沿 $\boldsymbol{\mu}_k$ 方向的距离，如图 5-7 所示。

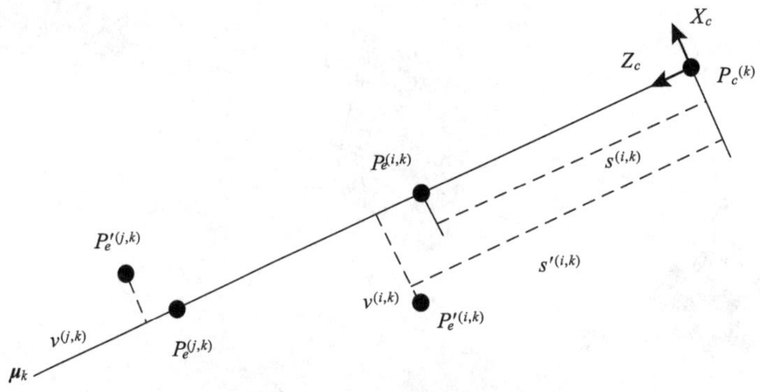

图 5-7　特征点位置图

确定了大量已知点后，在每个已知点的小范围内随机生成机械臂末端的初始位姿，并控制末端到达初始位姿，然后启动基于图像的特征点位置控制，使特征点到达约束直线上，记录各关节的角度 $\boldsymbol{\theta}^{(i,k)}$，利用该角度计算名义运动学方程，得到特征点位置的名义值：

$$\boldsymbol{P}'^{(i,k)} = s'^{(i,k)}\boldsymbol{\mu}_k + v^{(i,k)} + \boldsymbol{P}_c \tag{5-41}$$

式中，$s'^{(i,k)}$ 为名义特征点沿 $\boldsymbol{\mu}_k$ 方向的距离；$v^{(i,k)}$ 为名义特征点垂直于 $\boldsymbol{\mu}_k$ 方向的距离。

由于运动学参数存在误差，所以名义特征点与预期已知点间存在误差，其误差为

$$\delta\boldsymbol{p}_e = \boldsymbol{P}'^{(i,k)} - \boldsymbol{P}^{(i,k)} = (s'^{(i,k)} - s^{(i,k)})\boldsymbol{\mu}_k + v^{(i,k)} \tag{5-42}$$

将位置误差代入式(5-39)，注意式(5-39)是相对于末端坐标系描述的，而式(5-42)求得的位置误差是相对于基坐标系的，二者相差从末端坐标系到基坐标系的姿态名义变换，因此有

$$(s'^{(i,k)} - s^{(i,k)})\boldsymbol{\mu}_k + v^{(i,k)} = {}_n^0\boldsymbol{R}'\boldsymbol{J}_P(\boldsymbol{\theta}^{(i,k)})\Delta\boldsymbol{\varphi} \tag{5-43}$$

由于单目相机无法测量深度信息，特征点位置伺服控制过程只能调整 $v^{(i,k)}$，无法调整 $s^{(i,k)}$，对式(5-43)两边利用叉乘算子 $[\boldsymbol{\mu}_{k\times}]$ 进行叉乘运算，由于 $[\boldsymbol{\mu}_{k\times}]\boldsymbol{\mu}_k = 0$，可得

$$[\boldsymbol{\mu}_{k\times}]v^{(i,k)} = [\boldsymbol{\mu}_{k\times}]{}_n^0\boldsymbol{R}'\boldsymbol{J}_P(\boldsymbol{\theta}^{(i,k)})\Delta\boldsymbol{\varphi} \tag{5-44}$$

通过叉乘运算，仅用垂直于 $\boldsymbol{\mu}_k$ 方向的距离误差 $v^{(i,k)}$ 就可以完成运动学参数的标定，可以简化标定算法。$v^{(i,k)}$ 可通过名义特征点和预期已知点的连线和 $\boldsymbol{\mu}_k$ 组成的平行四边形的高进行计算：

$$v^{(i,k)} = \frac{\left\| \overrightarrow{\boldsymbol{P}'^{(i,k)}\boldsymbol{P}^{(i,k)}} \times \boldsymbol{\mu}_k \right\|}{\left\| \boldsymbol{\mu}_k \right\|} \tag{5-45}$$

进一步在同一条约束直线上选择两个已知点 $\boldsymbol{P}^{(i,k)}, \boldsymbol{P}^{(j,k)}$，得到两个式(5-44)所示的方程，并将两个方程求差，得

$$[\boldsymbol{\mu}_{k\times}](v^{(j,k)} - v^{(i,k)}) = [\boldsymbol{\mu}_{k\times}]{}_n^0\boldsymbol{R}'(\boldsymbol{J}_P(\boldsymbol{\theta}^{(j,k)}) - \boldsymbol{J}_P(\boldsymbol{\theta}^{(i,k)}))\Delta\boldsymbol{\varphi} \tag{5-46}$$

将式(5-46)写成如下形式：

$$\begin{aligned} &\boldsymbol{E}^{(i,j,k)} = \overline{\boldsymbol{J}}^{(i,j,k)}\Delta\boldsymbol{\varphi} \\ &\boldsymbol{E}^{(i,j,k)} = [\boldsymbol{\mu}_{k\times}](v^{(j,k)} - v^{(i,k)}) \\ &\overline{\boldsymbol{J}}^{(i,j,k)} = [\boldsymbol{\mu}_{k\times}]{}_n^0\boldsymbol{R}'(\boldsymbol{J}_P(\boldsymbol{\theta}^{(j,k)}) - \boldsymbol{J}_P(\boldsymbol{\theta}^{(i,k)})) \end{aligned} \tag{5-47}$$

式(5-47)为基于直线约束的运动学误差模型，其中 $\boldsymbol{E}^{(i,j,k)}$ 为对齐误差，$\overline{\boldsymbol{J}}^{(i,j,k)}$ 为误差雅可比矩阵。

3. 运动学参数辨识算法

假设标定过程共采用 q 条约束直线，每条直线上选择 p 个已知点，则有

$$\begin{aligned} &\boldsymbol{E} = \boldsymbol{\Phi}\Delta\boldsymbol{\varphi} \\ &\boldsymbol{E} = \left[\boldsymbol{E}^{(1,1,1)^{\mathrm{T}}}, \cdots, \boldsymbol{E}^{(p-1,p,1)^{\mathrm{T}}}, \cdots, \boldsymbol{E}^{(1,1,q)^{\mathrm{T}}}, \cdots, \boldsymbol{E}^{(p-1,p,q)^{\mathrm{T}}} \right]^{\mathrm{T}} \\ &\boldsymbol{\Phi} = \left[\overline{\boldsymbol{J}}^{(1,1,1)^{\mathrm{T}}}, \cdots, \overline{\boldsymbol{J}}^{(p-1,p,1)^{\mathrm{T}}}, \cdots, \overline{\boldsymbol{J}}^{(1,1,q)^{\mathrm{T}}}, \cdots, \overline{\boldsymbol{J}}^{(p-1,p,q)^{\mathrm{T}}} \right]^{\mathrm{T}} \end{aligned} \tag{5-48}$$

利用式(5-48)，采用 L-M 非线性优化算法可以实现运动学参数向量的辨识，详见 4.2.2 节“单应性矩阵标定方法”部分，得

$$\Delta\hat{\boldsymbol{\varphi}}(t) = (\boldsymbol{\Phi}(t)^{\mathrm{T}}\boldsymbol{\Phi}(t) + \lambda(t)\boldsymbol{I})^{-1}\boldsymbol{\Phi}(t)^{\mathrm{T}}\boldsymbol{E} \tag{5-49}$$

标定过程中，约束直线也是名义上的，因为相机坐标系相对于基坐标系的位姿标定过程采用的是名义运动学方程，所以约束直线存在偏差，可在标定过程中使用每条约束直线上选取的 p 个已知点的名义坐标值 x_i, y_i, z_i，将光轴方向向量 Z 轴分量归一化后，将空间直

线分别向 XOZ 平面和 YOZ 平面投影，可得到两条二维空间直线，直线参数分别为 m,x_0 和 n,y_0，利用最小二乘法可实现对光轴向量 $\hat{\boldsymbol{\mu}}_k(m,n,1)$ 的估计：

$$\begin{bmatrix} m & x_0 \\ n & y_0 \end{bmatrix} = \begin{bmatrix} \sum_{i=0}^{p} x_i z_i & \sum_{i=0}^{p} x_i \\ \sum_{i=0}^{p} y_i z_i & \sum_{i=0}^{p} y_i \end{bmatrix} \begin{bmatrix} \sum_{i=0}^{p} z_i^2 & \sum_{i=0}^{p} z_i \\ \sum_{i=0}^{p} z_i & p \end{bmatrix}^{-1} \tag{5-50}$$

通过 $\hat{\boldsymbol{\mu}}_k(m,n,1)$ 和 $\Delta\hat{\boldsymbol{\varphi}}(t)$ 的迭代估计，可提高运动学参数的标定精度。

5.2.3　相机光轴直线约束法应用于机械臂运动学标定

基于相机光轴直线约束的标定方法也可用于双机械臂协同系统，如图 5-8 所示，其中一个机械臂末端安装相机，称为从动机械臂，相当于 Eye-in-hand 手眼系统，用于调整相机的位姿，另一个机械臂末端安装标定模板，称为主动机械臂，与相机构成 Eye-to-hand 手眼系统，用于调整模板的位姿。

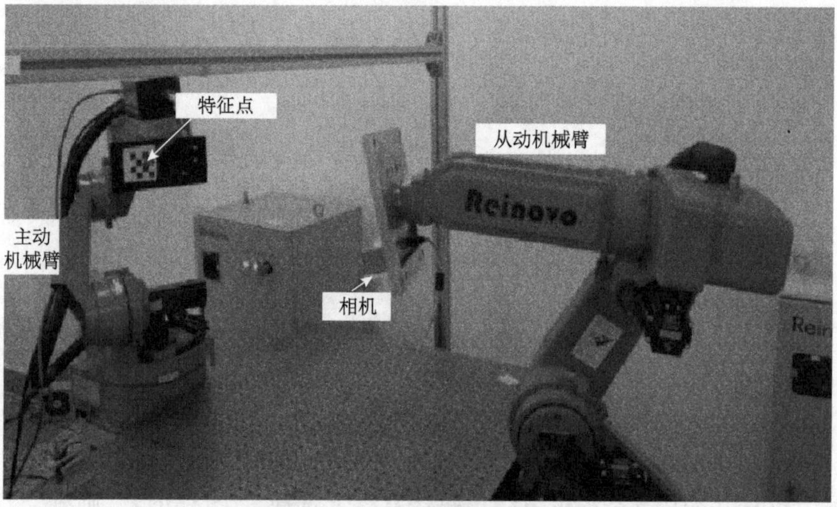

图 5-8　双机械臂协同系统

该方法除可以标定机械臂运动学参数外，还可以用于工具与末端之间、两个机械臂基座之间的位置与姿态的标定等，对于不同的标定目标，须根据光轴直线约束机理，建立不同的系统误差与标定参数之间的关系模型。另外，满足直线约束的控制过程既可以通过控制模板的位姿实现，也可以通过控制相机的位姿实现，使得标定的过程更加灵活。

5.3　手眼系统目标识别与位姿估计

手眼系统的一项重要任务是实现目标的抓取，其前提是能够准确地识别到需要抓取的目标，并能够测量出目标相对于机械臂基坐标系的位置和姿态，然后生成机械臂末端的运动轨迹和控制策略，实现目标的抓取。

5.3.1 基于深度学习的目标识别

传统的目标检测算法依赖于目标特征提取的能力，如目标边界特征、颜色特征、形状与尺寸特征、点云特征等，虽然很多研究者不断对目标特征提取算法进行改进，但在复杂的背景环境下依然存在通用性差、提取能力不足的弱点。随着 1998 年卷积神经网络(convolutional neural network，CNN)的出现，图像可以直接作为网络的输入，并实现了图像特征的自动提取，省去了人工寻找特征的步骤，而且能够学习到表达能力更强的特征，2006 年深度学习的提出进一步确信多隐层的神经网络具有优异的特征学习能力，其通过多层的高层次特征表示目标的抽象信息，能够获得更好的特征鲁棒性，在图像分析和处理领域取得了众多突破性的进展。

1. 卷积神经网络

卷积神经网络是一种前馈型神经网络，和全连接神经网络相似，都具有可学习的权重和偏置量的神经元，所不同的是 CNN 的神经元是局部连接的，而且所有局部连接的权值是共享的。

第一个实用的 CNN 结构是 1998 年提出的 LeNet5，如图 5-9 所示，LeNet5 网络虽然很小，但包含了深度学习的基本模块，即卷积层、池化层和全连接层，该网络包含 8 个层，下面结合该网络介绍 CNN 的基本原理。

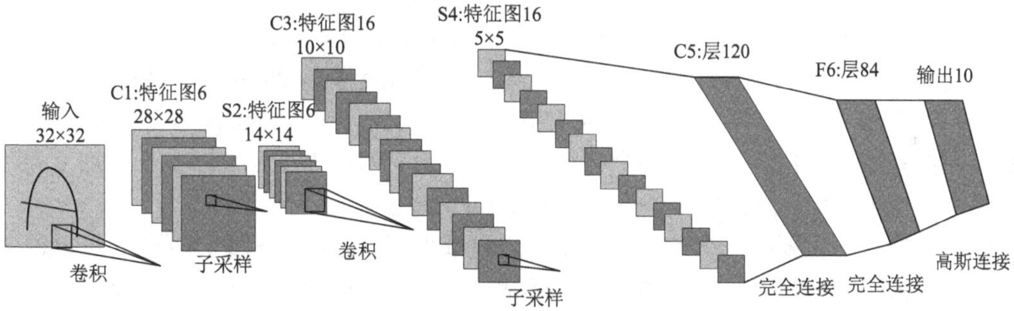

图 5-9　LeNet5 结构

1) 输入层

输入层为原始图像，或称为训练样本，如图 5-9 中用于字符手写体识别的图片，图片尺寸为 32×32 像素，图片中的每一个像素都作为一个图像特征，也作为一个输入神经元，因此输入层共有 $32\times32=1024$ (个)输入神经元。

2) 卷积层 C1

卷积层就是用卷积核对输入图像进行二维卷积运算，相当于神经网络的正向传播过程，卷积核可以理解为图像的滤波器。一个卷积神经网络具有多个卷积层，第一个卷积层 C1 的输入是原始图像，尺寸是 32×32 像素，采用 5×5 的卷积滤波器窗口，窗口滑动步长在水平和垂直方向均为 1 像素，则滤波后的图像尺寸为 28×28 像素，卷积正向传播的映射为

$$x_{ij}^{(l)} = f(u_{ij}^{(l)}) = f\left(\sum_{p=1}^{s}\sum_{q=1}^{s} x_{i+p-1,j+q-1}^{(l-1)} \times k_{pq}^{(l)} + b^{(l)}\right) \tag{5-51}$$

式中，l 为 CNN 的层数；u 为神经元的输入；x 为神经元的输出；k 为权值，即卷积核的元素；s 为卷积核的尺度；b 为输入偏置量；f 为一个非线性映射函数。

用同一个卷积核对原始图像滤波后得到的图像称为一个特征图，或称为特征平面，用不同的卷积核会得到不同的特征图，例如，图 5-9 中 C1 层用了 6 个不同的卷积核得到 6 个特征图。每个特征图上的每一个像素都作为一个图像特征，也作为神经网络的一个神经元，因此该层总的特征神经元数量为 $28 \times 28 \times 6 = 4704$ (个)。每个神经元的权重就是卷积核的每一个元素值，即 5×5 个权值，会通过神经网络的误差反向传播过程加以调整，但调整过程中始终保持每个特征图上的神经元都具有相同的权值，即权值共享，因此 C1 层的可训练参数为所有权值和偏置的和，即 $5 \times 5 \times 6 + 6 = 156$ (个)。

可见 CNN 具有 2 个重要的特点：一是每个神经元都通过卷积核与原始图像的局部像素关联，不是与所有像素全连接，体现的是图像的局部特征，不是全局特征，是从生物学的研究成果“局部感受野”启发而来的；二是每个特征图上的神经元都具有相同的权值，即权值共享，这样大大减少了权重的个数，同时保证了特征的移动不变性。

3) 池化层 S2

池化层也称降采样层，降采样的过程是将 C1 层的 6 个特征图分别用不同的 2×2 卷积核进一步滤波，此时卷积核窗口滑动步长在水平和垂直方向均为 2 像素，这样在 S2 层便得到 6 个 14×14 像素的特征图，该层共有特征神经元 $14 \times 14 \times 6 = 1176$ (个)。

池化层的所有卷积函数是固定的，池化层的常用运算有两种：一是最大池化(max pooling)，即取 4 个输入神经元像素的最大值；二是均值池化(average pooling)，即取 4 个输入神经元像素的平均值。针对每一个特征图，池化运算的输出还要乘以步长并加上卷积特征图尺寸的差值，因此 S2 层共有 $6 + 6 = 12$ (个)可训练参数。

池化层的目的主要是减少特征的数量，通过减少网络参数来减少计算量，可以说通过图像降维后留下的特征具有尺度不变性。通常每个卷积层后面会加上一个池化层。

4) 卷积层 C3

C3 层同样通过 5×5 卷积核卷积 S2 层的 6 个特征图，步长为 1 像素，输出 16 个尺寸为 10×10 像素的特征图，因此神经元的数量为 $16 \times 10 \times 10 = 1600$ (个)，该层的关键是如何从 S2 层的 6 个特征图得到 C3 层的 16 个特征图，此时采用了特征组合的模式。该层 16 个特征图对应了 16 个不同的卷积核，每个特征图用其对应的卷积核对 S2 层的多个特征图同时卷积并求和得到，如 C3 层的第一个特征图，是通过对 S2 层的前三个特征图组合的结果，如图 5-10 所示。C3 层 16 个特征图的组合方式：前 6 个特征图与 S2 层相连的 3 个特征图相连接，后面 6 个特征图与 S2 层相连的 4 个特征图相连接，再后面 3 个特征图与 S2 层不相连的 4 个特征图相连接，最后 1 个与 S2 层的所有特征图相连接。如果 C3 层的 16 个特征图的组合过程均采用相同的卷积核，则 C3 层共有 $16 \times 5 \times 5 + 16 = 416$ (个)训练权重，如果采用不同的卷积核，则共有 $6 \times 3 \times 5 \times 5 + 6 \times 4 \times 5 \times 5 + 3 \times 4 \times 5 \times 5 + 6 \times 5 \times 5 + 16 = 1516$ (个)训练权重。

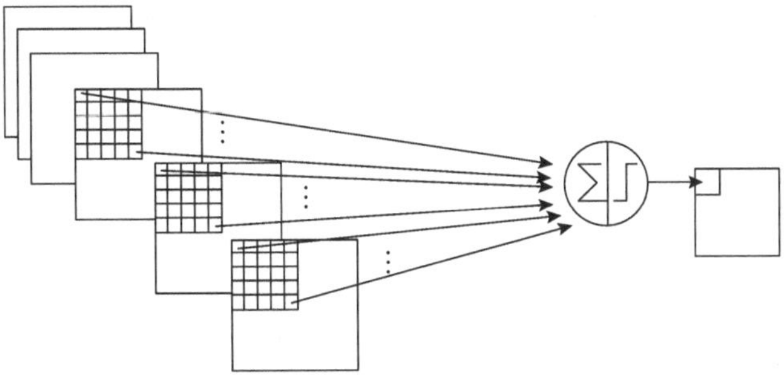

图 5-10　特征图组合模式

利用 S2 层特征图的组合模式能够打破对称性，提取更深层的特征，增强了目标识别的能力。

5) 池化层 S4

S4 层的降采样过程与 S2 层相同，卷积窗口大小为2×2，得到 16 个5×5像素的特征图，总的神经元个数为$16\times5\times5=400$(个)，可训练参数为 32 个。

6) 卷积层 C5

C5 层为卷积层，选择 120 个不同的卷积核，利用每一个卷积核对 S4 层的 16 个特征图同时进行卷积后组合得到 1 个1×1像素的特征图，因此 C5 层共有 120 个1×1像素的特征图，即 120 个神经元，每个神经元与 S4 层的 400 个神经元都是全连接的，可训练参数有$120\times16\times5\times5+120=48120$(个)。

7) 全连接层 F6

全连接层具有 84 个神经元，对应于字符类的一个大小为7×12像素的格式化图片，或字符的比特图，每个神经元与 C5 层神经元全连接，共有$120\times84+84=10164$(个)可训练参数，结果通过 sigmoid 函数输出。

8) 输出层

输出层共 10 个神经元，与 F6 层神经元全连接，分别代表数字 0～9，每个神经元对应一个径向基函数(radial basis function，RBF)，即一种沿径向对称的标量函数，定义为样本到数据中心之间的径向欧氏距离的单调函数：

$$y_i=\sum_{j=0}^{83}(x_j-w_{ij}) \tag{5-52}$$

式中，y_i为输出层第i个神经元的输出；x_j为输出层第i个神经元的第j个输入，即 RBF 的样本输入，也就是 F6 层第j个神经元的输出；w_i代表第i个神经元 0～9 中一个字符的 84 位比特图编码，即 RBF 的数据中心，样本输入离径向基函数中心越远，神经元的激活程度就越低。

后续 CNN 的发展中用 Softmax 函数取代了径向基函数，Softmax 函数又称归一化指数函数，目的是将多分类的结果以概率的形式展现出来，即

$$p(y\mid x)=\frac{\exp(W_y\cdot x)}{\sum_{c=1}^{C}\exp(W_c\cdot x)} \tag{5-53}$$

式中，$\exp(W_y \cdot x)$ 函数的目的是将 $W_y \cdot x$ 的取值范围映射到零到正无穷，保证了概率的非负性；$\sum_{c=1}^{C}\exp(W_c \cdot x)$ 是将映射后的结果进行归一化，保证各种预测结果的概率之和为 1。

2. 基于深度学习的目标检测

在一幅图像上检测需要的目标需要解决两个主要问题：一是在图像上实现目标定位；二是对定位的目标实现分类识别。基于深度学习的目标检测有 Two-Stage 和 One-Stage 两种算法，Two-Stage 算法首先在包含目标的环境图像中生成目标候选框，然后对目标候选框内的目标进行分类识别；One-Stage 算法可以将两者合二为一，直接生成目标分类和位置框，可有效提高目标检测速度。目前主流架构有 Faster RCNN、YOLO 和 SSD 三种典型的目标检测网络。

1) Faster RCNN 目标检测网络

RCNN(regions with CNN features)是将 CNN 用于目标检测的里程碑(2014 年)，它基于滑动窗口思想，采用对区域进行识别的方案，如图 5-11 所示，即在给定的一幅图像上提取 2000 个类别独立的候选区域，再将每个候选区域缩放成 227×227 像素统一大小的图像并利用 CNN 提取特征，最后利用 SVM 进行目标分类。

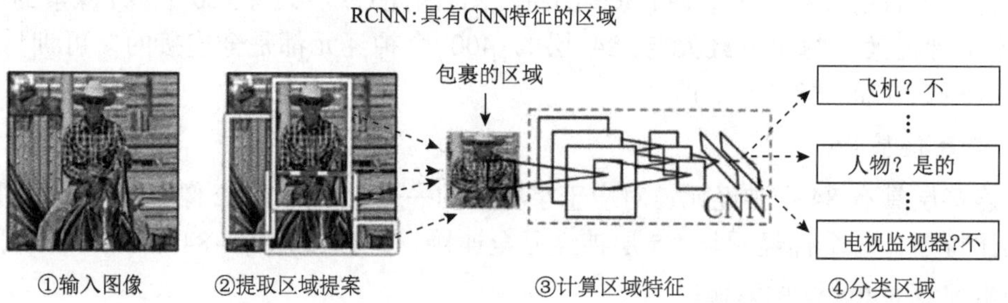

图 5-11　RCNN 原理

RCNN 存在两点不足：一是 CNN 特征提取过程只能接受固定大小的输入图像，要么采用固定尺寸截取方式，会导致目标不完整，要么采用图像缩放方式，会使图像扭曲，不利于特征提取；二是采用 Selective Search 算法产生候选区域，即通过图像分割算法得到初始区域集合，再通过颜色、纹理等特征的相似度计算对初始区域进行合并得到最后候选区域，该算法存在重复计算、速度慢的不足。

针对第一个不足，有学者 2014 年提出 SPP(spatial pyramid pooling)网络结构，同样采用 Selective Search 算法产生候选区域，但不同的是取消了对不同尺寸图像的缩放过程，直接对图像进行特征卷积和池化操作，然后将与全连接层连接的最后的池化层改为空间金字塔池化层，能够将任意大小的特征图转换成固定大小的特征向量。如图 5-12 所示，对最后卷积层输出的任意大小的 256 个特征图，利用三种不同大小的刻度进行划分，可以得到 $(16+4+1)\times 256 = 21\times 256$(个)大小不同的特征图，对每个特征图进行最大池化产生一个特征神经元，则共产生 21×256 =5376(个)特征神经元，可见无论输入特征图的尺寸如何，通过空间金字塔池化后的特征向量是不变的。当然通过改变金字塔的层数或者划分刻度的大小，可以得到不同维数的特征向量。

将空间金字塔池化改为兴趣区域池化(region of interest pooling，ROI pooling)就得到 Fast RCNN(2015 年)，将输入的特征图区域分割为多个相同尺寸的特征图，如分割为 $7\times7=49$ (个)区域，并最大池化为 49 个特征神经元，可见 ROI 池化层仅是 SPP 池化层的特殊形式，即采用了金字塔中的一层，但得到的特征图大小一致，可大大加快计算速度。此外 Fast RCNN 的最后全连接层采用 1 个全连接层和 Softmax 网络结构进行替代，用以输出 ROI 中的目标类别和相应的拟合坐标。

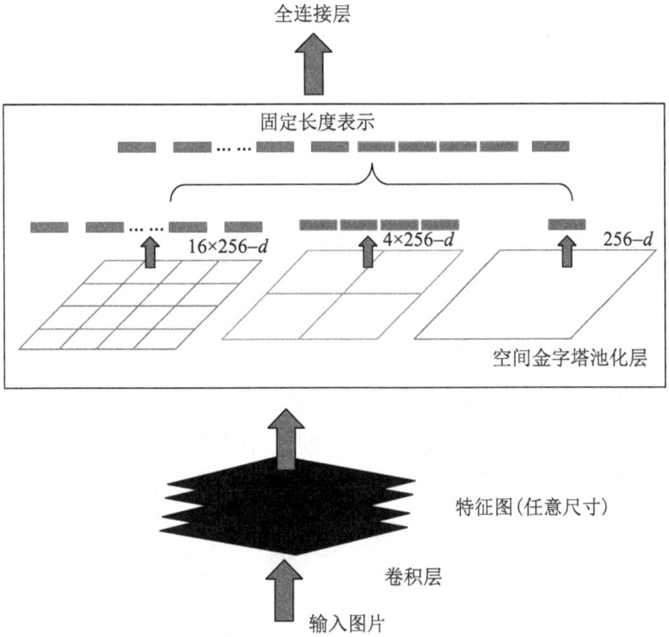

图 5-12 空间金字塔池化

彩图 5-12

针对第二个不足，有学者 2015 年提出 Faster RCNN 结构，如图 5-13 所示，在主干网络中增加了 RPN(region proposal network)，通过一定规则设置不同尺度的锚点(anchor)，并在 RPN 的卷积层提取候选框代替 RCNN 的候选框提取方法。

图 5-13 中的上半部分为主干网络，首先将输入的 $P\times Q$ 像素的图像缩放为 $M\times N$ 像素的图像大小，然后经过 13 个卷积层、13 个 ReLU(rectified linear unit)层(即整流层)和 4 个池化层处理产生特征图。

(1) 所有的卷积层都使用 3×3 卷积核，窗口滑动步长为 1 像素，卷积过程对原图进行了扩边处理，保证卷积输出的特征图与原图的尺寸相同。

(2) ReLU 层也称修正线性单元，是对特征图的所有神经元配置一个非线性激活函数。神经元的输入都是上层神经元输出的线性函数，若不引入非线性激活函数，则整个多层网络都是线性的，不利于逼近任意函数。常用的非线性激活函数有 sigmoid 函数(即 $\sigma(x)$ 函数)、$\tanh(x)$ 函数和 ReLU 函数：

$$\sigma(x)=\frac{1}{1+\mathrm{e}^{-x}},\quad \tanh(x)=\frac{\mathrm{e}^{x}-\mathrm{e}^{-x}}{\mathrm{e}^{x}+\mathrm{e}^{-x}},\quad \mathrm{ReLU}(x)=\begin{cases}x, & x>0\\ 0, & x\leqslant 0\end{cases} \tag{5-54}$$

彩图 5-13

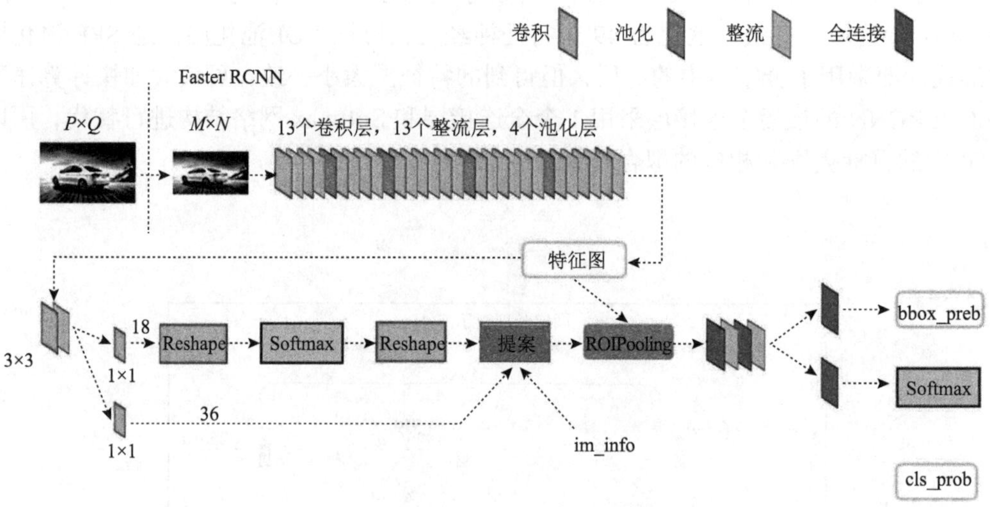

图 5-13 Faster RCNN 结构

三个函数对应的曲线如图 5-14 所示。三个函数的共同特点是其导数的计算比较容易，有利于网络训练过程中误差反向传播的计算，前两个函数容易出现梯度消失的情况，影响网络的训练，ReLU 函数不会出现该问题，也会使计算量节省很多。

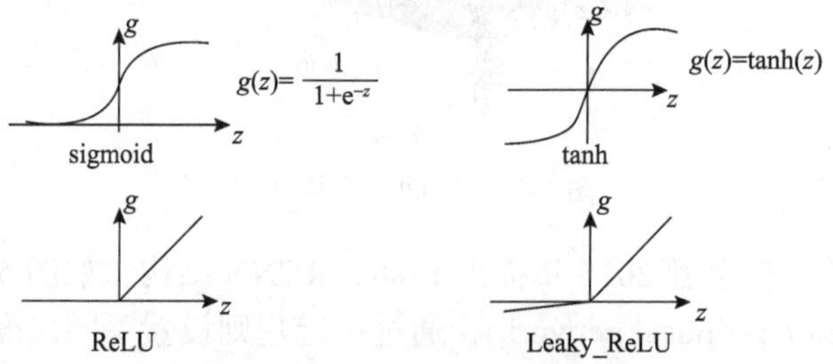

图 5-14 非线性激活函数曲线

(3) 所有池化层均采用 2×2 卷积核，窗口滑动步长为 2 像素。

图 5-13 的下半部分为 PRN，PRN 与主干目标分类识别网络共用卷积神经网络资源，权值也是共享的。PRN 以主干网络输出的特征图为基础，首先采用 512 个 3×3 卷积核对输入的特征图进行卷积，同样采用扩边方法保证输出的特征图与输入的特征图尺寸相同，输出特征图上的每一个像素点对应 1 个锚点，对每一个锚点生成 9 个不同尺度的候选框，即 128 像素、256 像素、512 像素三种尺度和 1∶1、1∶2、2∶1 三种长宽比，则针对每一个特征图共生成 $(P/16)\times(Q/16)\times9$ 个候选框，候选框是映射到 $P\times Q$ 像素的原始图像上的，会有大量的重复区域，须通过带有标识样本的训练确定最终的候选区域，训练过程所关心的是候选框内是否含有目标，即候选框内是前景还是背景，可利用 2 维数据有或无进行表达，另外，就是含有目标的候选框的位置和尺度 (x,y,w,h) 是 4 维数据。PRN 针对每一个锚点，利用两个并行的 1×1 卷积核进行卷积，卷积核数量均为 9 个，其中每个分支的 9 个特征图分别对应 9 个候选框。对其中一个分支的每一个特征图全连接生成 2 维神经元输出，

对应于候选框中有无目标，共生成 18 维向量；对另一个分支全连接生成 4 维神经元输出，对应于候选框的位置和尺度变量，共生成 36 维向量。最后利用 Softmax 函数进行概率计算并形成候选框内有无目标的分类以及候选框位置和尺度偏移量的计算。

2) YOLO 目标检测网络

YOLO(you only look once)是继 Faster RCNN 之后，于 2016 年提出的一种目标检测网络，Faster RCNN 将目标位置框提取和目标分类分别基于 CNN 实现，而 YOLO 又将两个任务合一，通过单一网络结构同时预测出目标的种类和位置框，进一步提高了网络的速度。YOLO 已经发展了一些新的版本，都是在原始版本的基础上改进的，下面以原始版本为例分析其原理。

YOLO 实现的方法是将输入图像分成 $S \times S$ 个网格(grid cell)，如图 5-15 所示，如果目标的中心落在其中的一个网格内，则这一网格就负责预测这个目标。对含有目标的网格预测 B 个边界框(bounding box)，每个边界框由 $(x, y, w, h, \text{confidence})$ 5 个参数描述，其中 x, y 是当前网格预测的边界框的中心位置相对于该网格左上角的偏移坐标，并被归一化到[0,1] 区间内，w, h 是预测的边界框的宽度和高度，并使用输入图像的宽度和高度归一化到[0,1] 区间内，confidence 用于描述预测的边界框中是否包含目标及目标位置的可信度，其计算为

$$\text{confidence} = P(\text{object}) \cdot \text{IOU} \tag{5-55}$$

式中，$P(\text{object})$ 是边界框内存在目标的概率，若边界框内包含目标则概率为 1，否则为 0；IOU (intersection over union)为预测的边界框与目标真实区域的交集面积，以像素为单位，用目标真实区域的像素面积归一化到[0,1] 区间内。

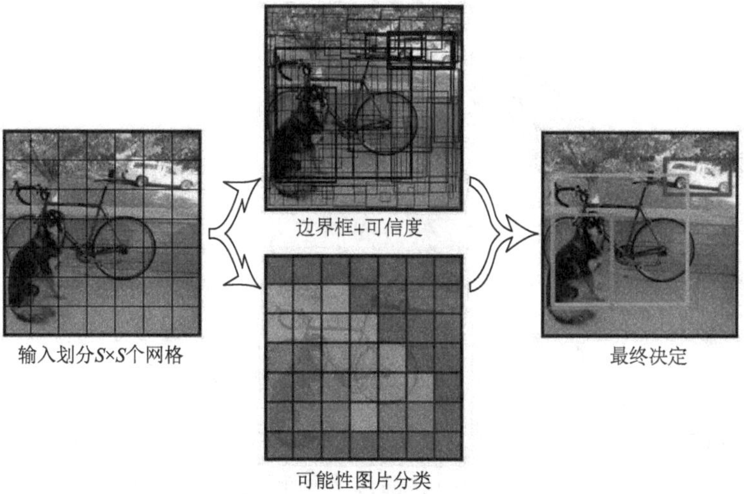

彩图 5-15

图 5-15　YOLO 网格划分与边界框预测

YOLO 原始版本中输入图像的尺寸为 448×448 像素，被划分为 7×7 个网格，每个网格预测 2 个边界框，覆盖了输入图像的整个区域。YOLO 的网络结构相对简单，由 24 个卷积层和 2 个全连接层构成，和普通的 CNN 对象分类网络基本相同，最大的区别是最后输出层用线性函数作为激活函数，实现数值型边界框位置的预测，因此可将 YOLO 网络结构简化为如图 5-16 所示，重要的是输入和输出的映射关系。

YOLO 网络最终的预测值为 $S \times S \times (B \times 5 + C)$ 维的张量，即对 $S \times S$ 个网格中的每个网

格预测 B 个边界框的 5 个参数和 C 个目标类别的概率值，其中若 $C=20$，则最终的预测结果就是 $7\times7\times30$ 维的张量，其结构如图 5-17 所示，对于每一个单元格，前 20 个元素是类别概率值，然后两个元素是边界框置信度，两者相乘得到类别置信度，后面 8 个元素是边界框的 (x,y,w,h)。最后，针对每一个网格给出预测的目标类别的信任度评价：

$$分类置信度 = P(\text{class}_i / \text{object}) \cdot P(\text{object}) \cdot \text{IOU} \tag{5-56}$$

式中，$P(\text{class}_i / \text{object})$ 表示在网格对应的边界框内存在目标的前提下对目标类别的预测条件概率。

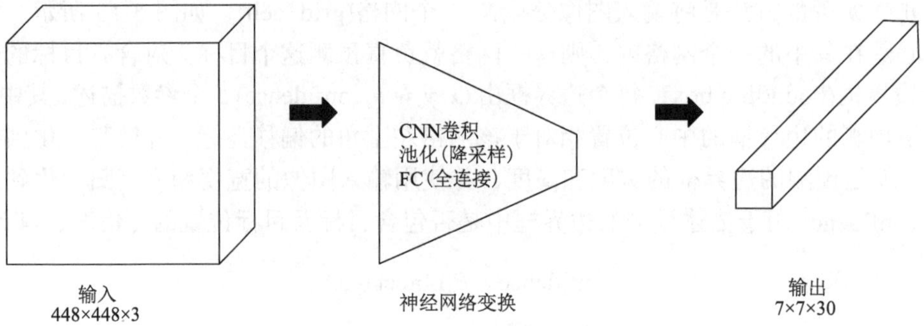

图 5-16　YOLO 网络结构

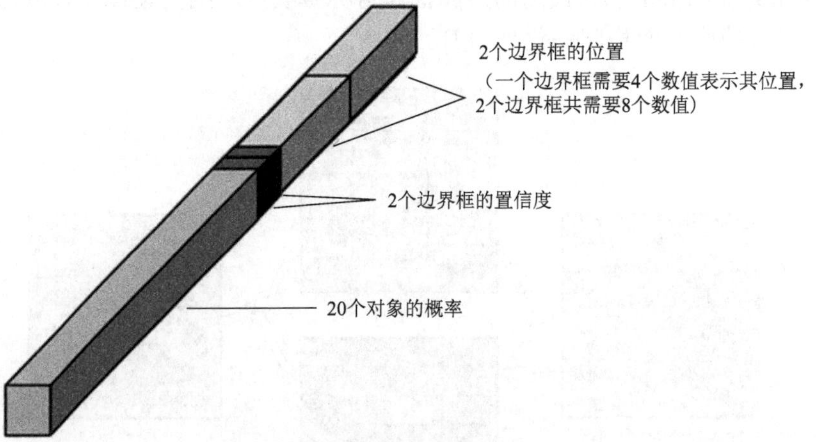

图 5-17　YOLO 网络输出的结构

由上面的分析可知，YOLO 网络将输入图像划分为 $7\times7=49$ (个)网格，每个网格对应 2 个预测边界框，并选择 IOU 值较大的边界框作为预测目标，也就是说每个网格只能预测一个目标，因此 YOLO 网络针对一幅图片最多可以预测 49 个目标，并实现目标分类。

YOLO 网络的训练过程中，需要对网格边界框的坐标尺寸、IOU 值和目标类型预测概率不断进行修正，因此选取如下形式的损失函数：

$$\text{loss} = \sum_{i=0}^{S^2} \text{coordError} + \text{iouError} + \text{classError} \tag{5-57}$$

式中，coordError, iouError, classError 分别表示坐标尺寸误差、IOU 值误差和目标类型预测误差，三者对损失函数的贡献利用权重加以区分，具体计算方法如下：

$$
\begin{aligned}
&\sum_{i=0}^{S^2}\text{coordError}=\lambda_{\text{coord}}\sum_{i=0}^{S^2}\sum_{j=0}^{B}\boldsymbol{I}_{ij}^{\text{obj}}\left\{[(x_i-\hat{x}_i)^2+(y_i-\hat{y}_i)^2]+\left[\left(\sqrt{w_i}-\sqrt{\hat{w}_i}\right)^2+\left(\sqrt{h_i}-\sqrt{\hat{h}_i}\right)^2\right]\right\}\\
&\sum_{i=0}^{S^2}\text{iouError}=\sum_{i=0}^{S^2}\sum_{j=0}^{B}\boldsymbol{I}_{ij}^{\text{obj}}(C_i-\hat{C}_i)^2+\lambda_{\text{noobj}}\sum_{i=0}^{S^2}\sum_{j=0}^{B}\boldsymbol{I}_{ij}^{\text{noobj}}(C_i-\hat{C}_i)^2\\
&\sum_{i=0}^{S^2}\text{classError}=\sum_{i=0}^{S^2}\boldsymbol{I}_{ij}^{\text{obj}}\sum_{c\in\text{classes}}(p_i(c)-\hat{p}_i(c))^2
\end{aligned}
\tag{5-58}
$$

式中，$\boldsymbol{I}_{ij}^{\text{obj}}$ 表示第 i 个网格的第 j 个边界框是否负责对目标的预测；$\boldsymbol{I}_{ij}^{\text{noobj}}$ 表示第 i 个网格的第 j 个边界框中不含目标；权值一般取 $\lambda_{\text{coord}}=5$, $\lambda_{\text{noobj}}=0.5$ ，表示更加重视对坐标的预测。

3)SSD 目标检测网络

SSD(single shot multibox detector)网络是在 YOLO 网络的基础上，同样在 2016 年改进提出的，在提高目标检测速度的同时也提高了检测的精度。SSD 网络结构如图 5-18 所示，由 VGG16 基础层、附加特征层(extra feature layer)、检测层(detection layer)和非极大值抑制层(non-maximum suppression layer)组成。

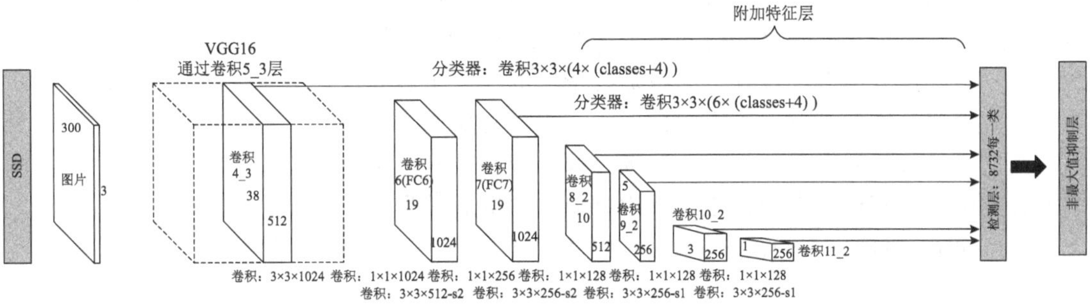

图 5-18　SSD 网络结构

与 YOLO 网络相比，SSD 网络有两点主要改进。

(1) 目标分类和位置回归方法的改进。

SSD 网络继承了 YOLO 网络将检测转化为回归的思路，不同的是 YOLO 网络只对最后卷积层的特征图进行目标分类和位置回归，而 SSD 网络抽取了之前卷积层中的 6 个特征图做分类和回归，最后将 6 个的输出合并后作为预测结果，可以说是借鉴了 SIFT 特征提取的金字塔结构，在多个尺度上进行目标检测，不同特征层对检测不同尺度的目标是有帮助的，因此可以提高检测精度。

SSD 使用 VGG16 作为基础网络，VGG16 网络是牛津大学计算机视觉几何小组(visual geometry group)于 2014 年提出的 16 层深度卷积神经网络，全部使用 3×3 步长为 1 像素的卷积核和 2×2 步长为 2 像素的最大池化。SSD 网络除利用了 VGG16 的 2 层特征图外，又增加了额外 4 个卷积特征图进入目标预测环节，可以增加小目标被检测的概率。

(2) 边界框选择方法的改进。

YOLO 网络针对每一个网格设定 2 个预选边界框，SSD 网络则借鉴了 Faster RCNN 的锚点边界框选择方法，在每个特征图上的每个点同时预先设定 4～6 个不同的预选边界框(prior box/default box)，包括最小和最大的正方形及通过调整长宽比(aspect ratio)产生的矩形边界框。这样每个特征图需要$(C+4)\times K\times m\times n$个预测值，其中$m\times n$为特征图的尺寸，$K$为特征图上每个点的预选边界框数量，$C$为预测目标的类别数，SSD 总的目标类别数为 21，4 表示每个边界框的位置和尺寸变量数。如图 5-18 中，用于预测目标的 6 个特征图尺寸分别为38×38、19×19、10×10、5×5、3×3和1×1，每个特征图上的点对应的边界框数量依次为 4、6、6、6、4、4，则总的边界框数量为 8732 个。

SSD 网络针对每一个预选边界框，利用 Softmax 函数实现目标分类，利用 smooth L1 损失函数实现位置回归，即通过位移和长宽比的改变逐步向真实目标位置靠近。综合损失函数定义为

$$L(x,c,l,g)=\frac{1}{N}\left[L_{\text{conf}}(x,c)+\alpha L_{\text{loc}}(x,l,g)\right] \tag{5-59}$$

式中，l为预选边界框；g为真实边界框；x为l和g是否匹配；c为目标分类的置信度；$L_{\text{conf}}(x,c)$为目标分类的损失函数；$L_{\text{loc}}(x,l,g)$为位置回归的损失函数；N为预选边界框与真实边界框匹配的数量；α用于调整目标分类和位置回归两个损失函数之间的比例。

SSD 网络会生成大量的边界框，其中大部分都是背景或 IOU 值小于 0.5 的候选边界框，因此必须对大量的预测结果进行筛选，可通过设置目标分类置信度阈值和 IOU 阈值进行筛选，也就是非极大值抑制过程，满足筛选条件的称为正边界框，不满足筛选条件的称为负边界框，负边界框数远远大于正边界框数。为了避免预测结果向负边界框靠拢，需要选分值较高的部分负边界框参与训练，即选择部分容易被分错类的负边界框参与训练，这对网络的分类性能具有很大帮助，正、负边界框的比例通常为 1∶3。

式(5-59)中目标分类的损失函数和位置回归的损失函数分别定义为

$$L_{\text{conf}}(x,c)=-\sum_{i\in\text{Pos}}^{N}x_{ij}^{p}\log(\hat{c}_i^{p})-\sum_{i\in\text{Neg}}\log(\hat{c}_i^{0}),\quad \hat{c}_i^{p}=\frac{\exp(c_i^{p})}{\sum_p\exp(c_i^{p})} \tag{5-60}$$

$$\begin{gathered}L_{\text{loc}}(x,l,g)=\sum_{i\in\text{Pos}}^{N}\sum_{m\in\{cx,cy,w,h\}}x_{ij}^{k}\text{smooth}_{\text{L1}}(l_i^{m}-\hat{g}_j^{m}),\quad \text{smooth}_{\text{L1}}(x)=\begin{cases}0.5x^2, & |x|<1\\ |x|-0.5, & \text{其他}\end{cases}\\ \hat{g}_j^{cx}=(g_j^{cx}-d_i^{cx})/d_i^{w},\quad \hat{g}_j^{cy}=(g_j^{cy}-d_i^{cy})/d_i^{h},\quad \hat{g}_j^{w}=\log\left(\frac{g_j^{w}}{d_i^{w}}\right),\quad \hat{g}_j^{h}=\log\left(\frac{g_j^{h}}{d_i^{h}}\right)\end{gathered} \tag{5-61}$$

式(5-60)中，x_{ij}^{p}表示第i个预测边界框与第j个真实边界框对目标类别p是否匹配，取值为 0 或 1，取 1 时表示 IOU 值大于阈值；$p=0$表示背景；$\hat{c}_i^{p}$由 Softmax 函数计算，概率值越大损失越小。式(5-61)中，smooth L1 函数的变量为预测边界框与真实边界框的位置、宽度、高度等参数的偏差，偏差越小损失越小。

5.3.2　目标抓取位姿估计

通过深度学习网络可以预测到目标在图像中的位置和边界框，以此为基础，可以估计出二维图像上的目标抓取位姿$\tilde{g}=((x,y),\tilde{w},\theta)$，其中$(x,y)$为抓取点在图像上的像素坐标，$\tilde{w}$为图像中机械手预抓取宽度的像素值，$\theta$为抓取目标时机械臂末端执行器的$Z$轴与目标所

在平面的夹角，可以考虑水平抓取($\theta=0°$)和垂直抓取($\theta=90°$)两种方式。

为了完成抓取操作，需要将图像上的抓取位姿映射到机械臂的操作空间中，即 $g=((p_x,p_y,p_z),w,\theta)$，其中 (p_x,p_y,p_z) 为抓取点在机器人基坐标系中的位置坐标，w 为机械手的预抓取宽度。

通过上述抓取表示，将目标抓取问题转化为二维图像中目标物体的抓取位姿估计和二维图像到操作空间的抓取映射两个问题，其中，为了实现二维图像到操作空间的抓取映射，需要首先估计抓取点的深度信息，然后利用标定后的机器人视觉系统中各坐标系之间的关系，将图像上的抓取位姿 $\tilde{g}=((x,y),\tilde{w},\theta)$ 转化为机器人基坐标系中的抓取位姿 $g=((p_x,p_y,p_z),w,\theta)$。

1. 图像空间的抓取位姿估计

对于日常生活中的绝大多数物体，尤其是形状近似规则对称的物体，在抓取物体时为了保持稳定，人们最常抓的部位就是物体的中间区域，因此可以将矩形框的中心作为目标物体的抓取点。为了使机械手抓取目标物体时不与周围的物体发生碰撞，机械手应该张开合适的抓取宽度接近目标物体，边界框的宽度描述了物体的宽度，将机械手的张开宽度设置为稍大于矩形框宽度。

假设目标边界框的中心点在图像上的像素坐标为 (b_x,b_y)，边界框的宽度和高度分别为 b_w 和 b_h，可将图像中的抓取位姿设置如下：

(1) 抓取点的位置选在矩形框的中心，即选择 $x=b_x, y=b_y$；

(2) 机械手预抓取宽度设定为 $\tilde{w}=b_w+b_0$，其中 b_0 为固定常数，可根据实际情况进行设置；

(3) 垂直抓取时，机械臂末端执行器的 Z 轴与物体所在平面的夹角为 $\theta=90°$，水平抓取时，机械臂末端执行器的 Z 轴与物体所在平面的夹角为 $\theta=0$。

需要注意的是，目标检测算法在图像上生成的目标边界框均无旋转，即边界框与图像之间的旋转角度始终为 0，因此在抓取目标时机械手的旋转角度为固定值，机械手的两根手指的开合方向与矩形框的宽度所在方向一致。

2. 机械臂操作空间的抓取位姿估计

1) 在相机坐标系中的抓取位姿估计

位姿估计需要深度信息，可以采用深度相机，以 Kinect v1 相机为例，如图 5-19 所示，该相机由 RGB 彩色相机、红外线 CMOS 相机和一个红外发射器组成，采用以结构光为基础进行改进后的光编码(light coding)技术获得物体的深度信息。

彩色相机和红外相机的安装位置不同，导致 RGB 图像和深度图像存在偏差，所以需要设计深度图像与 RGB 图像的匹配算法，使两幅图像中的像素一一对应。分别为彩色相机和红外相机设定坐标系，设空间目标点 $\boldsymbol{P}$ 在红外相机坐标系的坐标为 $\boldsymbol{P}_{\text{ir}}(x_{c1},y_{c1},z_{c1})$，对应的像素坐标为 $\boldsymbol{p}_{\text{ir}}(u_1,v_1)$，在彩色相机坐标系的坐标为 $\boldsymbol{P}_{\text{rgb}}(x_{c2},y_{c2},z_{c2})$，对应的像素坐标为 $\boldsymbol{p}_{\text{rgb}}(u_2,v_2)$，图像匹配的目的是计算 $\boldsymbol{p}_{\text{ir}}$ 和 $\boldsymbol{p}_{\text{rgb}}$ 之间的关系。

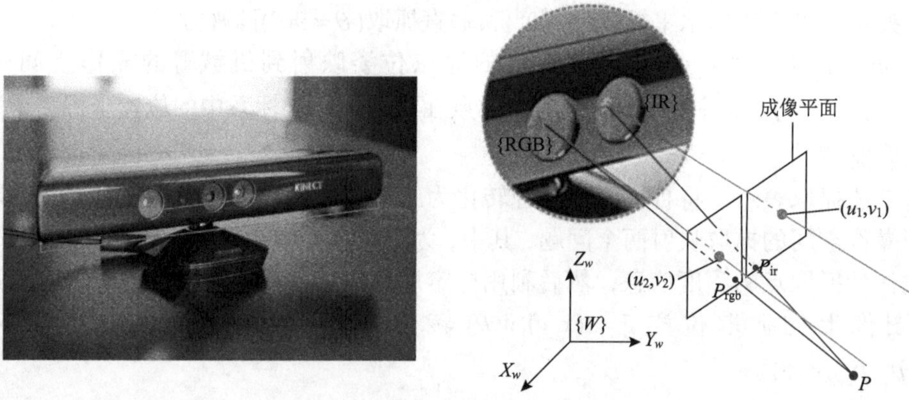

图 5-19　Kinect v1 相机及坐标系

设红外相机和彩色相机的外参数矩阵分别为 $\boldsymbol{R}_{\text{ir}},\boldsymbol{T}_{\text{ir}}$ 和 $\boldsymbol{R}_{\text{rgb}},\boldsymbol{T}_{\text{rgb}}$，并通过标定模板标定，则有

$$\begin{cases}\boldsymbol{P}_{\text{ir}}=\boldsymbol{R}_{\text{ir}}\boldsymbol{P}+\boldsymbol{T}_{\text{ir}}\\ \boldsymbol{P}_{\text{rgb}}=\boldsymbol{R}_{\text{rgb}}\boldsymbol{P}+\boldsymbol{T}_{\text{rgb}}\end{cases}\Rightarrow\quad \boldsymbol{P}_{\text{rgb}}=\boldsymbol{R}_{\text{rgb}}\boldsymbol{R}_{\text{ir}}^{-1}\boldsymbol{P}_{\text{ir}}+\boldsymbol{T}_{\text{rgb}}-\boldsymbol{R}_{\text{rgb}}\boldsymbol{R}_{\text{ir}}^{-1}\boldsymbol{T}_{\text{ir}}\tag{5-62}$$

设红外相机和彩色相机的内参数矩阵分别为 $\boldsymbol{H}_{\text{ir}}$ 和 $\boldsymbol{H}_{\text{rgb}}$，并通过标定模板标定，则有

$$\begin{cases}\boldsymbol{p}_{\text{ir}}=\boldsymbol{H}_{\text{ir}}\boldsymbol{P}_{\text{ir}}\\ \boldsymbol{p}_{\text{rgb}}=\boldsymbol{H}_{\text{rgb}}\boldsymbol{P}_{\text{rgb}}\end{cases}\Rightarrow\quad \boldsymbol{p}_{\text{rgb}}=\boldsymbol{H}_{\text{rgb}}(\boldsymbol{R}_{\text{rgb}}\boldsymbol{R}_{\text{ir}}^{-1}\boldsymbol{H}_{\text{ir}}^{-1}\boldsymbol{p}_{\text{ir}}+\boldsymbol{T}_{\text{rgb}}-\boldsymbol{R}_{\text{rgb}}\boldsymbol{R}_{\text{ir}}^{-1}\boldsymbol{T}_{\text{ir}})\tag{5-63}$$

利用式(5-63)可以实现图像匹配，其效果如图 5-20 所示。

(a)彩色图像　　(b)原始深度图像　　(c)匹配后的深度图像

图 5-20　Kinect v1 图像匹配

将彩色图像中目标边界框映射到匹配后的深度图像上，便可得到抓取点的深度值，为了滤除深度图像上的噪声，可以利用深度图像上目标边界框内多个点的深度值估计抓取点的深度信息：

$$b_z=\frac{1}{m}\sum_{i=1}^{m}b_{zi}\tag{5-64}$$

2) 在机械臂基坐标系中的抓取位姿估计

首先将抓取点的 RGB 图像像素坐标 (b_x,b_y) 转化为彩色相机坐标系下的坐标 ${}^{c}\boldsymbol{P}_b(x_b,y_b,z_b)$：

$$\begin{cases} x_b = \dfrac{b_x - u_0}{k_x} b_z \\ y_b = \dfrac{b_y - v_0}{k_y} b_z \\ z_b = b_z \end{cases} \tag{5-65}$$

然后根据标定的手眼关系，计算抓取点在机械臂基坐标系中的位置 ${}^0\boldsymbol{P}_b(p_x, p_y, p_z)$。

对于 Eye-to-hand 手眼系统：

$$ {}^0\boldsymbol{P}_b = {}^0\boldsymbol{T}_c \cdot {}^c\boldsymbol{P}_b \tag{5-66}$$

式中，${}^0\boldsymbol{T}_c$ 为相机坐标系与机械臂基坐标系的变换矩阵，可通过手眼标定得到。

对于 Eye-in-hand 手眼系统：

$$ {}^0\boldsymbol{P}_b = {}^0\boldsymbol{T}_n \cdot {}^n\boldsymbol{T}_c \cdot {}^c\boldsymbol{P}_b \tag{5-67}$$

式中，${}^n\boldsymbol{T}_c$ 为相机坐标系与机械臂末端坐标系的变换矩阵，可通过手眼标定得到；${}^0\boldsymbol{T}_n$ 为相机采集图像时机械臂末端坐标系在其基坐标系下的位姿，可通过机械臂运动学模型计算得到。

最后计算机械手的真实抓取宽度，即将图像上的预抓取宽度像素值 $\tilde{w}$ 转化为机械手工作空间的抓取宽度 w。

$$ w = \frac{\tilde{w}}{k_x} \cdot b_z \tag{5-68}$$

经过上述计算，可以得到机械臂操作空间的期望抓取位姿 $g = ((p_x, p_y, p_z), w, \theta)$。该方法具有如下优点：

(1) 直接利用目标检测算法输出的目标物体边界框估计抓取位姿，无须对目标物体建立 3D 模型，算法易实现，简化了目标抓取过程；

(2) 目标物体在机器人的可达空间中可以放置在任意位置，根据相机获取的视觉信息能够快速方便地完成实时的目标抓取操作；

(3) 在抓取算法中加入深度图像处理方法，可以更加精确地估计抓取点的深度信息，有效提高了抓取成功率。

该方法也存在一定的不足：一是机械臂无法抓取未识别的目标；二是当预测的目标边界框与真实的目标边界框偏差较大时可能会造成抓取失败。

5.4　基于视觉伺服的机器人控制技术

视觉伺服技术是 1979 年提出的，强调机械臂的控制和图像信息的处理是并行处理的，不同于传统的位姿给定型机械臂视觉控制系统。传统视觉控制首先是通过图像特征信息以及目标的三维空间模型获取目标的当前位置与姿态，并作为机械臂控制系统的位姿期望输入，然后控制机械臂末端到达期望的位姿，属于 looking then doing，对图像处理的实时性要求较低，其本质是利用图像特征估计目标当前位姿的问题，从视觉控制而言，该方法属于视觉开环控制，控制精度依赖于目标位姿估计的精度，而目标位姿估计的精度又依赖于目标三维空间模型的建立。例如，5.3 节介绍的目标识别与位姿估计以及第 4 章介绍的一些视觉测量方法都可用于传统的视觉控制。

视觉伺服控制是根据图像传感器的信息设计机械臂控制器，属于 looking and doing 的方式，实现视觉闭环控制，对视觉系统的实时性要求较高。视觉伺服控制大体可分为基于位置的视觉伺服(position based visual servoing，PBVS)、基于图像的视觉伺服(image based visual servoing，IBVS)和混合式视觉伺服三种控制方法。

5.4.1 基于位置的视觉伺服控制

基于位置的视觉伺服控制是利用视觉进行位姿反馈的控制结构，又可称为 3D 视觉伺服控制，根据当前位姿与期望位姿之差设计视觉伺服控制器，其本质仍然是利用图像特征估计目标当前位姿的问题，控制精度同样依赖于目标三维空间模型和位姿估计的精度。

1. 系统组成与工作原理

基于位置的视觉伺服控制系统组成如图 5-21 所示，由两个闭环构成，外环为笛卡儿空间的位置环，内环为各关节的速度环。

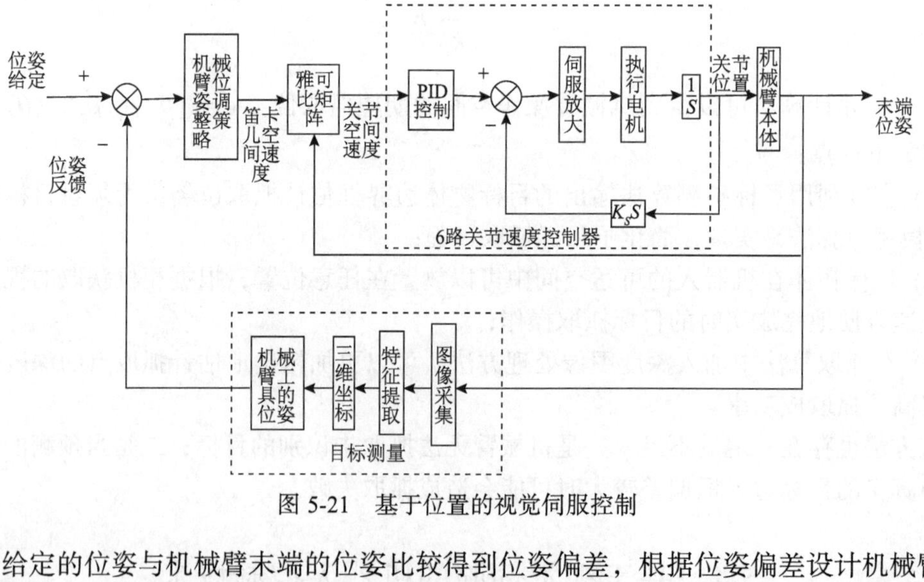

图 5-21 基于位置的视觉伺服控制

由给定的位姿与机械臂末端的位姿比较得到位姿偏差，根据位姿偏差设计机械臂的位姿调整策略，得到希望的末端笛卡儿空间的运动速度，然后通过机械臂雅可比矩阵计算出关节空间的运动速度，由关节电机伺服控制器完成关节速度控制。

2. 机械臂末端位置与期望位置的偏差估计

基于位置的视觉伺服控制中，机械臂末端与目标的相对位置比目标的绝对位置更加重要，下面介绍一种基于双目视觉的相对位置估计方法。如图 5-22 所示，建立坐标系$\{C_1\}$、$\{C_2\}$、$\{C\}$，其中$\{C_1\}$、$\{C_2\}$为左、右两个相机的坐标系，$\{C\}$定义为双目视觉系统坐标系，P 点表示目标的位置，可通过第 4 章介绍的目标位姿测量方法得到，并在伺服控制前离线完成，Q 点表示机械臂末端的位置，通过实时图像测量方法得到。

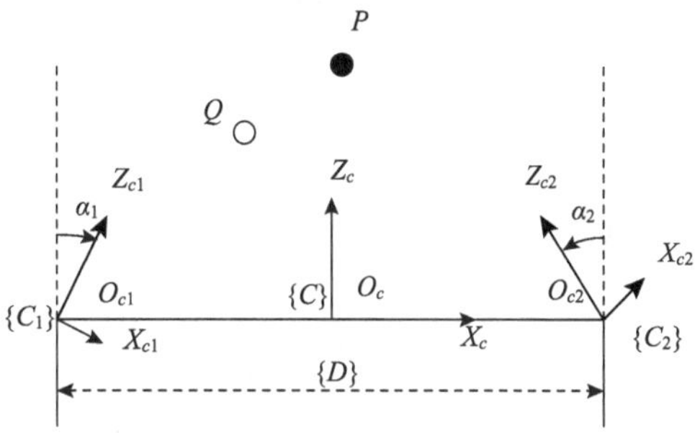

图 5-22　基于双目视觉的相对位置估计

假设 P、Q 两点在坐标系$\{C_1\}$,$\{C_2\}$,$\{C\}$中的位置分别为$({}^{c1}X_p, {}^{c1}Y_p, {}^{c1}Z_p)$,$({}^{c2}X_p, {}^{c2}Y_p, {}^{c2}Z_p)$,$(X_p, Y_p, Z_p)$和$({}^{c1}X_q, {}^{c1}Y_q, {}^{c1}Z_q)$,$({}^{c2}X_q, {}^{c2}Y_q, {}^{c2}Z_q)$,$(X_q, Y_q, Z_q)$，则有

$$\begin{bmatrix} {}^{c1}X_p \\ {}^{c1}Y_p \\ {}^{c1}Z_p \end{bmatrix} = \begin{bmatrix} X_p + \dfrac{D}{2} \\ Y_p \\ Z_p \end{bmatrix}, \quad \begin{bmatrix} {}^{c2}X_p \\ {}^{c2}Y_p \\ {}^{c2}Z_p \end{bmatrix} = \begin{bmatrix} X_p - \dfrac{D}{2} \\ Y_p \\ Z_p \end{bmatrix} \tag{5-69}$$

$$\begin{bmatrix} {}^{c1}X_q \\ {}^{c1}Y_q \\ {}^{c1}Z_q \end{bmatrix} = \begin{bmatrix} X_q + \dfrac{D}{2} \\ Y_q \\ Z_q \end{bmatrix}, \quad \begin{bmatrix} {}^{c2}X_q \\ {}^{c2}Y_q \\ {}^{c2}Z_q \end{bmatrix} = \begin{bmatrix} X_q - \dfrac{D}{2} \\ Y_q \\ Z_q \end{bmatrix} \tag{5-70}$$

P 点与 Q 点的相对位置定义为 $\boldsymbol{r}_{pq}$，即

$$\boldsymbol{r}_{pq} \triangleq \begin{bmatrix} \mathrm{d}X \\ \mathrm{d}Y \\ \mathrm{d}Z \end{bmatrix} = \begin{bmatrix} X_p - X_q \\ Y_p - Y_q \\ Z_p - Z_q \end{bmatrix} \tag{5-71}$$

根据相机内模型，有

$$\begin{cases} \dfrac{u_{ip} - u_{i0}}{k_{ix}} = \dfrac{{}^{ci}X_p}{{}^{ci}Z_p}, \quad \dfrac{v_{ip} - v_{i0}}{k_{iy}} = \dfrac{{}^{ci}Y_p}{{}^{ci}Z_p} \\ \dfrac{u_{iq} - u_{i0}}{k_{ix}} = \dfrac{{}^{ci}X_q}{{}^{ci}Z_q}, \quad \dfrac{v_{iq} - v_{i0}}{k_{iy}} = \dfrac{{}^{ci}Y_q}{{}^{ci}Z_q} \end{cases}, \quad i = 1,2 \tag{5-72}$$

式中，(u_{ip}, v_{ip}),(u_{iq}, v_{iq})分别为 P、Q 点在两个相机中图像坐标；$u_{i0}, v_{i0}, k_{ix}, k_{iy}$ 为两个相机的内参数。

定义 P、Q 点在图像坐标系中的横坐标相对偏差为

$$\mathrm{d}x_{pq} = \frac{u_{1p} - u_{1q}}{k_{1x}} - \frac{u_{2p} - u_{2q}}{k_{2x}} \tag{5-73}$$

将式(5-72)代入式(5-73)，整理后得

$$\mathrm{d}x_{pq} = \left(\frac{{}^{c1}X_p}{{}^{c1}Z_p} - \frac{{}^{c2}X_p}{{}^{c2}Z_p}\right) - \left(\frac{{}^{c1}X_q}{{}^{c1}Z_q} - \frac{{}^{c2}X_q}{{}^{c2}Z_q}\right) = M_p - M_q \tag{5-74}$$

将式(5-69)、式(5-70)代入式(5-74)，得

$$M_p = \frac{D}{Z_p}，\quad M_q = \frac{D}{Z_q} \quad \Rightarrow \quad \mathrm{d}x_{pq} = \frac{D(Z_q - Z_p)}{Z_p Z_q} = \frac{D\mathrm{d}Z}{Z_p Z_q} \tag{5-75}$$

式(5-75)给出了 $\mathrm{d}x_{pq}$ 与 $\mathrm{d}Z$ 的关系，其中 $\mathrm{d}x_{pq}$ 可以利用图像坐标通过式(5-73)求得，Z_p , Z_q 可以通过双目视觉视差测量原理测量得到

$$Z_p = fB / D = f(u_{1p} - u_{2p}) / D, \quad Z_q = f(u_{1q} - u_{2q}) / D \tag{5-76}$$

即利用式(5-75)可以求得深度变化量 $\mathrm{d}Z$ 。

将式(5-69)、式(5-70)代入式(5-72)，可得

$$\begin{cases} X_p = \dfrac{(u_{ip} - u_{i0})Z_p}{k_{ix}} - \dfrac{D}{2}, & Y_p = \dfrac{v_{ip} - v_{i0}}{k_{iy}} Z_p \\ X_q = \dfrac{(u_{iq} - u_{i0})Z_q}{k_{ix}} - \dfrac{D}{2}, & Y_q = \dfrac{v_{iq} - v_{i0}}{k_{iy}} Z_q \end{cases} \tag{5-77}$$

通过 P、Q 点的位置相减，得到两点图像差与相对位置的关系：

$$\begin{cases} \dfrac{u_{ip} - u_{iq}}{k_{ix}} = \dfrac{1}{Z_p}\mathrm{d}X - \dfrac{1}{Z_p}\dfrac{u_{iq} - u_{i0}}{k_{ix}}\mathrm{d}Z \\ \dfrac{v_{ip} - v_{iq}}{k_{iy}} = \dfrac{1}{Z_p}\mathrm{d}Y - \dfrac{1}{Z_p}\dfrac{v_{iq} - u_{i0}}{k_{iy}}\mathrm{d}Z \end{cases} \tag{5-78}$$

通过式(5-75)、式(5-78)即可实现 P、Q 两点的相对位置 $\boldsymbol{r}_{pq}$ 的求解。

一般双目视觉系统的两个相机具有相同的内参数，且假设放大系数 k_x,k_y 相同，即 $k_{1x} = k_{1y} = k_{2x} = k_{2y} = k$ ，则式(5-75)、式(5-78)可以写成矩阵形式：

$$\boldsymbol{s}_{pq} = \boldsymbol{A}_{pq}\boldsymbol{r}_{pq} \tag{5-79}$$

式中，$\boldsymbol{s}_{pq}$ 为 P、Q 点的图像坐标构成的向量；$\boldsymbol{A}_{pq}$ 为双目视觉系统的模型参数矩阵：

$$\boldsymbol{s}_{pq} = \begin{bmatrix} u_{1p} - u_{1q} \\ v_{1p} - v_{1q} \\ u_{2p} - u_{2q} \\ v_{2p} - v_{2q} \\ (u_{1p} - u_{1q}) - (u_{2p} - u_{2q}) \end{bmatrix}, \quad \boldsymbol{A}_{pq} = \frac{1}{Z_p}\begin{bmatrix} k & 0 & -(u_{1q} - u_{10}) \\ 0 & k & -(v_{1q} - v_{10}) \\ k & 0 & -(u_{2q} - u_{20}) \\ 0 & k & -(v_{2q} - v_{20}) \\ 0 & 0 & -Dk / (Z_p - \mathrm{d}Z) \end{bmatrix} \tag{5-80}$$

式(5-79)可以写成增量的形式，对于第 j 次和第 $j-1$ 次采样时的 $\boldsymbol{s}_{pq},\boldsymbol{r}_{pq}$，可获得其增量 $\Delta\boldsymbol{s}_{pqj},\Delta\boldsymbol{r}_{pqj}$：

$$\Delta\boldsymbol{s}_{pqj}=\begin{bmatrix}(u_{1pj}-u_{1qj})-(u_{1pj-1}-u_{1qj-1})\\(v_{1pj}-v_{1qj})-(v_{1pj-1}-v_{1qj-1})\\(u_{2pj}-u_{2qj})-(u_{2pj-1}-u_{2qj-1})\\(v_{2pj}-v_{2qj})-(v_{2pj-1}-v_{2qj-1})\\\mathrm{d}x'_{pqj}-\mathrm{d}x'_{pqj-1}\end{bmatrix},\quad \Delta\boldsymbol{r}_{pqj}=\begin{bmatrix}\mathrm{d}X_j-\mathrm{d}X_{j-1}\\\mathrm{d}Y_j-\mathrm{d}Y_{j-1}\\\mathrm{d}Z_j-\mathrm{d}Z_{j-1}\end{bmatrix} \tag{5-81}$$

式中，$\mathrm{d}x'_{pqj}=[(u_{1pj}-u_{1qj})-(u_{2pj}-u_{2qj})]$；$\mathrm{d}x'_{pqj-1}=[(u_{1pj-1}-u_{1qj-1})-(u_{2pj-1}-u_{2qj-1})]$。

对于固定的目标参考点，$(u_{ip},v_{ip}),(X_p,Y_p,Z_p)$ 为常值，式(5-81)可简化为

$$\Delta\boldsymbol{s}_{pqj}=\begin{bmatrix}-(u_{1qj}-u_{1qj-1})\\-(v_{1qj}-v_{1qj-1})\\-(u_{2qj}-u_{2qj-1})\\-(v_{2qj}-v_{2qj-1})\\\mathrm{d}x'_{pqj}-\mathrm{d}x'_{pqj-1}\end{bmatrix},\quad \Delta\boldsymbol{r}_{pqj}=\begin{bmatrix}-(X_{qj}-X_{qj-1})\\-(Y_{qj}-Y_{qj-1})\\-(Z_{qj}-Z_{qj-1})\end{bmatrix} \tag{5-82}$$

当 $\boldsymbol{s}_{pq},\boldsymbol{r}_{pq}$ 采用增量的形式后，矩阵 $\boldsymbol{A}_{pq}$ 也需进行相应的改变。在第 j 次采样时，式(5-79)的第一行等式为

$$\mathrm{d}u_{1pqj}\triangleq u_{1p}-u_{1q}=\frac{1}{Z_{pj}}[k\mathrm{d}X_j-(u_{1qj}-u_{10})\mathrm{d}Z_j] \tag{5-83}$$

其增量形式为

$$\Delta\mathrm{d}u_{1pqj}\triangleq\mathrm{d}u_{1pqj}-\mathrm{d}u_{1pqj-1}=\frac{1}{Z_p}\left(k\Delta\mathrm{d}X_j-u_{10}\Delta\mathrm{d}Z_j-u_{1qj-1}\Delta\mathrm{d}Z_j+\Delta\mathrm{d}u_{1pqj}\mathrm{d}Z_j\right) \tag{5-84}$$

化简整理后有

$$\Delta\mathrm{d}u_{1pqj}=\frac{1}{Z_p-\mathrm{d}Z_j}[k\Delta\mathrm{d}X_j-(u_{1qj-1}-u_{10})\Delta\mathrm{d}Z_j] \tag{5-85}$$

式(5-85)为式(5-79)的第一行等式的增量形式，同理，可以求得第二行至第四行等式的增量形式。

式(5-79)的第五行等式为

$$\mathrm{d}x'_{pqj}=-\frac{Dk\mathrm{d}Z_j}{Z_{pj}(Z_{pj}-\mathrm{d}Z_j)} \tag{5-86}$$

其增量形式为

$$
\begin{aligned}
\Delta \mathrm{d}x'_{pqj} &\triangleq \mathrm{d}x'_{pqj} - \mathrm{d}x'_{pqj-1} = -\frac{Dk}{Z_{pj}}\left(\frac{\mathrm{d}Z_j}{Z_{pj}-\mathrm{d}Z_j} - \frac{\mathrm{d}Z_{j-1}}{Z_{pj}-\mathrm{d}Z_{j-1}}\right) \\
&= -\frac{Dk}{Z_p}\left[\frac{\Delta \mathrm{d}Z_j}{Z_p-\mathrm{d}Z_j} + \frac{\mathrm{d}Z_{j-1}\Delta \mathrm{d}Z_j}{(Z_p-\mathrm{d}Z_j)(Z_p-\mathrm{d}Z_{j-1})}\right] \\
&= \frac{1}{Z_p-\mathrm{d}Z_j}\left(-\frac{Dk}{Z_p} + \mathrm{d}x'_{pqj-1}\right)\Delta \mathrm{d}Z_j
\end{aligned}
\tag{5-87}
$$

综上，可以得到式(5-79)的增量形式为

$$
\Delta \boldsymbol{s}_{pqj} = \frac{1}{Z_p-\mathrm{d}Z_j}\begin{bmatrix} k & 0 & -(u_{1qj-1}-u_{10}) \\ 0 & k & -(v_{1qj-1}-v_{10}) \\ k & 0 & -(u_{2qj-1}-u_{20}) \\ 0 & k & -(v_{2qj-1}-v_{20}) \\ 0 & 0 & -(Dk/Z_p - \mathrm{d}x'_{pqj-1}) \end{bmatrix} \Delta \boldsymbol{r}_{pqj} \triangleq \boldsymbol{B}_{pqj}\Delta \boldsymbol{r}_{pqj}
\tag{5-88}
$$

式(5-88)为双目视觉系统的相对位置测量模型，其相对位置可通过最小二乘法求得

$$
\Delta \boldsymbol{r}_{pqj} = (\boldsymbol{B}_{pqj}^{\mathrm{T}}\boldsymbol{B}_{pqj})^{-1}\boldsymbol{B}_{pqj}^{\mathrm{T}}\Delta \boldsymbol{s}_{pqj}
\tag{5-89}
$$

5.4.2 基于图像的视觉伺服控制

基于图像的视觉伺服控制是直接利用二维图像的特征对机器人进行控制，也称为 2D 视觉伺服控制，即以目标期望位置的图像特征作为给定，以视觉系统测量的目标当前位置的图像特征作为反馈，利用图像特征的偏差控制机器人的运动，属于对图像的闭环控制，该方法突出的优点是对相机模型误差、目标模型误差以及机械臂控制系统误差等不敏感，具有较强的鲁棒性。系统结构如图 5-23 所示，系统由两个闭环构成，外环为图像特征环，内环为机械臂关节伺服控制环。

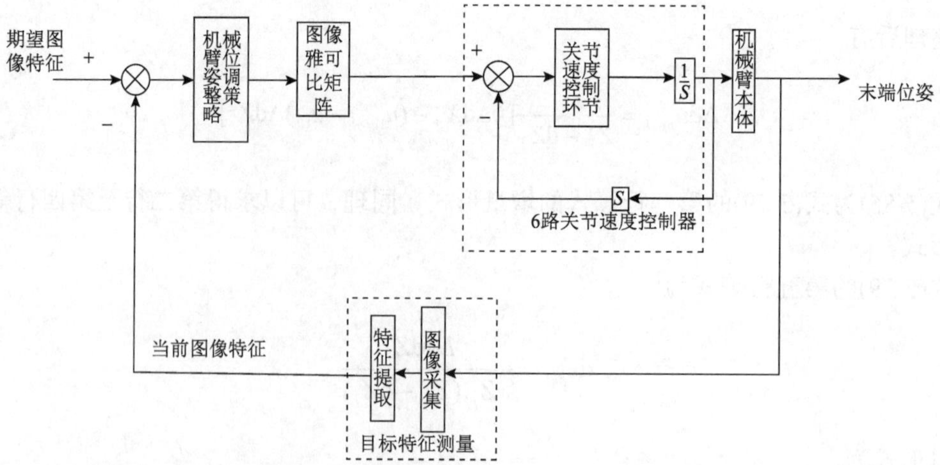

图 5-23　基于图像的视觉伺服控制的系统结构

1. 图像特征的提取

图像特征是关于目标的表征，是视觉伺服控制的基础及关键问题，视觉控制器的性能依赖于系统所提取的特征。图像特征的提取没有通用的方法，要针对任务、环境、系统性能等，在时间、复杂性和稳定性之间进行权衡，提取图像特征一般基于以下原则：

(1) 图像特征必须使目标与背景有明显区别；

(2) 在采样时间间隔内，图像特征必须具备短时的平稳性；

(3) 在保证识别和伺服的前提下，要求尽量减少图像特征的数量及其相关性。

常用的图像特征大致分为三类：局部特征、全局特征、关系特征。

1) 局部特征

图像局部特征是从图像的局部区域中提取的特征，如边缘、点、直线、曲线等，具有蕴涵数量丰富、特征间相关度小、遮挡情况下不会影响特征的检测等特点。好的局部特征检测重复率高、速度快，且对光照、旋转、视点变化等具有鲁棒性。

2) 全局特征

图像全局特征是指图像的整体属性，如颜色特征、纹理特征和形状特征，是像素级的底层可视特征，具有不变性良好、计算简单、表示直观的特点，缺点是维数高、计算量大，且不适用于有遮挡的情况。

3) 关系特征

关系特征是基于区域、封闭轮廓或局部特征等不同实体的相对位置建立的，通常包括特征之间的距离和相对方位的测量值，在识别和描述多个目标时非常有用。例如，尽管特征可能相同，但特征之间关系的不同则可能表示了不同的目标。

2. 图像雅可比矩阵

在通过图像处理过程得到特征偏差后，视觉伺服控制的重要一步是根据特征偏差得到机械臂末端的运动策略，目的是消除特征偏差。例如，对于一个梯形目标，通过图像处理可以得到矩形目标的质心、边长、面积和姿态等信息，这些信息会随机械臂末端的运动而变化，如图 5-24 所示。

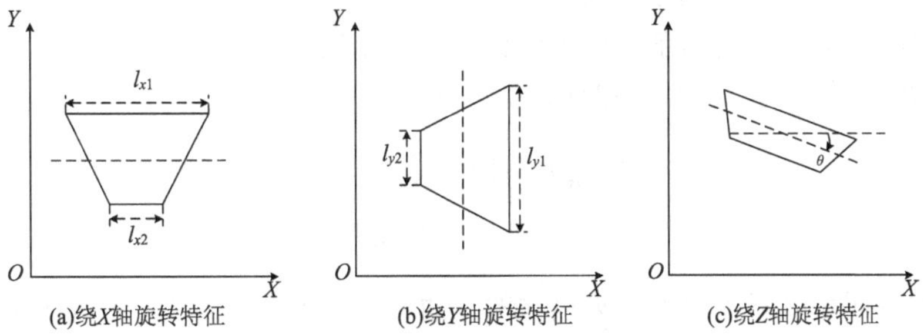

图 5-24　特征参数随末端运动的变化

根据上面的分析，可以简单得到机械臂末端的运动速度与特征偏差之间的关系：

$$\begin{cases} T_x = u_d - u \\ T_y = v_d - v \\ T_z = 1 - \sqrt{S / S_d} \end{cases}, \quad \begin{cases} \omega_x = 1 - l_x / l_{xd} \\ \omega_y = 1 - l_y / l_{yd} \\ \omega_z = \theta_d - \theta \end{cases} \tag{5-90}$$

式中，$T_x, T_y, T_z, \omega_x, \omega_y, \omega_z$ 为机械臂末端的平移和旋转速度分量；$(u_d, v_d), (u, v)$ 分别为目标质心的期望图像坐标和实际图像坐标；S_d, S 分别为目标的期望图像面积和实际图像面积；l_{xd}, l_{yd}, l_x, l_y 分别为图像沿水平和垂直方向上的期望梯形畸变和实际梯形畸变；θ_d, θ 分别为目标主方向与水平轴之间的期望夹角和实际夹角。

在视觉伺服控制中，将从图像空间到关节空间的雅可比矩阵称为图像雅可比矩阵，由图像空间到机械臂末端笛卡儿空间微分运动的雅可比矩阵和机械臂末端笛卡儿空间微分运动到机械臂关节空间的雅可比矩阵的乘积构成：

$$\dot{\boldsymbol{f}} = \boldsymbol{J}_r(\boldsymbol{r}) \cdot \dot{\boldsymbol{r}} = \boldsymbol{J}_r(\boldsymbol{r}) \cdot \boldsymbol{J}_\theta(\boldsymbol{\theta}) \cdot \dot{\boldsymbol{\theta}} = \boldsymbol{J}(\boldsymbol{\theta}) \cdot \dot{\boldsymbol{\theta}} \tag{5-91}$$

式中，$\boldsymbol{f}, \dot{\boldsymbol{f}}$ 表示图像特征向量和图像特征的变化率；$\boldsymbol{r}, \dot{\boldsymbol{r}}$ 表示机械臂末端在笛卡儿空间的位姿向量和速度矢量；$\dot{\boldsymbol{\theta}}$ 表示机械臂关节角速度向量；$\boldsymbol{J}_r(\boldsymbol{r})$ 表示图像空间到机械臂末端笛卡儿空间运动的雅可比矩阵，也称为图像空间到机械臂末端笛卡儿空间运动的图像雅可比矩阵；$\boldsymbol{J}_\theta(\boldsymbol{\theta})$ 表示机械臂末端笛卡儿空间运动到机械臂关节空间的雅可比矩阵，称为机械臂雅可比矩阵；$\boldsymbol{J}(\boldsymbol{\theta}) = \boldsymbol{J}_r(\boldsymbol{r}) \cdot \boldsymbol{J}_\theta(\boldsymbol{\theta})$ 称为图像空间到机械臂关节空间的图像雅可比矩阵。

根据雅可比矩阵的定义，有

$$\boldsymbol{J}_r(\boldsymbol{r}) = \left[\frac{\partial \boldsymbol{f}}{\partial \boldsymbol{r}}\right] = \begin{bmatrix} \dfrac{\partial f_1(\boldsymbol{r})}{\partial r_1} & \cdots & \dfrac{\partial f_1(\boldsymbol{r})}{\partial r_n} \\ \vdots & \ddots & \vdots \\ \dfrac{\partial f_m(\boldsymbol{r})}{\partial r_1} & \cdots & \dfrac{\partial f_m(\boldsymbol{r})}{\partial r_n} \end{bmatrix}, \quad \boldsymbol{J}_\theta(\boldsymbol{\theta}) = \left[\frac{\partial \boldsymbol{r}}{\partial \boldsymbol{\theta}}\right] = \begin{bmatrix} \dfrac{\partial r_1(\boldsymbol{\theta})}{\partial \theta_1} & \cdots & \dfrac{\partial r_1(\boldsymbol{\theta})}{\partial \theta_p} \\ \vdots & \ddots & \vdots \\ \dfrac{\partial r_n(\boldsymbol{\theta})}{\partial \theta_1} & \cdots & \dfrac{\partial r_n(\boldsymbol{\theta})}{\partial \theta_p} \end{bmatrix} \tag{5-92}$$

式中，$\boldsymbol{J}_\theta(\boldsymbol{\theta})$ 为机械臂雅可比矩阵，与 2.1.4 节“雅可比矩阵与奇异性分析”部分中的定义和计算方法相同，$\boldsymbol{J}_r(\boldsymbol{r})$ 可用下述方法计算。

以相机坐标系为参考坐标系，设机械臂末端在相机坐标系中的坐标和在图像中的像素坐标分别为 ${}^c\boldsymbol{P} = [x\ y\ z]^{\mathrm{T}}$ 和 $[u\ v]^{\mathrm{T}}$，根据相机内模型，有

$$\begin{bmatrix} u \\ v \end{bmatrix} = \frac{1}{z} \begin{bmatrix} k_x & 0 \\ 0 & k_y \end{bmatrix} \begin{bmatrix} x \\ y \end{bmatrix} \tag{5-93}$$

因为图像特征是以图像像素坐标描述的，而机械臂末端的像素坐标要跟踪预期的特征像素坐标，所以可以将机械臂末端的像素坐标考虑为特征的像素坐标，这样，对式(5-93)直接求导即可得到图像空间到机械臂末端运动空间的关系：

$$\begin{bmatrix} \dot{u} \\ \dot{v} \end{bmatrix} = \frac{1}{z} \begin{bmatrix} k_x & 0 \\ 0 & k_y \end{bmatrix} \begin{bmatrix} 1 & 0 & -\dfrac{x}{z} \\ 0 & 1 & -\dfrac{y}{z} \end{bmatrix} \begin{bmatrix} \dot{x} \\ \dot{y} \\ \dot{z} \end{bmatrix} \tag{5-94}$$

设机械臂末端相对相机坐标系的平移和旋转速度分别为 ${}^c\boldsymbol{T} = [T_x\ T_y\ T_z]^{\mathrm{T}}$ 和 ${}^c\boldsymbol{\Omega} = [\omega_x\ \omega_y\ \omega_z]^{\mathrm{T}}$，则末端的运动由平移和旋转速度产生：

$${}^c\dot{\boldsymbol{P}} = {}^c\boldsymbol{\Omega} \times {}^c\boldsymbol{P} + {}^c\boldsymbol{T} \quad \Rightarrow \quad \begin{cases} \dot{x} = z \cdot \omega_y - y \cdot \omega_z + T_x \\ \dot{y} = x \cdot \omega_z - z \cdot \omega_x + T_y \\ \dot{z} = y \cdot \omega_x - x \cdot \omega_y + T_z \end{cases} \tag{5-95}$$

将式(5-95)代入式(5-94)，可得

$$\begin{bmatrix} \dot{u} \\ \dot{v} \end{bmatrix} = \frac{1}{z} \begin{bmatrix} k_x & 0 \\ 0 & k_y \end{bmatrix} \begin{bmatrix} -1 & 0 & \dfrac{x}{z} & \dfrac{xy}{z} & -\dfrac{x^2+z^2}{z} & y \\ 0 & -1 & \dfrac{y}{z} & \dfrac{y^2+z^2}{z} & -\dfrac{xy}{z} & -x \end{bmatrix} \begin{bmatrix} T_x \\ T_y \\ T_z \\ \omega_x \\ \omega_y \\ \omega_z \end{bmatrix} = \boldsymbol{J}_r \begin{bmatrix} T_x \\ T_y \\ T_z \\ \omega_x \\ \omega_y \\ \omega_z \end{bmatrix} \tag{5-96}$$

经整理得

$$\boldsymbol{J}_r = \begin{bmatrix} -\dfrac{k_x}{z} & 0 & -\dfrac{u}{z} & \dfrac{uv}{k_y} & -\dfrac{k_x^2+u^2}{k_x} & \dfrac{k_x v}{k_y} \\ 0 & -\dfrac{k_y}{z} & \dfrac{v}{z} & \dfrac{k_y^2+u^2}{k_y} & -\dfrac{uv}{k_x} & -\dfrac{k_y u}{k_x} \end{bmatrix} \tag{5-97}$$

式(5-97)只是针对一个特征点产生的雅可比矩阵，当选用 m 个特征点时，雅可比矩阵变为

$$\boldsymbol{J}_r = \begin{bmatrix} -\dfrac{k_x}{z_1} & 0 & -\dfrac{u_1}{z_1} & \dfrac{u_1 v_1}{k_y} & -\dfrac{k_x^2+u_1^2}{k_x} & \dfrac{k_x v_1}{k_y} \\ 0 & -\dfrac{k_y}{z_1} & \dfrac{v_1}{z_1} & \dfrac{k_y^2+u_1^2}{k_y} & -\dfrac{u_1 v_1}{k_x} & -\dfrac{k_y u_1}{k_x} \\ \vdots & \vdots & \vdots & \vdots & \vdots & \vdots \\ -\dfrac{k_x}{z_m} & 0 & -\dfrac{u_m}{z_m} & \dfrac{u_m v_m}{k_y} & -\dfrac{k_x^2+u_m^2}{k_x} & \dfrac{k_x v_m}{k_y} \\ 0 & -\dfrac{k_y}{z_m} & \dfrac{v_m}{z_m} & \dfrac{k_y^2+u_m^2}{k_y} & -\dfrac{u_m v_m}{k_x} & -\dfrac{k_y u_m}{k_x} \end{bmatrix} \tag{5-98}$$

由式(5-98)可知，图像特征集决定了矩阵的组成形式，当所有目标特征点共面且该平面平行于成像平面时，所有目标的深度信息 z_i 相同，会简化矩阵的计算。另外，图像雅可比矩阵不仅与相机参数有关，还和机械臂末端的当前位姿有关，因此是个时变矩阵。

传统的雅可比矩阵的计算需要事先对相机参数和机械臂参数进行标定，将标定的参数代入雅可比矩阵进行实时求解，其精度依赖于标定参数。由于相机模型存在不确定性，主要由相机内外参数和目标深度等误差造成，所以图像雅可比矩阵的计算具有较大偏差，影响伺服控制的效果。因此，在不需要标定的前提下，精确估计雅可比矩阵是视觉伺服控制的热点研究问题，主要分为在线估计和离线估计两种模式。

1) *在线估计方法*

在线估计方法是从雅可比矩阵的定义出发，通过观察已知的机械臂末端运动所引起的特征变化，来估计相应的雅可比矩阵，即根据图像雅可比矩阵的定义 $\dot{\boldsymbol{f}} = \boldsymbol{J}_r(\boldsymbol{r})\cdot\dot{\boldsymbol{r}}$ ，在实施视觉控制之前，让机械臂末端完成 n 次试探运动 $\mathrm{d}\boldsymbol{r}^1,\mathrm{d}\boldsymbol{r}^2,\cdots,\mathrm{d}\boldsymbol{r}^n$ ，并观察相应的图像变化 $\mathrm{d}\boldsymbol{f}^1,\mathrm{d}\boldsymbol{f}^2,\cdots,\mathrm{d}\boldsymbol{f}^n$ ，则可通过最小二乘法估计当前的图像雅可比矩阵：

$$\hat{\boldsymbol{J}}_r = [\mathrm{d}\boldsymbol{f}^1 \quad \mathrm{d}\boldsymbol{f}^2 \quad \cdots \quad \mathrm{d}\boldsymbol{f}^n][\mathrm{d}\boldsymbol{r}^1 \quad \mathrm{d}\boldsymbol{r}^2 \quad \cdots \quad \mathrm{d}\boldsymbol{r}^n]^{-1} \tag{5-99}$$

在线估计方法的不足是要事先引入机械臂末端的试探运动，而且要求 n 次试探运动线性无关，保证式(5-99)可求逆。为此，自然会提出能否根据视觉控制已完成的运动仍然利用式(5-99)完成雅可比矩阵的实时估计，这样可以取消不连续的试探运动，但线性无关的条件难以保证，即会出现奇异现象，虽然可以利用矩阵奇异值分解技术求得伪逆，但可能导致机械臂末端不可控的自由度，使该方法的可行性降低。

实现图像雅可比矩阵估计更有效的方法是使用 Kalman 滤波技术，即构造一个系统，以待估计的雅可比矩阵元素作为系统状态。首先对 $\dot{\boldsymbol{f}} = \boldsymbol{J}_r(\boldsymbol{r})\cdot\dot{\boldsymbol{r}}$ 进行离散化：

$$\Delta\boldsymbol{f} = \boldsymbol{f}(k+1) - \boldsymbol{f}(k) \approx \boldsymbol{J}_r(\boldsymbol{r}(k))\cdot\Delta\boldsymbol{r}(k) \tag{5-100}$$

定义观测向量，并作为构造系统的状态，即取雅可比矩阵的元素作为系统的状态，并规定状态转移矩阵为单位矩阵：

$$\boldsymbol{x}(k) = \begin{bmatrix} \dfrac{\partial f_1}{\partial \boldsymbol{r}} & \dfrac{\partial f_2}{\partial \boldsymbol{r}} & \cdots & \dfrac{\partial f_m}{\partial \boldsymbol{r}} \end{bmatrix}^{\mathrm{T}} \tag{5-101}$$

将机械臂末端运动引起的图像特征变化作为构造系统的输出：

$$\boldsymbol{y}(k) = \Delta\boldsymbol{f}(k) = \boldsymbol{f}(k+1) - \boldsymbol{f}(k) \tag{5-102}$$

则可得到构造系统的模型：

$$\begin{cases} \boldsymbol{x}(k+1) = \boldsymbol{x}(k) + \boldsymbol{\eta}(k) \\ \boldsymbol{y}(k) = \boldsymbol{C}(k)\cdot\boldsymbol{x}(k) + \boldsymbol{v}(k) \end{cases}, \quad \boldsymbol{C}(k) = \begin{bmatrix} \Delta\boldsymbol{r}(k)^{\mathrm{T}} & & 0 \\ & \ddots & \\ 0 & & \Delta\boldsymbol{r}(k)^{\mathrm{T}} \end{bmatrix} \tag{5-103}$$

式中， $\boldsymbol{\eta}(k),\boldsymbol{v}(k)$ 分别为状态噪声和图像观测噪声。

利用 Kalman 滤波算法，建立递推估计：

$$\begin{aligned}
&\hat{\boldsymbol{x}}^{-}(k)=\hat{\boldsymbol{x}}(k-1)\\
&\boldsymbol{P}(k)=\boldsymbol{P}(k-1)+\boldsymbol{R}(\boldsymbol{\eta})\\
&\boldsymbol{K}(k)=\boldsymbol{P}(k)\boldsymbol{C}^{\mathrm{T}}(k)[\boldsymbol{C}(k)\boldsymbol{P}(k)\boldsymbol{C}^{\mathrm{T}}(k)+\boldsymbol{R}(\boldsymbol{v})]^{-1}\\
&\hat{\boldsymbol{x}}(k)=\hat{\boldsymbol{x}}^{-}(k)+\boldsymbol{K}(k)[\boldsymbol{y}(k)-\boldsymbol{C}(k)\hat{\boldsymbol{x}}^{-}(k)]\\
&\boldsymbol{P}(k)=[\boldsymbol{I}-\boldsymbol{K}(k)\boldsymbol{C}(k)]\boldsymbol{P}(k-1)
\end{aligned}\tag{5-104}$$

式中，$\boldsymbol{R}(\boldsymbol{\eta}),\boldsymbol{R}(\boldsymbol{v})$ 为噪声协方差矩阵，根据噪声的实际情况设定；$\boldsymbol{P}(k)$ 为状态估计协方差矩阵，其初始可取 $\boldsymbol{P}(0)=10^5\boldsymbol{I}$；状态估计的初始 $\boldsymbol{x}(0)=\hat{\boldsymbol{J}}_r(0)$ 可采用上面介绍的试探运动获得

$$\boldsymbol{x}(0)=\hat{\boldsymbol{J}}_r(0)=[\mathrm{d}\boldsymbol{f}^1\quad \mathrm{d}\boldsymbol{f}^2\quad\cdots\quad \mathrm{d}\boldsymbol{f}^n][\mathrm{d}\boldsymbol{r}^1\quad \mathrm{d}\boldsymbol{r}^2\quad\cdots\quad \mathrm{d}\boldsymbol{r}^n]^{-1}\tag{5-105}$$

在线估计方法只在系统初始时刻给出 n 次试探运动，在此后视觉控制过程中直接使用机械臂已完成的运动所获得的信息，不再需要试探运动。该方法计算量小，实时性好，而且对噪声具有一定的鲁棒性，是目前较理想的一种估计方法。

2) 离线估计方法

为了降低机械臂操作过程的计算负担，一些学者提出了利用人工神经网络离线训练图像雅可比矩阵的方法，如图 5-25 所示，同样采取试探运动的方法获取关节角度变化量 $\Delta\boldsymbol{\theta}=[\Delta\theta_1\quad\cdots\quad\Delta\theta_n]$ 和引起的图像特征平面坐标变化量 $\Delta\boldsymbol{f}=[\Delta x_1,\Delta y_1\quad\cdots\quad\Delta x_m,\Delta y_m]$ 的数据信息，将 $\Delta\boldsymbol{f}$ 作为神经网络的输入，神经网络的输出为关节角度变化量的估计值 $\Delta\hat{\boldsymbol{\theta}}$，通过与关节角度实际值的比较得到关节角度变化量偏差 $\Delta\tilde{\boldsymbol{\theta}}=\Delta\boldsymbol{\theta}-\Delta\hat{\boldsymbol{\theta}}$，通过误差反向传播修正网络权值，使 $\Delta\tilde{\boldsymbol{\theta}}$ 趋近于零，实现雅可比矩阵的估计，即得到雅可比矩阵估计的神经网络模型。视觉伺服控制过程中，将图像特征偏差作为输入，通过神经网络模型可以得到预期的关节角度变量，实现机械臂的控制，同时记录图像特征偏差和消除偏差后的关节角度值，用于神经网络模型的迭代学习。

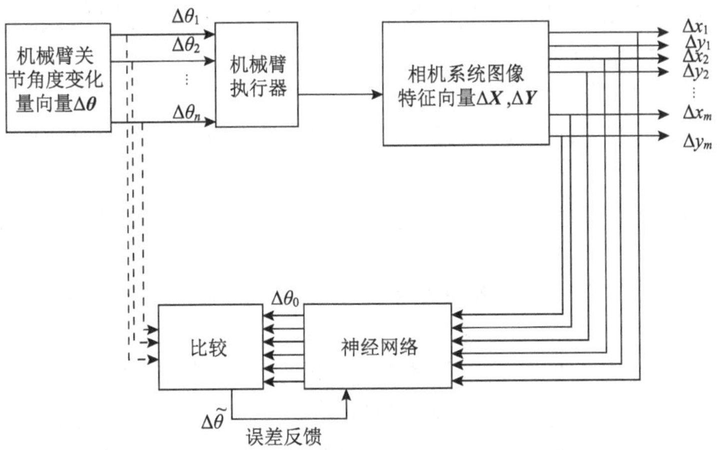

图 5-25　图像雅可比矩阵神经网络离线估计

虽然神经网络能够很好地逼近各种非线性关系，但针对图像雅可比矩阵估计问题，选

择合适的神经网络结构非常关键，也是比较困难的问题，而且离线估计的计算量与通过图像雅可比矩阵标定的方法相当，在精度方面优势不明显，因此这类方法在实际系统中的应用不多。

3. 视觉伺服控制算法设计

图像雅可比矩阵描述了机械臂末端的运动到图像特征运动的微分映射关系，在视觉伺服控制算法中是利用其逆关系，即根据期望的图像特征运动求取相应的机械臂末端的运动，$\dot{\boldsymbol{r}}=\boldsymbol{J}_r^{-1}(\boldsymbol{r})\cdot\dot{\boldsymbol{f}}$ 或 $\dot{\boldsymbol{\theta}}=\boldsymbol{J}^{-1}(\boldsymbol{\theta})\cdot\dot{\boldsymbol{f}}$，关系到雅可比矩阵的求逆问题。

当$m=n$时，$\boldsymbol{J}_r$非奇异，则逆矩阵存在，可得

$$\dot{\boldsymbol{r}}=\boldsymbol{J}_r^{-1}(\boldsymbol{r})\cdot\dot{\boldsymbol{f}} \tag{5-106}$$

即对于任何一个图像特征运动$\dot{\boldsymbol{f}}$，都有唯一确定的机械臂末端笛卡儿空间运动$\dot{\boldsymbol{r}}$与其对应。

当$m\neq n$时，$\boldsymbol{J}_r^{-1}(\boldsymbol{r})$不存在，此时需计算$\boldsymbol{J}_r$的伪逆矩阵实现机械臂末端运动的估计，一般要求$m>n$，若$m<n$，则表示没有获得足够的图像特征能够唯一地确定机械臂末端的运动，即有部分的末端运动没有观测到。若$m>n$，且$\boldsymbol{J}_r$为列满秩的，即$\mathrm{Rank}(\boldsymbol{J}_r)=n$，则可求得使范数$\left\|\dot{\boldsymbol{f}}-\boldsymbol{J}_r(\boldsymbol{r})\dot{\boldsymbol{r}}\right\|$取得最小值的机械臂末端运动的最小二乘估计：

$$\dot{\boldsymbol{r}}=\boldsymbol{J}_r^{+}(\boldsymbol{r})\cdot\dot{\boldsymbol{f}},\quad \boldsymbol{J}_r^{+}(\boldsymbol{r})=(\boldsymbol{J}_r^{\mathrm{T}}(\boldsymbol{r})\boldsymbol{J}_r(\boldsymbol{r}))^{-1}\boldsymbol{J}_r^{\mathrm{T}}(\boldsymbol{r}) \tag{5-107}$$

式中，$\boldsymbol{J}_r^{+}(\boldsymbol{r})$为$\boldsymbol{J}_r(\boldsymbol{r})$的左逆矩阵。

最常用的视觉伺服控制算法为PID控制算法，可以首先设计成像平面内的视觉伺服控制器。设图像特征空间的控制量为$\boldsymbol{v}(k)=\dot{\boldsymbol{f}}$，定义特征跟踪误差函数$\boldsymbol{e}(k)=\boldsymbol{f}-\boldsymbol{f}_d$，$\boldsymbol{f},\boldsymbol{f}_d$分别代表实际特征位置和期望特征位置，则图像空间的PID控制器为

$$\boldsymbol{v}(k)=\boldsymbol{K}_P\boldsymbol{e}(k)+\boldsymbol{K}_I\sum_{i=1}^{k}\boldsymbol{e}(k)+\boldsymbol{K}_D(\boldsymbol{e}(k)-\boldsymbol{e}(k-1)) \tag{5-108}$$

然后，设机械臂末端笛卡儿空间的控制量为$\boldsymbol{u}_r(k)=\dot{\boldsymbol{r}}$，则可根据式(5-106)或式(5-107)得到笛卡儿空间的PID控制器：

$$\boldsymbol{u}_r(k)=\boldsymbol{J}_r^{+}\cdot\boldsymbol{v}(k)=\boldsymbol{J}_r^{+}\cdot\left[\boldsymbol{K}_P\boldsymbol{e}(k)+\boldsymbol{K}_I\sum_{i=1}^{k}\boldsymbol{e}(k)+\boldsymbol{K}_D(\boldsymbol{e}(k)-\boldsymbol{e}(k-1))\right] \tag{5-109}$$

若设关节空间的控制量为$\boldsymbol{u}_\theta(k)=\dot{\boldsymbol{\theta}}$，则可以直接得到机械臂关节空间的PID控制器：

$$\boldsymbol{u}_\theta(k)=\boldsymbol{J}_\theta^{-1}\cdot\boldsymbol{J}_r^{+}\cdot\left[\boldsymbol{K}_P\boldsymbol{e}(k)+\boldsymbol{K}_I\sum_{i=1}^{k}\boldsymbol{e}(k)+\boldsymbol{K}_D(\boldsymbol{e}(k)-\boldsymbol{e}(k-1))\right] \tag{5-110}$$

即利用机械臂雅可比矩阵$\boldsymbol{J}_\theta$的逆将末端直角空间的运动控制转化为关节空间的运动控制。

最优控制器设计也是视觉伺服控制的常用算法，假设目标的期望图像特征仅是时间t的函数，n关节机械臂末端执行器的m个特征只是机械臂关节角度的函数，则在成像平面内的特征跟踪误差为

$$e(k)=f(\theta)-f_d(t) \tag{5-111}$$

控制关节轨迹 $\theta(t)$，使机械臂末端跟踪目标，满足如下目标函数最小：

$$F(\theta,t)=\frac{1}{2}e^{\mathrm{T}}(\theta,t)\cdot e^{\mathrm{T}}(\theta,t) \tag{5-112}$$

在最优控制理论中，有多种数值计算可求解上述最优问题，如高斯-牛顿算法，计算关节角度的迭代公式为

$$\theta_k=\theta_{k-1}-(J_{k-1}^{\mathrm{T}}J_{k-1})^{-1}J_{k-1}^{\mathrm{T}}\cdot\left(e_{k-1}+\frac{\partial e_{k-1}}{\partial t}\cdot h_t\right) \tag{5-113}$$

式中，$J_{k-1}=J_r(k-1)\cdot J_\theta(k-1)$；$h_t=t_k-t_{k-1}$；$k$ 为迭代次数。

对于固定目标，$\partial e_{k-1}/\partial t=0$, J_{k-1} 可通过上面介绍的图像雅可比矩阵的在线估计方法计算，则控制律可简化为

$$\theta_k=\theta_{k-1}-\hat{J}_{k-1}^{+}\cdot e_{k-1} \tag{5-114}$$

式中，$\hat{J}_{k-1}^{+}$ 为图像雅可比矩阵在 $k-1$ 时刻的估计值。

上述控制器设计方法的反馈信息都是从图像中提取特征得到的，因此图像特征的提取精度直接决定了控制的精度。焦点问题是图像雅可比矩阵的估计精度，可根据任务的难易程度不同和控制性能要求不同，选择不同的控制器，如自适应控制、神经网络控制等，目的是提高图像雅可比矩阵的估计精度。此外，有的学者提出基于图像差的控制方法，其主要思想是不需要进行图像特征提取，而是直接利用期望图像与实际图像间的图像误差作为反馈信息设计控制律，为此定义了图像差运算子 I_e：

$$I_e=\frac{1}{2}[I_d-I_r]^2=\frac{1}{2}[f_d(x,y)-f_r(x,y)]^2 \tag{5-115}$$

式中，$I_d=f_d(x,y),I_r=f_r(x,y)$ 分别表示期望图像和实际图像在图像上 (x,y) 处像素点的灰度值。式(5-115)计算的结果仍是一幅图像，图像中各点的强度反映了期望图像与实际图像相应点之间的差异大小，当 $I_e=\{0\}$ 时，表明实际图像与期望图像是完全相同的，也就是控制器的设计目标。

视觉伺服控制系统的稳定性是至关重要的，图 5-23 描述的视觉伺服控制系统可等效为如图 5-26 所示的形式，其中将机械臂的各关节在关节速度较低时等效为二阶环节，机械臂运动调整策略、运动学模型、相机模型为非线性环节。

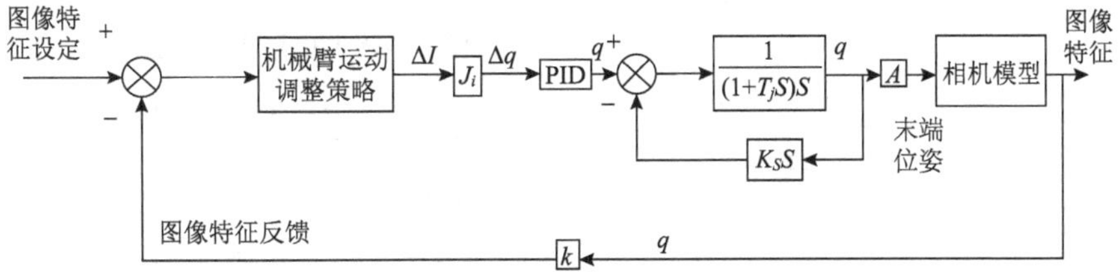

图 5-26　视觉伺服控制系统简化结构

当图像特征偏差 $\Delta \boldsymbol{f}$ 和关节角度变化量 $\Delta \boldsymbol{\theta}$ 均较小时，机械臂运动学模型可近似为线性环节，此时可根据关节的惯性时间常数调整 PID 参数以保证系统的稳定性。当图像特征偏差较大时，机械臂运动调整策略也要保证产生较小的关节角度变化量。此外，为了保证系统的稳定性，关节角速度不能过大，否则需要考虑机械臂的非线性动力学特性，使稳定性的分析变得困难。

在视觉伺服控制方法中还存在另外一些难点问题，如相机运动出视野范围、机械臂的操作空间和关节限制、雅可比矩阵计算出现奇异值、光线变化影响、目标遮挡等实际问题，为了保证视觉伺服控制任务的顺利完成，还需要为视觉伺服控制系统考虑多种约束或者不确定性的控制方法。

5.4.3　混合式视觉伺服控制

虽然基于位置和基于图像的视觉伺服控制方法具有各自的优点，但也都有难以克服的缺点，于是有学者将二者相结合，提出混合式视觉伺服控制方法，保留了二者的优点，同时降低了控制器设计的难度。混合式视觉伺服控制系统的组成如图 5-27 所示，由于该方法既含有基于位置的 3D 空间控制方法也含有基于图像的 2D 空间控制方法，于是将该方法称为 2.5D 视觉伺服控制方法。

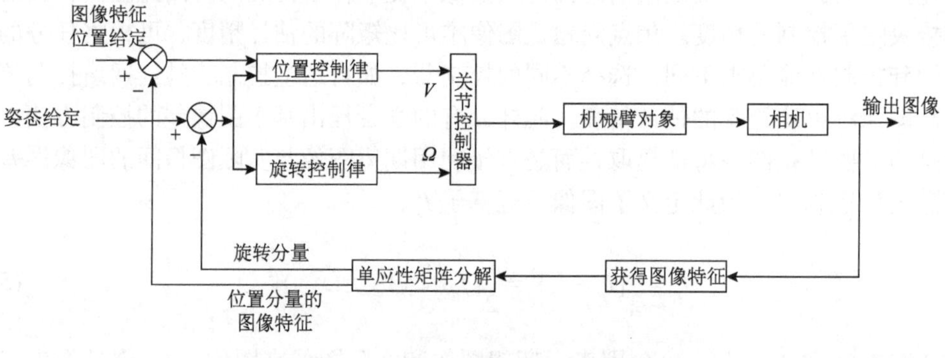

图 5-27　2.5D 视觉伺服控制系统

该方法首先进行图像特征提取，并利用当前图像特征和期望图像特征计算两个不同视点之间的欧氏空间的单应性矩阵，通过欧氏几何学重构机械臂末端直角空间的三维信息，分别得到位置分量和旋转分量，然后位置分量采用基于图像的视觉伺服控制，旋转分量采用基于位置的视觉伺服控制。

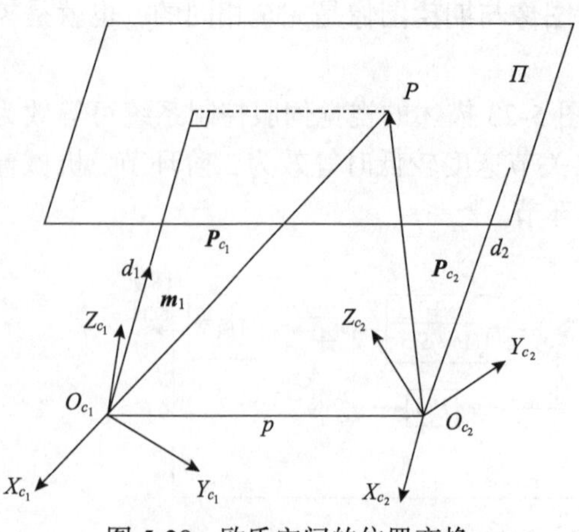

图 5-28　欧氏空间的位置变换

1. 欧氏空间三维信息重构

如图 5-28 所示，设：特征点 P 在平面 Π 上，视点 O_{c_1} 表示期望的机械臂末端位置，视

点 O_{c_2} 表示当前的机械臂末端位置，特征点 P 在视点 O_{c_1} 和 O_{c_2} 的相机坐标系下的坐标分别为 $\boldsymbol{P}_{c_1}=[x_{c_1}\ y_{c_1}\ z_{c_1}]^{\mathrm{T}}$ 和 $\boldsymbol{P}_{c_2}=[x_{c_2}\ y_{c_2}\ z_{c_2}]^{\mathrm{T}}$，相应的像素坐标系坐标分别为 $\boldsymbol{I}_1=[u_1\ v_1\ 1]^{\mathrm{T}}$ 和 $\boldsymbol{I}_2=[u_2\ v_2\ 1]^{\mathrm{T}}$。

1) 单应性矩阵的估计

对于点 P 在两个视点 O_{c_1},O_{c_2} 的图像坐标 $\boldsymbol{I}_1,\boldsymbol{I}_2$，存在图像空间的单应性矩阵 $\boldsymbol{H}_i$，使得式(5-116)成立：

$$\alpha\boldsymbol{I}_2=\boldsymbol{H}_i\boldsymbol{I}_1 \tag{5-116}$$

式中，α 为非零常数因子，即 $\boldsymbol{H}_i$ 在相差一个非零常数因子的意义下是唯一的。

在相机内参数矩阵 $\boldsymbol{M}_{\mathrm{in}}$ 已知的条件下，有

$$\boldsymbol{I}_i=\boldsymbol{M}_{\mathrm{in}}\boldsymbol{P}_{c_i}/z_{c_i} \tag{5-117}$$

将式(5-117)代入式(5-116)，有

$$\boldsymbol{P}_{c_2}=\boldsymbol{M}_{\mathrm{in}}^{-1}\boldsymbol{H}_i\boldsymbol{M}_{\mathrm{in}}\boldsymbol{P}_{c_1}z_{c_2}/(\alpha z_{c_1})=\boldsymbol{H}_e\boldsymbol{P}_{c_1} \tag{5-118}$$

式中，$\boldsymbol{H}_e=\boldsymbol{M}_{\mathrm{in}}^{-1}\boldsymbol{H}_i\boldsymbol{M}_{\mathrm{in}}z_{c_2}/(\alpha z_{c_1})$ 称为欧氏空间的单应性矩阵，在 $\boldsymbol{I}_1,\boldsymbol{I}_2,\boldsymbol{M}_{\mathrm{in}}$ 均已知的条件下，需要 4 个特征点就可以实现 $\boldsymbol{H}_e$ 的估计。

2) 单应性矩阵的分解

欧氏空间的单应性矩阵 $\boldsymbol{H}_e$ 描述了 $\boldsymbol{P}_{c_1},\boldsymbol{P}_{c_2}$ 之间的位姿关系，包含了 $\{O_{c_1}\},\{O_{c_2}\}$ 两个坐标系之间的平移和旋转信息，可以将其分解为两个矩阵之和：

$$\boldsymbol{H}_e=\boldsymbol{R}+\boldsymbol{p}_{d_1}\cdot\boldsymbol{m}_1^{\mathrm{T}} \tag{5-119}$$

式中，$\boldsymbol{R}$ 为旋转矩阵；$\boldsymbol{p}_{d_1}=\boldsymbol{p}/d_1$，$\boldsymbol{p}=[p_x\ p_y\ p_z]^{\mathrm{T}}$ 为 O_{c_1},O_{c_2} 两点之间的位移向量，即 $\{O_{c_1}\}$ 的原点在 $\{O_{c_2}\}$ 坐标系下的位移向量，d_1 为 $\{O_{c_1}\}$ 的原点到平面 Π 的距离；$\boldsymbol{m}_1=[m_{1x}\ m_{1y}\ m_{1z}]^{\mathrm{T}}$ 为在 $\{O_{c_1}\}$ 坐标系下 $\{O_{c_2}\}$ 的原点到平面 Π 的垂线方向的单位向量，即平面 Π 法向量的单位向量。则有

$$\begin{aligned}\boldsymbol{H}_e&=\begin{bmatrix}n_x & o_x & a_x\\ n_y & o_y & a_y\\ n_z & o_z & a_z\end{bmatrix}+\begin{bmatrix}p_xm_x/d_1 & p_xm_y/d_1 & p_xm_z/d_1\\ p_ym_x/d_1 & p_ym_y/d_1 & p_ym_z/d_1\\ p_zm_x/d_1 & p_zm_y/d_1 & p_zm_z/d_1\end{bmatrix}\\&=\begin{bmatrix}n_x+p_xm_x/d_1 & o_x+p_xm_y/d_1 & a_x+p_xm_z/d_1\\ n_y+p_ym_x/d_1 & o_y+p_ym_y/d_1 & a_y+p_ym_z/d_1\\ n_z+p_zm_x/d_1 & o_z+p_zm_y/d_1 & a_z+p_zm_z/d_1\end{bmatrix}\end{aligned} \tag{5-120}$$

将式(5-120)代入式(5-118)，得

$$\begin{bmatrix} x_{c_2} \\ y_{c_2} \\ z_{c_2} \end{bmatrix} = \begin{bmatrix} n_x x_{c_1} + o_x y_{c_1} + a_x z_{c_1} + p_x m_x x_{c_1} / d_1 + p_x m_y y_{c_1} / d_1 + p_x m_z z_{c_1} / d_1 \\ n_y x_{c_1} + o_y y_{c_1} + a_y z_{c_1} + p_y m_x x_{c_1} / d_1 + p_y m_y y_{c_1} / d_1 + p_y m_z z_{c_1} / d_1 \\ n_z x_{c_1} + o_z y_{c_1} + a_z z_{c_1} + p_z m_x x_{c_1} / d_1 + p_z m_y y_{c_1} / d_1 + p_z m_z z_{c_1} / d_1 \end{bmatrix} \tag{5-121}$$

式中，$m_x x_{c_1} + m_y y_{c_1} + m_z z_{c_1}$ 为 $\boldsymbol{P}_{c_1}$ 在 $\boldsymbol{m}_1$ 方向的投影，其大小为 d_1。因此式(5-121)可简化为

$$\begin{bmatrix} x_{c_2} \\ y_{c_2} \\ z_{c_2} \end{bmatrix} = \begin{bmatrix} n_x x_{c_1} + o_x y_{c_1} + a_x z_{c_1} + p_x \\ n_y x_{c_1} + o_y y_{c_1} + a_y z_{c_1} + p_y \\ n_z x_{c_1} + o_z y_{c_1} + a_z z_{c_1} + p_z \end{bmatrix} = \boldsymbol{R} \begin{bmatrix} x_{c_1} \\ y_{c_1} \\ z_{c_1} \end{bmatrix} + \boldsymbol{p} \tag{5-122}$$

式(5-122)为齐次变换的结果，$\boldsymbol{P}_{c_2} = \boldsymbol{R}\boldsymbol{P}_{c_1} + \boldsymbol{p}$，说明可以通过单应性矩阵分解出旋转矩阵 $\boldsymbol{R}$ 和平移向量 $\boldsymbol{p}$，已经有多种方法可以实现对单应性矩阵的分解，如奇异值分解(SVD)方法。单应性矩阵分解是从二维图像提取三维位姿信息的过程，会得到多组解，还需要进一步的约束条件得到唯一解，如相邻采样点的角度连续性、参考平面法向量不变性等约束条件。

3) 比例因子的估计

设 d_2 为 $\{O_{c_2}\}$ 的原点到平面 Π 的距离，$\boldsymbol{m}_2 = [m_{2x}\ m_{2y}\ m_{2z}]^{\mathrm{T}}$ 为在 $\{O_{c_2}\}$ 坐标系下其原点到平面 Π 的垂线方向的单位向量，则有

$$d_2 = d_1 + \boldsymbol{m}_2^{\mathrm{T}} \boldsymbol{p} \tag{5-123}$$

虽然 d_1, d_2 是未知的，但可以得到二者的比率 γ：

$$\gamma = d_2 / d_1 = 1 + \boldsymbol{m}_2^{\mathrm{T}} \boldsymbol{p}_{d_1} = \det(\boldsymbol{H}_e) \tag{5-124}$$

由于 $d_2 = z_{c_2} \boldsymbol{m}_2^{\mathrm{T}} \boldsymbol{P}_{c_{21}}$，式中 $\boldsymbol{P}_{c_{21}} = [x_{c_2} / z_{c_2}\ y_{c_2} / z_{c_2}\ 1]^{\mathrm{T}}$ 为 $\boldsymbol{P}_{c_2}$ 在焦距归一化成像平面上的成像点的位置向量，可通过图像坐标求得。因此可以得到 z_{c_2} 与 d_1 之间的比率 ρ_1：

$$\rho_1 = \frac{z_{c_2}}{d_1} = \frac{\gamma}{\boldsymbol{m}_2^{\mathrm{T}} \boldsymbol{P}_{c_{21}}} \tag{5-125}$$

同理，可以得到 z_{c_1} 与 d_1 之间的关系，$d_1 = z_{c_1} \boldsymbol{m}_1^{\mathrm{T}} \boldsymbol{P}_{c_{11}}$，于是得到 z_{c_2} 与 z_{c_1} 之间的比率 ρ_2：

$$\rho_2 = \frac{z_{c_2}}{z_{c_1}} = \frac{\gamma \boldsymbol{m}_1^{\mathrm{T}} \boldsymbol{P}_{c_{11}}}{\boldsymbol{m}_2^{\mathrm{T}} \boldsymbol{P}_{c_{21}}} = \rho_1 \boldsymbol{m}_1^{\mathrm{T}} \boldsymbol{P}_{c_{11}} \tag{5-126}$$

2. 控制器设计

控制输入可设定为相机的运动速度 $\boldsymbol{V} = (\boldsymbol{v}^{\mathrm{T}}\ \boldsymbol{\omega}^{\mathrm{T}})^{\mathrm{T}}$，也就是机械臂末端的运动速度，其中 $\boldsymbol{v}$ 是相机的平移运动速度，$\boldsymbol{\omega}$ 是相机的旋转运动速度，控制目标为使式(5-127)所示的误差以指数收敛方式 $\dot{\boldsymbol{e}} = -\lambda \boldsymbol{e}$ 趋向于 0。

$$\boldsymbol{e}=[(\boldsymbol{I}_e-\boldsymbol{I}_e^*)^{\mathrm{T}}\quad \hat{\boldsymbol{K}}^{\mathrm{T}}\theta]^{\mathrm{T}} \tag{5-127}$$

式中，$\boldsymbol{I}_e$ 是当前视点下的扩展图像坐标；$\boldsymbol{I}_e^*$ 是期望的扩展图像坐标；$\hat{\boldsymbol{K}}^{\mathrm{T}}\theta$ 是将通过单应性矩阵分解得到的旋转矩阵表示为绕空间单位向量 $\hat{\boldsymbol{K}}$ 旋转 θ 角度的表达形式。其中扩展图像坐标的定义如下：

$$\boldsymbol{I}_e=[u_e\quad v_e\quad w_e]^{\mathrm{T}}=\begin{bmatrix}\dfrac{x_c}{z_c} & \dfrac{y_c}{z_c} & \log z_c\end{bmatrix}^{\mathrm{T}} \tag{5-128}$$

$\hat{\boldsymbol{K}},\theta$ 与旋转矩阵的关系为

$$\tan\theta=\frac{\sqrt{(o_z-a_y)^2+(a_x-n_z)^2+(n_y-o_x)^2}}{n_x+o_y+a_z-1},\quad \begin{cases}K_x=(o_z-a_y)/(2\sin\theta)\\ K_y=(a_x-n_z)/(2\sin\theta)\\ K_z=(n_y-o_x)/(2\sin\theta)\end{cases} \tag{5-129}$$

首先，设计控制量 $\boldsymbol{\omega}$，$\boldsymbol{\omega}$ 与 $\hat{\boldsymbol{K}}^{\mathrm{T}}\theta$ 的导数有关：

$$\frac{\mathrm{d}(\hat{\boldsymbol{K}}^{\mathrm{T}}\theta)}{\mathrm{d}t}=[0\quad \boldsymbol{J}_\omega]\boldsymbol{V} \tag{5-130}$$

式中，$\boldsymbol{J}_\omega$ 是旋转分量的雅可比矩阵：

$$\boldsymbol{J}_\omega(\hat{\boldsymbol{K}},\theta)=\boldsymbol{I}_3-\frac{\theta}{2}\hat{\boldsymbol{K}}_\times+\left(1-\frac{\sin c(\theta)}{\sin c^2(\theta/2)}\right)\hat{\boldsymbol{K}}_\times^2,\quad \hat{\boldsymbol{K}}_\times=\begin{bmatrix}0 & -k_z & k_y\\ k_z & 0 & -k_x\\ -k_y & k_x & 0\end{bmatrix} \tag{5-131}$$

其次，控制量 $\boldsymbol{v}$ 与 $\boldsymbol{P}_{c_2}$ 的导数有关：

$$\dot{\boldsymbol{P}}_{c_2}=[-\boldsymbol{I}_3\quad \boldsymbol{P}_{c_2\times}]\boldsymbol{V} \tag{5-132}$$

在视点 O_{c_2} 下，根据扩展图像坐标的定义，有

$$\dot{\boldsymbol{I}}_{e_2}=\frac{1}{z_{c_2}}\begin{bmatrix}1 & 0 & -x_{c_2}/z_{c_2}\\ 0 & 1 & -y_{c_2}/z_{c_2}\\ 0 & 0 & 1\end{bmatrix}\begin{bmatrix}\dot{x}_{c_2}\\ \dot{y}_{c_2}\\ \dot{z}_{c_2}\end{bmatrix} \tag{5-133}$$

将式(5-125)代入式(5-133)，得

$$\dot{\boldsymbol{I}}_{e_2}=-\frac{1}{d_1}\boldsymbol{J}_v\dot{\boldsymbol{P}}_{c_2},\quad \boldsymbol{J}_v=\frac{1}{\rho_1}\begin{bmatrix}-1 & 0 & u_{c_2}\\ 0 & -1 & v_{c_2}\\ 0 & 0 & 1\end{bmatrix} \tag{5-134}$$

式中，$\boldsymbol{J}_v$ 是平移分量的雅可比矩阵。将式(5-132)代入式(5-134)，得

$$\dot{\boldsymbol{I}}_{e_2}=\begin{bmatrix}\dfrac{1}{d_1}\boldsymbol{J}_v & \boldsymbol{J}_{v\omega}\end{bmatrix}\boldsymbol{V} \tag{5-135}$$

式中，$\boldsymbol{J}_{v\omega}$ 为旋转分量与平移分量的耦合雅可比矩阵：

$$\boldsymbol{J}_{v\omega}=\begin{bmatrix}u_{c_2}v_{c_2} & -(1+u_{c_2}^2) & v_{c_2}\\ 1+v_{c_2}^2 & -u_{c_2}v_{c_2} & -u_{c_2}\\ -v_{c_2} & u_{c_2} & 0\end{bmatrix} \tag{5-136}$$

将期望视点作为 O_{c_1}，当前视点作为 O_{c_2}，则扩展图像坐标的误差可以计算如下：

$$\boldsymbol{I}_e-\boldsymbol{I}_e^*=[u_{e2}-u_{e1}\ v_{e2}-v_{e1}\ \lg(z_{c_2}/z_{c_1})]^{\mathrm{T}}=[u_{e2}-u_{e1}\ v_{e2}-v_{e1}\ \lg\rho_2]^{\mathrm{T}} \tag{5-137}$$

综合式(5-130)和式(5-135)，可得

$$\dot{\boldsymbol{e}}=\boldsymbol{J}\boldsymbol{V}=\begin{bmatrix}\dfrac{1}{d_1}\boldsymbol{J}_v & \boldsymbol{J}_{v\omega}\\ 0 & \boldsymbol{J}_\omega\end{bmatrix}\boldsymbol{V} \tag{5-138}$$

为满足指数收敛，则有

$$\dot{\boldsymbol{e}}=-\lambda\boldsymbol{e}\ \Rightarrow\ \boldsymbol{V}=-\lambda\boldsymbol{J}^{-1}\boldsymbol{e}=-\lambda\begin{bmatrix}d_1\boldsymbol{J}_v^{-1} & -d_1\boldsymbol{J}_v^{-1}\boldsymbol{J}_{v\omega}\\ 0 & \boldsymbol{J}_\omega^{-1}\end{bmatrix}\begin{bmatrix}\left(\boldsymbol{I}_e-\boldsymbol{I}_e^*\right)^{\mathrm{T}}\\ \hat{\boldsymbol{K}}^{\mathrm{T}}\theta\end{bmatrix} \tag{5-139}$$

式(5-139)为所需的控制律，其中位置的控制误差是基于图像获得的，位置视觉伺服是基于图像的视觉伺服，姿态的控制误差是图像经过三维重建后获得的，姿态视觉伺服是基于位置的视觉伺服。上述方法虽然避免了直接计算雅可比矩阵，但需要根据图像特征在线计算两个视点之间的单应性矩阵，计算量较大。

第 6 章　图像处理技术在移动机器人中的应用

视觉应用与移动机器人是目前的热点研究领域，其目的是增强移动机器人的自主能力，包括自主定位、自主 SLAM、自主避碰、自主归航等技术，本章主要介绍上述技术内容。

6.1　视觉里程仪技术

自主定位技术是移动机器人导航的核心任务之一，第 3 章介绍了基于光学编码器的里程仪定位算法，存在精度上的问题，如轮子的打滑会产生定位误差，而且随着时间的积累，定位的可信度大大下降。随着计算机视觉技术的进步，视觉里程仪(visual odometry，VO)技术为移动机器人的定位和轨迹跟踪提供了一种新的技术手段，能够有效提高定位精度和环境的适应性。

VO 的概念是 1980 年提出的，并设计了从特征提取、特征匹配与跟踪到运动估计的理论框架，至今仍为大多数 VO 系统所遵循。直到 2004 年，一种实时的 VO 系统才实现真正意义上机器人的导航，并提出了基于单目视觉和立体视觉的 VO 设计的途径与流程，为后续 VO 的研究奠定了新的基础。

6.1.1　视觉里程仪的基本原理

VO 的目标就是根据相机的图像估计移动机器人的运动，即通过分析相关图像序列来确定机器人的位置和姿态，实现手段主要有直接方法和间接方法两种，其中直接方法是利用完整图像与三维地图直接匹配的方式实现机器人定位与轨迹跟踪，间接方法首先是在图像中提取出特征信息并通过图像序列中特征信息匹配的方法实现机器人位姿和运动轨迹的估计。两种方法各有优缺点，直接方法不需要提取特征，能够建立稠密地图，但存在计算量大、鲁棒性不好的缺陷，间接方法是目前 VO 技术发展的主流，能够在噪声较大、机器人运动速度较快的条件下进行机器人位姿和运动轨迹的估计，但更依赖于具有时空不变性的特征提取技术。

本节主要介绍基于特征点方法的 VO 原理，如图 6-1(a)所示，机器人运动过程中会得到图像序列，对应着机器人运动轨迹上系列运动位姿节点，每相邻两帧图像之间的间隔时间较短，因此相邻两帧图像中会存在空间位置相同的特征点，或称为路标节点，利用匹配的路标节点，通过 PnP 等位姿估计方法可以求得相邻图像对应的机器人不同位姿的旋转矩阵和平移向量，并由此可推算机器人的轨迹，其计算流程如图 6-1(b)所示，主要步骤如下：

(1) 获取图像序列；

(2) 针对每对相邻图像帧进行图像特征提取；

(3) 对每对相邻图像帧提取的特征进行匹配；

(4) 利用相邻图像帧匹配的特征实现机器人的运动位姿估计；

(5) 对估计的机器人运动位姿进行优化。

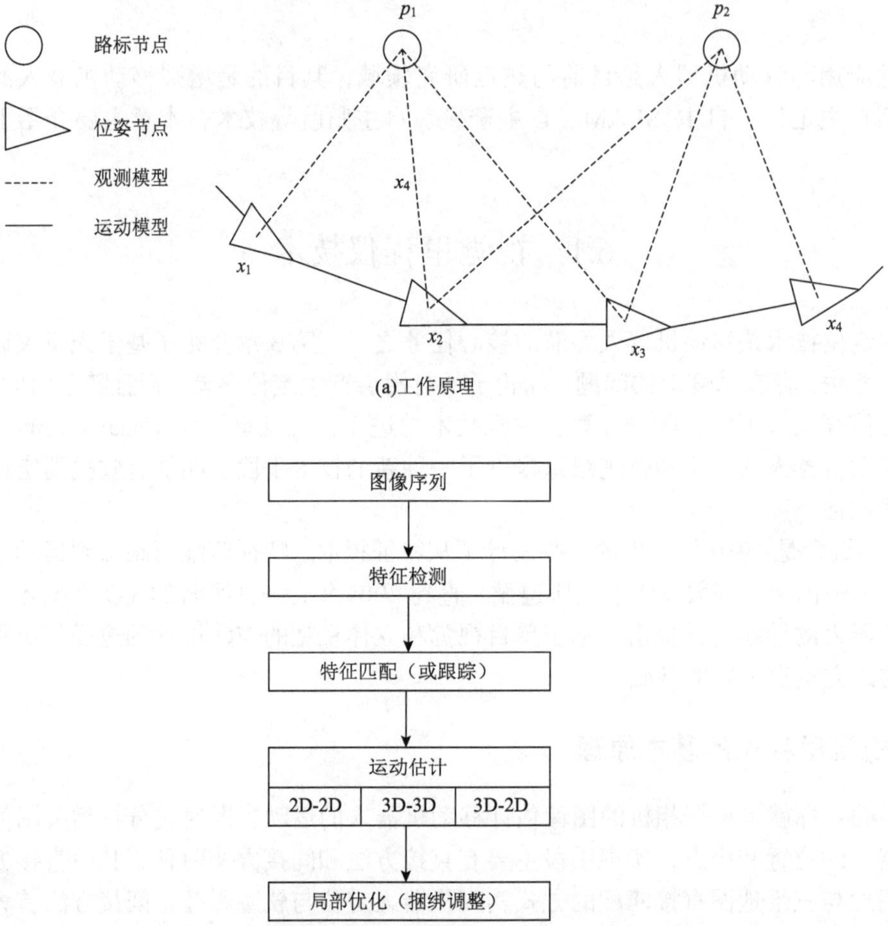

(a)工作原理

(b)工作流程

图 6-1 VO 工作原理与工作流程

6.1.2 特征提取与特征匹配

如第 4 章所述，图像的特征有多种，如边缘特征、角点特征、区域特征、颜色特征、纹理特征等，尤其图像中的点特征在机器人定位和导航中发挥了重要作用，也成为图像处理技术的热点研究问题。

1. 常用点特征提取算法

自从 1999 年 SIFT 特征提取算法问世以来，人们对于图像特征的认识也越来越深入，近些年许多学者提出了许许多多的特征检测算法及其改进算法，如 HOG(histograms of oriented gradient，2005 年)、SURF(speeded up robust features，2006 年)、FAST(features from accelerated segment test，2006 年)、PHOG(pyramid histograms of oriented gradient，2007 年)、BRIEF(binary robust independent elementary features，2010 年)、ORB(oriented FAST and rotated BRIEF，2011 年)等特征提取算法，其中 SIFT、SURF、ORB 算法是 VO 算法中常用的特征提取算法，SIFT 特征提取算法在第 4 章中有较详细的介绍，SURF 和 ORB 算法与 SIFT 算法相比，在特征提取能力和时效性上更胜一筹，下面对这两种算法做个简要介绍。

1)SURF 特征提取算法

SURF 算法对经典的 SIFT 算法进行了改进，SIFT 算法最大的缺点就是如果不借助硬件或者专门的图像处理器进行加速，SIFT 算法很难达到实时处理的效果。SURF 算法最大的特征在于采用了 Haar 特征以及积分图像的概念，这大大减少了程序的运行时间。SURF 算法不仅保持了 SIFT 算法尺度不变和旋转不变的特性，而且对光照变化和仿射变化同样具有很强的鲁棒性。

(1) 尺度空间的极值检测。

在 SIFT 特征分析中，我们知道图像中点特征一般出现在边缘特征相交的点，即图像中 LoG 取极值的点，SURF 特征与 SIFT 特征在极值检测方面有两点不同：一是 LoG 的计算方面；二是尺度空间的选择不同。

首先在 LoG 计算方面，SIFT 算法用 DoG 来近似计算 LoG，而 SURF 算法中用与 LoG 等效的 Hessian 矩阵来识别潜在的对尺度和选择不变的兴趣点。

对于函数 $f(x,y)$，Hessian 矩阵定义为

$$\boldsymbol{H}(f(x,y))=\begin{bmatrix}\dfrac{\partial^2 f}{\partial x^2} & \dfrac{\partial^2 f}{\partial x\partial y}\\ \dfrac{\partial^2 f}{\partial x\partial y} & \dfrac{\partial^2 f}{\partial y^2}\end{bmatrix} \tag{6-1}$$

针对图像信息，用图像像素 $I(x,y)$ 经二维高斯滤波后取代函数 $f(x,y)$，则

$$\boldsymbol{H}(L(x,y,\sigma))=\begin{bmatrix}L_{xx}(x,y,\sigma) & L_{xy}(x,y,\sigma)\\ L_{xy}(x,y,\sigma) & L_{yy}(x,y,\sigma)\end{bmatrix},\quad L(x,y,\sigma)=G(\sigma)*I(x,y) \tag{6-2}$$

矩阵中每一项都代表高斯二阶微分与图像中对应点进行卷积的结果，式中 σ 代表尺度空间因子，图像中的每个点会有多个 σ 值下的 Hessian 矩阵。

针对 Hessian 矩阵，要定义一个判别式，如式(6-3)所示，根据判别式的值来确定图像局部特征点：

$$\mathrm{Det}(\boldsymbol{H})=L_{xx}\cdot L_{yy}-L_{xy}\cdot L_{xy} \tag{6-3}$$

对于离散数字图像，式(6-3)中的二阶导数可简单计算为

$$\begin{aligned}L_{xx}&=[L(x+1,y)-L(x,y)]-[L(x,y)-L(x-1,y)]\\&=L(x+1,y)+L(x-1,y)-2L(x,y)\end{aligned} \tag{6-4}$$

为了提高计算效率，SURF 算法中利用盒式滤波器(boxfilter)代替式(6-2)中的卷积计算，即在给定的滑动窗口下，对窗口内的像素值进行快速求和，并且利用了积分图像(integral image)的概念，即计算以每个像素点与图像坐标原点为对角线的矩形范围内所有像素点像素值的和，这个计算也是比较简单的：

$$\mathrm{sum}(x,y)=\sum_{x_i\leqslant x,y_i\leqslant y} I(x_i,y_i) \tag{6-5}$$

利用积分图像，盒式滤波器的计算也变得非常简单，利用卷积窗口四个顶点的积分图像值通过两步加法和两步减法便可完成，假设窗口尺寸为 $m\times n$，则

$$\begin{aligned}L(x,y)&=\mathrm{boxfilter}(x,y)\\&=\mathrm{sum}\left(x+\frac{m}{2},y+\frac{n}{2}\right)-\mathrm{sum}\left(x+\frac{m}{2},y-\frac{n}{2}\right)-\mathrm{sum}\left(x-\frac{m}{2},y+\frac{n}{2}\right)+\mathrm{sum}\left(x-\frac{m}{2},y-\frac{n}{2}\right)\end{aligned} \tag{6-6}$$

因此可将局部矩形求和运算的复杂度从 $O(m\times n)$ 下降到了 $O(4)$，这就是 SURF 算法计算效率高的主要原因之一。

其次在尺度空间的选择方面，SURF 算法与 SIFT 算法同样由 O 组 L 层组成，不同的是 SIFT 算法中下一组图像的尺寸是上一组图像尺寸的 1/2，经过图像降采样获得，同一组间各层图像尺寸一样，但所使用的高斯模糊系数逐渐增大；而在 SURF 算法中，不同组间图像的尺寸都是一致的，不同的是，不同组间使用的盒式滤波器的模板尺寸逐渐增大，同一组不同层间使用相同尺寸的滤波器，但是滤波器的模糊系数逐渐增大，因此 SURF 算法允许尺度空间多层图像同时被处理，不需对图像进行二次抽样，从而进一步提高了计算效率。

(2) 特征点过滤并精确定位。

对于特征点的定位过程，SURF 算法和 SIFT 算法保持一致，将经过 Hessian 矩阵处理的每个像素点与二维图像空间和尺度空间三维邻域内的 26 个点进行比较，如果它是这 26 个点中的最大值或最小值，则保留下来，当作初步的特征点，再过滤掉能量比较弱的关键点以及错误定位的关键点，筛选出最终的稳定特征点。

(3) 特征方向幅值。

在 SIFT 算法中，采用的是在特征点邻域内统计其梯度直方图，即横轴是梯度方向的角度，纵轴是梯度方向对应梯度幅值的累加，取直方图梯度幅值最大的以及超过最大值 80% 的那些方向作为特征点的主方向。而在 SURF 算法中，采用的是统计特征点圆形邻域内的 Haar 小波特征，即在特征点的圆形邻域内，统计 60°扇形内所有点的水平、垂直 Haar 小波特征总和，然后扇形以 18°大小的间隔进行旋转并再次统计该区域内的 Haar 小波特征值，之后将特征值最大的那个扇形的方向作为该特征点的主方向。

Haar 小波特征分为四类：边缘特征、线性特征、中心特征和对角线特征，可将多种特征组合成特征模板。特征模板内有白色和黑色两种矩形，并定义该模板的特征值为白色矩形内像素的和减去黑色矩形内像素的和。SURF 算法中所用的水平和垂直 Haar 小波特征模板如图 6-2 所示，同样用到了积分图像进行简化计算。

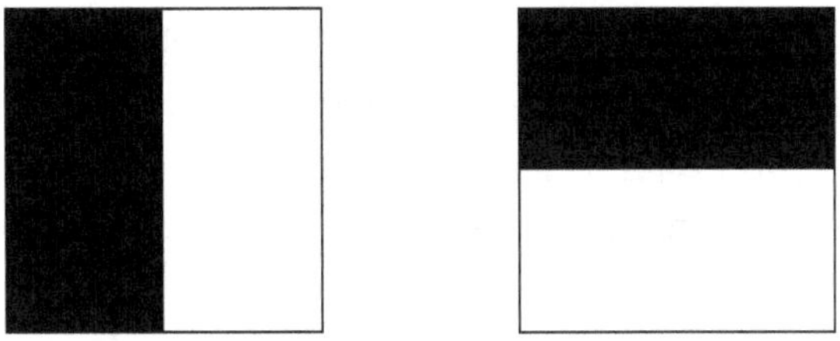

图 6-2　水平和垂直 Haar 小波特征模板

确定特征方向幅值的具体过程如图 6-3 所示，在特征点位置画一个直径为 6s 的圆形，s 为尺度。分别计算这个圆中的每个以 $s\times s$ 为间隔取样的点处的 Haar$X$ 和 Haar$Y$ 特征，同时计算每个点的特征方向：

$$\theta_i = \arctan\left(\frac{\text{Haar}Y}{\text{Haar}X}\right) \tag{6-7}$$

在一个 60°的扇形中统计落在扇形角度范围内的点的 Haar$X$ 和 Haar$Y$ 各自之和 sum$X$ 和 sum$Y$，该扇形以每次 15°的精度绕中心旋转，选取使得 sum 的模长最大的扇形方向为该特征点的主方向。

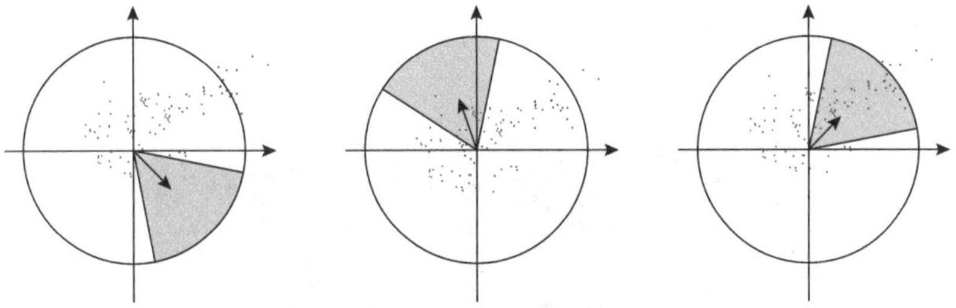

图 6-3　特征方向幅值

(4) 特征点描述。

和 SIFT 特征类似，为了保持旋转不变性，要将关键点的方向旋转一致之后再统计特征。统计特征时，在该关键点周围选取 $20s\times 20s$ 的区域，划分成 4×4 个子区域，在每个子区域内使用 X 方向、Y 方向的 Haar 小波特征算子提取 Haar 小波特征，然后使用提取结果统计 $\sum dx,\sum dy,\sum|dx|,\sum|dy|$ 四个值作为该子区域的特征，如图 6-4 所示，并按照二维高斯函数加权求和得到长度为 4 的向量，那么一个关键点就可以使用 16 个子区域的特征联合表示，即 64 维向量，最后进行归一化处理以获得光照不变性。

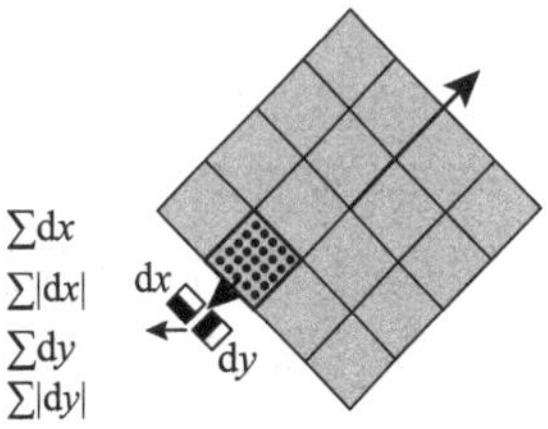

图 6-4　SURF 特征描述

2) ORB 特征提取算法

ORB 算法分为两部分，分别是特征点提取和特征点描述。特征点提取是由 FAST 算法发展来的，特征点描述是根据 BRIEF 算法改进的。

(1) FAST 特征提取。

FAST 算法是公认的最快的特征点提取方法，FAST 特征点非常接近角点类型，并提出了角点的定义：在以某一像素点为中心的邻域内，若有足够多的像素点灰度值与该中心像素值差别较大，则该点可能是角点。具体实现为：选定圆心像素点 p，在半径为 3 像素的圆周内，共有 16 个像素点，如图 6-5 所示，在这圆周上，如果存在连续 n 个像素点与 p 的灰度值的差的绝对值同时大于或者小于某一阈值 t，则这个点为候选点，因此，圆周上的每一个 x 点相对于中心点 p 必属于以下 3 种状态：

$$S_{p\to x}=\begin{cases} d, & I_{p\to x}\leqslant I_p-t(\text{较暗}) \\ s, & -t\leqslant I_{p\to x}<I_p+t(\text{相似}) \\ b, & I_p+t\leqslant I_{p\to x}(\text{较亮}) \end{cases} \tag{6-8}$$

式中，I_p 表示中心点 p 的灰度值；$I_{p\to x}$ 表示以点 p 为中心的圆周上的点的灰度值；t 表示阈值。为了加快计算，首先计算圆周上点 1 和 9(垂直方向)的灰度值，如果 1 和 9 满足角点条件，则继续计算圆周上点 5 和 13(水平方向)的灰度值，如果这 4 个点中有 3 个或 3 个以上的点满足角点条件，则进一步检查剩下的 12 个点，否则不是角点，在此基础上，统计满足点 p 为角点条件的圆周上的点数：

$$N=\sum_{x\in\text{circle}(p)}\left|I_x-I_p\right|>t \tag{6-9}$$

如果 $N\geqslant 9$ (FAST-9)或者 $N\geqslant 12$ (FAST-12)，则 p 为角点，一般推荐取 $N\geqslant 9$，这样在速度和精度上就能满足一定要求。

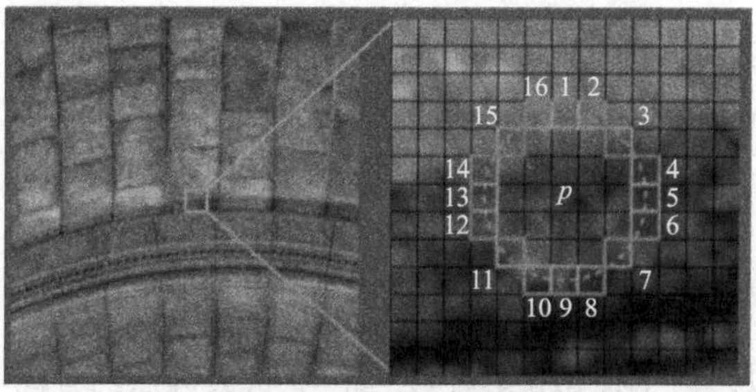

图 6-5 FAST 特征提取

FAST 特征点存在以下三方面的不足：

① 没有角点响应函数，检测器的效率取决于排序问题；

② 没有引入多尺度特征；

③ 特征点不具有方向性，在图像旋转的情况下，性能很差。

为此，ORB 算法采用了以下改进措施：一是对于目标数量为 K 个的关键点，先设定较低的阈值来得到大于 K 个关键点的候选点，然后根据 Harris 角点响应函数来对 K 个特征点进行排序，选择前 K 个特征点；二是采用图像金字塔，通过 Harris 滤波在每层金字塔中得到 FAST 特征；三是利用灰度质心法为每个特征点计算主方向，即假设某特征点的灰度与该邻域重心之间存在偏移，通过这个特征点到重心的向量，就能算出该特征点的主方向：

$$\theta=\arctan(m_{01},m_{10}),\quad m_{pq}=\sum_{x,y}x^p y^q I(x,y) \tag{6-10}$$

(2) BRIEF 特征描述。

BRIEF 是一种二进制编码的特征描述符，即在特征点邻域窗口(一般选 31×31)内选取 n (可取 128、256、512 等)对像素点 (p_i,q_i)，点对可以按均匀分布、高斯分布、随机分布等几种方式选取，并比较这些点对的灰度值，若 $I(p_i)>I(q_i)$，则编码为 1，否则编码为 0，并根据灰度值大小编码成二进制串，生成 n 位(bit)的特征描述子。此外，为了增强特征描述符的抗噪性，首先要对特征点的邻域窗口进行 $\sigma=2$ 、窗口尺寸为 9×9 的高斯平滑。

SIFT 和 SURF 特征描述子采用 128 维或者 64 维特征描述向量，每维数据一般占用 4 字节，因此一个特征点的特征描述向量需要占用 512 字节或者 256 字节。如果一幅图像中包含有大量的特征点，那么特征描述子将占用大量的存储，而且生成描述子的过程也会相当耗时。与此相比，BRIEF 特征描述既降低了对存储空间的需求，也提升了特征描述子生成的速度。

但 BRIEF 特征描述也存在不足：不具备旋转不变性，不具备尺度不变性，容易受噪声影响。为此，ORB 算法对其进行了改进。

(1) 在解决噪声敏感问题方面，BRIEF 采用了 9×9 的高斯算子进行滤波，可以在一定程度上解决噪声敏感问题，但一个滤波显然是不够的。ORB 提出利用积分图像来解决：在 31×31 的窗口中产生一对随机点后，以随机点为中心，取 5×5 的子窗口，比较两个子窗口内的像素和大小并进行二进制编码，而非仅仅由两个随机点决定二进制编码。

(2) 为解决旋转不变性问题，利用 FAST 中求出的特征点的主方向 θ (式(6-10))，对特征点邻域进行旋转，即对在每一个特征点处产生的点对，先进行旋转，然后进行判别生成二进制编码。

2. 特征匹配

特征匹配就是在图像序列中的相邻两幅图像中找到相同的特征点，为机器人运动估计提供必要的数据基础。

特征匹配是针对特征描述子进行的，特征描述子通常是一个向量，两个特征描述子之间的距离可以反映出其相似的程度，也就是这两个特征点是不是同一个。根据描述子的不同，可以选择不同的距离度量，如果是浮点类型的描述子，可以使用其欧氏距离；对于二进制的描述子(BRIEF)，可以使用其汉明距离(两个不同二进制之间的汉明距离指的是两个二进制串不同位的个数)，这就是最简单的暴力匹配(brute-force matcher)算法。

例如，SIFT 算法的提出者 Lowe 提出了比较最近邻距离与次近邻距离的 SIFT 匹配方式，即取一幅图像中的一个 SIFT 关键点，并找出其与另一幅图像中欧氏距离最近的前两个关键点，在这两个关键点中，如果最近的距离除以次近的距离得到的比率 ratio 小于某个阈值 T，则接受这一对匹配点。

Lowe 推荐的 ratio 阈值为 0.8，但作者对大量任意存在尺度、旋转和亮度变化的两幅图片进行了匹配，结果表明 ratio 取值在 0.4～0.6 最佳，小于 0.4 时很少有匹配点，大于 0.6 时存在大量错误匹配点。

由于特征空间的高维性，暴力匹配算法会产生一定数量的错误匹配，为此，需进一步对匹配的结果进行优化，剔除掉误匹配的特征点。

在一些优化算法中，RANSAC(random sample consensus，1981 年)具有明显优势，该算法基于以下假设：已匹配的特征点由局内点(inliers)和局外点(outliers)所组成，局内点代表了准确匹配的特征点，而且可以用一些模型来解释，局外点是不能适应该模型的数据，也就代表了误匹配的特征点。同时 RANSAC 也假设，给定一组正确的数据，存在可以计算出符合这些数据的模型参数的方法，也就是后面要实现的运动姿态估计问题，即给定准确匹配的一组特征点，可以实现机器人运动姿态的估计。

RANSAC 算法实现步骤如下。

步骤 1：从已匹配的特征点数据集中随机抽出 4 个特征点数据，此 4 个特征点不能共线，然后利用这 4 个特征点计算出单应性矩阵模型：

$$s\begin{bmatrix} x' \\ y' \\ 1 \end{bmatrix} = \begin{bmatrix} h_{11} & h_{12} & h_{13} \\ h_{21} & h_{22} & h_{23} \\ h_{31} & h_{32} & h_{33} \end{bmatrix} \begin{bmatrix} x \\ y \\ 1 \end{bmatrix} \tag{6-11}$$

式中，$(x,y),(x',y')$ 分别为两幅图像中匹配的特征点坐标；s 为尺度参数。如果 $h_{33}=1$ 用来归一化单应性矩阵，则单应性矩阵共有 8 个未知参数，正好可以利用 4 对匹配的特征点实现计算。

步骤 2：利用步骤 1 计算出的模型，计算其余所有已匹配特征点与模型的投影误差：

$$\sum_{i=1}^{n}\left[\left(x_i' - \frac{h_{11}x_i + h_{12}y_i + h_{13}}{h_{31}x_i + h_{32}y_i + h_{33}}\right)^2 + \left(y_i' - \frac{h_{21}x_i + h_{22}y_i + h_{23}}{h_{31}x_i + h_{32}y_i + h_{33}}\right)^2\right] \tag{6-12}$$

如果每对匹配特征点的投影误差小于某一设定的阈值，则认为该对匹配特征点是准确的，将其计入局内点集，否则计入局外点集。

步骤 3：统计局内点数量，更新迭代次数 k：

$$p = 1-(1-w^m)^k \quad \Rightarrow \quad k = \frac{\log(1-p)}{\log(1-w^m)} \tag{6-13}$$

式中，p 为置信度，一般取 0.995；w 为局内点占所有已匹配特征点的比例；$m=4$ 为计算模型所需要的最少匹配点数。可见迭代次数取决于局内点的比例。

步骤 4：如果计算的迭代次数大于 k，则退出，否则迭代次数加 1，并重复上述步骤。

RANSAC 算法也可以理解为局外点检测算法，其核心就是随机性和假设性，随机性用于减少计算量，例如，迭代次数取决于局内点的比例，就是利用正确数据出现的概率，如果发现了一种足够好的模型(该模型有足够小的错误率)，则跳出循环，如式(6-13)中，w^m 表示随机选择的 4 对匹配点均为局内点的概率，$1-w^m$ 表示随机选择的 4 对匹配点至少有 1 对匹配点是局外点的概率。假设性就是说随机抽出来的特征点都认为是正确的，并以此去计算其他特征点，获得单应性矩阵模型，然后利用投票机制，选出获票最多的那一个模型，这样可能会节约计算额外参数的时间。

RANSAC 算法的优点是它能鲁棒地估计模型参数，例如，它能从包含大量局外点的数据集中估计出高精度的参数。RANSAC 算法的缺点是它计算参数的迭代次数没有上限，如果设置迭代次数的上限，得到的结果可能不是最优的结果，甚至可能得到错误的结果，即只以一定的概率得到可信的模型，概率与迭代次数成正比。

6.1.3　机器人运动估计

运动估计是 VO 的直接目标，可通过人为设置的路标点，或在自然环境中提取的特征点通过特定的算法实现，路标点或特征点坐标或在三维工作空间描述，或在图像的二维坐标描述，因此有 3D-3D、2D-2D、3D-2D 等多种估计算法。

如果采用单目相机，只能获得特征点的 2D 图像坐标信息，因此只能采用 2D-2D 的位姿估计算法；如果采用双目相机或者 RGB-D 相机，可以获得特征点的 3D 位置坐标，因此可以采用 3D-3D 和 3D-2D 的位姿估计算法。

对于 3D-2D 位姿估计，可以采用 4.4 节介绍的 PnP 算法实现，本章不再赘述。对于 2D-2D、3D-3D 估计算法，可以利用相机模型直接进行位姿估计，也可以利用单应性矩阵实现位姿估计，这是当前的主流算法。

1. 基于相机模型的 3D-3D 位姿估计

考虑机器人及视觉系统，相机固定安装在移动机器人上，假设机器人从一个位姿移动到另一个位姿，相应的相机坐标原点用(O_{c_1}, O_{c_2})表示，在视点 O_{c_1} 建立一个虚拟世界坐标系 $\{W\}$，其姿态与在视点 O_{c_2} 的相机坐标系一致，如图 6-6 所示。

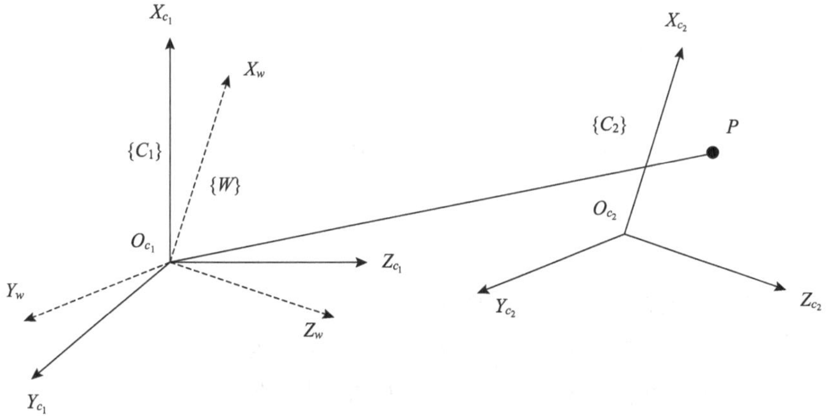

图 6-6　机器人不同视点坐标系

由于坐标系 $\{C_1\}$ 与 $\{W\}$ 之间为纯旋转、坐标系 $\{C_2\}$ 与 $\{W\}$ 之间为纯平移，则对于空间任意点 P，有

$$\begin{bmatrix} x_{c_1} \\ y_{c_1} \\ z_{c_1} \end{bmatrix} = \begin{bmatrix} n_x & o_x & a_x & 0 \\ n_y & o_y & a_y & 0 \\ n_z & o_z & a_z & 0 \end{bmatrix} \begin{bmatrix} x_w \\ y_w \\ z_w \\ 1 \end{bmatrix}, \quad \begin{bmatrix} x_{c_2} \\ y_{c_2} \\ z_{c_2} \end{bmatrix} = \begin{bmatrix} 1 & 0 & 0 & p_x \\ 0 & 1 & 0 & p_y \\ 0 & 0 & 1 & p_z \end{bmatrix} \begin{bmatrix} x_w \\ y_w \\ z_w \\ 1 \end{bmatrix} \tag{6-14}$$

式中，$[x_w\ y_w\ z_w]^{\mathrm{T}}, [x_{c_1}\ y_{c_1}\ z_{c_1}]^{\mathrm{T}}, [x_{c_2}\ y_{c_2}\ z_{c_2}]^{\mathrm{T}}$ 分别为空间任意点 P 在坐标系 $\{W\}$、$\{C_1\}$ 和 $\{C_2\}$ 中的位置向量；$[p_x\ p_y\ p_z]^{\mathrm{T}}, [n\ o\ a]$ 即为待求的两个视点间的位置和姿态。

利用相机模型，可求得空间任意点 P_i 在相机坐标系的坐标：

$$\begin{cases} x_{c_1 i} = u_{d1i} z_{c_1 i} / k_{x1} \\ y_{c_1 i} = v_{d1i} z_{c_1 i} / k_{y1} \end{cases}, \quad \begin{cases} x_{c_2 i} = u_{d2i} z_{c_2 i} / k_{x2} \\ y_{c_2 i} = v_{d2i} z_{c_2 i} / k_{y2} \end{cases} \tag{6-15}$$

式中，$u_{d1i} = u_{1i} - u_{10}$；$v_{d1i} = v_{1i} - v_{10}$；$u_{d2i} = u_{2i} - u_{20}$；$v_{d2i} = v_{2i} - v_{20}$。

将式(6-15)代入式(6-14)，并消去 $z_{c_1 i}, z_{c_2 i}$，分别得到

$$x_{wi} = \frac{\dfrac{u_{d1i}}{k_{x1}} n_x + \dfrac{v_{d1i}}{k_{y1}} n_y + n_z}{\dfrac{u_{d1i}}{k_{x1}} a_x + \dfrac{v_{d1i}}{k_{y1}} a_y + a_z} z_{wi}, \quad y_{wi} = \frac{\dfrac{u_{d1i}}{k_{x1}} o_x + \dfrac{v_{d1i}}{k_{y1}} o_y + o_z}{\dfrac{u_{d1i}}{k_{x1}} a_x + \dfrac{v_{d1i}}{k_{y1}} a_y + a_z} z_{wi} \tag{6-16}$$

$$x_{wi} = \frac{u_{d2i}}{k_{x2}} (p_z + z_{wi}) - p_x, \quad y_{wi} = \frac{v_{d2i}}{k_{y2}} (p_z + z_{wi}) - p_y \tag{6-17}$$

对于同一个空间点 P_i，式(6-16)、式(6-17)中的 x_{wi}, y_{wi} 是相同的。将式(6-16)代入式(6-17)并消去 z_{wi}，经化简得到一个只含有两个视点之间相对位姿且与空间点 P_i 的位置无关的方程：

$$\begin{aligned} &\frac{v_{d2i}}{k_{y2}} \frac{u_{d1i}}{k_{x1}} (n_x p_z - a_x p_x) + \frac{v_{d2i}}{k_{y2}} \frac{v_{d1i}}{k_{y1}} (n_y p_z - a_y p_x) + \frac{v_{d2i}}{k_{y2}} (n_z p_z - a_z p_x) + \frac{u_{d2i}}{k_{x2}} \frac{u_{d1i}}{k_{x1}} (a_x p_y - o_x p_z) \\ &\quad + \frac{u_{d2i}}{k_{x2}} \frac{v_{d1i}}{k_{y1}} (a_y p_y - o_y p_z) + \frac{u_{d2i}}{k_{x2}} (a_z p_y - o_z p_z) + \frac{u_{d1i}}{k_{x1}} (o_x p_x - n_x p_y) \\ &\quad + \frac{v_{d1i}}{k_{y1}} (o_y p_x - n_y p_y) + (o_z p_x - n_z p_y) = 0 \end{aligned} \tag{6-18}$$

令

$$\begin{aligned} &k = o_z p_x - n_z p_y, \quad h_1 = (n_x p_z - a_x p_x)/k, \quad h_2 = (n_y p_z - a_y p_x)/k \\ &h_3 = (n_z p_z - a_z p_x)/k, \quad h_4 = (a_x p_y - o_x p_z)/k, \quad h_5 = (a_y p_y - o_y p_z)/k \\ &h_6 = (a_z p_y - o_z p_z)/k, \quad h_7 = (o_x p_x - n_x p_y)/k, \quad h_8 = (o_y p_x - n_y p_y)/k \end{aligned} \tag{6-19}$$

则式(6-18)可改写为

$$\begin{aligned} &\frac{v_{d2i}}{k_{y2}} \frac{u_{d1i}}{k_{x1}} h_1 + \frac{v_{d2i}}{k_{y2}} \frac{v_{d1i}}{k_{y1}} h_2 + \frac{v_{d2i}}{k_{y2}} h_3 + \frac{u_{d2i}}{k_{x2}} \frac{u_{d1i}}{k_{x1}} h_4 + \frac{u_{d2i}}{k_{x2}} \frac{v_{d1i}}{k_{y1}} h_5 \\ &\quad + \frac{u_{d2i}}{k_{x2}} h_6 + \frac{u_{d1i}}{k_{x1}} h_7 + \frac{v_{d1i}}{k_{y1}} h_8 + 1 = 0 \end{aligned} \tag{6-20}$$

利用在两个视点中的 n 个位置未知的空间点，可以构造出 n 个如式(6-20)所示的方程，当 $n \geqslant 8$ 时，利用最小二乘法可以求解出中间参数 $h_1, h_2, \cdots, h_8$，进而确定两个视点之间的位姿，但位置向量中含有比例系数 k，如果已知任意两个空间点之间的距离，则可根据立体视觉原理计算出 k。

2. 基于单应性矩阵的运动估计算法

单应性矩阵分为图像空间单应性矩阵和欧氏空间单应性矩阵，其定义可参见 5.4.3 节内容，进一步利用 4.4.2 节中介绍的 SVD 方法对单应性矩阵进行分解，求得两个视点间的位姿关系，可实现 2D-2D、3D-3D 的位姿估计。

6.1.2 节介绍的 RANSAC 算法也可以用于单应性矩阵的估计，ICP(iterative closest point, 1992 年)运动估计算法是实现单应性矩阵分解的实用方法，其目标是通过迭代得到优化的旋转矩阵 $\boldsymbol{R}^*$ 和位置向量 $\boldsymbol{t}^*$：

$$\boldsymbol{R}^*,\boldsymbol{t}^* = \arg\min_{\boldsymbol{R},\boldsymbol{t}} \frac{1}{P_s}\sum_{i=1}^{P_s}\left\|\boldsymbol{p}_t^i - (\boldsymbol{R}\boldsymbol{p}_s^i + \boldsymbol{t})\right\|^2 \tag{6-21}$$

式中，$\boldsymbol{p}_t,\boldsymbol{p}_s$ 为不同视点下得到的匹配特征点的位置。

式(6-21)可以利用最小二乘法求解，也可以利用 SVD 得到封闭的解析解。

6.1.4 局部位姿优化

局部位姿优化算法与相机模型参数标定中的优化方法类似(参见 4.2.2 节中的内容)，一般采用 BA(bundle adjustment)算法，如图 6-7 所示，当相机内参数已知、外参数位姿得到估计后，由相机的内参数和外参数可以得到相机的投影矩阵 $\boldsymbol{C}_i$，工作空间的特征点 $\boldsymbol{X}_j$ 通过投影矩阵再投影，得到利用相机模型预测的图像点坐标 $\boldsymbol{P}(\boldsymbol{C}_i,\boldsymbol{X}_j)$，与特征点的图像坐标测量值 $\boldsymbol{q}_{ij}$ 之间会存在一定偏差，即 $\left\|\boldsymbol{q}_{ij} - \boldsymbol{P}(\boldsymbol{C}_i,\boldsymbol{X}_j)\right\|$，则可定义二次型目标函数：

$$\boldsymbol{f}(\boldsymbol{C},\boldsymbol{X}) = \sum_{i=1}^{n}\sum_{j=1}^{m} w_{ij}\left\|\boldsymbol{q}_{ij} - \boldsymbol{P}(\boldsymbol{C}_i,\boldsymbol{X}_j)\right\|^2 \tag{6-22}$$

式中，w_{ij} 为可视权重变量，如果第 j 个特征点在第 i 个相机视场内，可视为 1，否则为 0，利用 L-M 非线性优化算法可以实现对旋转矩阵和位置向量的进一步优化。

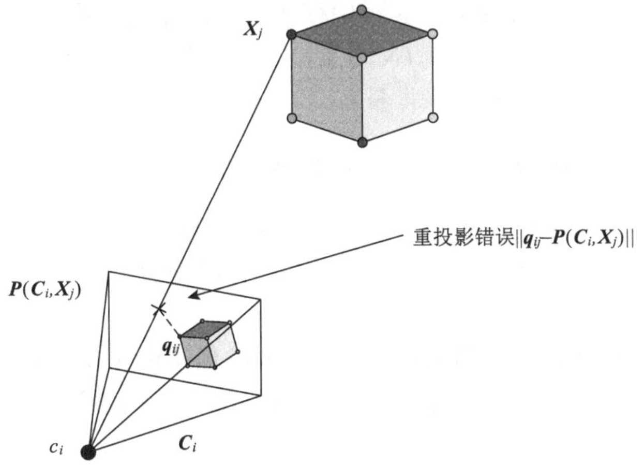

图 6-7　BA 局部位姿优化原理

BA 算法可翻译成光速法平差，更贴近于算法的本质，即利用光束(bundle)再投影的方法来消除误差，也有的翻译成捆绑调整，因为利用再投影的方法既可以用于投影矩阵的优化，也可以用于特征点位置的优化，或者二者同时优化。

6.2 视觉 SLAM 技术

视觉 SLAM(即 VSLAM)利用视觉技术(单目、双目或 RGB-D)实现机器人同时定位和地图构建，分为前端和后端两个主要部分。前端的主要工作是利用 6.1 节介绍的 VO 算法实现机器人的位姿和运动轨迹估计，但视觉里程仪只计算相邻帧的运动，这种局部估计会有一定的误差，轨迹跟踪过程经过相邻帧估计误差的多次传递，就不可避免地会出现累积漂移现象。后端的工作主要包括两方面：一是对 VO 的累计误差进行修正和优化，即通过回环检测(loop closure detection)技术从机器人运动轨迹全局中选取一些关键帧，并通过这些关键帧之间的关系建立起时间和空间跨度更大的、需要同时满足的全局约束，实现累计误差的修正；二是地图的构建和维护，包括 2D 和 3D 地图。

本节主要介绍 VSLAM 后端工作的常用技术方法。

6.2.1 回环检测算法

回环检测也称为闭环检测，是指机器人通过某些算法能够识别出曾到达过的某些场景，使机器人具有地图闭环的能力。显然，如果机器人能够成功实现回环检测，即可以获得时间和空间跨度更大的全局约束信息，则可以显著地减小累计误差，使同时定位和地图构建更加精准。另外，在 VO 算法跟踪路径丢失之后，回环检测还能实现机器人的重定位。因此可以说回环检测技术是 VSLAM 非常重要的技术步骤，也是一个难点问题。

回环检测算法可能会得出四种结果。

(1) 真阳性(true positive，TP)：实际中存在回环，算法检测为存在回环。

(2) 真阴性(true negative，TN)：实际中不存在回环，算法检测为不存在回环。

(3) 假阳性(false positive，FP)：实际中不存在回环，算法检测为存在回环。

(4) 假阴性(false negative，FN)：实际中存在回环，算法检测为不存在回环。

显然希望回环检测算法的 TP 和 TN 尽量高、FP 和 FN 尽量低，这一目标可用准确率 Precision 和召回率 Recall 两个指标来衡量：

$$\text{Precision} = \text{TP} / (\text{TP} + \text{FP}); \quad \text{Recall} = \text{TP} / (\text{TP} + \text{FN}) \tag{6-23}$$

式中，准确率是指算法提取的所有回环中确实是真实回环的概率；召回率是指在所有真实回环中被正确检测出来的概率，二者是一对矛盾，可以构建 Precision-Recall 曲线作为评价算法的指标。

回环检测可以根据两帧图像的相似性进行判断，但不能用像素直接相减来度量，必须采用一些特殊的方法实现，如常用的词袋(bag of words) 法和随机蕨(random ferns)法，下面对两种方法进行简单的介绍。

1. 词袋法

现有的 SLAM 系统中比较流行的回环检测方法是特征点结合词袋的方法，即预先加载一个词袋字典树，将图像中的每一个局部特征点的描述子转换为一个单词，字典里包含着所有的单词，这样就可以对图像的单词统计一个词袋向量，词袋向量间的距离即代表了两张图像之间的差异性。

在图像检索的过程中，会利用倒排索引的方法，先找出与当前帧拥有相同单词的关键帧，并根据它们的词袋向量计算与当前帧的相似度，剔除相似度不够高的关键帧，将剩下的关键帧作为候选关键帧，按照词袋向量距离由近到远排序。

1) 词袋模型

词袋模型最初被用在文本分类中，其基本思想是假定对于一个文本，忽略其词序和语法、句法，仅仅将其看作一些词汇的集合(每个文档都看成一个袋子，袋子里装的都是词汇，所以称为词袋)。

如下面两个文档：

文档 1，Bob likes to play basketball, Jim likes too.

文档 2，Bob also likes to play football games.

首先基于这两个文本文档，构造一个词典：

Dictionary = {1:“Bob”,2:“likes”,3:“to”,4:“play”,5:“basketball”,6:“also”,7:“football”,8:“games”,9:“Jim”,10:“too”}。

然后利用词典的索引号，每一个文档都可以用一个 10 维向量表示，称为词袋向量，向量中的整数表示某个单词在文档中出现的次数：

文档 1：[1,2,1,1,1,0,0,0,1,1]

文档 2：[1,1,1,1,0,1,1,1,0,0]

最后利用词袋向量便可进一步实现文本分类。

由上面的例子可见，词袋模型主要由词典和词袋向量组成。2004 年有学者基于词袋模型提出了一种图像的分类方法，称为 Bag of keypoints 或 Bag of features，利用该方法可以把一幅图片表示成一个向量，进而可以实现回环检测，其中关键问题是如何根据一幅图像构建词典和词袋向量。

以基于图像特征的构建方法为例，如 SIFT 特征，从多帧图像中可以提取大量的特征点。构建词典的过程需要使用一些聚类算法，如利用 K-Means 算法构造单词表。K-Means 算法是一种基于样本间相似性度量的间接聚类方法，此算法以 K 为参数，把 N 个对象分为 K 个簇，以使簇内具有较高的相似度，而簇间相似度较低。根据 SIFT 提取的视觉词汇向量之间距离的远近，可以利用 K-Means 算法将词义相近的词汇合并，作为单词表中的基础词汇。

利用词袋模型将一幅图像表示成为数值向量的步骤如下。

(1) 利用 SIFT 算法从不同类别的图像中提取视觉词汇向量，这些向量代表的是图像中局部不变的特征点。

(2) 将所有特征点向量集合到一块，利用 K-Means 算法合并词义相近的视觉词汇，构造一个包含 K 个词汇的单词表。

(3) 统计单词表中每个单词在图像中出现的次数，从而将图像表示成一个 K 维数值向量。

2) 相似度计算

词典中的不同词汇对于识别两帧图像是否显示同一个地方的作用是不一样的，为了区分不同词汇的重要性或贡献度，可以为每个词汇分配一个权重，如 TF-IDF 方法，它综合了图像中的词频(term frequency，TF)和逆文档频率(inverse document frequency，IDF)，用以评估一个词汇对于回环检测的重要程度。

设一帧图像中出现的所有词汇总量为 n，某一词汇出现的次数为 n_i，则 TF 和 IDF 分别定义为

$$\mathrm{TF}_i = \frac{n_i}{n}, \quad \mathrm{IDF}_i = \ln\left(\frac{n}{n_i}\right) \tag{6-24}$$

则某一词汇 w_i 的权重 η_i 定义为

$$\eta_i = \mathrm{TF}_i \times \mathrm{IDF}_i \tag{6-25}$$

对于某一帧图像 A，其词袋向量可描述为

$$A = \{(w_1,\eta_1),(w_2,\eta_2),\cdots,(w_n,\eta_n)\} \triangleq v_A \tag{6-26}$$

在得到 A,B 两帧图像的 v_A, v_B 后，可以通过 L_1 范式形式计算两帧图像的差异性：

$$s(v_A - v_B) = 2\sum_{i=1}^{n}\left(|v_{Ai}| + |v_{Bi}| - |v_{Ai} - v_{Bi}|\right) \tag{6-27}$$

式中，v_{Ai} 表示只在 A 中有的单词；v_{Bi} 表示只在 B 中有的单词；$v_{Ai} - v_{Bi}$ 表示在 A、B 中都有的单词。s 越大，相似性越大，当 s 足够大时即可判断两帧可能为回环。

此外，如果只用绝对值表示两帧图像的相似性，在环境本来就相似的情况下帮助并不大，因此，可以取一个先验相似度 $s(v_t, v_{t-\Delta t})$，它表示某时刻关键帧图像与上一时刻关键帧图像的相似性，然后对所有相似度进行归一化计算：

$$s(v_t, v_{tj})' = \frac{s(v_t, v_{tj})}{s(v_t, v_{t-\Delta t})} \tag{6-28}$$

如果当前帧与之前某关键帧的相似度超过当前帧与上一关键帧相似度的 3 倍，就认为可能存在回环。

3) 回环验证

词袋模型存在的问题是它并不完全精确，基于词袋的回环检测方法只在乎单词有无，不在乎单词的排列顺序，会容易引发感知偏差，此外，词袋回环完全依赖于外观而没有利用任何的几何信息，会导致外观相似的图像容易被当作回环，因此需要在回环检测的后期用其他方法对准确率和召回率等指标加以验证。

一般的验证过程主要考虑以下三点。

(1) 不与过近的帧发生回路闭合，关键帧选得太近，会导致两个关键帧之间的相似性过高，检测出的回环意义不大。为了避免错误的回环，可依据在某一帧附近连续多次与历史中某一帧附近出现回环才判断为回环。

(2) 闭合的结果在一定长度的连续帧上都是一致的。如果成功检测到了回环，如出现在第 1 帧和第 n 帧，那么很可能第 $n+1$ 帧、第 $n+2$ 帧都会和第 1 帧构成回环。确认第 1 帧和第 n 帧之间存在回环，对轨迹优化是有帮助的，但是，接下去的第 $n+1$ 帧、第 $n+2$ 帧对轨迹优化产生的帮助就没那么大了。所以，可以将“相近”的回环聚成一类，使算法不要反复地检测同一类的回环。

(3) 闭合的结果在空间上是一致的，即对回环检测到的两个帧进行特征匹配，估计相机的运动，再把运动放到之前的位姿图中，检查与之前的估计是否有很大出入。

由上述分析可知，回环检测中关键帧的选取是非常重要的，最好稀疏一些，且彼此之间不太相同，又能覆盖整个环境。关键帧的选取问题可以通过相似的回环聚类的方法加以实现。

在关键帧选取方面，应遵循关键帧之间不应该太稠密，也不能太稀疏，同时需要保证生成足够的局部地图点。简单的选取原则可以考虑时间和空间的关系，即距离上一关键帧的帧数是否足够多和距离上一关键帧的距离是否足够远，但这些约束并不充分，还需要考虑跟踪质量(共视特征点)的约束。

(1) 当前帧跟踪到的地图点不能太少，一般设置为 50 个。如果跟踪到的地图点太少，说明当前场景相对于上一关键帧有很大的改变，需要插入新的关键帧。

(2) 当前帧跟踪到的地图点中，包含上一关键帧的地图点太少。这说明此时相机离上一关键帧的插入已经运动了一段距离，需要插入新的关键帧。

2. 随机蕨法

随机蕨法(2006 年)是在随机森林的基础上发展而来的，与其类似，采用贝叶斯后验概率分布来完成分类问题。

设 $c_i(i=1,2,\cdots,H)$ 表示类别，$f_j(j=1,2,\cdots,N)$ 表示特征，C 为类的随机变量，F 为特征空间，则利用已知的特征进行图像分类的问题可表示为

$$\hat{c}_j = \arg\max_{c_i} P(C=c_i \mid F=(f_1,f_2,\cdots,f_N)) \tag{6-29}$$

利用贝叶斯公式，可得

$$P(C=c_i \mid F=(f_1,f_2,\cdots,f_N)) = \frac{P(F=(f_1,f_2,\cdots,f_N) \mid C=c_i)P(C=c_i)}{P(F=(f_1,f_2,\cdots,f_N))} \tag{6-30}$$

式中，$P(C=c_i)$ 为类别先验概率，假设为已知的，一般通过训练集训练得到；$P(F=(f_1,f_2,\cdots,f_N) \mid C=c_i)$ 为联合概率分布函数；$P(F=(f_1,f_2,\cdots,f_N))$ 为特征在整个特征空间的概率，不随 c_i 变化，与类别无关，可视为与类别相对应的尺度因子。则式(6-29)可简化为

$$\hat{c}_j = \arg\max_{c_i} P(C=c_i \mid F=(f_1,f_2,\cdots,f_N)) = \arg\max_{c_i} P(F=(f_1,f_2,\cdots,f_N) \mid C=c_i) \tag{6-31}$$

接下来是特征 $f_j(j=1,2,\cdots,N)$ 的选取问题，随机蕨法中直接采用基于像素灰度差的二值特征，具体方法是在图像中以平均分布随机选取两个图像点，其灰度值分别为 I_{j1},I_{j2}，则二值特征的计算公式为

$$f_j=\begin{cases}1, & I_{j1}>I_{j2}\\ 0, & 其他\end{cases} \tag{6-32}$$

可见上述特征是非常弱的特征，所以需要足够多这样的特征组成一个蕨(fern)，确保分类结果，同时也实现了对每一帧图像的压缩编码，存储量为$H\times 2^N$字节。

为了降低存储量，将N个特征分为M组，每组的特征个数为$S=N/M$，将这些组定义为 ferns feature，假设不同组之间的二值特征相互独立，组内的二值特征具有相关性，则通过独立的联合分布概率计算方法，将目标函数式(6-31)近似为

$$\hat{c}_j=\arg\max_{c_i}\prod_{k=1}^{M}P(F_k=(f_{\delta(k,1)},f_{\delta(k,2)},\cdots,f_{\delta(k,S)})\mid C=c_i) \tag{6-33}$$

式中，$F_k=(f_{\delta(k,1)},f_{\delta(k,2)},\cdots,f_{\delta(k,S)})$表示第$k$个 fern 的$N$个特征中的随机$S$个特征的组合；$\delta(k,i),i=1,2,\cdots,S$为 1～$N$的随机数。

然而一般情况下，特征之间不太可能都是条件独立的，所以以这种方式近似，会导致严重的后验概率的偏差。

3. 深度学习方法

回环检测过程中一个首要的问题是不能出现错误的回环检测，宁愿检测不出来，也不能出现错误的检测。如何实现兼顾可靠性、稳定性和效率的回环检测，可以说目前仍然是一个难题。

前面介绍的词袋法是利用从图像中提取的特征点构造词袋，然而，现实场景中的光照、天气、视角和移动物体的变化会使这个问题变得复杂。利用环境中的物体或三维结构信息进行回环检测也是一种很好的思想，但存在难以感知和稠密重建等方面的困难。

基于深度学习的回环检测方法利用环境特征模型去学习场景特征，是一种更鲁棒、更高效的视觉学习方法，该特征使用了高阶和低阶信息相结合的方式，高阶的信息对于光照和角度变化比较鲁棒，提供了一种粗定位的手段，低阶的信息包含了语义、空间关系、结构等信息，能够提供一种更精细的定位手段。因此基于学习特征的回环检测具有以下优势。

首先，学习方法可以利用高表达度的深度神经网络作为通用逼近器，自动发现与任务相关的特征。这一特性使已训练好的模型能够适应各种场景。

其次，学习方法可以从过去的经验中得到学习，并积极地开发出新的信息，并能够充分利用不断增长的传感器数据和计算机性能。

但是，基于学习特征的回环检测也存在不足，如学习技术依赖于从大量的数据集中提取的有意义的参数，难以推广到数据集类型之外的环境中。另外，学习的特征缺乏可解释性。

6.2.2　地图构建与优化

1. 地图构建方法

在机器人 SLAM 技术中，地图构建其中的一个重要环节，即依据传感器获得的信息建立一个与未知环境几何一致的地图，常用的地图表达形式有栅格地图、特征点地图、点云

地图、拓扑地图、语义地图等。建立地图的目的是，使机器人能够在未知环境中实现自主定位和导航所需的避碰路径规划。能够建立什么样的地图取决于机器人所使用的传感器，也就决定了机器人的定位和导航能力。

传统的激光 SLAM 中，利用激光雷达(LiDAR)测量信息可以构建栅格地图、点云地图和特征点地图等，激光雷达具有不受光照影响、数据量较少的优点，能够较准确地描述环境几何信息。激光雷达根据线数可分为单线和多线(4/8/16/32/64/128)两类，单线扫描激光雷达可以方便地建立环境二维栅格地图，如图 6-8(a)所示，利用多线扫描激光雷达可以构建三维点云地图，如图 6-8(b)所示。

(a)二维栅格地图　(b)三维点云地图

图 6-8　利用激光雷达构建的地图

利用激光雷达构建的栅格地图可以用于机器人定位和避碰路径规划，是目前机器人所广泛应用的地图存储方式。但栅格地图也有局限性，如走廊环境或动态环境的应用，容易失去定位功能，另外，缺乏语义信息，限制了机器人智能化水平。

视觉传感器获取的图像中包含了大量的信息，可以采用两种方法利用图像信息建立地图：一种是直接利用图像构建稠密的地图，称为直接方法，该方法保留了原图像的所有信息，但需要的存储量大，而且计算效率低，是未来的发展方向；另一种是利用从图像中提取出的特征(如 SIFT、SURF、ORB 等自然特征信息)建立稀疏的地图，称为间接方法，该方法在存储空间需求和计算效率方面均具有优势，是目前的研究热点。

PTAM(parallel tracking and mapping)是视觉 SLAM 的里程碑算法，由牛津大学学者于 2007 年提出，引入了多线程机制，将跟踪和建图过程分开，因为跟踪部分需要实时响应图像数据，而地图则没必要实时优化，只需在后台进行处理，这是 VSLAM 中首次区分出前后端的概念，同时引入了关键帧机制，不必精细地处理每一幅图像，而仅仅处理较少的关键帧图像，然后优化其轨迹和地图。该算法利用初始帧和相邻帧的匹配特征点计算出两个视点的旋转矩阵和平移向量，作为相机的初始位姿，利用相机的初始位姿和特征点像素坐标，采用线性三角法估计出特征点相对相机位姿的三维坐标，由此可建立初始地图。

2015 年西班牙学者提出 ORB-SLAM 算法，是一种基于特征点的 VSLAM 算法，该算法继承了 PTAM 的技术路线，并增加了实时回环检测和鲁棒重定位的地图管理策略。第一版 ORB-SLAM1 使用单目视觉实现，第二版 ORB-SLAM2 适用于 RGB-D 相机(2016 年)，第三版 ORB-SLAM3 增加了 IMU 与鱼眼相机。其建立的稀疏特征点云地图如图 6-9(a)所示，图中蓝色表示地图中的关键帧，绿色表示当前帧，红色表示共视图关键帧的共同观测，黑色当前帧观测不到的地图点，该地图主要包含关键帧、3D 地图点、BoW 向量、共视图(covisibility graph)、共视图生长树(spanning tree)等，BoW 向量是不需要保存的(也没办法保存)，只需要在加载了关键帧之后利用特征描述符重新计算即可，根据上述信息可实现后续的地图优化。共视图是 ORB-SLAM 中一个非常重要的概念，如图 6-9(b)所示，它的目的是将与当前帧有共同观测的关键帧集合起来，每个关键帧都是图中的一个节点，如果两个关键帧之间的共视地图点数量大于某一个阈值，则在这两个节点之间建立边，边的权重是共视地图点的数量，由此构建了一个临时地图，通过构建更强和更多的约束条件来优化相机的位姿。共视图生长树如图 6-9(c)所示，为共视图中每一个节点建立了父节点和子节点。图 6-9(d)表示本质图(essential graph)，只保留了每个节点与其父节点和子节点的共视关系。

彩图 6-9

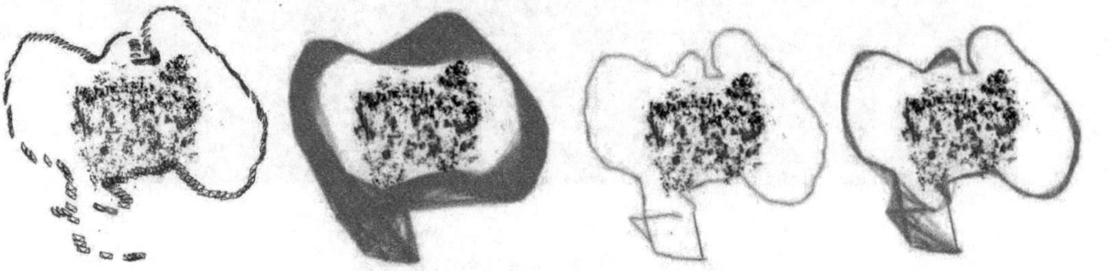

(a)关键帧和地图点　(b)共视图　(c)共视图生长树和回环　(d)本质图

图 6-9　ORB-SLAM 特征点云地图

间接的稀疏特征点地图虽然数据量少，但是它往往不能反映所在环境的一些必需的信息，如环境中障碍物的位置，VSLAM 技术中，多采用这种地图来解决机器人定位问题。想让机器人进行自主避障和路径规划，还需要额外配置距离传感器，如激光雷达、超声波传感器来完成，此外，采用 RGB-D 相机也可以构建栅格地图，实现机器人避碰和路径规划。

随着人机交互需求的不断扩大，具有场景理解和环境感知能力的语义地图(semantic map)应运而生。视觉 SLAM 语义地图的构建融合了机器视觉、运动控制、自主决策、机器学习等多项技术，在传统视觉 SLAM 基础上增加了语义识别环节，能预测出目标物体对应的类别并将其添加到地图中，实现对环境语义信息的感知。但现有的 SLAM 语义构图技术会占用较大的存储空间，不适于复杂环境的地图构建。

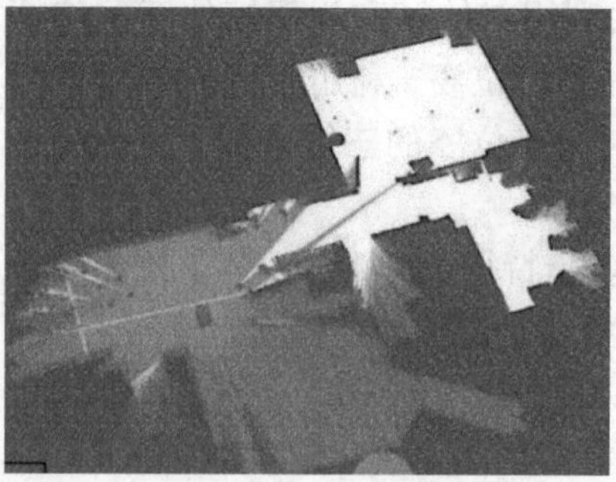

图 6-10　点云的拼接

2. 地图更新和优化方法

在激光雷达 SLAM 构建栅格地图的过程中，地图是随着机器人的运动过程不断拼接的，如图 6-10 所示，将激光雷达当前采集到的点云拼接到已建的地图中。能够实现拼接的有效方法是将新采集的点云与已建地图中的点云进行匹配，即找到局部点云在已建地图中的位置，然后实现拼接，可以采用多种点云拼接算法，如 ICP 算法等，可见，点云匹配过程是地图拼接的重要一环。随着机器人的运动，上述过程不断地重复，最终可得到整个环境的栅格地图。

地图构建过程中，机器人的位姿测量会存在误差，随着机器人的运动，误差还会不断累积，累计误差会造成地图变形。为了获得更精确的地图，就得不断提高机器人的位姿估计精度，传统的激光雷达 SLAM 研究中，主要以轮式里程仪方法估计机器人位姿，一般采用卡尔曼滤波器、粒子滤波器等各种滤波手段提高机器人的位姿测量精度，例如，FastSLAM(2002 年)利用粒子滤波手段提高了机器人的位姿估计精度，但这类方法只适用于小范围的地图构建，当机器人的工作范围不断扩大时，累计误差造成的地图误差则不可接受。随着视觉在机器人中的应用，不仅能够使位姿估计与优化的手段更加丰富，例如，使用 BA、图优化(general graph optimization，G2O)等方法提高位姿估计精度，而且使得回环检测技术的应用成为可能，从而能够建立更大范围的栅格地图。

对于 VSLAM 的稀疏特征点云地图，如图 6-9 表示的 ORB-SLAM 地图数据结构，可以采取多种地图优化方法，例如，ORB-SLAM 算法中设计了局部 BA 优化、全局 BA 优化、闭环位姿优化、全局位姿优化、单帧 BA 优化五种方式，如图 6-11 所示。

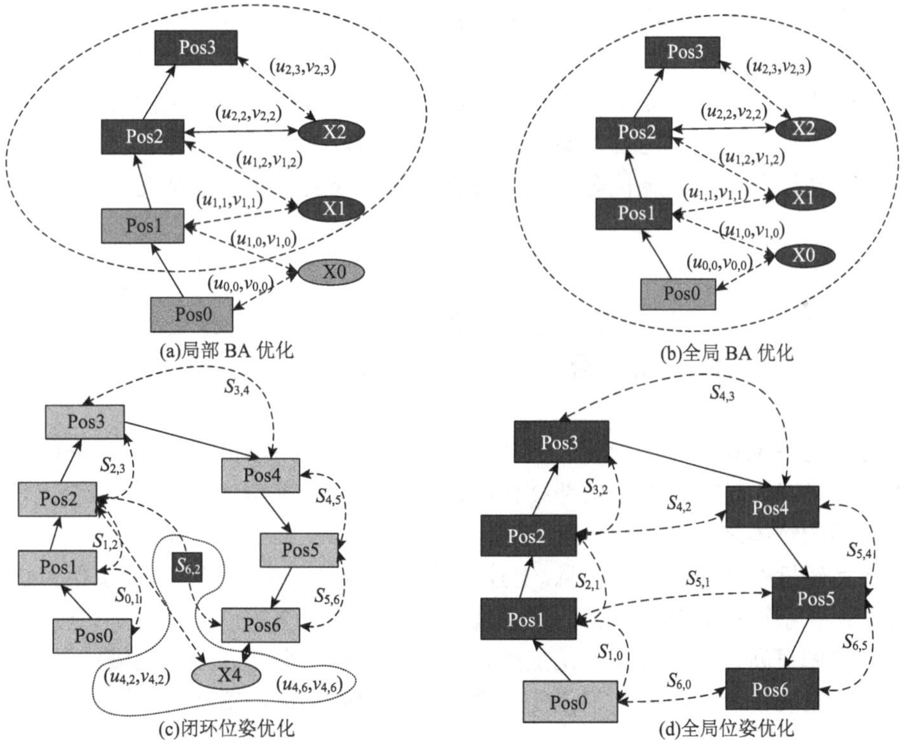

图 6-11　ORB-SLAM 地图优化算法

(1) 局部 BA 优化：如图 6-11(a)所示，图中 Pos3 是新加入的关键帧，Pos2 是与其相邻的关键帧，X2 是 Pos3 和 Pos2 共视的地图点，X1 是 Pos2 和 Pos1 共视的地图点，这些都属于局部信息，当有新的关键帧 Pos3 加入共视图后，利用 BA 算法对 Pos3、Pos2、X2、X1 这些局部信息进行一次重投影误差优化。此时 Pos1 虽然也可以看到 X1，但它和 Pos3 没有直接的联系，属于 Pos3 关联的局部信息，因此不参与 BA 优化。

(2) 全局 BA 优化：如图 6-11(b)所示，利用与局部 BA 优化相同的方法，对所有关键帧和地图点进行 BA 优化。

(3) 闭环位姿优化：当检测到闭环时，闭环连接的两个关键帧的位姿需要进行 Sim3 优化，即求解两帧之间的相似变换矩阵，与 SE3 正交变换相比，能保证优化后的尺度一致，虽然与 SE3 相比，Sim3 要多一个自由度，但并不需要更多的变量信息。如图 6-11(c)中，Pos6 和 Pos2 为一个可能的闭环，则可通过两个关键帧的共视点 X4 的重投影误差来优化 $S_{6,2}$。

(4) 全局位姿优化：以图 6-9(d)所示的本质图为基础，对所有关键帧进行 Sim3 相似变换优化，如图 6-11(d)所示，这样优化的边可以大大减少。

(5) 单帧 BA 优化：在地图点固定的情况下，只优化当前帧的位姿。该优化方法可在运动模型跟踪、参考帧跟踪、地图跟踪、重定位等过程中应用。

6.3 自主归航技术

基于视觉的移动机器人导航方法主要包含两类：第一类方法可称为定量的视觉导航方法，即 6.2 节介绍的 VSLAM 方法，主要包括确定机器人的位置和姿态、建立环境地图及规划运动路径三个步骤；第二类方法可称为定性的导航方法，或称作视觉归航(visual homing)方法，与 VSLAM 方法相比，视觉归航方法不关心机器人的当前位置与目标位置的具体方位，只需要解决如何运动才能从当前位置到达目标位置的问题，该方法避开了环境地图的精确创建以及机器人定位等问题，有效降低了导航算法的复杂度。

6.3.1 生物导航的启发

自主归航主要是受生物导航方式的启发而提出的，通过对昆虫导航的大量研究，一般认为昆虫是通过多种手段相结合的方式实现导航的，但基于视觉的归航仍然是重要的手段。

昆虫的视觉系统具有以下局限性：第一，昆虫的复眼间距很小，使得其视觉分辨率远远低于人类；第二，昆虫复眼的内部结构决定了其无法依靠晶状体的调节或眼球运动来估计其所观察到的物体之间的距离；第三，昆虫的复眼间距很小也意味着它们只能根据视差感知到距离其较近的物体的深度信息。上述局限性使得其无法有效利用深度信息进行导航。然而，昆虫视觉系统也具有其独特的优越性：虽然昆虫视觉的空间分辨率比较低，但其视觉的时间分辨率很高，也就意味着昆虫的视觉系统基本不会受到运动模糊的影响。同时，昆虫的视觉也具有较大的视场，不仅使运动场景中相同路标被感知的范围变大，也便于进行运动分析。

一种观点认为，昆虫觅食后的回巢过程是路径整合与视觉路标相结合的结果，其中路径整合相当于航位推算方法，认为昆虫在觅食过程中，将自身旋转角度与行进距离整合成一个指向巢穴的归航向量，在行进过程中这个归航向量被不断更新。昆虫可以通过光线或磁场获得计算归航向量需要的方位角信息，对于行进距离，则一般认为昆虫在运动过程中根据视觉图像的光流变化来确定。由于路径整合存在累计误差，因此通过路径整合无法准确定位到一个小型区域，如巢穴的入口。通过实验研究，一般认为昆虫会利用视觉路标的方式来弥补路径整合系统的不足，即昆虫在离开巢穴前已经在记忆中保存了巢穴周围视觉路标的某种表述形式，它们可以根据当前看到的路标与记忆中的路标之间的差异来计算归航向量。也就是说，当到达巢穴附近的大致位置时，昆虫通过视觉归航方式来准确定位巢穴的位置。

当目标位置距离过远时，在昆虫的导航系统中路径整合与视觉路标导航之间的关系会变得更加复杂，存在两种假设：一是假设昆虫可以在归航向量和场景间建立关联，首先昆虫需记忆场景中所有路标的整体特性，即参数假设，在寻找食物源的过程中，昆虫会在中途根据记忆的参数进行路径整合得到归航向量，并与局部场景建立关联，昆虫可以通过这些已经建立好的关联从当前位置回到巢穴；二是昆虫的长距离导航过程是通过连续记录中间位置的图像来实现的，即模板假设(snapshot)，在归航过程中，昆虫会通过运动来减少当前图像与目标图像之间的差异，当昆虫到达环境中特定的位置时会触发下一个中间位置的图像，然后昆虫继续运动到新图像所对应的位置，如此连续行进，直到到达最终的目标位置。后一种假设对机器人视觉归航的研究具有深远的影响，在基于视觉的大范围归航研究中，大部分方法采用这种架构连接中间节点。

6.3.2　全景视觉系统模型

在机器人归航研究中，环境的信息不是完全已知的，因此机器人要成功实现归航就必须提取环境中的自然路标。这些路标要稳定存在于环境中，既非人工设置且在机器人归航过程中不会移动。由于全景图像能够获取场景中水平方向 360°的环境信息，因此大多数视觉归航算法都采用全景图像作为输入。

1. 全景视觉系统

全景视觉系统，也称全向成像系统或全景成像系统，一般是指环向视角可达 360°，或者单侧视角接近或超过 180°的视觉成像系统。全景成像技术是随着几何光学、成像元器件、图像处理算法的发展而新兴的一种成像技术，其实现方式主要有旋转式、Mosic 式、广角式和折反射式等，如图 6-12 所示。旋转式全景成像系统使用单个普通摄像机旋转拍摄后再进行图像拼接，从而获得环向全景图像；Mosic 式全景成像系统使用多个摄像机对不同的

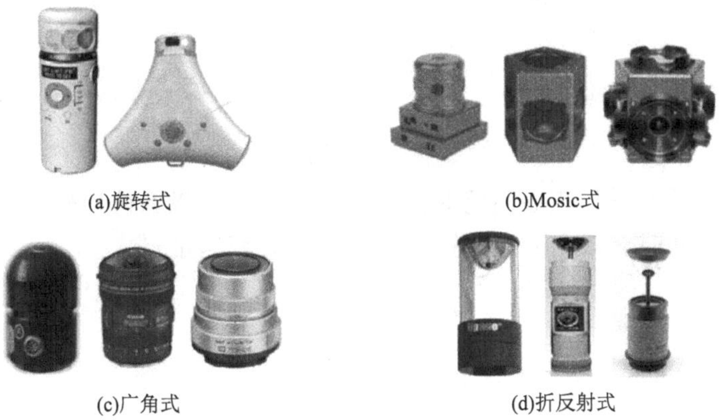

图 6-12　全景视觉系统

固定角度进行拍摄，然后用全景合成软件进行拼接处理得到最终的全景图像；广角式全景成像系统一般是指配备鱼眼镜头的相机，鱼眼镜头是一种极端的广角镜头，属于超广角镜头中的一种，鱼眼镜头是它的俗称，视野接近或超过 180°；折反射式全景成像系统一般由普通透视摄像机和曲面反射镜组成，空间中的光线被反射镜反射后进入透视摄像机成像。其中折反射式全景成像系统可一次获取水平 360°、垂直大于 180°视野的环形全景图像，具有结构简单的特点，是移动机器人视觉归航的理想选择。

Baker 和 Nayar 在 1998 年首次提出了单视点折反射全景视觉系统的概念，在数学上证明了单视点全景视觉系统中反射镜的反射截面必须是二次曲线。因此理论上抛物线、双曲线、圆、椭圆以及直线都满足这一条件。直线是二次曲线的退化形式，平面镜和透视摄像机的组合是最简单的全景视觉系统，但是这种全景摄像机不能扩大视场。对于球面镜而言，由于透视摄像机的成像视点需要处在球面上，在实际操作过程中难以实现，因此，实际中具有超过 180°视场的全景视觉系统只有抛物面反射镜搭配远心镜头的摄像机、椭圆面或双曲面反射镜搭配透视摄像机这三种组合。

2. 全景视觉系统成像模型

双曲面反射镜全景成像系统的原理如图 6-13 所示，当摄像机投影中心与双曲面反射镜外部焦点重合时，整个系统满足单视点要求，可实现全景成像。

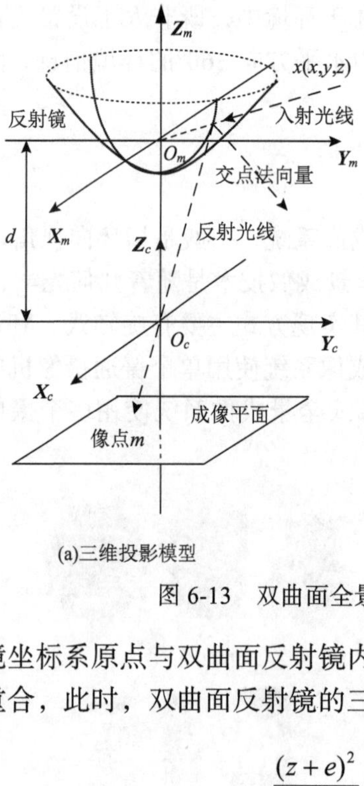

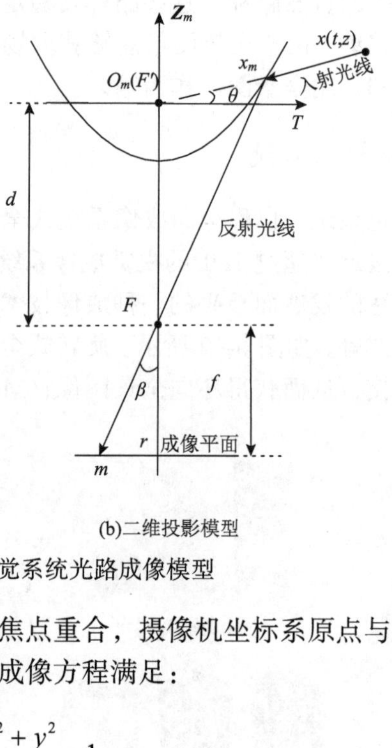

图 6-13　双曲面全景视觉系统光路成像模型

设反射镜坐标系原点与双曲面反射镜内部焦点重合，摄像机坐标系原点与双曲面反射镜外部焦点重合，此时，双曲面反射镜的三维成像方程满足：

$$\frac{(z+e)^2}{a^2}-\frac{x^2+y^2}{b^2}=1 \tag{6-34}$$

式中，a,b 为双曲面反射镜长、短轴；$e=d/2$，$d=2\sqrt{a^2+b^2}$ 。

由于全景视觉系统投影模型旋转对称，因此可将图 6-13(a)中的三维投影模型简化为二维，如图 6-13(b)所示。$\boldsymbol{F},\boldsymbol{F}'$ 分别为双曲线的两个焦点，$\boldsymbol{x}$ 为反射镜坐标系下任意一点，$\boldsymbol{x}_m$ 为入射光线与反射镜的交点，$\boldsymbol{m}$ 为反射光线在成像平面上的像点，f 为摄像机焦距。假设空间中点 $\boldsymbol{x}$ 在反射镜坐标系下的三维坐标为 (x,y,z)，在二维平面坐标系 TO_mZ_m 下可表示为 (t,z)，其中 $t=\sqrt{x^2+y^2}$。

双曲面反射镜在 TO_mZ_m 坐标系下的二维成像公式可表示为

$$\frac{(z+e)^2}{a^2}-\frac{t^2}{b^2}=1 \tag{6-35}$$

使用球坐标表示为

$$\begin{cases} t=R\cos\theta \\ z=R\sin\theta \end{cases} \tag{6-36}$$

式中，θ 为入射光线与 T 轴的夹角；R 为球面的半径，可表示为

$$R=\frac{a-e\sin\theta}{\sin^2\theta-\dfrac{a^2}{b^2}\cos^2\theta},\quad \theta=\arctan(z/t) \tag{6-37}$$

将式(6-37)代入式(6-36)，可求得 $\boldsymbol{x}_m$ 点的坐标 (t',z')，透视摄像机投影中心 $\boldsymbol{F}'$ 的坐标为 $[0,-2e]$，设反射光线与 Z_m 轴的夹角为 β，则有

$$\tan\beta=\frac{t'}{2e+z'}=\frac{R\cos\theta}{2e+R\sin\theta} \tag{6-38}$$

将式(6-37)代入式(6-38)，得

$$\tan\beta=\frac{b^2\cos\theta(e\sin\theta-a)}{eb^2\sin^2\theta-2ea^2\cos^2\theta+ab^2\sin\theta} \tag{6-39}$$

全景图像坐标系的定义如图 6-14 所示。

设在实际成像平面内该空间点的成像半径为 $r=f\tan\beta$，入射光线方位角为 γ，则可求得像点 $\boldsymbol{m}$ 的像素坐标：

$$\begin{cases} u=r\cos\gamma \\ v=r\sin\gamma \end{cases},\quad \gamma=\arctan(y/x) \tag{6-40}$$

即已知空间中任意一点 x 在全景摄像机坐标系下的坐标，则可由式(6-40)计算出其像点 $\boldsymbol{m}$ 的像素坐标。

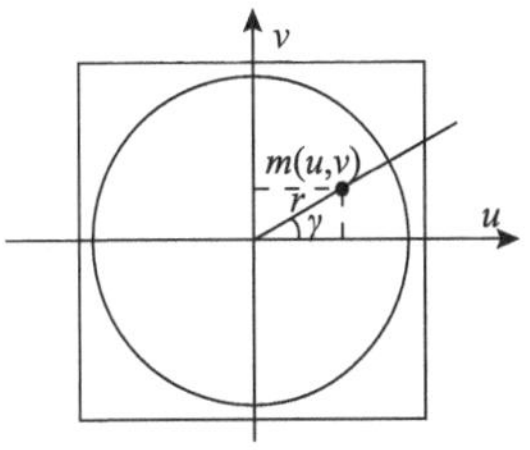

图 6-14　全景图像坐标系

3. 全景视觉的展开

利用双曲面全景视觉系统(图 6-15(a))，可拍摄得到一幅全景图像(图 6-15(b))。

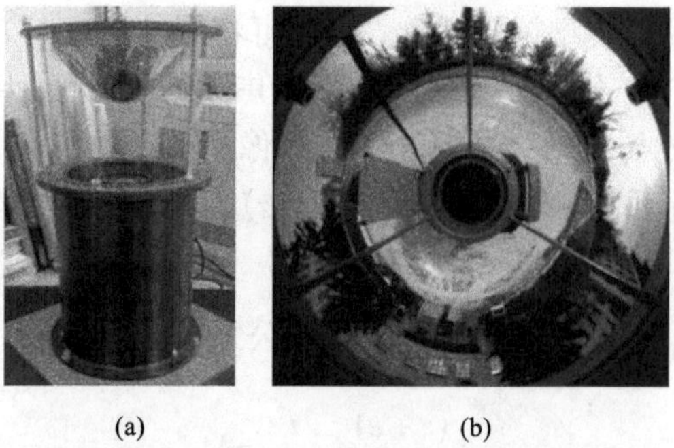

图 6-15　全景视觉系统及全景图像

全景视觉系统满足单视点约束，其突出的优点是所有入射光线的延长线均交于全景视觉系统的有效视点。但由此获得的全景图像具有非线性畸变，还需对全景图像进行线性展开，使其方便人眼观察，同时也便于后续的图像处理。全景图像展开可采用柱面展开和透视展开两种方法。

1) 柱面展开

全景图像柱面展开是将环形全景图像投影到一个距反射镜指定半径的圆柱面上，将圆柱面沿径向切开平铺，可以得到一个二维矩形的柱面全景图，所获得的图像称为柱面展开图像，可表达水平 360°的空间信息，如图 6-16 所示。

图 6-16　柱面展开图像

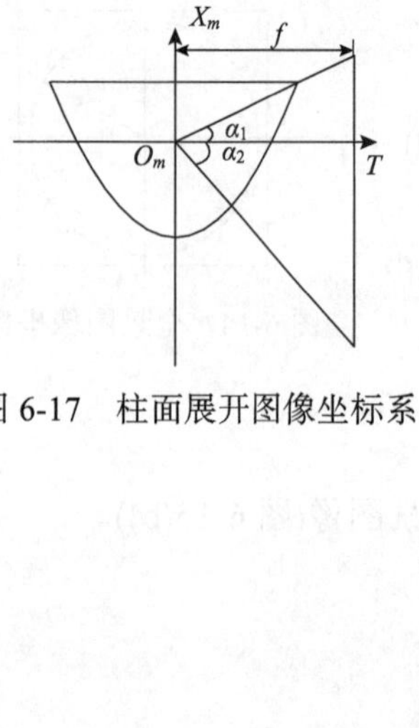

图 6-17　柱面展开图像坐标系

柱面展开图像的坐标系定义如图 6-17 所示，仍然取全景视觉系统有效视点为反射镜坐标系 $O_mX_mY_mZ_m$ 的原点，虚拟成像平面为一个与全景视觉系统共轴的圆柱面，半径为 f。假设柱面展开图像分辨率为 $W\times H$，柱面展开图像上、下边缘的俯仰角分别为 α_1,α_2，则柱面展开图像高 $H=f\tan\alpha_1+f\tan\alpha_2$。

记 $\boldsymbol{m}'=[i\ \ j]^{\mathrm{T}}$ 为柱面展开图像上一点，则点 $\boldsymbol{m}'$ 在反射镜坐标系下的三维坐标 $\boldsymbol{x}$ 可表示为

$$\boldsymbol{x}=\begin{bmatrix} f\cos\theta & f\sin\theta & f\tan\alpha_i & -j \end{bmatrix}^{\mathrm{T}} \tag{6-41}$$

式中，$\theta = 2\pi i / L$。

2) 透视展开

透视展开是将全景图像中的某一局部视场还原为符合人眼观察习惯的透视图像，展开原理如图 6-18 所示。

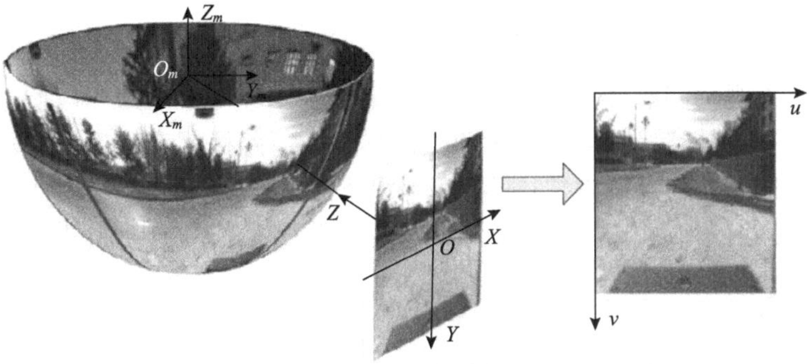

图 6-18　局部透视展开原理

透视展开图像的坐标系定义如图 6-19 所示，即以全景视觉系统的有效视点为观察点，选定一个观察视角 $(\alpha,\beta,\varphi_v,\varphi_h)$，将该观察角范围内的全景图像切片投影到一个距观察点为 f 的虚拟成像平面上，f 相当于透视图像的焦距，α 为水平方向方位角，β 为垂直方向俯仰角，φ_h,φ_v 分别为水平、垂直方向的视场角。

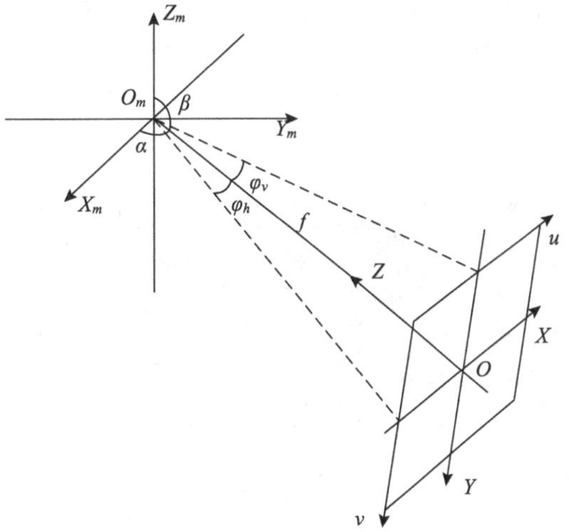

图 6-19　透视展开图像坐标系

同样假设透视展开图像分辨率为 $W \times H$，则有 $W = 2f\tan\varphi_h, H = 2f\tan\varphi_v$。记 $\boldsymbol{m}' = [i \ \ j]^{\mathrm{T}}$ 为透视展开图像上一点，则点 $\boldsymbol{m}'$ 在虚拟成像平面坐标系下的三维坐标 $\boldsymbol{m}$ 可表示为 $\boldsymbol{m} = [i - W/2 \quad H/2 - j \quad 0]^{\mathrm{T}}$，在反射镜坐标系下的坐标可以表示为

$$\boldsymbol{x} = [x \ \ y \ \ z \ \ 1]^{\mathrm{T}} = \boldsymbol{M}_1\boldsymbol{M}_2\boldsymbol{M}_3\boldsymbol{m} \tag{6-42}$$

式中，$\boldsymbol{M}_1,\boldsymbol{M}_2,\boldsymbol{M}_3$ 分别为

$$M_1=\begin{bmatrix}\cos\alpha & -\sin\alpha & 0 & 0\\ \sin\alpha & \cos\alpha & 0 & 0\\ 0 & 0 & 1 & 0\\ 0 & 0 & 0 & 1\end{bmatrix},\quad M_2=\begin{bmatrix}\cos\beta & 0 & -\sin\beta & 0\\ 0 & 1 & 0 & 0\\ \sin\beta & 0 & \cos\beta & 0\\ 0 & 0 & 0 & 1\end{bmatrix},\quad M_3=\begin{bmatrix}1 & 0 & 0 & 0\\ 0 & 1 & 0 & 0\\ 0 & 0 & 1 & 0\\ 0 & 0 & 0 & f\end{bmatrix}$$

6.3.3 基于全景视觉的路标检测

大多数机器人视觉归航算法都需要直接或间接利用环境中的路标信息进行导航，这些路标可分为人工设置的路标和自然路标两类。尽管人工路标具有便于识别及匹配精度高等特点，但在一些非结构化环境中往往不便于预先设置人工路标。在这种情况下，机器人通常需要在环境中提取角点、边缘、斑点或特殊区域等特征作为自然路标进行导航。

1. 特征提取算法的对比

合理选择自然路标对于成功实现归航至关重要，路标选择的主要原则概括起来包括以下三点：独特性(uniqueness)、可靠性(reliability)及相关性(relevance)。独特性指的是路标与其周围的环境相比必须具有明显的局部反差，可以被明确地识别出来，这里提到的反差可以包括很多方面，如尺寸、颜色和纹理等；可靠性指的是路标具有稳定的可见性，即机器人每次到达相同的位置时都可以检测到这些路标，这就要求路标对环境变化(光照亮度改变及局部遮挡等情况)具有一定的鲁棒性；相关性指的是路标对制定导航决策的重要性，即是否可以利用路标的相应特性计算出机器人到达目标位置的运动方向。

由于 SIFT、SURF 特征对多种图像变化、局部遮挡、噪声及亮度变化等具有良好的不变性，因此被很多基于视觉的导航方法用作路标，如图 6-20 所示，两种特征的性能评价如表 6-1 所示。

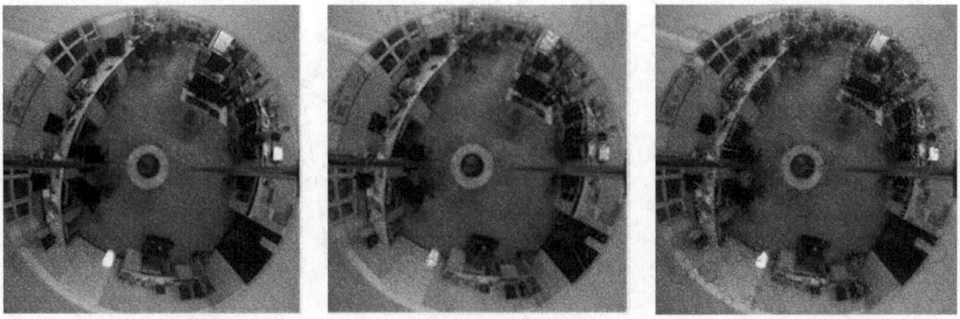

(a)全景图像　(b)SIFT 特征　(c)SURF 特征

图 6-20　基于全景图像的特征提取

虽然 SURF 对高斯滤波器、DoH 进行了近似和简化，但是在特征提取性能上与 SIFT 相差不大，且描述子的性能要优于 SIFT。在时效性上，SURF 算法获得了质的飞跃，基本实现了实时运算。由此可以得出结论，如果应用场合对时效性要求不高，可以采用 SIFT 算法，如果应用场合比较注重实时性，可以直接使用 SURF 算法。

表 6-1　SIFT 和 SURF 特征性能对比

性能类型	结果	性能类型	结果
时效性	SURF 优于 SIFT	旋转	SIFT 优于 SURF
特征点数量	SIFT 优于 SURF	椒盐噪声	SURF 优于 SIFT
分辨率改变	SIFT 优于 SURF	尺度变化	SURF 优于 SIFT
仿射变换	SIFT 优于 SURF	抗错误匹配	SURF 优于 SIFT
亮度改变	性能相近		

此外，在机器人归航应用中，路标分布的均匀性同样会影响归航的效果，这就需要对特征点的分布均匀性做出评估。一种直观的方法是对全景图像进行区域划分，如图 6-21 中的象限划分或扇区划分，然后统计各个区域内的特征点数量，可直观反映出特征点的分布情况，进一步可通过特征点的取舍保证特征点分布的均匀性。

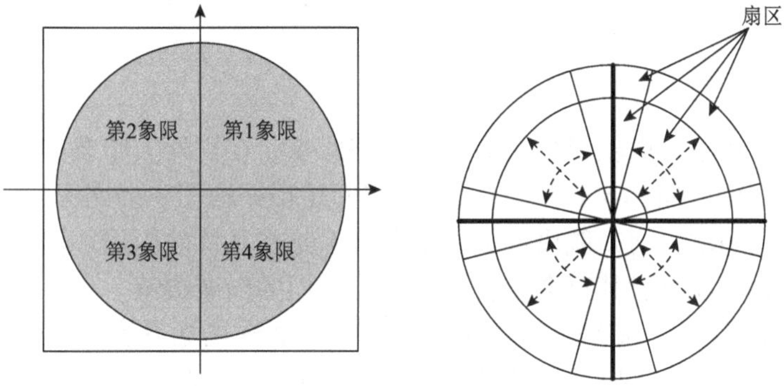

图 6-21　全景图像区域划分

只统计各个区域内特征点的数量来反映均匀度是不利于不同图像之间的对比的，可以将每个区域内的特征点数量看作一类样本数据，所有区域的特征点数量组成一个样本集合，利用统计学中的样本方差或样本标准差也可以衡量样本集合的波动情况。如果特征点在各个区域分布得都比较均匀，那么这个样本集合中数据的相互偏离程度就较小，样本方差也较小。

如下面的两个样本集合：

样本 1，$\{6,10,8,4\}$，均值 $u_1 = 7$，标准差 $\sigma_1 = \sqrt{20}$；

样本 2，$\{106,110,108,104\}$，均值 $u_2 = 107$，标准差 $\sigma_2 = \sqrt{20}$。

这两个样本集合的方差相等，但是由于样本 2 的特征点总数较多，实际情况是样本 2 的均匀度要比样本 1 好，这同人的主观判断也是一致的。因此，当采用样本方差方法时，可同时考虑特征点数量的因素，即取均匀度 $U = \sigma / u$，式中标准差 σ 表述了样本集合中数据的总体波动情况，u 表述了样本集合中每个类的理想数目情况，该式的物理意义可以表述为样本波动数目相对于理想数目的比值，理想数目越小，方差越大，分布均匀的实际情况越恶劣，U 值也就越大，反之则越小。

图 6-20 中不同特征分布特性的对比结果如图 6-22 所示，从分布均匀度上来看，SURF 特征要优于 SIFT 特征。

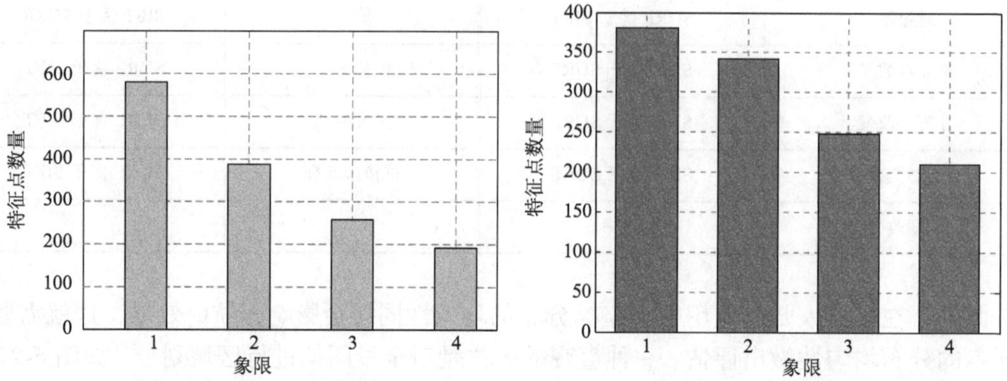

u_{sift}=350.75，σ_{sift}=173.49，U_{sift}=0.49　　　　u_{surf}=295.25，σ_{surf}=79.10，U_{surf}=0.27

(a)SIFT 特征　　　　(b)SURF 特征

图 6-22　特征分布对比

2. 自然路标的提纯

通过特征提取算法可以获得环境中的自然路标点，在机器人归航应用中，机器人需要将当前环境中检测到的路标与目标点的路标(或者是拓扑地图中的路标)进行匹配，以解决路标之间的对应性问题，为归航决策提供依据。但是在具体的应用环境中，路标之间的错误匹配不可避免，在严重时甚至会使机器人做出错误的归航决策。

首先需要进行全景图像有效区域的提取，根据全景视觉系统的成像原理，全景图像中部分区域为无效区域，例如，全景视觉系统结构也会成像到全景图像中，又如，摄像机的 CCD 靶面多为矩形，而全景图像是圆形，所以全景图像中进一步包含了无意义的其他部分。进一步将提取到的无效区域的特征删除，只保留有效区域的特征即可，处理结果如图 6-23 所示。

彩图 6-23

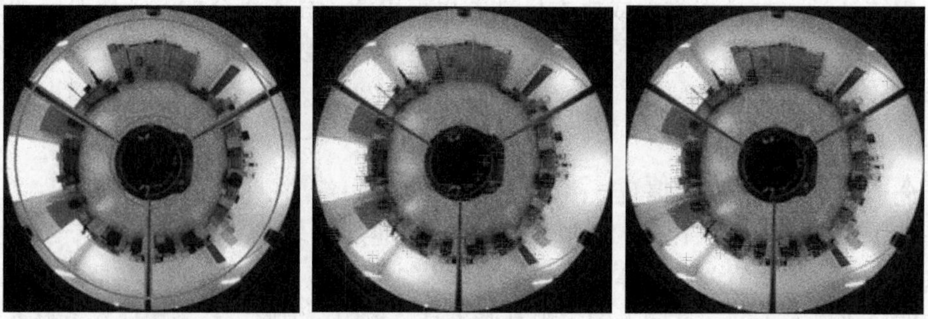

(a)有效区域　　　　(b)原始 SIFT 特征　　　　(c)有效区域 SIFT 特征

图 6-23　去除无效区域特征

最直接的特征匹配方法是利用特征向量相似性的度量方法，如采用两个特征向量间的欧氏距离、Hausdorff 距离、Mahalanobis 距离等作为相似性指标，两个特征向量的距离越小表明特征的相似度越高，该方法也称最近邻匹配方法，容易受到噪声的干扰而产生误匹配，为了降低误匹配的概率，通常在相似度度量的基础上，进一步采用 k 近邻匹配方法，例如，取 $k=2$ 的情况下，选取最近邻的和次近邻的两个待匹配特征点，当最近邻和次近邻的两个特征点的距离指标的比值小于一定阈值时，最近邻匹配点是可接受的，这样有效提高了匹配的准确性。此外，以两幅图像的单应性矩阵估计为基础的 RANSAC 算法也是提高匹配准确性的有效方法，但相比而言，效率偏低。

对于全景图像特征匹配，也可以充分利用全景图像的特点提高匹配的准确性。如图 6-24 所示，全景图像由以图像中心为圆心的同心圆组成，与双曲面反射镜内部焦点 F' 位于同一水平面上的空间点成像位于同一个圆上，称为 Horizon 圆。则场景中的空间点被划分为三类：第一类是空间点的水平高度等于 F' 的，即投影入射角 $\theta=\pi/2$ 的，其成像点在 Horizon 圆上，如图 6-24 中 R_1', R_1'' 所示；第二类是空间点的水平高度高于 F' 的，即投影入射角 $\theta>\pi/2$ 的，其成像点在 Horizon 圆外，如图 6-24 中 R_2', R_2'' 所示；第三类是空间点的水平高度低于 F' 的，即投影入射角 $\theta<\pi/2$ 的，其成像点在 Horizon 圆内，如图 6-24 中 R_3', R_3'' 所示。

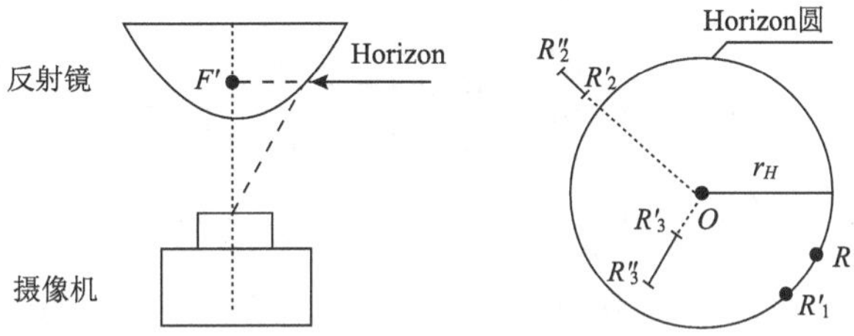

图 6-24　全景图像 Horizon 圆

在全景图像区域划分的基础上，可进一步定义特征点与 Horizon 圆的位置关系指标：

$$\gamma=\begin{cases}-1, & \theta<\pi/2 \\ 0\ , & \theta=\pi/2 \\ 1\ , & \theta>\pi/2\end{cases} \tag{6-43}$$

利用该指标可进一步判断特征点匹配的准确性。在此基础上，可进一步通过特征方位角估计的方法提高匹配的准确性，如图 6-25 所示，H 表示归航目标位置，C 表示机器人当前位置，L 为空间位置固定的自然路标，两个位置处的箭头方向分别为机器人对应的正面朝向。θ_H 为 L 相对于目标位置朝向的方位角，θ_C 为 L 相对于当前位置朝向的方位角，θ_T, θ_R 的定义如图 6-25 所示，d_{LH} 为 L 与 H 之间的距离，d_{CH} 为 C 与 H 之间的距离。

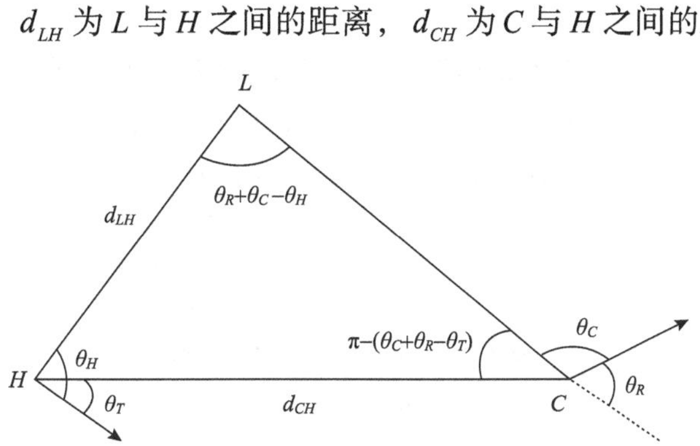

图 6-25　特征点位置几何描述

在三角形 LHC 中应用正弦定理，可得

$$\frac{d_{LH}}{d_{CH}}=\frac{\sin(\theta_C+\theta_R-\theta_T)}{\sin(\theta_R+\theta_C-\theta_H)} \tag{6-44}$$

令 $d_{LH}/d_{CH}=1/\lambda$，将其代入式(6-44)并展开，得

$$\frac{1}{\lambda}=\frac{\sin(\theta_R+\theta_C)\cos(\theta_T)-\cos(\theta_R+\theta_C)\sin(\theta_T)}{\sin(\theta_R+\theta_C)\cos(\theta_H)-\cos(\theta_R+\theta_C)\sin(\theta_H)} \tag{6-45}$$

整理式(6-45)，可得

$$\tan(\theta_C+\theta_R)=\frac{\lambda\sin(\theta_T)-\sin(\theta_H)}{\lambda\cos(\theta_T)-\cos(\theta_H)} \tag{6-46}$$

最后，根据式(6-46)可以得到 θ_C 与 θ_H 之间的关系：

$$\theta_C=\arctan\left[\frac{\lambda\sin(\theta_T)-\sin(\theta_H)}{\lambda\cos(\theta_T)-\cos(\theta_H)}\right]-\theta_R \tag{6-47}$$

式(6-47)包含了 $\lambda,\theta_T,\theta_R$ 三个运动参数，只要得到这些参数的值，就可以根据 θ_H 估算出其匹配特征点 $\tilde{L}$ 在当前图像中的方位角 $\hat{\theta}_C$，据此可以进一步判断匹配的准确性并消除误匹配。

6.3.4 常用归航算法

目前最常用的基于视觉的归航算法主要有平均位移向量法(average displacement vector，ADV，1998 年)、平均路标向量(average landmark vector，ALV，2000 年)法、减小图像距离(descent in image distance，DID，2003 年)法、路标夹角差(landmark included angle difference，2005 年)法、变形归航(warping method，2009 年)法等，这些算法受生物的启发通过比较目标位置与当前位置的环境信息的差异来引导机器人到达目标，而不需要依赖于复杂的环境度量描述。

1. 平均位移向量法

如图 6-26 所示，机器人在 Home 位置时，自然路标 L_i 的方位角为 θ_H^i，当运动至 Current 位置后，路标方位角也随之改变为 θ_C^i。选取逆时针方向为正方向，方位角的角度范围为 $[0,2\pi)$，两个方位角之差 $\Delta\theta_i=\theta_C^i-\theta_H^i$ 的取值范围为 $[-2\pi,2\pi)$，采用式(6-48)可将 $\Delta\theta_i$ 的取值范围变换到 $[-\pi,\pi]$：

$$\Delta\theta_i=\begin{cases}\Delta\theta_i-2\pi, & \Delta\theta_i>\pi\\ \Delta\theta_i+2\pi, & \Delta\theta_i<-\pi\\ \Delta\theta_i, & \text{其他}\end{cases} \tag{6-48}$$

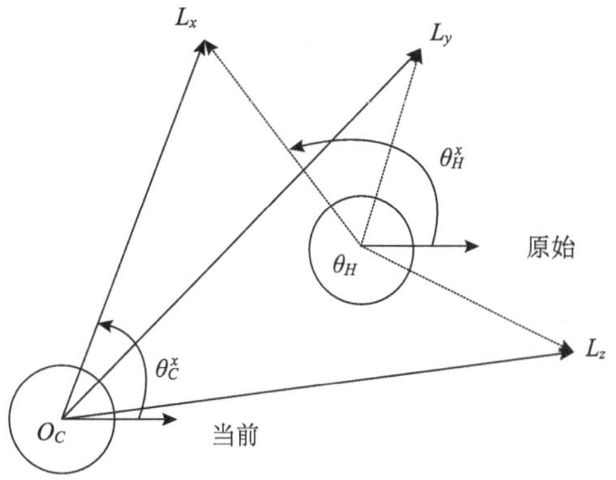

图 6-26　特征方位角变化

1) 归航策略

归航的目标就是通过机器人的运动使所有特征路标的方位角之差 $\Delta\theta_i$ 都减小为零，可以通过两种方法实现。

方法一：

该方法原理如图 6-27(a)所示，以特征路标 L_x 为例，为了最快速地减小方位角之差 $\Delta\theta_x$，可以使机器人沿着与直线 $O_C L_x$ 垂直的方向运动，即图中的 β_x 方向，同理，沿 β_y 方向运动可以减小 $\Delta\theta_y$，沿 β_z 方向运动可以减小 $\Delta\theta_z$。得到可按式(6-49)计算得到运动方向 β_i：

$$\beta_i = \begin{cases} \theta_C^i + \pi/2, & \Delta\theta_i > 0 \\ \theta_C^i - \pi/2, & \Delta\theta_i < 0 \end{cases} \tag{6-49}$$

方法二：

该方法原理如图 6-27(b)所示，将 Home 位置和 Current 位置的特征路标方位角结合起来，可根据式(6-50)计算得到运动方向 β_L：

$$\beta_L = \begin{cases} \theta_H + \Delta\theta_L/2 + \pi/2, & \Delta\theta_L > 0 \\ \theta_H + \Delta\theta_L/2 - \pi/2, & \Delta\theta_L < 0 \end{cases} \tag{6-50}$$

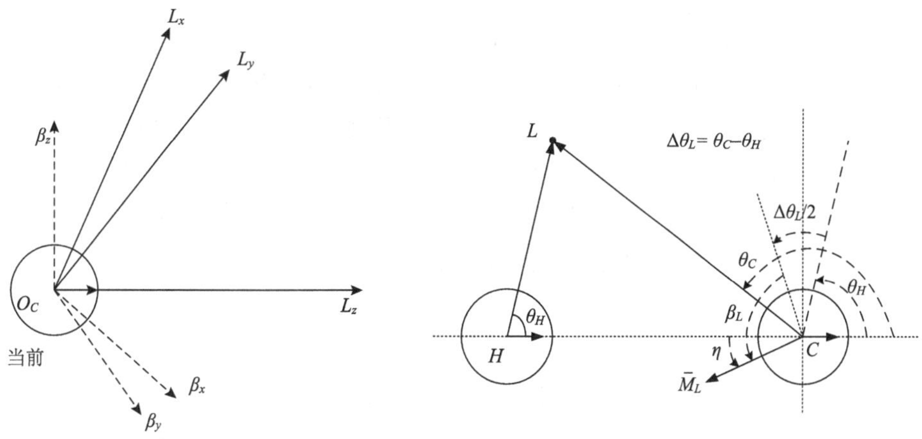

(a)方法一　　(b)方法二

图 6-27　ADV 归航策略

假设只有一个特征路标的情况下，可以对比方法一和方法二的归航效果，如图 6-28 所示，可以明显看出方法二具有更好的归航效果，即得到的机器人运动方向误差更小。

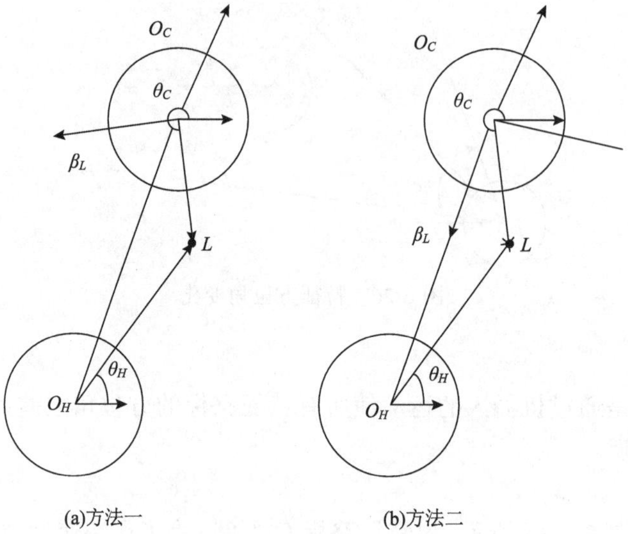

(a)方法一　　(b)方法二

图 6-28　归航效果对比

由上述方法得到的针对每一个特征路标计算的运动方向 β_i，可以沿机器人坐标系的 x 方向和 y 方向分解，得到机器人的单位位移矢量 $\boldsymbol{\delta}_i=(\cos\beta_i,\sin\beta_i)$，沿这两个方向将所有特征路标对应的位移矢量叠加，即可得到归航向量 $\boldsymbol{\delta}$：

$$\boldsymbol{\delta}=\left(\sum_i\cos\beta_i,\sum_i\sin\beta_i\right) \tag{6-51}$$

2) 归航方向误差与收敛特性

在特征路标均匀分布的条件下，式(6-51)中与机器人运动方向正交的分量会相互抵消，从而得到正确的归航方向。但在非结构化环境中，特征均匀分布的假设会失效，从而造成归航方向误差 η，如图 6-27(b)所示，但会随机器人接近目标位置而减小。可见自然路标的分布优化对于机器人归航是非常重要的。

由式(6-50)可分析得出，无论特征路标位于机器人归航目标位置和当前位置的连线 HC 的左侧还是右侧，归航方向误差 η 是小于 $\pi/2$ 的，只有当特征路标 L 、Current 位置和 Home 位置处于同一条直线时，η 才会等于 $\pi/2$ 。因此，只要存在三个或三个以上不共线的特征路标，η 总会小于 $\pi/2$，假设机器人的 Current 位置和 Home 位置之间的距离为 $d(t)$，η 小于 $\pi/2$ 意味着 $d(t)$ 是单调递减的，因此会有 $\lim\limits_{t\to\infty}d(t)\to 0$，即保证了归航的收敛性。

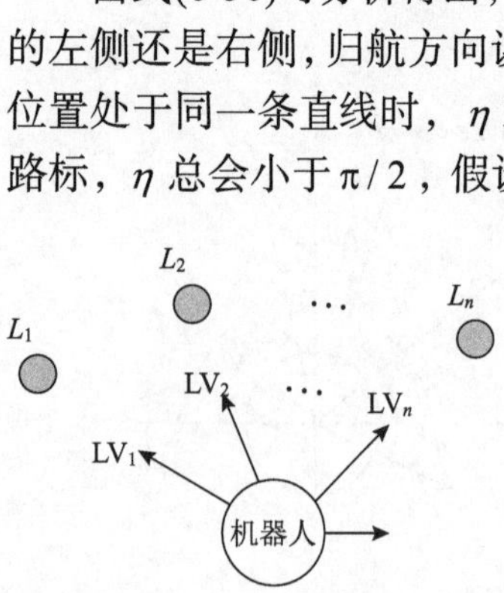

图 6-29　ALV 原理

2. 平均路标向量法

如图 6-29 所示，对于特征路标 $L_1,L_2,\cdots,L_n$，定义由机器人当前位置指向特征路标的单位向量 $\text{LV}_1,\text{LV}_2,\cdots,\text{LV}_n$ 为特征路标向量：

$$\mathrm{LV}_i(\boldsymbol{X})=\frac{\boldsymbol{X}_i-\boldsymbol{X}}{\|\boldsymbol{X}_i-\boldsymbol{X}\|}=(\cos\theta_i,\sin\theta_i) \tag{6-52}$$

式中，$\boldsymbol{X}$ 为机器人在世界坐标系的位置矢量；$\boldsymbol{X}_i$ 为特征路标在世界坐标系的位置矢量。

1) 归航策略

首先计算机器人当前位置的平均路标向量 $\boldsymbol{V}_{\mathrm{ALV}}(\boldsymbol{X})=\sum_{i=1}^{n}\boldsymbol{V}_i(\boldsymbol{X})$，然后通过比较 Current 位置和 Home 位置的平均路标向量 $\mathrm{LV}_{\mathrm{ALV}}(\boldsymbol{X}_C)$ 和 $\mathrm{LV}_{\mathrm{ALV}}(\boldsymbol{X}_H)$，即可计算得到归航向量：

$$\boldsymbol{H}(\boldsymbol{X})=\mathrm{LV}_{\mathrm{ALV}}(\boldsymbol{X}_C)-\mathrm{LV}_{\mathrm{ALV}}(\boldsymbol{X}_H) \tag{6-53}$$

在返回 Home 位置的过程中，可通过引入常数 γ 来控制机器人的运动速度：

$$\dot{\boldsymbol{X}}=\gamma\boldsymbol{H}(\boldsymbol{X}) \tag{6-54}$$

2) 收敛特性

归航向量 $\boldsymbol{H}(\boldsymbol{X})$ 可以看成梯度系统，则存在标量势函数 $U(\boldsymbol{X})$，满足 $\boldsymbol{H}(\boldsymbol{X})=-\mathrm{grad}U(\boldsymbol{X})$，$U(\boldsymbol{X})$ 可通过式(6-55)计算：

$$U(\boldsymbol{X})=\sum_{i=1}^{n}U_i(\boldsymbol{X}),\quad U_i(\boldsymbol{X})=\|\boldsymbol{X}_i-\boldsymbol{X}\|-\frac{\boldsymbol{X}_i-\boldsymbol{X}_H}{\|\boldsymbol{X}_i-\boldsymbol{X}_H\|}(\boldsymbol{X}_i-\boldsymbol{X}) \tag{6-55}$$

由式(6-55)可知，当机器人到达 Home 位置时，即 $\boldsymbol{X}=\boldsymbol{X}_H$ 时，势函数 $U(\boldsymbol{X}=\boldsymbol{X}_H)=0$，则归航向量 $\boldsymbol{H}(\boldsymbol{X})=\boldsymbol{0}$，机器人停止运动，表明完成归航任务。

通过 $U(\boldsymbol{X})$ 的二阶导数分析，可以实现归航任务的收敛性分析。$U(\boldsymbol{X})$ 的二阶导数为

$$U_{xx}=\sum_{i=1}^{n}\frac{\eta_i^2}{\lambda_i},\quad U_{yy}=\sum_{i=1}^{n}\frac{\xi_i^2}{\lambda_i},\quad U_{xy}=-\sum_{i=1}^{n}\frac{\xi_i\eta_i}{\lambda_i} \tag{6-56}$$

式中，$\eta_i=y_i-y$；$\xi_i=x_i-x$；$\lambda_i=\|\boldsymbol{X}_i-\boldsymbol{X}\|^3$。可以得到 $U(\boldsymbol{X})$ 的雅可比矩阵的行列式：

$$D=U_{xx}U_{yy}-U_{xy}^2=\sum_{i=1}^{n}\sum_{j=1}^{n}\frac{\eta_i^2\xi_j^2}{\lambda_i\lambda_j}-\sum_{i=1}^{n}\sum_{j=1}^{n}\frac{\xi_i\eta_i\xi_j\eta_j}{\lambda_i\lambda_j}=\sum_{i=1}^{n}\sum_{j=1}^{n}\frac{\eta_i\xi_j(\eta_i\xi_j-\eta_j\xi_i)}{\lambda_i\lambda_j} \tag{6-57}$$

消去下标 $i=j$ 的因子，得

$$D=\sum_{i=1}^{n-1}\sum_{j=i+1}^{n}\frac{\eta_i\xi_j(\eta_i\xi_j-\eta_j\xi_i)}{\lambda_i\lambda_j}+\sum_{j=1}^{n-1}\sum_{i=j+1}^{n}\frac{\eta_i\xi_j(\eta_i\xi_j-\eta_j\xi_i)}{\lambda_i\lambda_j}=\sum_{i=1}^{n-1}\sum_{j=i+1}^{n}\frac{(\eta_i\xi_j-\eta_j\xi_i)^2}{\lambda_i\lambda_j} \tag{6-58}$$

ALV 法需满足一个先决条件，即特征路标的数量不少于 2 个，且这 2 个特征路标与机器人位置不在一条直线上，该条件对于 Home 位置同样满足。设 2 个特征路标 L_i, L_j 的位置为 $\boldsymbol{X}_i=(x_i,y_i), \boldsymbol{X}_j=(x_j,y_j)$，则有

$$(y_i-y_H)(x_i-x_H)-(y_j-y_H)(x_j-x_H)\neq 0 \tag{6-59}$$

将式(6-59)的条件用于式(6-58)，可知 $D(\boldsymbol{X})>0$，从而表明 $U(\boldsymbol{X})$ 在 Home 位置取得唯一的局部极小值 $\min U(\boldsymbol{X})=U(\boldsymbol{X}_H)=0$。

另外，由 $U_i(\boldsymbol{X})$ 的定义可以看出，该函数是凸函数，因此 $U(\boldsymbol{X})$ 也是凸函数，表明极小值 $U(\boldsymbol{X}_H)=0$ 是唯一的局部极小值，即机器人在局部的任何位置都会沿 $U(\boldsymbol{X})$ 的负梯度方向汇聚于 Home 位置，因此归航是收敛的。

3. 路标夹角差法

前面介绍的 ADV、ALV 法的基础是特征路标相对于机器人前进方向的方位角，当机器人处于不同姿态时，路标的方位角也会不同，因此 ADV、ALV 法要求机器人归航过程中姿态保持不变，对算法的应用产生了限制。路标夹角差法只利用路标之间的方位角差，即夹角差，实现归航引导，不再受机器人姿态的限制。另外，对于基于全景视觉的归航系统，路标在全景视觉中的方位角不会随机器人姿态的变化而变化，只与全景图像的获取位置有关，因此该方法更适用于基于全景图像的归航系统。路标夹角差法的缺点是并不是任意的 Home 位置都可以到达，因此还要对归航能力进行分析。

1) 归航策略

如图 6-30 所示，相对于 Home 位置，路标 L_x,L_y,L_z 之间的夹角是不变的，在机器人归航过程中，路标 L_x,L_y,L_z 之间相对于机器人当前位置的夹角是变化的，路标的夹角差定义为路标间相对于 Home 位置的夹角与相对于 Current 位置的夹角之差，可计算如下：

$$\begin{cases}\Delta\theta_{L_xL_y}=\angle L_xO_HL_y-\angle L_xO_CL_y=32^\circ\\ \Delta\theta_{L_yL_z}=\angle L_yO_HL_z-\angle L_yO_CL_z=39^\circ\\ \Delta\theta_{L_xL_z}=\angle L_xO_HL_z-\angle L_xO_CL_z=71^\circ\end{cases}\tag{6-60}$$

当存在多个路标时，通过恢复路标之间的夹角即可实现归航，即通过机器人的运动使夹角差为零。

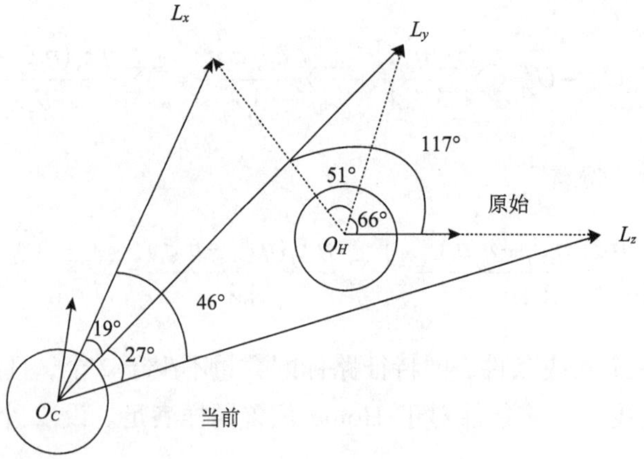

图 6-30　路标夹角差法原理

为了快速恢复路标间的夹角，机器人的运动方向选择为夹角差的等分线方向。如

图 6-31(a)中，给定任意两个路标 L_A, L_B，并且已知其在当前全景图像中的方位角 θ_A, θ_B，则其角度等分线的方位角可通过式(6-61)计算：

$$\theta = \begin{cases} \min(\theta_A, \theta_B) + \dfrac{1}{2}|\theta_A - \theta_B|, & |\theta_A - \theta_B| \leqslant \pi \\ \min(\theta_A, \theta_B) + \dfrac{1}{2}|\theta_A - \theta_B| - \pi, & |\theta_A - \theta_B| > \pi \end{cases} \tag{6-61}$$

在机器人返回 Home 位置的过程中，沿归航方向，位于机器人身后的路标点所对应的夹角逐渐变小，而位于机器人身前的路标点所对应的夹角则逐渐变大。如果 $\angle L_A O_C L_B < \angle L_A O_H L_B$，则可以直接将夹角等分线的方位角 θ 作为归航方向；反之，如果 $\angle L_A O_C L_B > \angle L_A O_H L_B$，则可以将夹角等分线的方位角 θ 的反方向作为归航方向，对于夹角不随机器人位置变化而改变的路标，直接丢弃，不再参与后续的归航方向计算。

对于图 6-30 中的三个路标，可以得到三个等分线向量 $\boldsymbol{\beta}_{xy}, \boldsymbol{\beta}_{yz}, \boldsymbol{\beta}_{xz}$，如图 6-31(b)所示，同时可以得到三个向量的方向，如 $\boldsymbol{\beta}_{xy}$ 向量的角度计算如下：

$$\theta_{\beta_{xy}}^C = \theta_y^C + \frac{1}{2}\angle L_x O_C L_y = 332° + \frac{19°}{2} = 341.5° \tag{6-62}$$

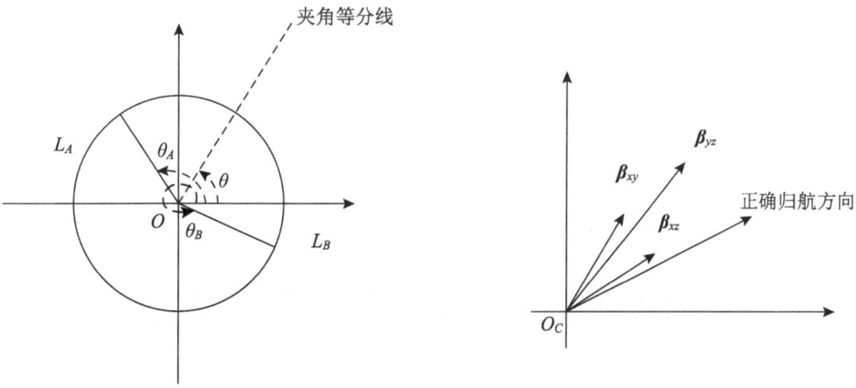

(a)夹角等分线　　(b)归航方向

图 6-31　路标夹角差法归航策略

对于机器人视野中存在多个路标的情形，可以累加通过所有路标计算得到的归航向量 $\boldsymbol{\beta}_{ij}$，在叠加过程中，可以根据夹角差的大小不同赋予每个子归航向量不同的权重，利用式(6-63)计算权重：

$$w_{\beta_{ij}} = \frac{|\Delta\theta_{l_i l_j}|}{\sum_m \sum_n |\Delta\theta_{l_p l_q}|} \tag{6-63}$$

式中，分母为所有路标组合对应的夹角差的绝对值累加求和；分子为当前路标组合的夹角差的绝对值。

可以得到最终的归航向量：

$$\boldsymbol{\delta}=\left(\sum_{m}\sum_{n}w_{\beta_{ij}}\cos(\beta_{ij}),\sum_{m}\sum_{n}w_{\beta_{ij}}\sin(\beta_{ij})\right) \tag{6-64}$$

2) 归航范围分析

由于路标夹角差法基于路标的夹角等分线，受此约束，并不是所有的目标点都是可到达的。

当只有两个路标时，如图 6-32(a)所示，机器人按单一路标夹角等分线运动，随着机器人位置的更新，其运动轨迹近似为双曲线，机器人无法到达 Home 位置，即当只有两个路标时，机器人无法完成归航任务。

当路标点增加到三个时，夹角等分线变多，由式(6-64)决策的归航向量的方向变得丰富，归航能力得以提高，此时可将机器人的区域划分为 A_1, A_2, A_3 三类，如图 6-32(b)所示，其中区域 A_1 是由路标 L_1, L_2, L_3 所构成的三角形外接圆的区域，当 Home 位置位于该区域时，机器人可以从任何位置实现归航。区域 A_2 由三角形三边交叉所形成的平面构成，此时只有当 Home 位置和机器人当前位置都处于该区域时才能保证机器人成功归航。区域 A_3 由排除区域 A_1, A_2 的所有区域构成，当 Home 位置和机器人当前位置都处于该区域时，不能保证机器人成功归航，只有在一定约束条件下才可以成功归航。

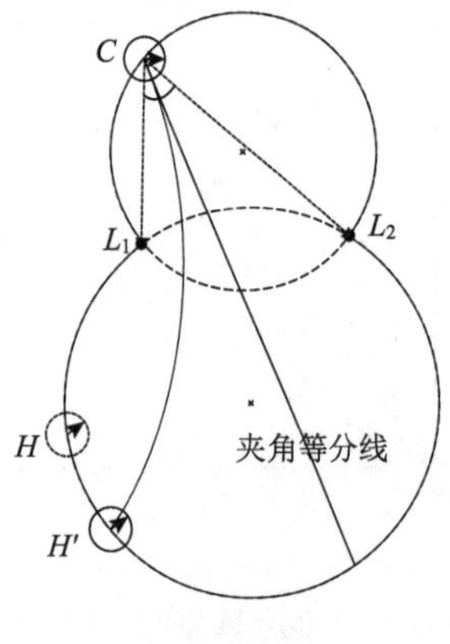

(a)两个路标情况

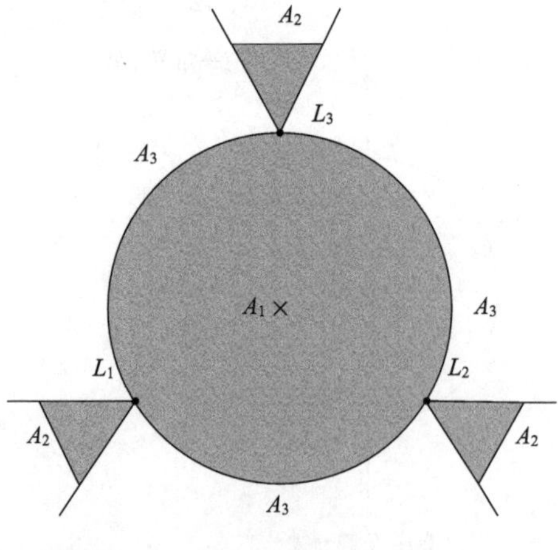

(b)三个路标情况

图 6-32　归航能力分析

从以上分析方法可知，当路标数量进一步增加时，可实现成功归航的区域会进一步增大。值得注意的是，若路标数量较少，当机器人接近 Home 位置时，其运动轨迹会出现振荡，随着路标数量的增加，振荡会逐渐减弱或消失。

4. 变形归航法

变形归航法是一种局部归航算法，该算法首先利用机器人的运动参数对当前图像进行变形，然后将变形后的当前图像与目标图像进行对比，最后根据图像差异最小时对应的运动参数对归航方向进行估计，其前提是假设路标在机器人周围是等距分布的。若利用全景图像，则图 6-24 中定义的 Horizon 圆上的所有像素均可作为路标，满足等距假设要求。

图 6-33 为变形归航法的原理图，O_H 表示 Home 位置的机器人朝向，α 表示机器人当前位置与 Home 位置的连线与 O_H 方向的夹角，d 表示机器人当前位置与 Home 位置之间的距离，ψ 表示机器人当前方向与 O_H 方向的偏差，α,d,ψ 三个参数是机器人通过运动进行修正的量。θ 表示路标与 Home 位置的连线与 O_H 方向的夹角，δ 表示路标与机器人当前位置连线与机器人当前方向的夹角与 θ 角相比的变化量，即 L 在当前图像中的方位角为 $\theta' = \theta + \delta$，$r$ 表示路标与 Home 位置间的距离。

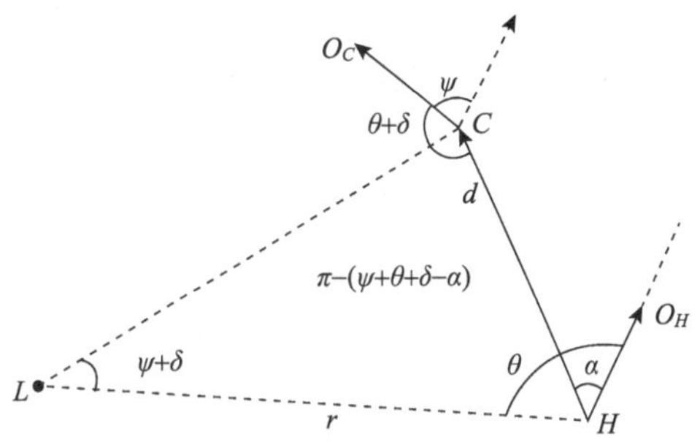

图 6-33　变形归航法原理

在三角形 LHC 中应用正弦定理，有

$$\frac{\sin\angle LCH}{r} = \frac{\sin\angle CLH}{d} \tag{6-65}$$

定义 $\rho = d/r$，代入式(6-65)，经整理可得

$$\theta' = \theta + \delta = \theta + \arctan\left[\frac{\rho\sin(\theta-\alpha)}{1-\rho\cos(\theta-\alpha)}\right] - \psi \tag{6-66}$$

式(6-66)称为变形方程，变形的含义是将 Home 位置全景图像 Horizon 圆上的每一个像素均作为特征，每一个特征对应一个角度 θ，通过选择不同的参数 α,ρ,ψ，通过式(6-66)可以得到机器人当前位置全景图像 Horizon 圆上对应像素特征的角度 θ'。每选择一组不同的 α,ρ,ψ 参数，即实现一次全景图像的变形，变形的目的是确定最优的机器人归航运动矢量，遍历 α,ρ,ψ 参数的所有可能取值组合，将当前位置全景图像变形后 Horizon 圆上的像素与 Home 位置全景图像 Horizon 圆上的像素进行对比，二者最相似时所对应的一组 α,ρ,ψ 参数就可以确定机器人的最优运动矢量，图像的相似性可以利用像素灰度距离进行评价，如欧氏距离：

$$D\left(I'_C, I_H\right) = \sqrt{\sum_{i=1}^{n}\left[I'_H(i) - I_H(i)\right]^2} \tag{6-67}$$

式中，I_H 表示 Home 位置的全景图像；I'_C 表示当前位置全景图像变形得到的图像；n 表示 Horizon 圆上的像素个数。

上述通过全景图像变形确定最优运动矢量的过程在机器人归航运动过程中需要反复进行，因此归航决策效率相对偏低，为了减少计算量，可以仅对 Home 位置的全景图像进行一次变形寻优实现。

6.3.5　大范围归航

前面介绍的归航算法均为局部归航算法，归航范围的局限性主要来自以下两个因素：一是全景视觉的局限性，全景图像视野的扩展是以图像分辨率的降低为代价的，而且存在非线性畸变，目标在全景图像中的投影特性会随着目标距离的增加迅速恶化，严重降低了特征提取与识别的有效范围，虽然人们不断提出多种全景图像高分辨率重建算法和非线性修正算法，但仍无法有效扩大机器人的归航范围；二是随着归航范围的增大，机器人当前位置获得的全景图像与 Home 位置获得的全景图像的差异增加，两个图像中共同的特征路标减少，归航效果越来越差，直至无法完成归航任务。

相比而言，环境的拓扑地图更适合于相对大范围环境中的机器人导航，同时，考虑到机器人局部归航算法是基于归航向量的，而归航向量并不直接指向目标位置，方向误差只是随着机器人当前位置与 Home 位置之间距离的减小而减小，所以归航轨迹并不是两点间的最短路径，这一特点恰好符合拓扑地图的适用条件。因此，可以以机器人局部归航算法为基础，通过对环境进行拓扑建模来实现大范围归航，即将单一的归航目标改变为多个归航子目标，使用多个归航子 Home 位置，引导机器人到达最终的 Home 位置。

1. 归航环境的拓扑模型

全景图像的优势在于可以一次获得场景中 360°范围内的视觉信息，而不需要机器人执行任何的搜索策略，即使某些区域存在遮挡也可以做到有效识别。局部归航算法是基于提取全景图像中的特征路标实现的，大范围归航中全景图像中的特征路标同样可以用来表述环境特性，以环境特性为基础可以合理地选择环境拓扑节点，建立环境拓扑模型。

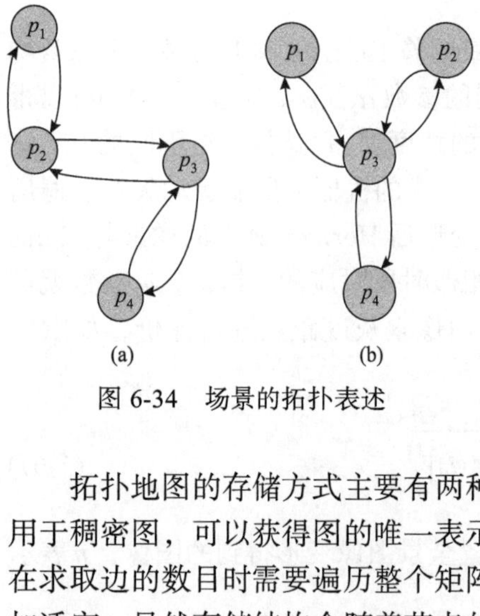

图 6-34　场景的拓扑表述

环境拓扑模型可以采用如图 6-34 所示的形式，图中 p_i 表示环境中的拓扑节点，每一个拓扑节点有且仅有一个相对应的路标集合，该路标集合是从机器人处于该位置的全景图像中所提取到的特征路标集合，也隐含了机器人的位置信息和方位角信息。构建地图的过程中，如果机器人可以按照构建地图的规则由节点 p_i 运动到节点 p_j，则认为这两个节点之间可以双向通行，由双向弧连接起来，如图 6-34(a)中的 p_1 和 p_2 节点，而图 6-34(b)中的 p_1 和 p_2 节点则不是连通的。以此类推，随着机器人在环境中运动，拓扑地图会逐渐得到扩展。

拓扑地图的存储方式主要有两种：邻接矩阵法和邻接表法。邻接矩阵法的存储结构适用于稠密图，可以获得图的唯一表示，但是所建立的邻接矩阵的大小是节点数目的平方，在求取边的数目时需要遍历整个矩阵，时间复杂度高。在需要存储稀疏图时，邻接表法更加适宜，虽然存储结构会随着节点的连接顺序的差异出现不同，但是可以节省更多时间。考虑到机器人的运动范围并不是非常大，节点数目并不庞大，拓扑地图是稀疏的，如果采用邻接矩阵法会出现很多零元素，所以更适合采用邻接表法存储拓扑地图。如图 6-35 所示，采用与拓扑节点数目相同的单链表组成邻接表，每个单链表包含三个域：邻接节点的位置序号域、存放指向下一节点的指针域和存放节点数据的信息域，为了方便快捷地访问邻接表中的信息，可采用一维数组存储每个单链表的表头节点中的指针数据，∧表示空指针。

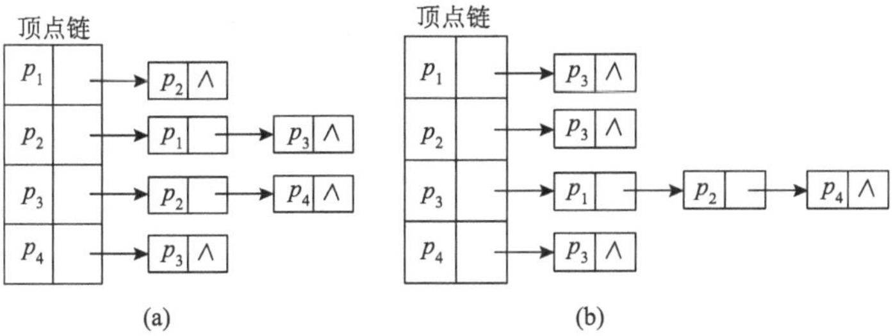

图 6-35　拓扑地图的存储方式

2. 拓扑节点生成策略

在拓扑地图的自主构建过程中，最关键的问题是何时何地创建拓扑节点，为了使机器人能够在拓扑地图中成功归航，拓扑节点的选择要遵循两个基本原则：一是机器人可以到达拓扑地图中的任意一个节点；二是在连续两个节点之间，机器人可以使用局部归航策略成功归航。

大多数基于图像序列的机器人导航中，都是通过比较当前图像与参考图像的相似度来决定是否创建节点的，目前主要采用以下几种方式来定义图像的相似度：跟踪特征或匹配特征的数量、整体图像的互信息量或光流法，当相似度低于一定阈值时，将当前位置设定为参考节点，其流程如图 6-36 所示，机器人首先采集存储 Home 位置的图像，离开 Home 位置后，不断将当前图像与 Home 图像进行对比，当图像相似度低于某一阈值后，在当前位置创建节点，或者机器人运动过程中旋转角度超过 45° 时也创建节点，称为子 Home 节点，采集存储子 Home 节点图像，将后续运动到新位置后获取的图像与子 Home 节点的图像对比生成下一个子 Home 节点，上述过程不断重复生成环境拓扑地图。

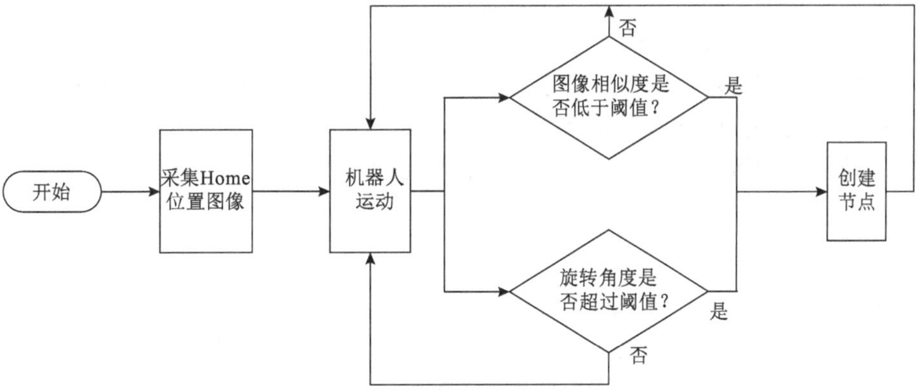

图 6-36　自主创建拓扑地图的流程

下面以办公楼环境为例，构建机器人大范围归航的环境拓扑地图，由于室内区域、室内与门结合处、门与走廊结合处、走廊区域、走廊拐角处五个区域的图像特征路标存在较大差异，如图 6-37 所示，可以先分别对五个区域构建拓扑地图，最后连接成大范围环境的拓扑地图。

1) 室内区域

在室内区域机器人沿直线前进，每 10cm 采集一幅全景图像，前进 80cm 后特征匹配数量明显下降，之后下降速度变缓，可在特征匹配数量下降 60%后创建新的拓扑节点。

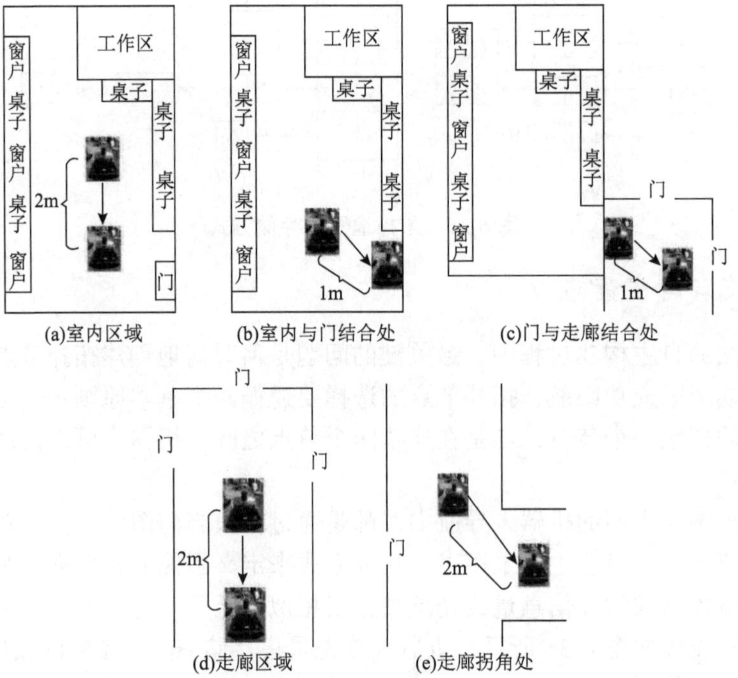

图 6-37　五个区域的划分

2) 室内与门结合处

机器人从室内距门 1m 处出发，在前进过程中每 5cm 采集一幅全景图像，将当前图像与出发位置的图像进行匹配，出发 60cm 之前，特征匹配数量呈均匀下降趋势，其中大多数为室内环境的特征，随着机器人靠近门的位置，走廊特征逐渐增多、室内特征逐渐减少，由于走廊和室内两部分环境的特征存在较大差异，当前视野与出发位置的特征匹配数量下降明显。因此，在特征匹配数量缓慢减少时，可参照室内区域创建节点的方法，即创建节点的前提是特征匹配数量下降 60%；在特征匹配数量急剧下降后，将阈值设定为 30%，以增加节点数目。

3) 门与走廊结合处

机器人从门往走廊内前进 1m，在前进过程中每 5cm 采集一幅全景图像，将当前图像与出发位置的图像进行匹配。由于室内特征数量较多，当机器人距门较近时，特征匹配数量也较多，随着距门越来越远，所提取的走廊特征的比例逐渐增大，但是走廊内的特征数量较少，造成匹配数量下降速率也比较快。因此，在特征匹配数量减少较快时，每下降 30%即创建节点；在机器人完全进入走廊后，特征匹配数量的下降速率变缓，此时将阈值设定为 50%。

4) 走廊区域

机器人沿直线前进 2m，在前进过程中每 10cm 采集一幅全景图像，将当前图像与出发位置的图像进行匹配，出发 60cm 后特征匹配数量有着比较明显的下降，之后下降速率变缓，可在特征匹配数量下降 50%后创建新的拓扑节点，以减小节点间的距离。

5) 走廊拐角处

机器人从 T 形走廊的一侧出发，前进 2m 进入另一侧走廊，在前进过程中每 10cm 采集一幅全景图像，将当前图像与出发位置的图像进行匹配，对于拐角处两段走廊相结合的环境，特征有部分重叠，在前进过程中，一侧走廊的特征数量逐渐增多、另一侧走廊的特征数量逐渐减少，尤其在机器人进入另一侧走廊后，当前视野与出发位置的特征匹配数量明显下降。因此，可在特征匹配数量下降 40%后创建新的拓扑节点，以增加节点数目。

3. 大范围归航策略

拓扑地图建立完成后，机器人大范围归航问题将转化为从拓扑地图中寻找最短路径的问题，由于拓扑节点之间没有给出明确的距离信息，所以连接节点的弧长均可设为 1，搜索目的就是要经过最少的节点到达 Home 位置。路径搜索算法可采用 Dijkstra 算法、A^*算法、D^*算法等。大范围归航流程如图 6-38 所示。

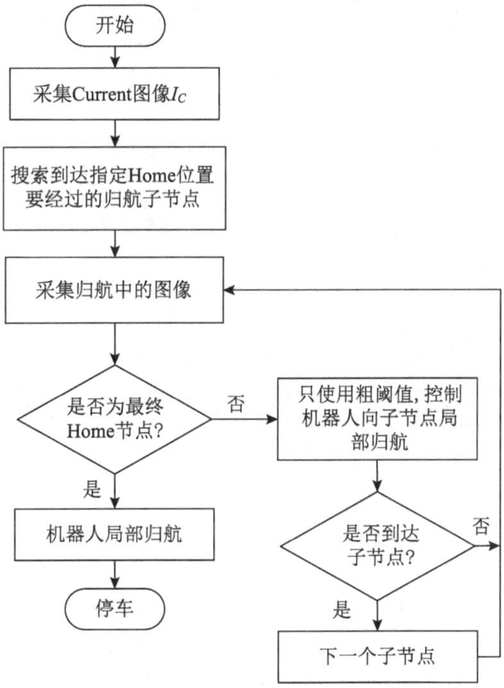

图 6-38　大范围归航流程

要确定机器人当前的节点位置，可以通过将当前图像与各个节点的路标信息进行匹配，匹配数目的多少直接关联到这些节点与机器人的近似程度。图 6-39(a)～(c)为机器人当前位置和两个子 Home 节点位置采集的全景图像，机器人当前位置距离 H1 位置 2.0m，距离 H2 位置 0.5m，图 6-39(d)为当前位置与 H1 位置匹配的路标数量，共有 24 个对应路标，图 6-39(e)为当前位置与 H2 位置匹配的路标数量，共有 162 个对应路标。所以机器人的首个归航节点选为 H2，此后便可由该节点前往拓扑地图中的任何一个位置。

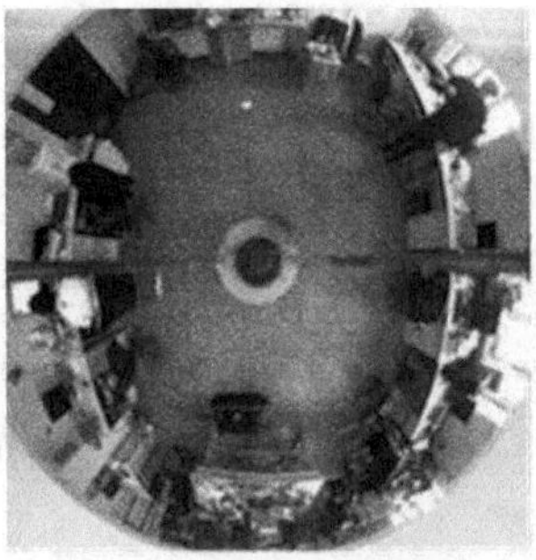

(a)Current 位置图像

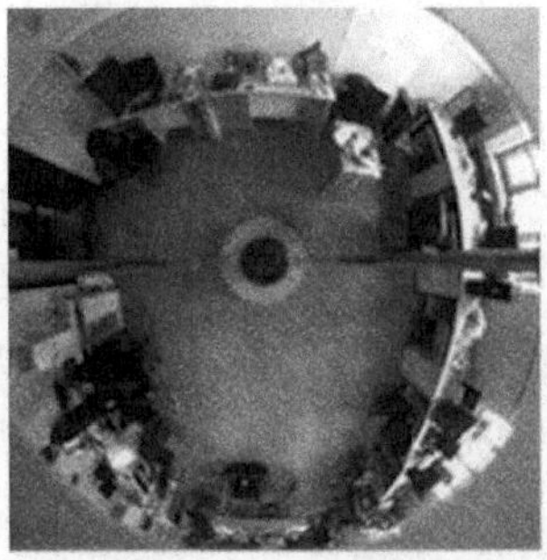

(b)H1 位置图像

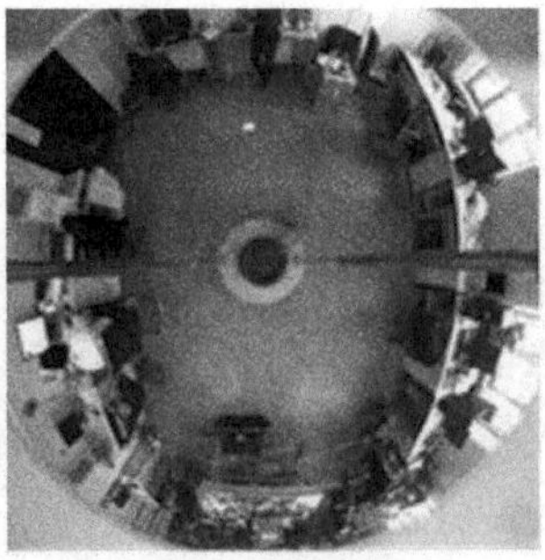

(c)H2 位置图像

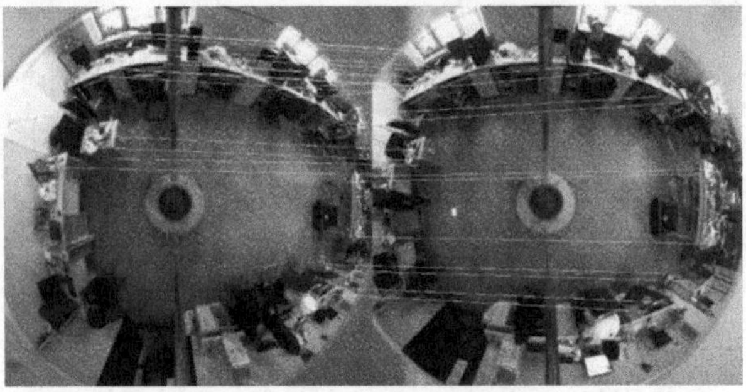

(d)H1-C 特征匹配结果

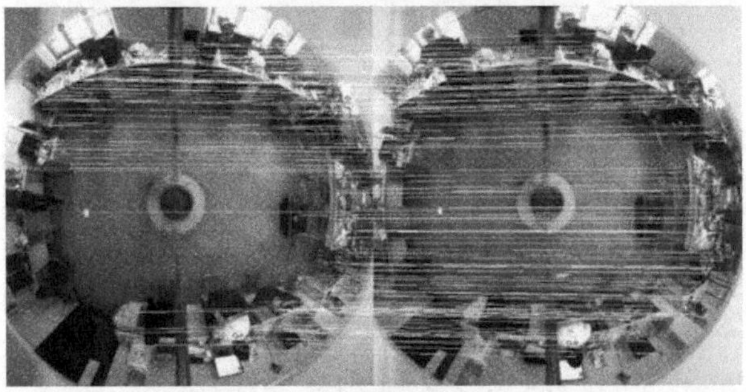

(e)H2-C 特征匹配结果

图 6-39　当前节点确定

以办公楼环境为例，归航区域的划分如图 6-37 所示，考虑到室内和走廊的结构条件限制，将大范围归航划分为三个阶段，如图 6-40 所示：第一阶段从室内到门，要经过室内区域、室内与门结合处；第二阶段从门到走廊，要经过门与走廊结合处、走廊；第三阶段从 T 形走廊拐角到走廊，要经过拐角处、走廊。

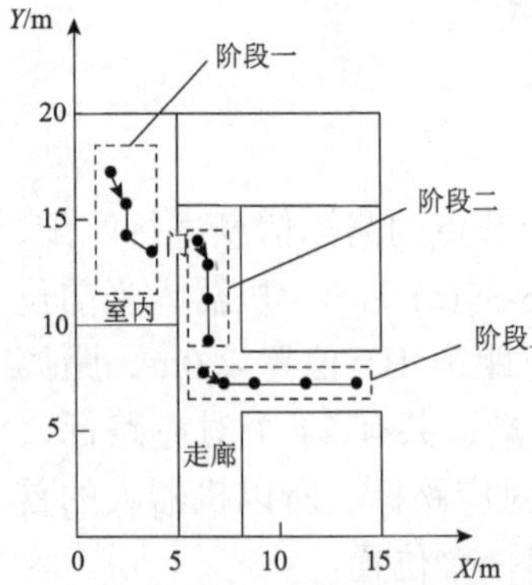

图 6-40　大范围归航阶段划分

如果当前目标节点是在室内或走廊区域内创建的，则采用基于特征的归航算法，如路标夹角差、ADV 等局部归航算法，如果是在环境结合处(门或走廊拐角附近)创建的，特征匹配数量会出现大幅度下降，即当前位置与目标位置的图像特征差异非常明显，这就很可能导致归航失败。此外，由于前面所述的几种局部归航算法都对特征的分布均匀性有着较高要求，随着特征数量的急剧减少，特征分布的不均匀程度也会更加恶化，所以，需要针对这几类环境结合处设计不同的控制策略，以减小恶劣环境所带来的影响，进而才能实现机器人在室内的大范围未知环境中归航。

在计算机视觉领域，对极几何模型用于描述同一场景的两幅图像之间存在的投影几何关系，矩阵表示形式为本质矩阵，本质矩阵经常用于计算将机器人从一个位姿转变为另一个位姿的运动向量，考虑到该方法不需要大量的特征点，并且对特征分布没有特别的要求，所以采用对极几何约束作为上述环境结合处的归航控制策略是可行的。对于全景图像，可通过球面统一成像模型建立相应的对极几何模型，然后通过本质矩阵的计算来对归航运动方向进行估计。

球面统一成像模型与全景成像模型具有等价性，如图 6-41 所示，坐标系$\{F_m\},\{F_c\}$分别与反射镜和摄像机坐标系等效。

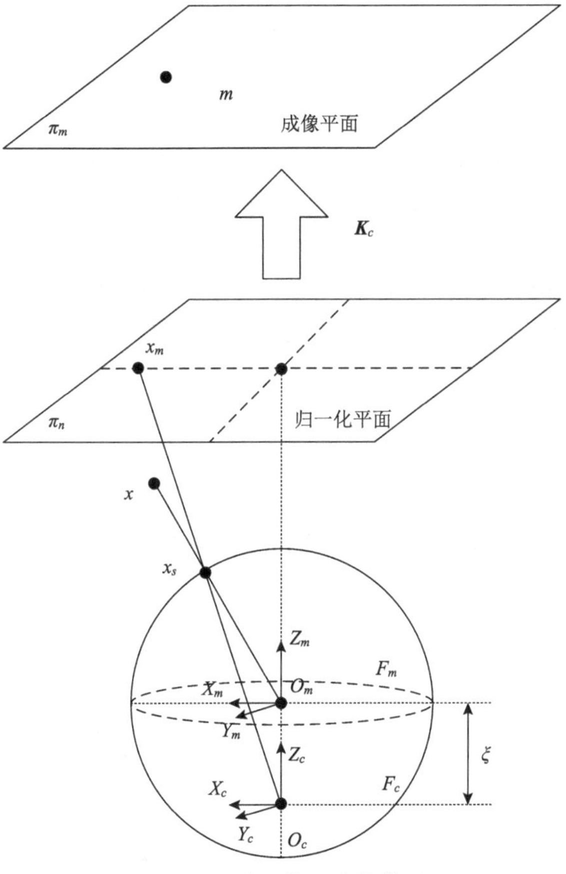

图 6-41　球面统一成像模型

球面统一成像模型的投影过程主要包含以下几个步骤。

(1) 以单位球的球心O_m为投影中心，将空间点x映射到球面上的点x_s，此过程在$\{F_m\}$下进行，采用非线性映射方式：

$$(\boldsymbol{x})_{F_m} \to (\boldsymbol{x}_s)_{F_m} = \frac{\boldsymbol{x}}{\|\boldsymbol{x}\|} = (x_s, y_s, z_s) \tag{6-68}$$

(2) 在坐标系$\{F_c\}$下，进一步设置其原点O_c为投影中心，设反射镜的焦距和焦弦长分别为d,p，则$O_c=(0,0,-\xi),\xi=d/\sqrt{d^2+4p^2}$：

$$(\boldsymbol{x}_s)_{F_m}\to(\boldsymbol{x}_s)_{F_c}=(x_s,y_s,z_s+\xi) \tag{6-69}$$

(3) 为获取归一化平面π_n上的点x_m，以$\{F_c\}$的原点O_c为投影中心，对点x_s进行映射：

$$\boldsymbol{x}_m=h(\boldsymbol{x}_s)=\left(\frac{x_s}{z_s+\xi},\frac{y_s}{z_s+\xi},1\right) \tag{6-70}$$

(4) 为获取成像平面π_m上的点m，通过常规投影矩阵$\boldsymbol{K}_c$，对点x_m进行映射：

$$\boldsymbol{m}=\boldsymbol{K}_c\boldsymbol{x}_m=\begin{bmatrix} f_1\eta & \gamma\eta & u_0 \\ 0 & f_2\eta & v_0 \\ 0 & 0 & 1 \end{bmatrix}\boldsymbol{x}_m \tag{6-71}$$

式中，γ为透视摄像机的倾斜因子；$\eta=\xi-\varphi$，φ为与反射镜参数相关的常数。

基于全景图像的球面统一成像模型，可以建立对极几何模型，用于描述同一场景的两幅图像之间存在的投影几何关系，如图 6-42 所示，其本质矩阵$\boldsymbol{E}$仅有 5 个自由度，最少使用 8 个对应点可对其进行求解，进而利用特征值分解法可以确定相对位置关系$\boldsymbol{R}$和$\boldsymbol{t}$。考虑机器人进行平面运动，因此$\boldsymbol{R}$只有绕$\boldsymbol{z}$轴的旋转运动：

$$\boldsymbol{R}=\begin{bmatrix} \cos\beta & \sin\beta & 0 \\ -\sin\beta & \cos\beta & 0 \\ 0 & 0 & 1 \end{bmatrix} \tag{6-72}$$

式中，β为全景摄像机拍摄两幅图像时相应位置之间的旋转角度。

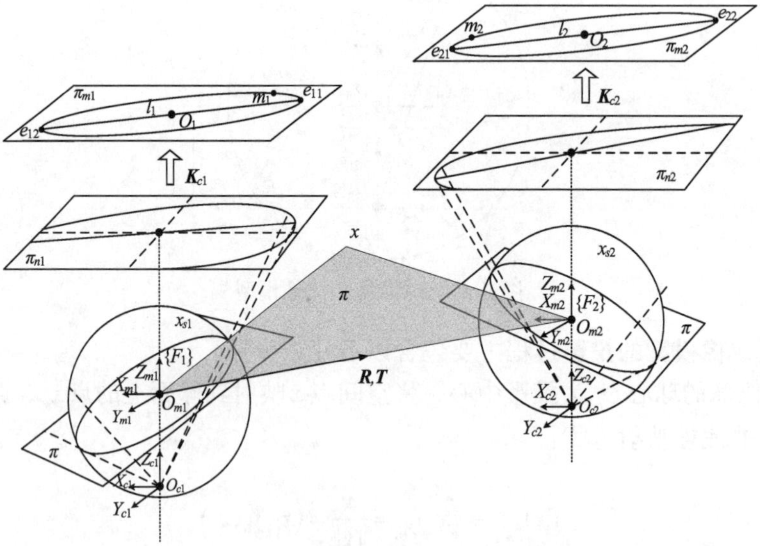

图 6-42 全景视觉对极几何模型

利用两个空间点 x,y ，可以确定机器人的归航方向角 α ：

$$\alpha = \arctan(\boldsymbol{t}[y], \boldsymbol{t}[x]) \tag{6-73}$$

采用对极几何方法实现机器人归航过程同样需要进行拓扑节点的到达判断，同样可以依据其他局部归航算法采用的图像相似性的判断准则。

图 6-43 为采用上述归航策略的归航实验结果，实验过程为首先人为操控机器人运动，机器人自动生成子 Home 节点，然后机器人在当前位置启动自主归航程序，在阶段一和阶段三采用 ADV 局部归航策略，在阶段二环境结合处，采用对极几何局部归航策略。

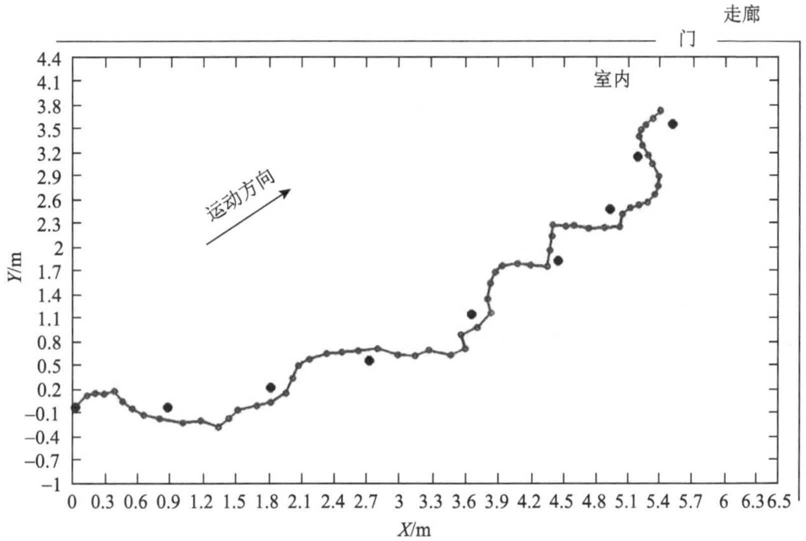

(a)阶段一实验结果

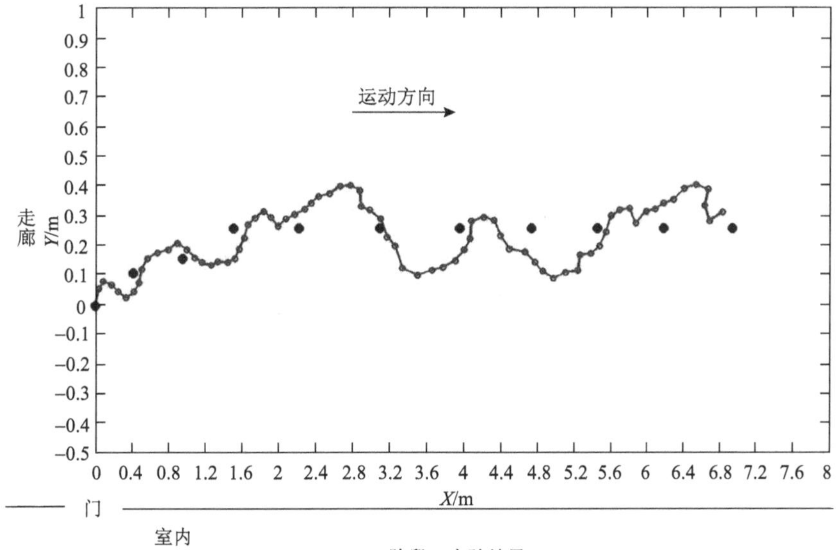

(b)阶段二实验结果

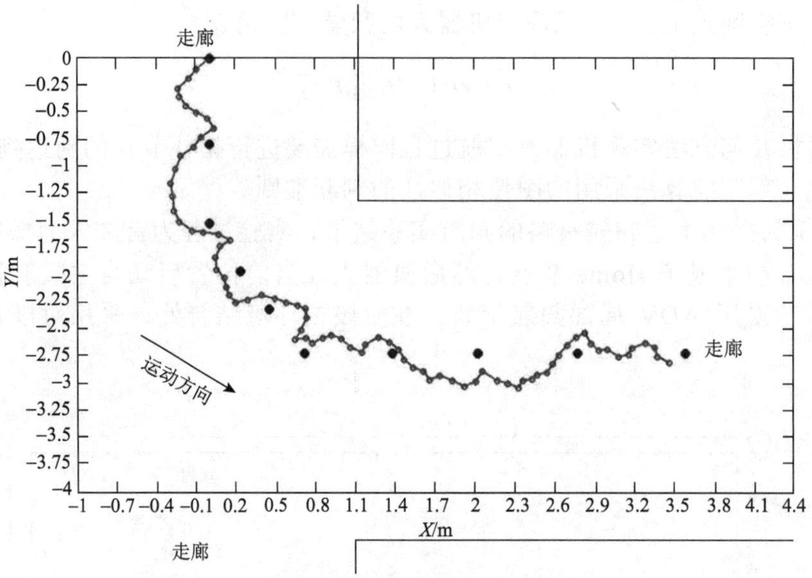

(c)阶段三实验结果

图 6-43　大范围归航实验

从实验结果中可以看出存在归航误差，这是由图像处理和机器人里程仪定位累计误差引起的，而且机器人的归航轨迹也不是很平滑，这是由局部归航算法中运动矢量的求解方法所决定的。

参 考 文 献

白福忠, 2013. 视觉测量技术基础[M]. 北京: 电子工业出版社.

曹力科, 肖晓晖, 2021. 基于卷帘快门 RGB-D 相机的视觉惯性 SLAM 方法[J]. 机器人, 43(2): 193-202.

陈兴华, 蔡云飞, 唐印, 2020. 一种基于点线不变量的视觉 SLAM 算法[J]. 机器人, 42(4): 485-493.

陈友东, 刘嘉蕾, 胡澜晓, 2019. 一种基于高斯过程混合模型的机械臂抓取方法[J]. 机器人, 41(3): 343-352.

陈宗海, 裴浩渊, 王纪凯, 等, 2021. 基于单目相机的视觉重定位方法综述[J]. 机器人, 43(3): 373-384.

丁洵, 2015. 基于线结构光的单目视觉目标位姿测量研究[D]. 湘潭: 湖南科技大学.

杜惠斌, 宋国立, 赵忆文, 等, 2018. 利用 3D 打印标定球的机械臂与 RGB-D 相机手眼标定方法[J]. 机器人, 40(6): 835-842.

杜学丹, 蔡莹皓, 鲁涛, 等, 2017. 一种基于深度学习的机械臂抓取方法[J]. 机器人, 39(6): 820-828, 837.

丰俊丙, 2016. 基于视觉的移动机器人自定位及目标物位姿测量研究[D]. 济南: 山东大学.

冯建洋, 谌海云, 石础, 等, 2019. 基于结构光技术的高反射表面三维测量[J]. 激光与光电子学进展, 56(22): 105-113.

高兴波, 史旭华, 葛群峰, 等, 2021. 面向动态物体场景的视觉 SLAM 综述[J]. 机器人, 43(6): 733-750.

龚赵慧, 张霄力, 彭侠夫, 等, 2020. 基于视觉惯性融合的半直接单目视觉里程计[J]. 机器人, 42(5): 595-605.

顾恺琦, 刘晓平, 王刚, 等, 2022. 基于在线光度标定的半直接视觉 SLAM 算法[J]. 机器人, 44(6): 672-681.

郭瑞, 刘振国, 曹云翔, 等, 2014. 基于视觉的装配机器人精确定位研究[J]. 制造业自动化, 36(10): 154-156.

韩九强, 2009. 机器视觉技术及应用[M]. 北京: 高等教育出版社.

黄会明, 刘桂华, 段康容, 2019. 基于微振镜结构光投射器的机器人抓取[J]. 中国激光, 46(2): 93-101.

黄旺华, 王钦若, 2019. 基于距离统计的有序纹理点云离群点检测[J]. 计算技术与自动化, 38(1): 139-144.

纪鹏, 宋爱国, 吴常铖, 等, 2017. 适用于移动机械手无关节状态反馈情况的基于人-机-机协作的无标定视觉伺服控制[J]. 机器人, 39(2): 197-204.

蒋景松, 2019. 单帧彩色编码的结构光深度获取研究[D]. 西安: 西安电子科技大学.

李龙, 陈禾炜, 汪田鸿, 等, 2022. 基于接近觉的机械臂避障路径规划[J]. 机器人, 44(5): 601-612.

李兴东, 陈超, 李满天, 等, 2013. 飞行时间法三维摄像机标定与误差补偿[J]. 机械与电子 (11): 37-40.

李阳, 陈秀万, 王媛, 等, 2019. 基于深度学习的单目图像深度估计的研究进展[J]. 激光与光电子学进展, 56(19): 9-25.

刘春, 2013. 飞机大部件数字化对接装配系统中若干关键技术研究[D]. 杭州: 浙江大学.

刘冬雨, 刘宏, 何宇, 等, 2018. 空间机械臂在轨维修的视觉伺服操控策略[J]. 机器人, 40(5): 742-749.

刘伟, 2011. 基于进化算法的工件视觉定位及其在工业机器人中的应用[D]. 北京: 中国科学院大学.

刘正琼, 万鹏, 凌琳, 等, 2018. 基于机器视觉的超视场工件识别抓取系统[J]. 机器人, 40(3): 294-300, 308.

卢张俊, 2017. 搬运装配机器人视觉引导智能作业系统与应用软件开发[D]. 南京: 东南大学.

吕小戈, 2015. 基于机器视觉的贴片元器件外观缺陷检测系统开发[D]. 广州: 广东工业大学.

倪鹤鹏, 刘亚男, 张承瑞, 等, 2016. 基于机器视觉的 Delta 机器人分拣系统算法[J]. 机器人, 38(1): 49-55.

潘华东, 王其聪, 谢斌, 等, 2010. 飞行时间法三维成像摄像机数据处理方法研究[J]. 浙江大学学报(工学版), 44(6): 1049-1056.
彭权，卢荣胜，穆文娟，2018. 采用双相机结构光三维测量技术解决遮挡问题[J]. 工具技术，52(3): 122-125.
施俊屹，查富生，孙立宁，等, 2020. 移动机器人视觉惯性 SLAM 研究进展[J]. 机器人, 42(6): 734-748.
宋晓凤，李居朋，陈后金，等，2020. 多场景下结构光三维测量激光中心线提取方法[J]. 红外与激光工程, 49(1): 213-220.
孙培芪，卜俊洲，陶庭叶，等, 2019. 基于特征点法向量的点云配准算法[J]. 测绘通报 (8): 48-53.
王静，王海亮，向茂生，等，2012. 基于非极大值抑制的圆目标亚像素中心定位[J]. 仪器仪表学报，33(7): 1460-1468.
王柯赛，姚锡凡，黄宇，等, 2021. 动态环境下的视觉 SLAM 研究评述[J]. 机器人, 43(6): 715-732.
王晓辉，李星, 2019. 基于角点检测的摄像机标定算法及应用[J]. 计算机与数字工程, 47(2): 442-445, 475.
伍锡如，黄国明，孙立宁，2016. 基于深度学习的工业分拣机器人快速视觉识别与定位算法[J]. 机器人, 38(6): 711-719.
薛腾，刘文海，潘震宇，等, 2021. 基于视觉感知和触觉先验知识学习的机器人稳定抓取[J]. 机器人, 43(1): 1-8.
杨阳, 2015. 基于模型的双目位姿测量方法研究与实现[D]. 西安：西安电子科技大学.
迎九, 2019. 国内机器视觉产业的技术市场[J]. 电子产品世界, 26(9): 3-7, 15.
余文勇，石绘, 2013. 机器视觉自动检测技术[M]. 北京：化学工业出版社.
张超, 2017. 基于视觉引导的工业机器人应用研究[D]. 西安：陕西科技大学.
张浩鹏，王宗义，吴攀超，等, 2012. 摄像机标定的棋盘格模板的改进和自动识别[J]. 仪器仪表学报, 33(5): 1102-1109.
张李俊，黄学祥，冯渭春，等，2016. 基于运动路径靶标的空间机器人视觉标定方法[J]. 机器人，38(2): 193-199.
朱齐丹，韩瑜，蔡成涛，2018. 全景视觉非线性核相关滤波目标跟踪技术[J]. 哈尔滨工程大学学报，39(7): 1220-1226.
朱齐丹，纪勋，王靖淇，等，2018. 一种优化的移动机器人 ALV 视觉归航算法[J]. 机器人，40(5): 704-711, 761.
朱齐丹，李科，雷艳敏，等, 2011. 基于全景视觉的机器人回航方法[J]. 机器人, 33(5): 606-613.
朱齐丹，李科，张智，等，2010. 改进的混合高斯自适应背景模型[J]. 哈尔滨工程大学学报，31(10): 1348-1353, 1392.
朱齐丹，刘传家，蔡成涛, 2014. 基于精简路标的机器人视觉归航算法[J]. 机器人, 36(6): 751-757, 768.
朱齐丹，刘鹏，蔡成涛，2017. 基于人工路标的鲁棒的室内机器人定位方法[J]. 计算机应用，37(S1): 126-130, 136.
朱齐丹，刘学，蔡成涛, 2013. 基于均匀分布特征的机器人归航[J]. 机器人, 35(5): 544-551.
朱齐丹，孙磊，蔡成涛, 2015. 多正则化形式的超分辨率图像重建[J]. 光电工程, 42(1): 45-50.
朱齐丹，王欣璐, 2014. 六自由度机械臂逆运动学算法[J]. 机器人技术与应用 (2): 12-18.
朱齐丹，王彦柯，朱伟，等，2019. 基于结构光的焊点智能识别算法设计[J]. 焊接学报，40(7): 82-87, 99, 164-165.
朱齐丹，吴叶斌，蔡成涛，等，2010. 基于无线传感器网络的移动机器人路径规划[J]. 华中科技大学学报(自然科学版), 38(12): 113-116.
朱齐丹，谢心如，李超，2016. 六自由度机械臂基于 TTF 字库的汉字书写系统设计[J]. 应用科技，43(5): 40-44.
朱齐丹，谢心如，夏桂华，等，2019. 基于光轴约束的机械臂运动学标定方法[J]. 哈尔滨工程大学学报, 40(3): 433-439.
朱齐丹，徐从营，蔡成涛, 2015. 船载折反射全景视觉系统电子稳像算法[J]. 吉林大学学报(工学版), 45(4):

1288-1296.

朱齐丹, 张帆, 李科, 等, 2010. 折反射全方位视觉系统单视点约束测定新方法[J]. 华中科技大学学报(自然科学版), 38(7): 115-118.

朱齐丹, 张铮, 纪勋, 2021. Stewart 平台实时位置正解通用方法[J]. 哈尔滨工程大学学报, 42(3): 394-399.

ABDEL-AZIZ Y I, KARARA H M, HAUCK M, 2015. Direct linear transformation from comparator coordinates into object space coordinates in close-range photogrammetry[J]. Photogrammetric engineering & remote sensing, 81(2): 103-107.

ACAR E U, CHOSET H, LEE J Y, 2006. Sensor-based coverage with extended range detectors[J]. IEEE transactions on robotics, 22(1): 189-198.

ANDERSON J D, 1984. Fundamentals of aerodynamics[M]. New York: McGraw-Hill.

ANGELES J, 2012. Spatial kinematic chains: analysis, synthesis, optimization[M].Berlin: Springer Science & Business Media.

ASADA H, SLOTINE J J E, 1986. Robot analysis and control[M]. New York: John Wiley & Sons.

ATCHESON B, HEIDE F, HEIDRICH W, 2010. CALTag: high precision fiducial markers for camera calibration[C]. Vision, Modeling and Visualization. Siegen.

BALESTRINO A, DE MARIA G, SCIAVICCO L, 1982. Hyperstable adaptive model following control of nonlinear plants[J]. Systems & control letters, 1(4): 232-236.

BAR-ITZHACK I Y, 2000. New method for extracting the quaternion from a rotation matrix[J]. Journal of guidance, control, and dynamics, 23(6): 1085-1087.

BEAUFRERE B, ZEGHLOUL S, 1995. A mobile robot navigation method using a fuzzy logic approach[J]. Robotica, 13(5): 437-448.

BEKEY G A, 1996. Biologically inspired control of autonomous robots[J]. Robotics and autonomous systems, 18(1/2): 21-31.

BENAMAR F, BIDAUD P, MENN F L, 2010. Generic differential kinematic modeling of articulated mobile robots[J]. Mechanism and machine theory, 45(7): 997-1012.

BENNETT D A, DALLEY S A, TRUEX D, et al., 2015. A multigrasp hand prosthesis for providing precision and conformal grasps[J]. IEEE/ASME transactions on mechatronics, 20(4): 1697-1704.

BLOESCH M, CZARNOWSKI J, CLARK R, et al., 2018. CodeSLAM-Learning a compact, optimisable representation for dense visual SLAM[C]. IEEE Conference on Computer Vision and Pattern Recognition (CVPR). Salt Lake City.

BOHG J, KRAGIC D, 2010. Learning grasping points with shape context[J]. Robotics and autonomous systems, 58(4): 362-377.

BORTZ A B, 1983. Artificial intelligence and the nature of robotics[J]. Robotics age, 5(2): 23-30.

BOUMANS R, HEEMSKERK C, 1998. The European robotic arm for the international space station[J]. Robotics and autonomous systems, 23(1/2): 17-27.

BOUQUET G, THORSTENSEN J, BAKKE K A H, et al., 2017. Design tool for TOF and SL based 3D cameras[J]. Optics express, 25(22): 27758.

BOUSMALIS K, IRPAN A, WOHLHART P, et al., 2018. Using simulation and domain adaptation to improve efficiency of deep robotic grasping[C]. IEEE International Conference on Robotics and Automation. Piscataway: 4243-4250.

BROOKS R A, 1991. New approaches to robotics[J]. Science, 253(5025): 1227-1232.

BRUDER D, FU X, GILLESPIE R B, et al., 2021. Data-driven control of soft robots using Koopman operator theory[J]. IEEE transactions on robotics, 37(3): 948-961.

BUHLER C, 1998. Restored robots: European view[J]. Robotica, 16(5): 487-490.

CAI Z X, 1988. An expert system for robot transfer planning[J]. Journal of computer science and technology,

3(2): 153-160.

CAI Z X, 1996. A new structural theory of intelligent control[J]. High technology letters, 2(1): 14-17.

CAI Z X, FU K S, 1988. Expert-system-based robot planning[J]. Control theory and applications, 5(2): 30-37.

CAI Z X, LIU J Q, LIU J, 1999. A criterion of robustness based on fuzzy neural structure[J]. High technology letters, 5(1): 60-62.

CAI Z X, TANG S X, 1995. A multirobotic planning based on expert system[J]. High technology letters, 1(1): 76-81.

CAI Z X, TANG S X, 2000. Controllability and robustness of T-fuzzy control systems under directional disturbance[J]. Fuzzy sets and systems, 115(2): 279-285.

CALLI B, SINGH A, WALSMAN A, et al., 2015. The YCB object and model set: towards common benchmarks for manipulation research[C]. IEEE International Conference on Robotics and Automation. Piscataway: 510-517.

CHATCHANAYUENYONG T, PARNICHKUN M, 2006. Neural network based-time optimal sliding mode control for an autonomous underwater robot[J]. Mechatronics, 16(8): 471-478.

CHEAH C C, HOU S P, ZHAO Y, et al., 2010. Adaptive vision and force tracking control for robots with constraint uncertainty[J]. IEEE/ASME transactions on mechatronics, 15(3): 389-399.

CHEAH W, KHALILI H H, WATSON S, et al., 2018. Grid-based motion planning using advanced motions for hexapod robots[C]. IEEE/RSJ International Conference on Intelligent Robots and Systems. Piscataway: 3573-3578.

CHEN W B, XIONG C H, YUE S G, 2015. Mechanical implementation of kinematic synergy for continual grasping generation of anthropomorphic hand[J]. IEEE/ASME transactions on mechatronics, 20(3): 1249-1263.

CHO H C, FADALI M S, LEE K S, et al., 2010. Adaptive position and trajectory control of autonomous mobile robot systems with random friction[J]. Control theory & applications, 4(12): 2733-2742.

COLLET A, SRINIVASA S S, 2010. Efficient multi-view object recognition and full pose estimation[C]. IEEE International Conference on Robotics and Automation. Piscataway: 2050-2055.

DING Z J, ZHAO Z Y, ZHANG C T, 2019. 3D reconstruction of deep sea geomorphologic linear structured light based on manned submersible[J]. Infrared and laser engineering, 48(5): 503001.

FIERRO R, LEWIS F L, 1998. Control of a nonholonomic mobile robot using neural networks[J]. IEEE transactions on neural networks, 9(4): 589-600.

FIKES R E, HART P E, NILSSON N J, 1972. Learning and executing generalized robot plans[J]. Artificial intelligence, 3: 251-288.

GIORELLI M, RENDA F, CALISTI M, et al., 2012. A two dimensional inverse kinetics model of a cable driven manipulator inspired by the octopus arm[C]. IEEE International Conference on Robotics and Automation. Piscataway: 3819-3824.

GOLDFEDER C, ALLEN P K, 2011. Data-driven grasping[J]. Autonomous robots, 31(1): 1-20.

GU F, ZHAO H, SONG Z, et al., 2018. A simple method to achieve full-field and real-scale reconstruction using a movable stereo rig[J]. Measurement science and technology, 29(6): 065402.

HÄNE C, POLLEFEYS M, 2016. An overview of recent progress in volumetric semantic 3D reconstruction[C]. International Conference on Pattern Recognition (ICPR). Cancun: 3294-3307.

HONG G S, PARK J K, KIM B G, 2016. Near real-time local stereo matching algorithm based on fast guided image filtering[C]. IEEE 2016 6th European Workshop on Visual Information Processing. Marseille.

HUANG S L, GU F F, CHENG Z Q, et al., 2018. A joint calibration method for the 3D sensing system composed with ToF and stereo camera[C]. IEEE International Conference on Information and Automation. Wuyishan.

JAIN S, ARGALL B, 2016. Grasp detection for assistive robotic manipulation[C]. IEEE International Conference on Robotics and Automation. Piscataway: 2015-2021.

JAVID S, EGHTESAD M, KHAYATIAN A, et al., 2005. Experimental study of dynamic based feedback linearization for trajectory tracking of a four-wheel autonomous ground vehicle[J]. Autonomous robots, 19(1): 27-40.

JIANG Y, MOSESON S, SAXENA A, 2011. Efficient grasping from RGBD images: learning using a new rectangle representation[C]. IEEE International Conference on Robotics and Automation. Piscataway: 3304-3311.

KANG H S, KIM C K, KIM Y S, 2009. Position control for interior permanent magnet synchronous motors using an adaptive integral binary observer[J]. Journal of electrical engineering and technology, 4(2): 240-248.

KATO H, HARADA T, 2019. Learning view priors for single-view 3D reconstruction[C]. IEEE/CVF Conference on Computer Vision and Pattern Recognition (CVPR). Long Beach.

LEE S W, KIM J H, 1995. Robust adaptive stick-slip friction compensation[J]. IEEE transactions on industrial electronics, 42(5): 474-479.

LEVINE S, PASTOR P, KRIZHEVSKY A, et al.,2016. Learning hand-eye coordination for robotic grasping with deep learning and large-scale data collection[J]. International journal of robotics research, 37(4-5): 421-436.

LI Z Q, SNAVELY N, 2018. MegaDepth: learning single-view depth prediction from internet photos[C]. IEEE Conference on Computer Vision and Pattern Recognition (CVPR). Salt Lake City.

LIPPIELLO V, RUGGIERO F, SICILIANO B, et al., 2013. Visual grasp planning for unknown objects using a multifingered robotic hand[J]. IEEE/ASME transactions on mechatronics, 18(3): 1050-1059.

LIU C L, LIN C Y, TOMIZUKA M, 2017. The convex feasible set algorithm for real time optimization in motion planning[J].SIAM journal on control and optimization, 56(4): 2712-2733.

LIU Z C, LU Z Y, KARYDIS K, 2020. SoRX: A soft pneumatic hexapedal robot to traverse rough, steep, and unstable terrain[C]. IEEE International Conference on Robotics and Automation. Piscataway: 420-426.

MARTINS F N, CELESTE W C, CARELLI R, et al., 2008. An adaptive dynamic controller for autonomous mobile robot trajectory tracking[J]. Control engineering practice, 16(11): 1354-1363.

MATHIESEN S, ITURRATE I, KRAMBERGER A, 2019. Vision-less bin-picking for small parts feeding[C]. International Conference on Automation Science and Engineering (CASE). Vancouver.

MCMAHON J, PLAKU E, 2016. Mission and motion planning for autonomous underwater vehicles operating in spatially and temporally complex environments[J]. IEEE journal of oceanic engineering, 41(4): 893-912.

NIKKHAH M, ASHRAFIUON H, MUSKE K R, 2006. Optimal sliding mode control for underactuated systems[C]. American Control Conference. Minneapolis: 4688-4693.

PAPADOPOULOS E G, REY D A, 1996. A new measure of tipover stability margin for mobile manipulators[C]. IEEE International Conference on Robotics and Automation. Piscataway: 3111-3116.

PARK K, PATTEN T, PRANKL J, et al., 2019. Multi-task template matching for object detection, segmentation and pose estimation using depth images[C]. 2019 International Conference on Robotics and Automation. Montreal.

REDMON J, ANGELOVA A, 2015. Real-time grasp detection using convolutional neural networks[C]. IEEE International Conference on Robotics and Automation. Piscataway:1316-1322.

ROBINSON R M, KOTHERA C S, SANNER R M, et al., 2016. Nonlinear control of robotic manipulators driven by pneumatic artificial muscles[J]. IEEE/ASME transactions on mechatronics, 21(1): 55-68.

SACERDOTI E D, 1974. Planning in a hierarchy of abstraction spaces[J]. Artificial intelligence, 5(2): 115-135.

SONG K T, WU C H, JIANG S Y, 2017. CAD-based pose estimation design for random bin picking using a RGB-D camera[J]. Journal of intelligent & robotic systems, 87(3): 455-470.

TANGWONGSAN S, FU K S, 1979. An application of learning to robotic planning[J]. International journal of computer & information sciences, 8(4): 303-333.

TSOUNIS V, ALGE M, LEE J, et al., 2020. DeepGait: planning and control of quadrupedal gaits using deep reinforcement learning[J]. IEEE robotics and automation letters, 5(2): 3699-3706.

XIAN Y R, XIAO J, WANG Y, 2019. A fast registration algorithm of rock point cloud based on spherical projection and feature extraction[J]. Frontiers of computer science, 13(1): 170-182.

XIE X L, 2020. Three-dimensional reconstruction based on multi-view photometric stereo fusion technology in movies special-effect[J]. Multimedia tools and applications, 79(13/14): 9565-9578.

YOO S Y, 2020. A study of walking stability of seabed walking robot in forward incident currents[C]. 6th International Conference on Robot Intelligence Technology and Applications. Singapore: 249-255.

ZHENG H B, HO Y S, LIU K, 2019. Three-dimensional imaging method of high-reflective objects based on structured light[J]. Laser & optoelectronics progress, 56(5): 051202.